高等学校计算机基础教育课程“十二五”规划教材·卓越系列

Visual Basic 程序设计教程

主　编　柴　欣　史巧硕
副主编　杨素梅　王建勋　裴祥喜　王旭辉
参　编（按姓氏音序排列）
陈冀川　曹新国　李建晶
李　娟　宋　洁　赵秀平

中国铁道出版社有限公司
CHINA RAILWAY PUBLISHING HOUSE CO., LTD.

内容简介

本书是学习Visual Basic语言程序设计的基础教程，全书系统地讲述了Visual Basic语言的基础知识、基本规则及编程方法，在此基础上，对Visual Basic可视化设计的重要特征如窗体、控件、菜单等的使用进行了深入讲解，对Visual Basic的一些应用进行了详细介绍。

本书加强基础、注重实践，在内容讲解上采用循序渐进、逐步深入的方法，突出重点和难点，使读者易学易懂。

本书适合作为高等院校各专业Visual Basic程序设计课程的教材，也可以作为广大软件开发人员和自学者的参考用书，还可作为计算机培训班的培训教材，是初学者的得力帮手。

图书在版编目（CIP）数据

Visual Basic程序设计教程/柴欣，史巧硕主编．—北京：中国铁道出版社有限公司，2012.5（2019.12重印）

高等学校计算机基础教育课程“十二五”规划教材·卓越系列

ISBN 978-7-113-14435-7

Ⅰ．①V… Ⅱ．①柴… ②史… Ⅲ．①BASIC语言—程序设计—高等学校—教材 Ⅳ．①TP312

中国版本图书馆CIP数据核字（2012）第050529号

书　　名： Visual Basic程序设计教程

作　　者： 柴　欣　史巧硕　主编

策　　划： 吴宏伟　　　**读者热线：**（010）63550836

责任编辑： 孟　欣

编辑助理： 何　佳　王　惠

封面设计： 刘　颖

责任印制： 郭向伟

出版发行： 中国铁道出版社有限公司（100054，北京市西城区右安门西街8号）

网　　址： http://www.tdpress.com/51eds/

印　　刷： 北京捷迅佳彩印刷有限公司

版　　次： 2012年5月第1版　　2019年12月第10次印刷

开　　本： 787mm×1092mm　1/16　**印张：** 19.5　**字数：** 468千

印　　数： 22 101～22 600册

书　　号： ISBN 978-7-113-14435-7

定　　价： 36.00元

FOREWORD

前 言

计算机技术和网络技术的飞速发展，已经深刻改变了人们的工作、学习和生活方式，在当今高度信息化的社会背景下，需要我们了解计算机处理问题的基本思想和方法。计算机程序设计课程作为大学非计算机专业学生的公共必修课，有着非常重要的地位。该课程可以使学生了解计算机编程的思想和方法，培养学生的计算思维。同时，该课程对于激发学生的创新意识、培养自学能力、锻炼实际的编程能力也起着极为重要的作用。

Visual Basic（以下简称 VB）是目前使用最广泛的面向对象的程序设计语言之一，由此也成为各学校程序设计课程中广泛使用的语言。本书编者长期从事 VB 语言程序设计课程的教学工作，并曾利用 VB 语言开发了多个软件项目，有着丰富的教学经验和开发软件项目的实践经验，对 VB 有着较深入的理解。在编写本书的过程中，编者本着加强基础、注重实践、突出应用的原则，力求使本书达到可读性与适用性的统一。为了便于读者学习，在全书的体系结构和内容上采用了由浅入深、循序渐进的方法。为了提高读者编程技巧，在大部分章节中提供了典型例题。

本书共分为 11 章。第 1～5 章系统地讲述了 VB 语言的基础知识、基本规则及编程方法。其中：第 1 章介绍了 VB 的集成开发环境，并通过一个简单 VB 程序的开发过程，使读者对 VB 有一个感性的认识；第 2～5 章介绍了 VB 的数据类型、程序的基本结构与流程控制语句、数组及过程的基本操作，这些也构成了 VB 程序设计的基础内容。第 6～8 章介绍了 VB 可视化编程方面的知识，重点讲解了窗体、常用控件、ActiveX 控件与系统对象、对话框及菜单的使用。第 9～11 章介绍了 VB 的一些应用，包括 VB 的文件操作与管理、图形与绘图操作及数据库应用等。

为了更好地理论联系实际，达到良好的教学效果，我们还配合本教材编写了《Visual Basic 程序设计实验教程》，在其各章均相应地安排了若干上机实验及练习题，这样可以方便师生有计划、有目的地进行上机操作及课后练习，从而达到事半功倍的教学效果。另外，在本书和实验书中，还针对性地提供了一些接近实际要求的完整程序案例，教师可以以这些程序为范本，组织课程设计的题目。

本书由柴欣、史巧硕任主编，并负责全书的总体策划与统稿、定稿工作；杨素梅、王建勋、裴祥喜、王旭辉任副主编。各章编写分工如下：第 1 章由裴祥喜编写，第 2 章由王旭辉编写，第 3 章由史巧硕编写，第 4 章由李娟编写，第 5 章由赵秀平编写，第 6 章由柴欣编写，第 7 章由李建晶编写，第 8 章由王建勋编写，第 9 章由陈冀川编写，第 10 章由杨素梅编写，第 11 章由曹新国、宋洁编写。在本书的编写过程中，参考了大量文献资料，在此向这些文献资料的作者和出版者深表感谢。

由于时间仓促，编者水平有限，书中难免有疏漏之处，敬请各位专家、读者批评指正。

编　者

2012 年 4 月

CONTENTS

目 录

第 1 章 Visual Basic 概述

本章首先介绍计算机程序设计语言的基本知识，然后介绍 Visual Basic 6.0 的一些基本概念和集成开发环境，并通过一个简单的例子说明 Visual Basic 应用程序设计的一般过程。

学习目标

- 了解计算机程序设计语言的基本知识。
- 掌握 Visual Basic 6.0 集成开发环境的主要组成部分及使用方法。
- 理解对象的属性、事件和方法的概念，了解 Visual Basic 事件驱动的编程机制。
- 掌握开发 Visual Basic 6.0 应用程序的一般步骤。

1.1 计算机语言与计算机程序基本知识

计算机语言是人与计算机之间交互的语言，是人与计算机之间传递信息的媒介。为了使计算机进行各种工作，需要有一套用于编写计算机程序的数字、字符和语法规则，由这些字符和语法规则组成的各种指令（或各种语句）就是计算机能接受的语言。

计算机程序或者应用程序（通常简称程序）是指一组指示计算机每一步动作的指令，通常用某种程序设计语言编写。

本节将介绍计算机语言与计算机程序的基本知识。

1.1.1 计算机程序设计语言的发展

计算机之所以能自动进行计算，是因为采用了程序存储的原理，计算机的工作体现为执行程序。程序是控制计算机完成特定功能的一组有序指令的集合，编写程序所使用的语言就是计算机语言，也称为程序设计语言，它是人与计算机之间进行信息交流的工具。

从 1946 年世界上第一台计算机诞生起，在短短的 60 多年间，计算机技术迅速发展，程序设计语言的发展从低级到高级，经历了机器语言、汇编语言、高级语言到面向对象语言多个阶段。

1. 机器语言（Machine Language）

计算机能够直接识别和执行的二进制指令（也称机器指令）的集合称为该种计算机的机器语言。早期的计算机程序都是直接使用机器语言编写的，这种语言使用二进制代码，因此编写出的程序难以理解和记忆，目前已很少使用。

2．汇编语言（Assembly Language）

用助记符代替机器指令以利于理解和记忆，由此形成了汇编语言。汇编语言实际上是与机器语言相对应的语言，只是在表示方法上采用了便于记忆的助记符号来代替与机器语言相对应的二进制指令代码，因此也称为符号语言。计算机不能直接识别汇编语言，需要经汇编程序转换为机器指令码后才能识别。这种语言的执行效率较高，但由于难以理解，使用较少。

3．高级语言（High-Level Language）

机器语言和汇编语言是面向机器的语言，高级语言采用更接近自然语言的命令或语句，使用高级语言编程，一般不必了解计算机的指令系统和硬件结构，只需掌握解题方法和高级语言的语法规则，就可以编写程序。高级语言在设计程序时着眼于问题域中的过程，因此它是一种面向过程的语言。对于高级语言，人们更容易理解和记忆，这也给编程带来很大方便，但它与自然语言还是有较大差别。

4．面向对象语言（Object-Oriented Language）

面向对象语言是比面向过程语言更高级的一种语言。面向对象语言的出现改变了编程者的思维方式,使设计程序的出发点由着眼于问题域中的过程转向着眼于问题域中的对象及其相互关系，这种转变更加符合人们对客观事物的认识。因此，面向对象语言更接近于自然语言，是人们对于客观事物更高层次的抽象。

目前，世界上已经设计和实现的计算机语言有上千种，但实际被人们广泛使用的计算机语言不过数十种。

1.1.2 程序设计方法

程序设计即编写程序，是一项创造性的工作。进行程序设计时至少要具备两个方面的知识：一是要掌握一门或一门以上的高级语言；二是要掌握问题求解的方法与步骤，即如何将一个实际问题转化为一系列计算机可以实现的操作步骤，这就是“算法”需要研究的问题。有了正确的算法，就可以利用任何一种程序设计语言编写程序，使计算机进行工作，从而得到正确的结果。此外，为了更有效地完成程序设计工作，还要熟悉程序设计的方法。程序设计的方法也是随着计算机技术的发展而不断进步和完善的。在程序设计的发展过程中，人们对程序的结构进行了深入的研究，并不断地探索。究竟应该用什么样的方法来设计程序，如何保证程序设计的正确性，程序设计的主要方法和技术应如何规范等。经过反复实践，逐渐确定了程序设计的基本技术方法——结构化程序设计方法与面向对象的程序设计方法。

1．结构化程序设计

结构化程序设计强调从程序的结构和风格上研究程序设计，它将程序划分为三种基本结构，人们可以用这三种基本结构来展开程序，表示一个良好的算法，从而使程序结构清晰、易读易懂且质量好。这三种基本结构为顺序结构、选择结构和循环结构。

（1）顺序结构

顺序结构是一种最简单、最基本的结构。在顺序结构内，各块按照它们出现的先后顺序依次执行。图 1-1 所示为一个顺序结构形式，从图中可以看出它有一个入口 a 和一个出口 b，A 框和 B 框都是顺序执行的处理框，只有当 A 框执行结束后才能执行 B 框。

(2) 选择结构

选择结构中包含一个判断框，根据给定的条件 P 是否成立而选择执行 A 框或 B 框，当条件成立时，执行 A 框，否则执行 B 框。A 框或 B 框可以是空框，即不执行任何操作，但判断框的两个分支 A 或 B 执行完毕后都必须汇合在一起，从出口 b 退出，然后接着执行其后面的过程。图 1-2 所示的流程图就是选择结构，选择结构的程序中产生了分支，但对于整个的结构而言，它仍然只具有一个入口 a 和一个出口 b。

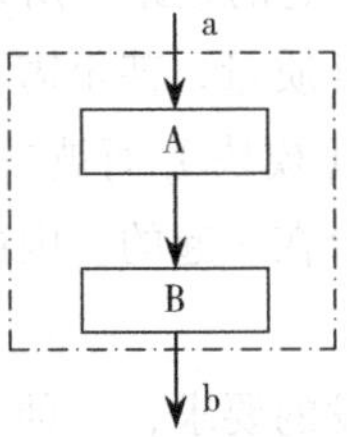

图 1-1　顺序结构流程图

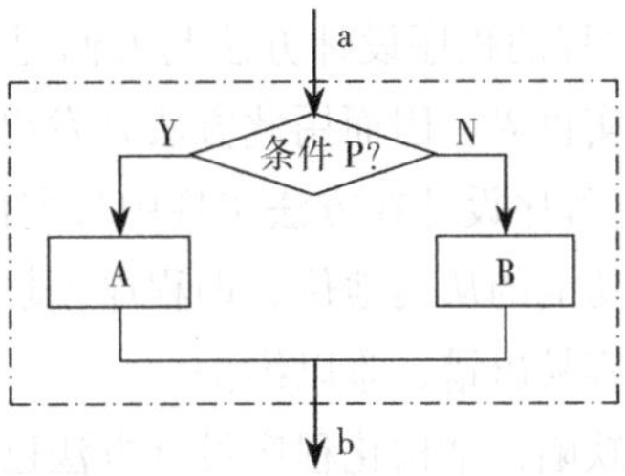

图 1-2　选择结构流程图

(3) 循环结构

循环结构又称重复结构，是指在一定条件下反复执行一个程序块的结构。循环结构也是只有一个入口和一个出口。根据循环条件的不同，循环结构分为当型循环结构和直到型循环结构两种。

① 当型循环的结构如图 1-3 所示，其功能是：当给定的条件 P 成立时，执行 A 框操作，执行完 A 操作后，再判断 P 条件是否成立，如果成立，再次执行 A 操作……如此重复执行 A 操作，直到 P 条件不成立才停止循环。此时不执行 A 操作，而从出口 b 脱离循环结构。

② 直到型循环的结构如图 1-4 所示，其功能是：首先执行一次 A 框操作，然后判断条件 P，当条件 P 不成立时，再次执行 A 框操作，并再次判断给定条件 P 是否成立……如此反复，直到给定的 P 条件成立为止，此时不再执行 A 框，而从出口 b 脱离循环。

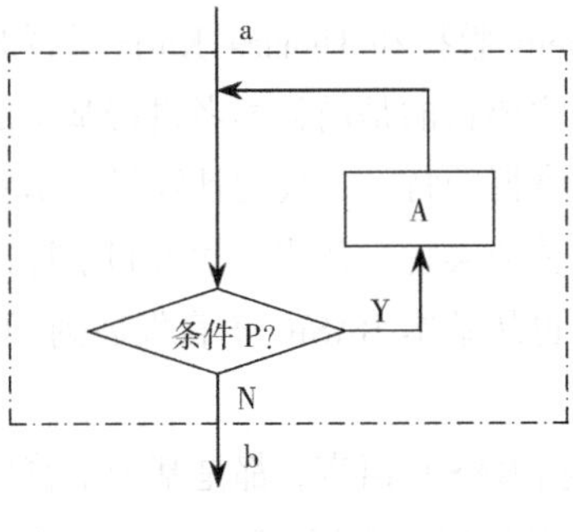

图 1-3　当型循环结构流程图

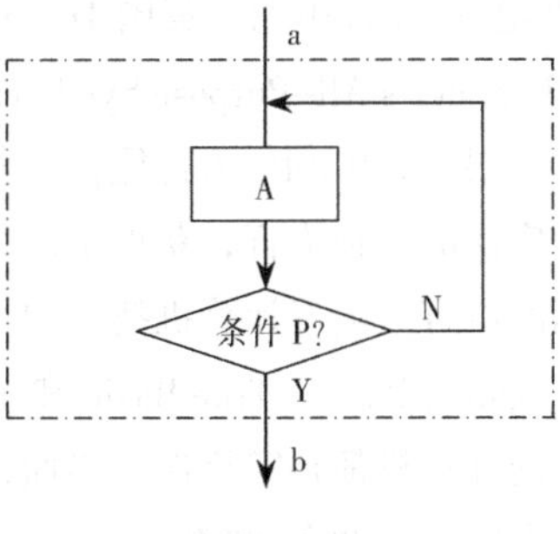

图 1-4　直到型循环结构流程图

由以上三种基本结构构成的程序，称为结构化程序。三种基本结构中的每一种结构都应具有以下特点：

① 程序只有一个入口和一个出口。

② 程序中没有死语句，即每一条语句都应该有一条从入口到出口的路径通过（至少通过一次）。

③ 程序中没有死循环（无限的循环）。

实践证明，任何满足以上三个条件的程序，都可以表示为由以上三种基本结构构成的结构化程序；反之，任何一个结构化程序都可以分解为一个个的基本结构。

结构化程序设计方法使得程序的逻辑结构清晰、层次分明，有效地改善了程序的可靠性和可维护性，提高了程序开发的效率。

2. 面向对象程序设计

结构化程序设计技术虽已使用了几十年，但如下问题仍未得到很好的解决：

① 面向过程的程序设计方法与人们习惯的思维方法仍然存在一定的差距，所以很难自然、准确地反映真实世界。因而用此方法开发出来的软件，有时很难保证质量，甚至需要重新开发。

② 结构化程序设计在方法实现中只突出了实现功能的操作方法（模块），而被操作的数据（变量）处于实现功能的从属地位，即程序模块和数据结构是松散地耦合在一起的。因此当应用程序比较复杂时，容易出错，难以维护。

由于上述缺陷，结构化程序设计方法已不能满足现代化软件开发的要求，一种全新的软件开发技术应运而生，这就是面向对象的程序设计（Object-Oriented Programming，OOP）。

20 世纪 80 年代，在软件开发中各种概念和方法积累的基础上，就如何超越程序的复杂性障碍，如何在计算机系统中自然地表示客观世界等问题，人们提出了面向对象的程序设计方法。面向对象的方法不再将问题分解为过程，而是将问题分解为对象。对象将自己的属性和方法封装成一个整体，供程序设计者使用。对象之间的相互作用则通过消息传递来实现。使用面向对象的程序设计方法，可以使人们对复杂系统的认识过程与系统的程序设计与实现过程尽可能一致。

1.2 中文 Visual Basic 6.0 概述

Visual Basic 从字面上理解是可视的 BASIC 语言，实际上它是一种可视化的应用程序开发工具，用来编制 Windows 环境下的应用程序。

20 世纪 60 年代中期，英国 Dartmouth 大学的 John Kemeny 教授和 Thomas Kurtz 教授开发出 BASIC（Beginner's All-Purpose Symbolic Instruction Code），其主要目的是向初学者讲授基本的程序设计技术。很快，BASIC 语言凭借着其短小精悍、易于学习掌握的特点，成为计算机技术发展史上使用最广泛的一种语言，获得了广大计算机用户和编程人员的喜爱，并成为学习和掌握计算机语言的标准语言。随着计算机技术的不断发展，BASIC 语言也从基本 BASIC 语言发展到 20 世纪 80 年代的 Quick Basic、True Basic 和 Turbo Basic 等。

早期的计算机都是字符操作界面，所有的编程语言，包括 BASIC 语言，都是基于字符界面进行编程开发的。20 世纪 80 年代后期，图形用户界面（GUI）开始成为主流，Windows 迅速风靡全球，人们在为计算机的使用更加方便而高兴的同时，也发现原有的大部分计算机语言已经不能适应这种图形化的软件开发平台，因为要编写 Windows 环境下的应用程序，必须建立相应的窗口、菜单、对话框等各种“控件”，这将使程序的编制变得越来越复杂。

直到 1991 年，Microsoft 公司推出了 Windows 应用程序开发工具 Visual Basic，这种情况才有了根本的改观。Visual 意为“可视化的”，指的是一种开发图形用户界面的方法，在计算机程序设计中引申为可视化的程序设计。程序员不用编写大量代码去描述界面元素的外观、位置等信息，只要将这些元素用鼠标拖动到具体位置即可（即可视化设计，或所见即所得）。所以，Visual Basic 是基于 BASIC 的可视化的程序设计语言，是一个面向对象的集成开发系统。Visual Basic 一方面继承了其先辈 BASIC 简单、易学易用的特点，另一方面采用了面向对象、设计过程可视化、事件驱动的编程机制、动态数据驱动等先进的软件开发技术，使 BASIC 语言编程技术发展到了一个新的高度，它为广大用户提供了一种“所见即所得”的可视化程序设计方法。

Visual Basic 的诞生使编程技术向前迈进了一大步，它开创了可视化编程的先河。在它的带动下，许多优秀的可视化开发工具如 Delphi、PowerBuilder、Visual FoxPro 等相继问世。这些开发工具各有千秋，但它们都或多或少地从 Visual Basic 中汲取了营养。随着组件对象技术的不断进步，以及 Internet 的不断普及，Visual Basic 也在不断进步。自 1991 年推出 Visual Basic 后，经过 Microsoft 公司的不断努力，Visual Basic 的版本也在不断更新。目前，Visual Basic 的较新版本是 Visual Basic.NET。

本书以目前使用最多的 Visual Basic 6.0 为版本介绍 Visual Basic 的使用，对于 Visual Basic.NET，由于其基本内容与 Visual Basic 6.0 差别很小，本书的大部分内容也适合 Visual Basic.NET。

1.3　Visual Basic 6.0 的安装和启动

Visual Basic 是一整套功能完备的开发工具，使用前需安装到系统中。在开发 Visual Basic 程序时，可以通过几种方法启动 Visual Basic 系统。

1.3.1　Visual Basic 的运行环境

Visual Basic 6.0 是基于 Windows 系统的一个应用程序，本身对软、硬件没有特殊要求。

硬件要求：586 以上的处理器、16 MB 以上内存、100 MB 以上的剩余硬盘空间、CD-ROM 驱动器、鼠标等。

软件要求：Windows 2000、Windows XP 或 Windows 7。

1.3.2　Visual Basic 6.0 的安装

1. 初次安装

Visual Basic 6.0 必须在 Windows 环境下用系统自带的安装程序 Setup.exe 安装。步骤如下：

① 启动 Windows。

② 插入 Visual Basic 6.0 的安装光盘。

③ 运行 Visual Basic 6.0 安装程序 Setup.exe。

④ 根据用户要求和计算机配置选择以下三种安装方式之一：

- 典型安装：将默认内容安装到硬盘上。
- 自定义安装：按照用户选择的内容安装到硬盘上。
- 最小安装：系统提取必需的内容安装到硬盘上。

注意： 在安装时，如果设置了光盘自动运行，则在插入光盘时，安装程序将被自动加载，然后选择“安装 Visual Basic 6.0”选项，再根据要求选择安装方式。

2．添加或删除 Visual Basic 6.0 部件

当安装好 Visual Basic 6.0 系统后，有时需要添加或删除某些部件。操作步骤如下：

① 在 CD-ROM 驱动器中插入 Visual Basic 安装光盘。

② 单击“开始”按钮，选择“设置”→“控制面板”命令。

③ 双击“控制面板”中的“添加或删除程序”图标，打开对应的窗口。

④ 选择其中的 Visual Basic 6.0 选项，然后单击“添加/删除”按钮，打开 Visual Basic 6.0 安装程序对话框，其中有三个按钮：

- “添加/删除”按钮：添加新的部件或删除已安装的部件，单击该按钮会弹出“维护”对话框，用户根据需要选中或取消选中部件前的复选框。
- “重新安装”按钮：以前安装的 Visual Basic 6.0 有问题，重新安装。
- “全部删除”按钮：将 Visual Basic 6.0 从系统中全部删除。

1.3.3 Visual Basic 6.0 的启动

完成 Visual Basic 6.0 安装后，可以通过以下两种方式启动 Visual Basic 6.0：

① 在“开始”菜单中选择“程序”命令，然后选择“Microsoft Visual Basic 6.0 中文版”→“Microsoft Visual Basic 6.0 中文版”命令，即可启动 Visual Basic 应用程序。

② 利用 Windows 建立快捷方式的功能，将 Visual Basic 6.0 程序的快捷方式图标放在桌面上。启动 Visual Basic 6.0 时，只要在桌面上双击该图标即可。

用上述任何一种方法启动 Visual Basic 后，都将弹出“新建工程”对话框，如图 1-5 所示。

图 1-5 “新建工程”对话框

该对话框有以下三个选项卡：

① 新建：用于建立新的 Visual Basic 应用程序，该选项卡中列出了可创建的 Visual Basic 工程类型，默认类型为“标准 EXE”，用于建立一个标准的 EXE 类型的工程，本书只讨论该工程类型。

② 现存：用于选择和打开现有的 Visual Basic 应用程序工程文件，继续进行编辑、修改。

③ 最新：列出了最近一段时间内编辑过的 Visual Basic 应用程序工程文件。

新建一个工程时，可选择“新建”选项卡，从中选择“标准 EXE”选项并单击“打开”按钮，即可进入 Visual Basic 6.0 应用程序集成开发环境进行新工程的创建。

1.4 Visual Basic 6.0 的集成开发环境

Visual Basic 6.0 的集成开发环境是开发 Visual Basic 应用程序的平台。熟练掌握 Visual Basic 的集成开发环境的使用方法是设计开发 Visual Basic 应用程序的基础。Visual Basic 的集成开发环境界面如图 1-6 所示，它包括以下几个独立的窗口。

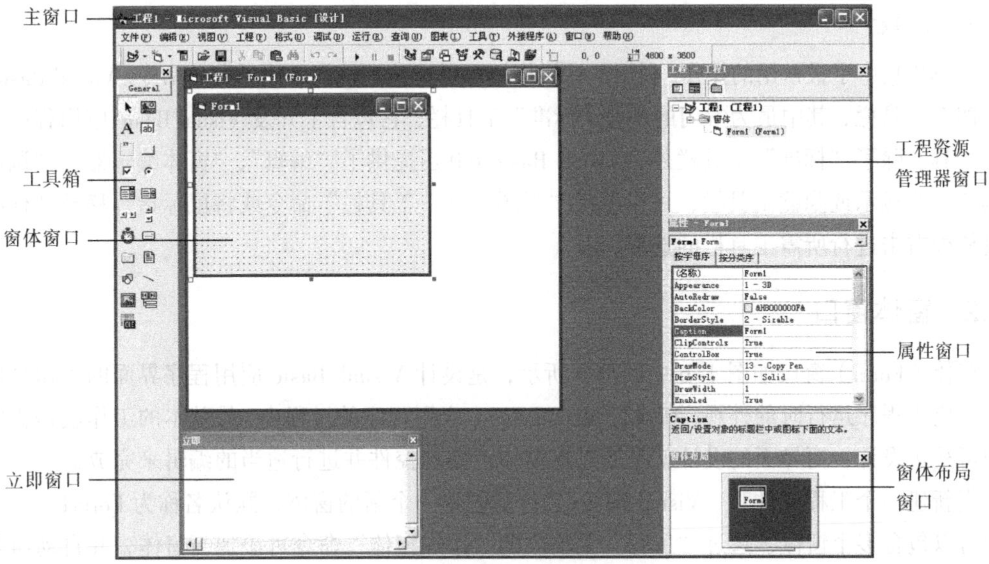

图 1-6 Visual Basic 6.0 集成开发环境

1.4.1 主窗口

与任何其他 Windows 窗口类似，Visual Basic 6.0 的主窗口也是由标题栏、菜单栏、工具栏等项目组成的。

1. 标题栏

标题栏位于集成开发环境的顶部，显示当前工程的名称以及工作状态。Visual Basic 应用程序启动后，其标题栏的标题为“工程 1-Microsoft Visual Basic[设计]”，其中方括号中的“设计”说明此时集成开发环境处于设计模式，在进入其他状态时，方括号中的文字将会发生相应的变化。

Visual Basic 有三种工作模式：设计模式（Design）、运行模式（Run）和中断模式（Break）。

① 设计模式：可进行用户界面的设计和代码的编制，以完成应用程序的开发。

② 运行模式：运行应用程序，查看结果。在此模式下既不可编辑应用程序代码，也不可编辑其界面。

③ 中断模式：应用程序运行暂时中断，此时可编辑代码，但不可编辑界面。按【F5】键或单击“继续”按钮，程序将继续运行；单击“结束”按钮，程序停止运行。在此模式下会显示“立即”窗口，在该窗口内可输入简短的命令，并立即执行。

与其他 Windows 界面相同，标题栏的最左端是窗口控制菜单图标；标题栏的右端是最小化、最大化（还原）和关闭按钮。

2. 菜单栏

Visual Basic 6.0 的菜单栏中除了提供标准的“文件”、“编辑”、“视图”、“窗口”和“帮助”等菜单外，还提供了编程专用的一些功能菜单，如“工程”、“格式”、“调试”、“运行”等，程序开发过程中所需要的命令和功能均包含在这些菜单中。各种命令和功能后面将会陆续介绍，用户也可使用“帮助”菜单中的“帮助主题”命令，选择相关的帮助信息。

3. 工具栏

工具栏集中了最常用的操作，利用工具栏按钮可以迅速地访问常用的菜单命令。Visual Basic 6.0 中有四个工具栏，其中最为常用的就是“标准”工具栏，它包含了开发 Visual Basic 应用程序最常用的工具。除了“标准”工具栏外，Visual Basic 6.0 还提供了“编辑”、“窗体编辑器”、“调试”工具栏。要显示或隐藏工具栏，可以选择“视图”→“工具栏”命令或将鼠标指针移至“标准”工具栏处右击进行所需工具栏的选取。

1.4.2 窗体窗口

窗体（Form）窗口如图 1-6 中间部分所示，是设计 Visual Basic 应用程序界面的工作窗口，对应于应用程序运行时的外观。在设计 Visual Basic 应用程序的过程中，最基本的工作就是程序界面的可视化设计，而界面的设计就是通过在窗体上添加控件并进行适当的编辑来完成的。

当新建一个工程文件时，Visual Basic 会自动创建一个新的窗体，默认名称为 Form1。一个工程中可以包含多个窗体，通过“工程”菜单中的“添加窗体”命令可添加新窗体，并自动命名为 Form2、Form3 等。

在程序设计阶段，窗体窗口中显示由很多小点组成的网格，其作用是便于控件定位。网格的显示与否以及网格的大小都可以通过选择“工具”菜单中的“选项”命令，在其对话框的“通用”选项卡下的“窗体设置网格”选项组中进行设置，改变“宽度”和“高度”文本框中的数值即可改变网格大小，默认高度和宽度均为 120 缇。在程序运行阶段，窗体窗口中不显示网格。

除了一般窗体外，还有一种多文档窗体（Multiple Document Interface，MDI），它可以包含子窗体，每个子窗体都是独立的。

注意：缇（twip）是屏幕的一种度量单位，1 缇等于 1/20 磅。

1.4.3 属性窗口

属性（Properties）窗口用于显示和设置选定的窗体或控件等对象的属性，如图 1-7 所示。窗体和控件的特征如外观、标题、名称或颜色等都是由一组属性进行描述的，当选择某个对象时，属性窗口中将显示该对象所有的属性名称及对应的属性值。在进行界面设计时，可通过属性窗口对某个对象的属性进行设置或修改。

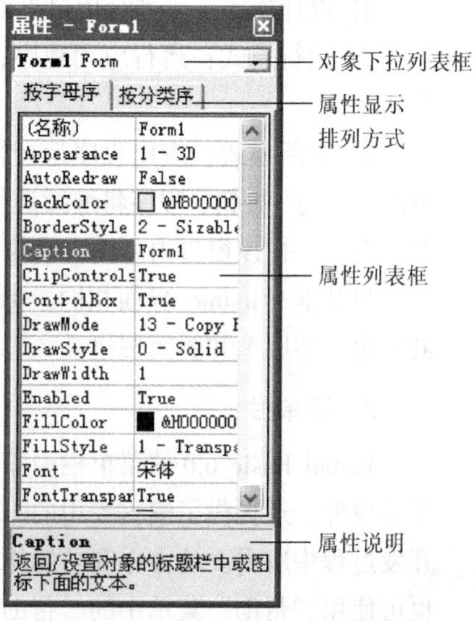

图 1-7 属性窗口

属性窗口由以下四部分组成：

① 对象下拉列表框：单击对象列表框右边的下拉按钮，显示所选窗体中包含的所有对象的列表，从中可选择要设置属性的对象。

② 属性显示排列方式：属性显示方式有“按字母序”和“按分类序”两种，图 1-7 中显示的是“按字母序”排列的属性列表。

③ 属性列表框：列出所选对象在设计模式下可更改的属性名称及其默认值，对于不同对象，它所列出的属性也是不同的。属性列表由两栏构成，左边列出的是各种属性名称，右边列出的则是相应的属性值。

从属性列表框可以看出，每个对象都有若干属性，而且其中很多属性已设置为系统的默认值。在实际应用程序设计中，绝大多数属性不需要修改，若需要修改，可在属性列表框中选定某一属性，然后对该属性值进行设置。

④ 属性说明：当在属性列表框中选取某属性时，在该区显示所选属性的名称和功能。

1.4.4　工程资源管理器窗口

工程资源管理器（Project Explorer）窗口以层次列表的形式显示所建工程的组织结构以及所包含的全部文件清单，如图 1-8 所示，小括号内的名称是工程、窗体、模块等保存在磁盘上的文件名，若有扩展名表示已保存过，无扩展名则表示当前文件尚未保存；括号左边的名称是相应的工程、窗体、模块的名称（即其 Name 属性）。

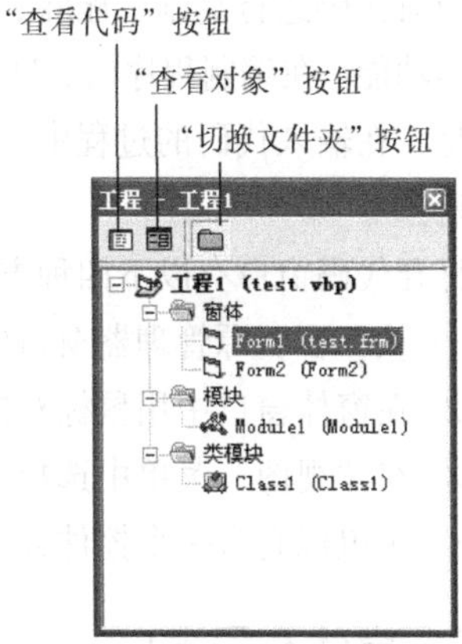

图 1-8　工程资源管理器窗口

工程资源管理器窗口顶部有三个按钮，分别为：

①“查看代码”按钮：切换到代码窗口，显示和编辑代码。

②“查看对象”按钮：切换到窗体窗口，显示和编辑对象。

③“切换文件夹”按钮：切换工程中的文件按类型分层次或不分层次显示。

在 Visual Basic 中，一个应用程序称为一个工程，一个工程中可以包含多种文件，如工程文件（.vbp）、窗体文件（.frm）、模块文件（.bas）、类模块文件（.cls）和资源文件（.res）等。工程资源管理器使用类似 Windows 资源管理器的层次化管理方式显示工程中的各类文件，通过该窗口可以快速地切换所编辑的文件，还可以方便地添加和删除任何类型的文件。例如，若要添加某种类型的文件，可在该窗口中右击，在弹出的快捷菜单中选择“添加”命令，从其级联菜单中选择要添加的文件类型，即可将新文件添加到该工程中；若要删除某个文件（如窗体文件 Form1），可在该文件上右击，在弹出的快捷菜单中选择“移除 Form1”命令，即可将该文件从工程中删除。

1.4.5　代码窗口

代码（Code）窗口的主要功能是编辑事件驱动程序及其他代码，它是专门用来进行代码设计的窗口，可在其中显示和编辑各种事件过程、自定义过程等程序代码，如图 1-9 所示。在该窗口中，过程与过程之间由一条浅灰色直线分隔，这样便于区分各个独立的过程，使程序比较清晰。

代码窗口的“对象”下拉列表框中列出了当前窗体及窗体中所有的对象名称，其中“通用”表示与对象无关的通用代码；而“过程”下拉列表框中则列出了所有对应于“对象”下拉列表框中对象的事件过程名称。当在“对象”下拉列表框中选择对象名（控件），在“过程”下拉列表框中选择事件过程名后，Visual Basic 将自动在代码编辑区为选中对象的事件过程建立一个编程模板（建立起始语句和结束语句），在该模板内（起始语句和结束语句之间）输入代码即可。

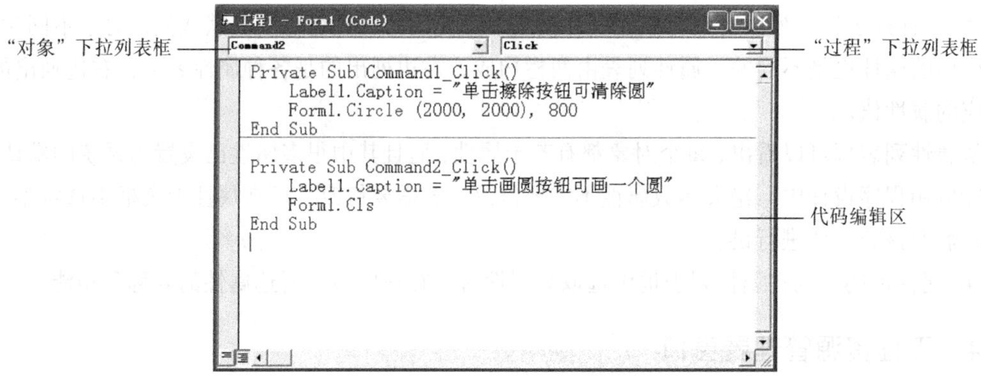

图 1-9 代码窗口

代码窗口实际上是一个标准的文本编辑器，它提供了功能完善的文本编辑功能，可以简单、高效地对代码进行复制、删除、移动及其他操作。此外，还有大小写字母转化、语法提示、语法查错等功能。在编制程序时，只要在代码窗口按照 Visual Basic 的语法规则输入代码即可。需要说明的是，在输入代码的过程中，应将输入的代码按语法规则进行缩进处理，这样会使程序结构更加清晰。

打开代码窗口有以下四种方法：

① 从工程资源管理器窗口中选择一个窗体或标准模块，并单击“查看代码”按钮。

② 在窗体窗口中用鼠标双击一个控件或窗体本身。

③ 在“视图”菜单中选择“代码窗口”命令。

④ 用鼠标右击一个控件或窗体，在弹出的快捷菜单中选择“查看代码”命令。

1.4.6 窗体布局窗口

窗体布局（Form Layout）窗口用于设置程序运行时程序窗口出现的初始位置，如图 1-10 所示。该窗口主要是为了使所开发的应用程序能在各种不同分辨率的屏幕上正常运行，多用于多窗体的应用程序。在该窗口中用鼠标拖动表示程序窗口的图形（图 1-10 中的 Form1），就可以指定程序运行时 Form1 程序窗口出现的位置。

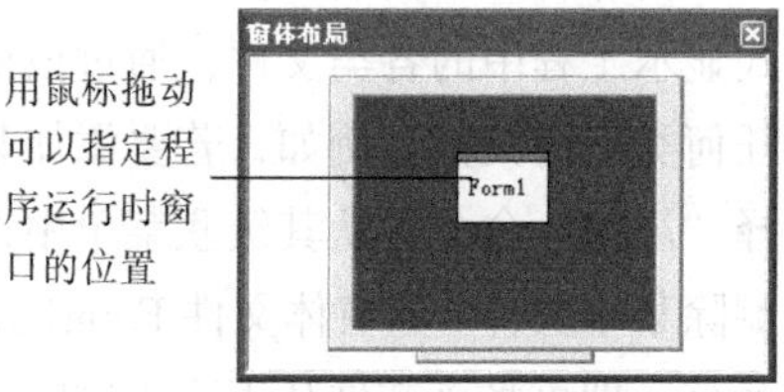

图 1-10 窗体布局窗口

1.4.7 立即窗口

立即窗口如图 1-11 所示，通常其作用有两个：

① 编制程序时可在立即窗口中运行命令或函数，通常是为了验证某个计算结果或测试一些不熟悉的命令或函数的用法。例如，可以直接在该窗口中使用“?”或 Print 语句进行简单计算，如图 1-11 所示。

② 用于调试程序，这也是立即窗口最常见的用途。可以在程序代码中使用 Debug.Print 语句将程序的中间运行结果输出到立即窗口中，对程序进行调试。

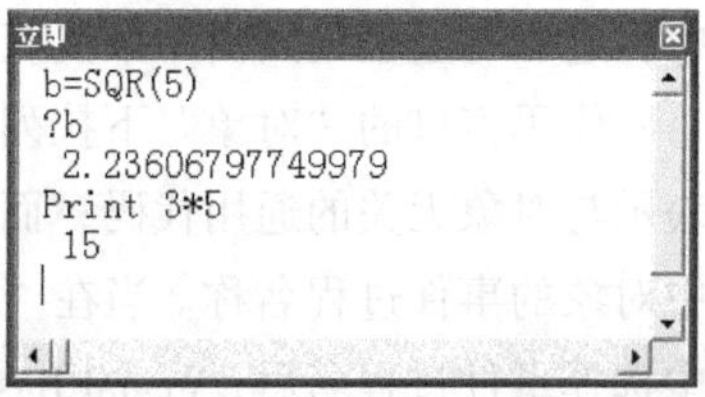

图 1-11 立即窗口

1.4.8　工具箱

工具箱（Tool Box）由 21 个被绘制成按钮形式的图标构成，如图 1-12 所示。其中，除指针以外的其余 20 个都是控件（指针不是控件，仅用于移动窗体和控件，以及调整它们的大小），它们都是组成 Windows 窗口的基本元素，用于创建应用程序的界面。由于这些控件是工具箱中默认显示的控件，因此也称为内部控件。

除工具箱中默认显示的内部控件外，用户还可以添加其他类型的控件，选择“工程”→“部件”命令，即可将系统提供的其他控件装入工具箱中。

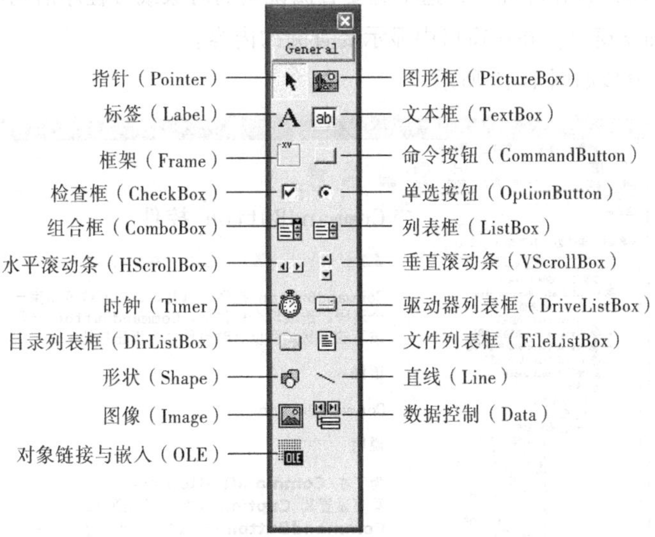

图 1-12　工具箱

在设计状态下，工具箱总是显示。若要隐藏工具箱，可以单击工具箱右上角的“关闭”按钮；若要再次显示，可选择“视图”→“工具箱”命令。在运行状态下，工具箱将自动隐藏。

1.4.9　Visual Basic 6.0 的帮助功能

程序开发工具越来越复杂，要求程序开发人员记住所有和程序开发工具相关的信息，尤其是控件、命令、函数等详细信息，几乎是不可能的。程序开发人员在遇到与开发工具有关的问题时，通常要借助于开发工具所提供的帮助系统，或通过其他途径去寻求帮助，以达到解决问题的目的。在 Visual Basic 6.0 中，可通过两种方式获得帮助：一种方式是查阅联机手册 MSDN（Microsoft Developer Network），另一种方式就是通过 Internet，查阅相关网站的信息。

1. 通过 MSDN Library 获取帮助

在 Microsoft 公司出品的系列开发工具中，Visual Basic 6.0 只是 Visual Studio 6.0 的组件之一。Microsoft 公司为 Visual Studio 6.0 提供了一套 MSDN Library 帮助系统，在安装完成 Visual Basic 6.0 时，系统会提示安装 MSDN Library，只有安装了 MSDN Library，才能在 Visual Basic 6.0 中使用帮助功能。

MSDN Library 包含超过 1.1 GB 的编程技巧信息，其中包括示例代码、开发人员知识库、Visual Studio 文档、SDK 文档、技术文章、会议及技术讲座的论文，以及技术规范等。它是一本集程序设计指南、用户使用手册以及库函数于一体的电子词典。MSDN Library 的帮助功能不仅可以引导初学者入门，还可帮助各种层次的用户完成应用程序的设计。

想要查阅联机手册 MSDN 的内容，有如下几种方法：

① 在“开始”菜单中选择“程序”→Microsoft Developer Network→MSDN Library Visual Studio 6.0 命令，打开 MSDN Library 窗口。

② 在 Visual Basic 主窗口中选择“帮助”→“内容”或“索引”命令，打开 MSDN Library 窗口。

③ 在 Visual Basic 操作环境中，选中想要查阅说明的对象或者程序语句后，按【F1】键，也可打开 MSDN Library 窗口，并在窗口中显示要查阅的内容。

MSDN Library 窗口如图 1-13 所示。

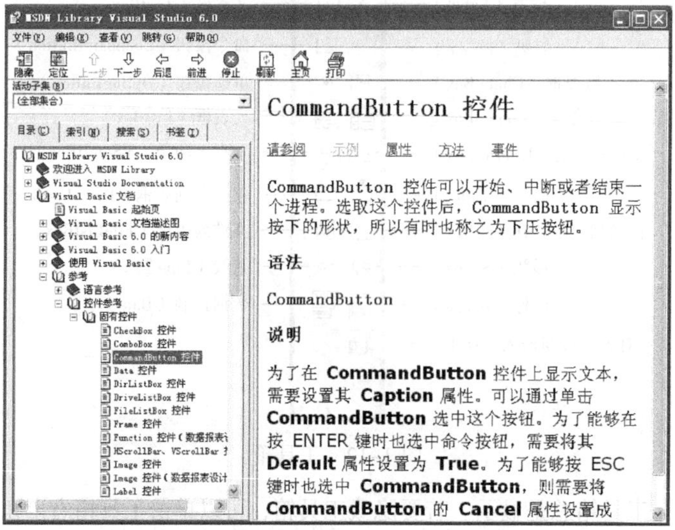

图 1-13　MSDN Library 的“目录”选项卡

（1）通过目录查找信息

MSDN Library 窗口有四个选项卡，选择“目录”选项卡可浏览主题的标题。由于 MSDN Library 中所包含的内容不只有 Visual Basic 的相关信息，Microsoft 的其他开发工具（如 Visual C++、Visual FoxPro 等）的技术文件也在其中，所以该目录是一个包含了 MSDN Library 中所有可用信息的可扩充列表，如图 1-13 所示。

单击目录中的主题，可浏览该主题。在浏览主题的标题时，可以像操作资源管理器一样展开或收缩结点，以查看主题下的各个子项。

（2）通过索引查找信息

“索引”选项卡包含了一份关键字列表，这些关键字与众多的 MSDN Library 主题相关联。选择“索引”选项卡可查看索引项的列表，然后输入一个与所需查找信息有关的关键字或滚动翻阅整个列表来查找关键字。

由前面的介绍可知，MSDN Library 中所包含的内容不只有 Visual Basic 的相关信息，这样当输入一个要查找的关键字时，会查出很多相同的项目，如图 1-14 所示。如果只关心 Visual Basic 的内容，可以在“活动子集”下拉列表框中选择“Visual Basic 文档”选项，这样，索引项就只有与 Visual Basic 有关的项目了。

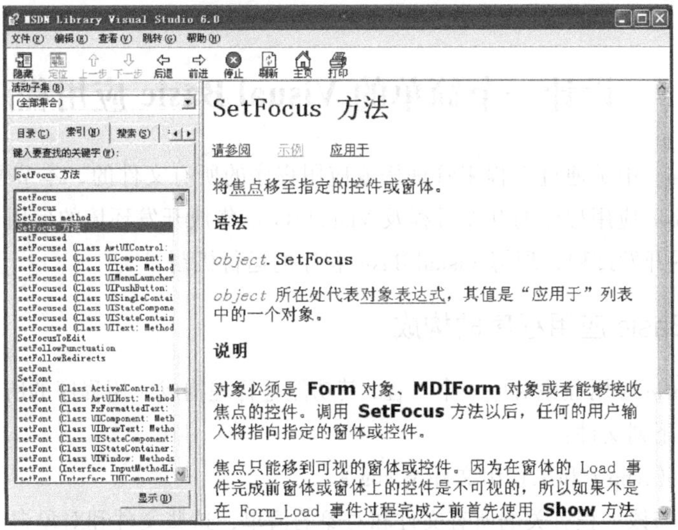

图 1-14　MSDN Library 的“索引”选项卡

2．从 Internet 获得帮助

随着 Internet 的发展，信息的传递变得更加迅速，人们获取信息的方式也发生了很大的变化。通过访问 Internet，可以获得很多有关 Visual Basic 的信息。Microsoft 公司也为 Visual Basic 提供了相应的主页地址 http://msdn.microsoft.com/zh-cn/vbasic/default.aspx。在该网站提供了如下信息：

① Visual Basic 基础知识，包括 Visual Basic 的入门、常见错误和修改错误的报告及其他信息主题。

② Visual Basic 软件库，包括程序文件的更新、帮助的更新、驱动程序和其他 Visual Basic 相关文件。

③ Visual Basic 常见问题，包括产品支持服务中最常见问题的答案。

在 Visual Basic 6.0 中，可以从“帮助”菜单中选择“Web 上的 Microsoft”命令访问 Microsoft Visual Basic Web 站点。当选择该命令时，会显示出子菜单（见图 1-15），从子菜单中选择合适的命令，即可访问相应的内容。当选中某一项目后，系统会自动打开 Internet Explorer 浏览器并连接相应网站。

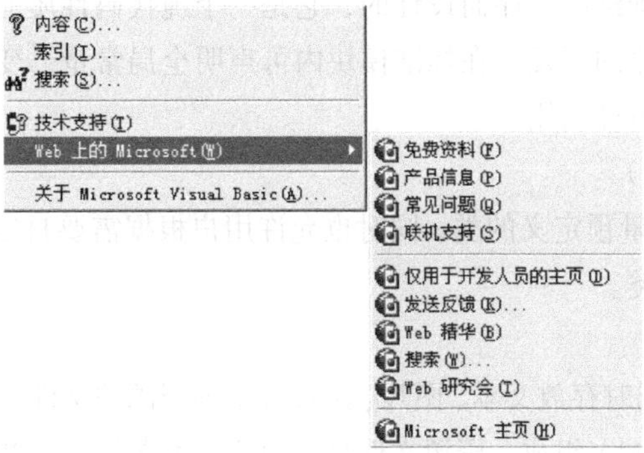

图 1-15　“Web 上的 Microsoft”子菜单

实际上，在 Internet 网上，关于 Visual Basic 的内容非常多，有讲解 Visual Basic 的网站，有提供各种 Visual Basic 程序的网站，还有各种 Visual Basic 专题的讨论区，读者只要留心，定会有不少收获。

1.5 设计一个简单的 Visual Basic 应用程序

在 Visual Basic 中是通过工程来管理构成应用程序的所有文件的，本节通过一个简单的例子，介绍 Visual Basic 应用程序的开发过程及 Visual Basic 集成开发环境的使用，使读者初步掌握 Visual Basic 程序的开发过程，理解 Visual Basic 程序的运行机制。

1.5.1 Visual Basic 应用程序的构成

一个 Visual Basic 应用程序对应一个工程，其功能是管理构成应用程序的所有文件。一般情况下，一个工程包含下列文件：

（1）工程文件（.vbp）和工程组文件（.vbg）

工程文件就是与该工程有关的所有文件和对象的清单，这些文件和对象自动链接到工程文件上，每次保存工程时，其相关文件信息随之更新。当然，某个工程的对象和文件也可供其他工程共享使用。将工程的所有对象和文件汇集在一起并完成编码后，即可对工程进行编译，生成可执行文件。

工程文件的扩展名为.vbp，每个工程对应一个工程文件。当一个程序包括两个以上的工程时，这些工程构成一个工程组，工程组文件的扩展名为.vbg。

（2）窗体文件（.frm）

一个工程可包含一个或多个窗体，每个窗体对应一个窗体文件，窗体及其控件的属性设置、事件过程和用户自定义过程等程序代码都存放在该窗体文件中。一个应用程序至少包含一个窗体文件。

（3）窗体的二进制数据文件（.frx）

如果窗体上的控件是图片或图标，它们的数据属性含有二进制属性，当保存窗体文件时，就会自动产生同名的.frx 文件。

（4）标准模块文件（.bas）

标准模块文件是为合理组织程序而设计的，它是一个纯代码性质的文件，不属于任何一个窗体，主要用于大型应用程序的开发。在标准模块内可声明全局常量、变量和用户自定义过程，这些过程可被窗体中的任意事件调用。

（5）类模块文件（.cls）

Visual Basic 提供了大量预定义的类，同时也允许用户根据需要自定义类。用户可通过类模块来创建含有方法和属性的类。

（6）资源文件（.res）

资源文件是一种可以同时存放文本、图片、声音等多种资源的文件。它由一系列独立的字符串、位图及声音文件（.wav、.mid）组成。资源文件是一种纯文本文件，可以用文字编辑器进行编辑。

（7）ActiveX 控件文件（.ocx）

ActiveX 控件文件是一段设计好的、可以重复使用的程序代码和数据，可以添加到工具箱中，像其他控件一样在窗体上使用。

通常，一个最简单的 Visual Basic 应用程序至少要包含两个文件，即工程文件和窗体文件。

1.5.2 创建 Visual Basic 应用程序的步骤

创建 Visual Basic 应用程序一般有以下几个步骤：

（1）新建工程

创建一个应用程序首先要建立一个新的工程。

（2）创建应用程序界面

应用程序的界面设计决定了程序运行时的外观。可根据程序的功能要求和用户与程序之间信息交流的需要，对界面进行合理规划，利用工具箱在窗体上添加所需要的控件。其中，窗体是用户进行界面设计时在其上放置控件的窗口，它是创建应用程序界面的基础。

（3）设置窗体和控件的属性

根据界面要求可对各个对象进行属性设置，属性值可以通过属性窗口设置，也可以通过程序代码在程序运行时进行设置和修改，从而达到改变对象外观和行为的目的，使其满足用户需要。

（4）编写对象事件过程的源代码

界面设计决定了程序运行时的外观，设计完界面后就要编写程序代码，以完成程序要求的功能。通过代码窗口可以为控件对象的相关事件编写代码，以便在程序运行时通过触发不同的事件去执行相对应的程序代码。

（5）保存程序

保存程序就是将有关文件保存到磁盘上，以避免由于程序运行不正确造成死机而导致程序丢失，也便于以后多次使用。程序的保存包括工程文件、窗体文件及模块文件等文件的保存。

（6）运行与调试程序

运行所编写的程序，当出现错误时，Visual Basic 会自动提示错误信息，并等待修改，修改正确后可继续运行程序。如果运行结果不正确或用户对界面不满意，则可以通过前面的步骤进行修改，然后继续调试，直到运行结果正确，用户满意为止，再次保存修改后的程序。

（7）生成可执行程序

为了使程序能够脱离 Visual Basic 的环境单独运行，可以将应用程序源代码编译生成可执行文件（.exe 文件）。在生成可执行文件后，即使关闭了 Visual Basic，该可执行文件仍然可以像任何基于 Windows 的应用程序那样，在资源管理器中双击文件图标即可运行。

以上步骤中第（2）～（4）步是 Visual Basic 程序设计的核心。

1.5.3 Visual Basic 应用程序举例

下面通过一个简单的实例说明建立 Visual Basic 应用程序的过程。

【例】编写一个 Visual Basic 程序，实现两个数的加法运算，并显示结果。程序的运行界面如图 1-16 所示。程序运行时，在“被加数”和“加数”文本框中输入数据，而后单击“计算”按钮，将进行求和计算，并在“和”文本框中显示两个数相加的结果；单击“清空”按钮，将清除 3 个文本框中显示的内容；单击“退出”按钮，则结束程序。

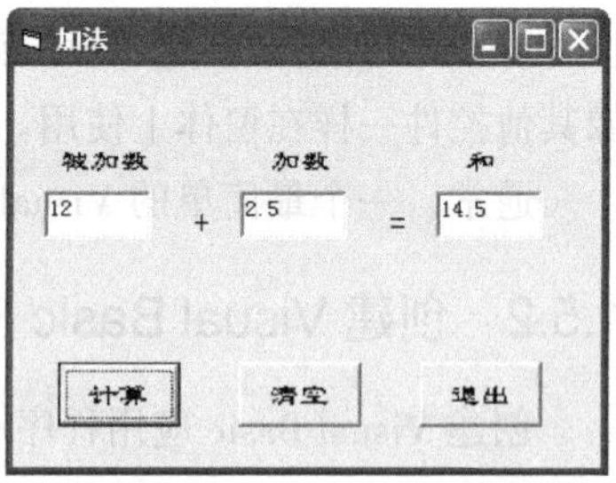

图 1–16　程序运行界面

1. 新建工程

启动 Visual Basic 应用程序后，在弹出的“新建工程”对话框中选择“标准 EXE”工程类型，然后单击“打开”按钮，即可新建一个工程，并自动创建一个默认名称为 Form1 的窗体，这个窗体即要建立的应用程序的界面，接下来要做的工作就是在这个窗体上添加控件，进行界面设计。

2. 设计应用程序界面

根据图 1–16 可知，该程序中共涉及三种控件，分别为标签（Label）、文本框（TextBox）和命令按钮（CommandButton）。标签只用于显示信息，不能进行输入；文本框既可用于数据的输入，也可用于数据的输出；命令按钮用于执行有关操作。

在窗体上添加控件的方法有两种：

① 单击工具箱中的某个控件，然后将鼠标指针移动到窗体上，此时鼠标指针呈十字型，在窗体的合适位置按住鼠标左键进行拖动，当控件大小合适时释放鼠标，即可在窗体上添加一个控件对象。

② 直接双击工具箱中的某个控件，此时窗体中央会出现默认大小的控件对象，然后可用鼠标调整该对象的大小和位置。

若要删除某个控件对象，可用鼠标选中该对象，然后按【Delete】键将其删除。

以第一种方法为例说明如何在窗体上添加各个控件。

单击工具箱中的 Label（标签）图标 A，然后将鼠标指针移至窗体上，在窗体上部按住鼠标左键并拖动，当标签大小合适时即可释放鼠标，从而在窗体上添加一个标签对象，其标题显示为 Label1。由于本例需要在窗体上添加五个标签，分别用于显示“被加数”、“加数”、“和”、“+”和“=”，因此可继续单击工具箱中的 Label 图标，按上述方法依次进行添加。

单击工具箱中的 TextBox（文本框）图标 abl，在窗体上按住鼠标左键并拖动，则添加了一个标题为 Text1 的文本框。按此方法依次添加另外两个文本框，其标题分别显示为 Text2 和 Text3。

单击工具箱中的 CommandButton（命令按钮）图标，在窗体上按住鼠标左键并拖动，则添加了一个标题为 Command1 的命令按钮。继续单击 CommandButton 图标，按上述方法添加另外两个命令按钮，标题分别显示为 Command2 和 Command3。

在窗体上添加完控件后，可用鼠标将各个控件移动到适当的位置。为使界面看起来更整齐，还可对各个控件的大小和位置进行进一步调整。例如，要将三个文本框的大小设置为相同的尺寸，方法为：先选中 Text1 文本框，然后按住【Shift】键依次选择 Text2 和 Text3，这样可将三个文本框同时选中，然后选择“格式”→“统一尺寸”→“两者都相同”命令，这样这三个文本框就具有相同的宽度和高度，注意调整后的尺寸与最后选中的文本框的尺寸相同。依照此方法可对三个命令按钮进行尺寸调整，完成后的界面布局如图 1–17 所示。

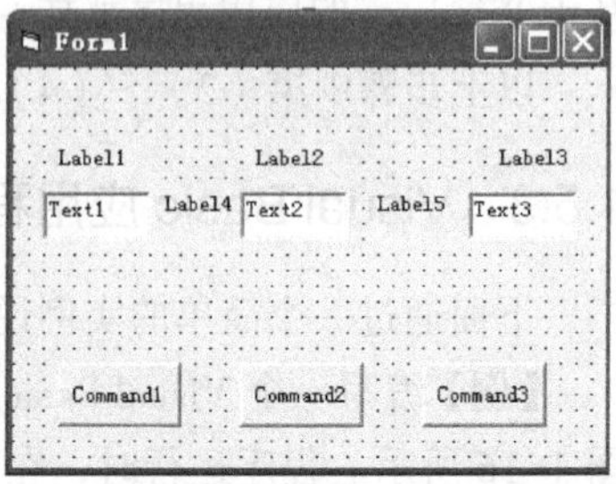

图 1–17　界面布局

注意：在添加多个相同的控件对象时，应逐一添加，而不要使用复制、粘贴的方式，否则会添加为控件数组，详见第 4 章。另外，对象的名称与添加顺序有关，如添加的第一个标签的名称为 Label1，后面添加的标签的名称依次为 Label2、Label3、……

3．设置窗体和控件的属性

对象添加好后即可为其设置属性值。各个对象都有其默认属性值，为了使对象符合应用程序的要求，可以对对象的属性重新进行设置。默认状态下，每个对象都有一个名称，如 Label1、Label2、Label3、Label4、Label5、Text1、Text2、Text3、Command1、Command2、Command3 和 Form1，以及与名称同名且显示在控件上的标题。图 1-17 所示即为各个对象的标题。通常情况下，为明确应用程序的功能，往往对窗体和各个控件对象的标题进行修改，使标题一目了然，具有实际意义。例如，Form1 的标题为"加法"，三个命令按钮 Command1、Command2、Command3 的标题分别为"计算"、"清空" 和 "退出"。

注意：默认情况下，控件的标题与控件的名称相同，但是其性质不同，要注意区分。控件的标题即显示在控件上的文字，是用户直接看到的外部特征，大部分控件的标题由其 Caption 属性决定，而 TextBox 控件则是由 Text 属性决定的；控件的名称即控件的 Name 属性，表示的是对象的名字，是对象与对象之间进行区分的标志，可在程序代码中使用。

（1）设置窗体 Form1 的 Caption 属性

为修改 Form1 的标题显示，需要修改其 Caption 属性。单击窗体，此时属性窗口中显示的是 Form1 的各个属性。从属性列表中单击 Caption 属性，将右列中该属性的值由 Form1 修改为"加法"，此时 Form1 窗体的标题显示为"加法"。

（2）设置各个标签的 Caption 和 Font 属性

为修改各个标签的标题属性，需设置其 Caption 属性的值。单击标有 Label1 的标签，此时属性窗口中显示的是该标签的各个属性。从属性列表中找到 Caption 属性，将其值由 Label1 修改为"被加数"。依此方法，分别对其余标签对象的 Caption 属性进行设置。

为设置 Label1、Label2、Label3 标签对象的标题文字的字体，需要修改其 Font 属性。若各个标签对象的字体不同，则需要分别设置每个标签对象的 Font 属性；若字体相同，就可以同时进行设置，设置方法为：同时选中 Label1、Label2、Label3，然后在属性窗口中找到 Font 属性，单击其右列中的省略号按钮，在弹出的"字体"对话框中选择"隶书"、"小四"，则三个标签对象的标题字体全部设置为隶书、小四号字。

（3）设置各个文本框的 Text 属性

若要修改文本框的标题显示，需要修改其 Text 属性。单击标有 Text1 的文本框，在属性列表中找到 Text 属性，将其右列中显示的 Text1 删除，则该文本框对象的标题显示为空。

依照此方法，可分别将 Text2、Text3 的 Text 属性设置为空。

（4）设置各个命令按钮的 Caption 和 Font 属性

单击标有 Command1 的命令按钮，在属性窗口的属性列表中找到 Caption 属性，将其右列的属性值修改为"计算"。按照此方法，依次设置 Command2 与 Command3 的 Caption 属性改为"清空"与"退出"。

同时选中三个命令按钮，然后从属性列表中找到 Font 属性，单击其右列中的省略号按钮，在弹出的“字体”对话框中选择“隶书”、“小四”，则将三个命令按钮上的标题的字体全部设置为隶书、小四号字。

设置完各个对象的属性后，界面如图 1–18 所示。

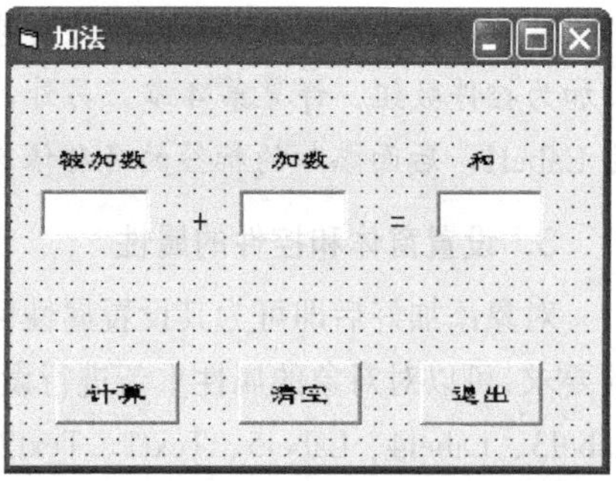

图 1–18 设置完各个对象属性后的界面

注意：若窗体上各个控件的字体属性设置都相同，可以不用逐一设置，只要在添加控件前，对窗体的字体属性进行设置，则以后添加的控件都具有该属性值。

4. 编写对象的事件处理程序

创建好应用程序的界面后，即可开始编写应用程序代码，以控制程序的每一步运行。

Visual Basic 应用程序的代码是在代码窗口中编写的，使用代码窗口可以快速查看和编辑应用程序代码的任何部分。

由程序功能要求可知，当单击“计算”按钮时，将计算输入的两个数据的和并将其显示在 Text3 文本框中；当单击“清空”按钮时，将清除输入的数据及计算结果，以便为下一次输入及计算做准备；当单击“退出”按钮时，将结束程序执行。因此，需要对三个命令按钮的单击事件（即 Click 事件）进行编程。

在 Form1 中用鼠标双击任何一个命令按钮，都将打开与 Form1 对应的代码编辑窗口。双击“计算”按钮，则打开图 1–19 所示的代码窗口。该编辑窗口的“对象”下拉列表框中显示的对象名为 Command1，右侧的“过程”下拉列表框中显示的过程是 Click，并且系统将会自动给出该命令按钮的 Click 事件过程的开始和结束语句，形成一个模板，即：

```
Private Sub Command1_Click()

End Sub
```

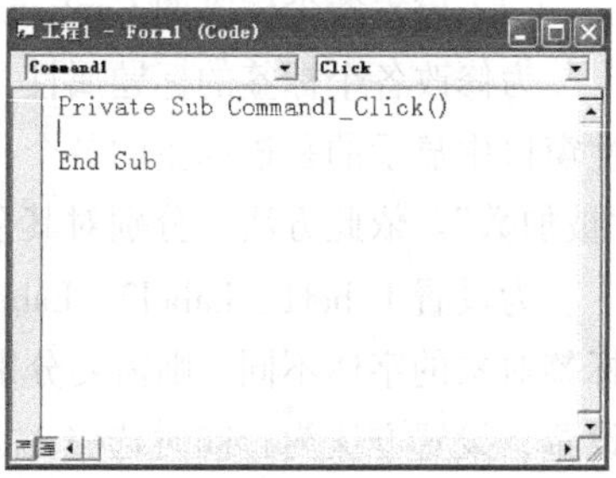

图 1–19 代码编辑窗口

下面所要做的工作就是在这两行之间输入自己编写的程序代码，这样，当程序运行时单击“计算”按钮，就会执行这两行之间的代码，从而实现相应的功能。

（1）编写 Command1 的 Click 事件过程

双击 Command1 按钮（即标题为“计算”的按钮），打开代码窗口，在该事件过程的模板中添加代码（粗体部分）：

```
Private Sub Command1_Click()
    Text3.Text=Val(Text1.Text)+Val(Text2.Text)
End Sub
```

添加的程序代码只有一行，其中，Val 是将数字字符转换为数值的函数，该函数把 Text1 文本框和 Text2 文本框中输入的数字字符转换为数值后相加，并把结果显示在 Text3 文本框中，这样就完成了程序要求的功能。

（2）编写 Command2 的 Click 事件过程

从代码窗口的“对象”下拉列表框中选择 Command2，然后在右侧的“过程”下拉列表框中选择 Click 选项，或直接双击“清空”按钮，为 Command2 编写如下事件过程代码：

```
Private Sub Command2_Click()
    Text1.Text=""
```

```
    Text2.Text=""
    Text3.Text=""
End Sub
```

在该事件过程中添加了三条语句（粗体部分），分别将三个文本框中的内容设置为空字符。

（3）编写 Command3 的 Click 事件过程

从代码窗口的“对象”下拉列表框中选择 Command3，然后在右侧的“过程”下拉列表框中选择 Click 选项，或直接双击“退出”按钮，为 Command3 编写如下事件过程代码：

```
Private Sub Command3_Click()
    End
End Sub
```

该事件过程中只有一条语句 End，其作用是结束整个程序的运行。

至此，一个完整的程序就编写完成。到这里也许读者还不了解一些语句的含义，但没有关系，在后面的内容里，将针对 Visual Basic 程序设计的关键问题，对程序的代码进行详尽的剖析。

5. 保存程序

程序编写完成后，应保存程序。一个工程中涉及多种文件类型，因此在保存程序时，要分别保存当前工程中的窗体文件、标准模块文件、类模块文件和工程文件。由于该程序中只涉及一个窗体，因此，只需要保存一个窗体文件和工程文件即可。保存文件的步骤如下：

（1）保存窗体文件

选择“文件”→“Form1 另存为”命令，打开“文件另存为”对话框。此时 Visual Basic 给出了一个默认的保存文件夹以及默认的窗体文件名 Form1.frm。通常应该将文件保存在自己的文件夹下，并为文件起一个合适的名字，这样就需要在“保存在”下拉列表框中选择一个指定的文件夹，然后在“文件名”文本框中输入自己选定的窗体文件名（可省略扩展名，扩展名由系统根据不同的文件类型自动添加）。本例中窗体文件名为 vb1-1.frm，保存在 vb_Examples 文件夹中，如图 1-20 所示。

（2）保存工程文件

选择“文件”→“工程另存为”命令，打开“工程另存为”对话框。此时，Visual Basic 仍然给出了一个默认的保存文件夹和默认的工程文件名“工程 1.vbp”。与上面保存窗体文件相仿，在该对话框中需要先指定保存文件夹，再输入工程文件名。本例保存的工程名为 vb1-1.vbp，保存在 vb_Examples 文件夹中，如图 1-21 所示。

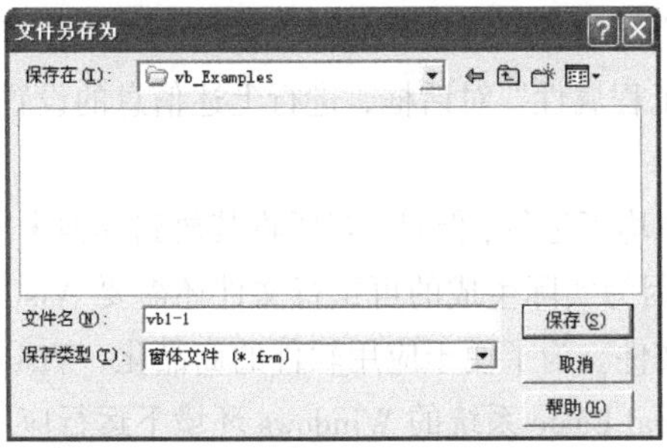

图 1-20 “文件另存为”对话框

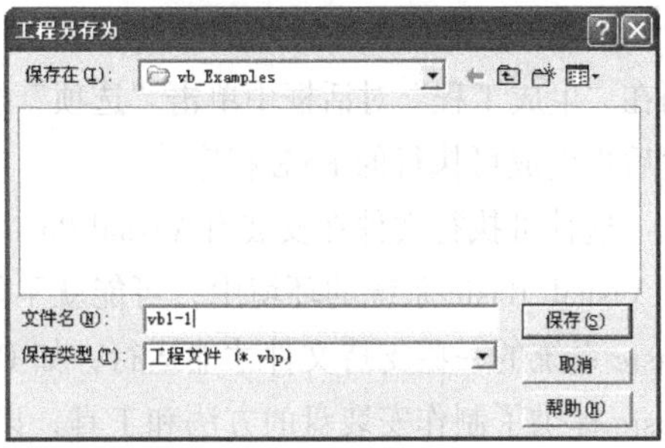

图 1-21 “工程另存为”对话框

保存文件时，还可以选择“文件”→“保存工程”命令，系统会依次打开“文件另存为”和“工程另存为”对话框分别提示保存窗体文件和工程文件。

若需要重新打开该程序再次修改或运行，只需打开工程文件，该工程中包含的窗体文件也会同时打开。

注意：在保存文件时，一定要注意文件保存的位置和文件名，以免下次使用时找不到，系统默认的保存位置为 Visual Basic 安装目录下的 VB98 文件夹。

6．运行与调试程序

程序设计完成后，即可运行程序。选择“运行”→“启动”命令或按【F5】键或单击工具栏中的“启动”按钮 ▸，可运行程序。

在程序运行前，Visual Basic 会先进行编译，检查是否存在语法错误，当存在语法错误时，则显示错误提示信息，并自动进入“中断”运行模式，回到代码窗口提示用户进行代码修改，修改好程序后，可再次运行；若没有语法错误，则可直接运行程序。

若程序的运行结果有错误，则需要结束程序的执行，回到代码编辑窗口，重新检查程序代码，进行修改；修改后可再次运行，直到运行结果正确为止。程序的调试是一个对程序代码进行反复修改的过程，对于初学者，程序运行时出现错误是很正常的，关键在于要学会发现错误并改正错误，在调试过程中积累经验。

7．生成可执行程序

程序运行正确无误后，可将其编译成可执行程序（EXE 文件）。

在 Visual Basic 中，程序可以两种模式运行，即解释运行模式和编译运行模式。

① 解释运行模式：由系统读取事件激发的那段事件过程代码，将其转换为机器代码，然后执行该机器代码。由于转换后的机器代码不保存，如需再次运行该程序，必须再解释一次，运行速度慢。这种模式多用于程序开发阶段，便于程序的调试与修改，上面介绍的运行方式即为解释运行模式。

② 编译运行模式：由系统读取程序中全部代码，将其编译为机器代码，生成可执行文件，供以后多次运行。

生成可执行程序的步骤如下：

① 选择“文件”→“生成 vb1-1.exe”命令，系统弹出“生成工程”对话框，如图 1-22 所示。

② “文件名”文本框内显示与原工程文件名一致的可执行文件名，也可修改文件名，本例为 vb1-1。若要对生成的可执行程序增加一些信息，如产品名称、版权和商标、软件制作单位等，则在“生成工程”对话框中单击“选项”按钮，打开“工程属性”对话框，进行上述信息的设置，然后再生成可执行的 EXE 程序。

这种可执行文件在安装有 Visual Basic 系统的环境中均可运行，但是，若要将其放到其他未安装 Visual Basic 系统的环境中，可能就不能运行。这是因为实际生成的可执行文件还需要 Visual Basic 系统的一些支持文件才能运行，如 OCX、DLL 等文件。为了便于应用软件的商品化，Visual Basic 提供了制作安装盘的方法和工具，以便在脱离 Visual Basic 系统的 Windows 环境下运行应用程序。关于安装盘的制作方法和工具，请查阅有关书籍或手册。

注意：在生成可执行文件时，Visual Basic 6.0 提供了生成 P-代码或本机代码的编译供选择。P-代码也称伪代码，是以前的 Visual Basic 版本具有的格式，它是介于 BASIC 程序中的高级指令和计算机处理器执行的低级本地代码之间的一种中间代码。在运行时刻，Visual Basic 将每一句伪代码转换成本地代码。如果将程序直接编译成本地代码，则取消了伪代码这一中间步骤。本地代码编译提供了伪代码编译所没有的关于优化和调试的几个选项，并可提高程序运行的速度。选择"工程"→"工程属性"命令，在弹出的对话框中选择"编译"选项卡，可决定编译方式及代码优化，如图 1-23 所示。

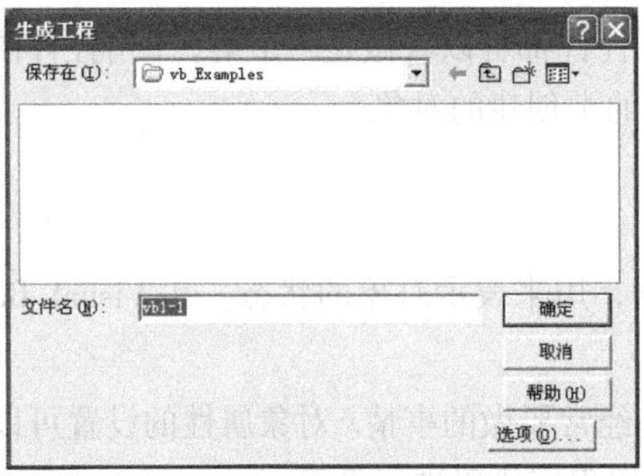

图 1-22 "生成工程"对话框

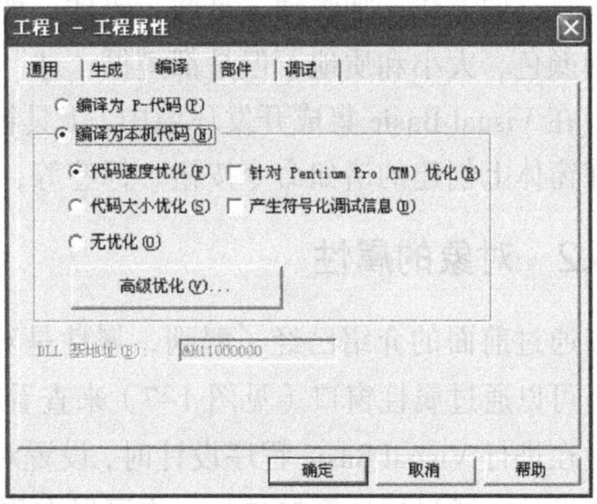

图 1-23 "编译"选项卡

1.6　事件驱动编程机制

Visual Basic 是面向对象的、采用事件驱动方式的结构化高级程序设计语言。在使用 Visual Basic 进行程序设计之前，首先要正确理解对象及对象的属性、事件和方法，以及事件驱动编程机制等几个重要的概念。正确理解这些概念是设计 Visual Basic 应用程序的基础。

1.6.1　对象的概念

学习 Visual Basic 就要以"对象"的眼光去看待整个程序设计。"对象"是面向对象程序设计的核心，明确这个概念对理解面向对象程序设计来说至关重要。那么，对象是什么？在程序中是如何体现的？

其实，对象在 Visual Basic 程序设计中无处不在。以 1.5.3 小节创建的应用程序为例，程序中使用的窗体、文本框、标签、命令按钮等都是对象，应用程序本身也是一个对象。

对象的概念并不神秘，它来源于生活。在现实生活中，我们时时刻刻都在和对象打交道，椅子、衣服、房子等无一例外都是对象。

如果把问题抽象一下，会发现这些现实生活中的对象有两个共同的特点：第一，它们都有自己的状态，例如一个球有自己的质地、颜色和大小；第二，它们都具有自己的行为，例如球可以滚动、停止或旋转。在面向对象的程序设计中，对象的概念就是对现实世界中对象的模型化，它同样有自己的状态和行为。只不过在这里，对象的状态用数据来表示，称为对象的属性；而对象的行为用代码来实现，称为对象的方法，因此，对象是代码和数据的组合。不同的对象会具有不同的属性和方法，当然也不排除会有部分重叠。

在 Visual Basic 中，最主要的两种对象是窗体和控件。窗体就是在进入 Visual Basic 开发环境时所看到的 Form1，它是创建应用程序界面的基础。而控件就是工具箱中的图标，添加在窗体上的命令按钮 Command1 就是一个控件。

类的概念要比对象更加抽象一些，它是 Visual Basic 为了描述具有相同特征的对象而引入的概念。类是用来创建对象的模板，它包含所创建对象的状态描述和方法定义，而对象只是类的一个实例。

为了说明类和对象的关系，仍然使用球的例子。“球”这个词本身就是一个类，它所描述的只是一个由中心到表面各点距离都相等的立体，它可以有许多属性，如颜色、质地、半径等；也可以有自己的方法，如滚动。足球、铅球、玻璃球都是由“球”这个类创建出的对象，它们具有不同的颜色、大小和质地，但是都遵循“球”这个类的特性。

在 Visual Basic 集成开发环境中，工具箱中的每一个控件都可以看做是一个类。单击控件图标后在窗体上创建的诸如命令按钮、标签等，都是由相应的类创建的对象。

1.6.2 对象的属性

通过前面的介绍已经了解到，属性是对象中的数据，用来表示对象的状态。在 Visual Basic 中，可以通过属性窗口（见图 1-7）来查看对象的属性。

在进行 Visual Basic 程序设计时，设置对象的属性是经常要做的事情。对象属性的设置可以在程序设计时通过属性窗口进行，也可以在程序运行时利用程序代码进行设置。

若要在程序设计时设置对象的属性，可先选中该对象，然后在属性窗口选中要修改的属性，并输入新的值。例如，在前面的例子中将 Command1 命令按钮的 Caption 属性设置为“计算”。

若要在程序运行中更改对象的属性或得到属性的值，可以使用赋值语句，其格式为：

对象名.属性=新值　　或　　变量=对象名.属性

其中，“对象名.属性”表示要访问该对象的某个属性，尤其注意的是符号“.”要使用英文符号。在前面的例子中已经使用过了赋值语句对对象的属性进行设置，如：

```
Text3.Text=""
```

就是将文本框 Text3 的 Text 属性设置为空。

1.6.3 对象的方法

在设置对象的某项属性时，其实质就是把某些数据放入对象中。根据上面的介绍可知，对象中不仅可以包含数据，还可以包含代码。对象中的代码（包括过程和函数）就是对象的方法，方法决定了对象可以进行的动作。方法的内容是不可见的，当需要使用某个对象的方法时，只需使用这样的格式：

对象.方法 [参数]

例如，使用窗体 Form1 的方法 Cls：

```
Form1.Cls
```

该方法用来清除窗体上的内容。而另一个方法：

```
Form1.Print "Welcome to Visual Basic!"
```

则用来在窗体上输出一行文字“Welcome to Visual Basic!”，至于 Form1 是如何完成清除窗体内容，又如何输出的，可以不必关心。

1.6.4 对象的事件及事件过程

世界上的每一种生物都会对外界的刺激做出反应，但是不同的生物对同一种刺激的反应却常常是不同的。在面向对象的程序设计中，同样存在着这样的问题，只不过为来自外部的刺激定义了一个术语——“事件”，而将对象对事件的反应称做“事件过程”。

1. 事件

“可视化”和“事件驱动”是使用 Visual Basic 进行程序设计的精髓所在。所谓“事件驱动”，就是说只有在事件发生时，程序才会运行；在没有事件发生时，整个程序处于停滞状态，这一点和以前的 DOS 程序有极大的差别。Visual Basic 程序中流动的不是数据而是事件。如果说属性决定了对象的外观，方法决定了对象的行为，那么事件就决定了对象之间联系的方式。

事件就是能被对象所识别的动作，使用鼠标单击或者双击就是最常见的事件。此外，用户的键盘输入、鼠标的移动、窗体的载入，以及定时器产生的定时信号等，都是事件。

一个对象能够响应哪些类型的事件及它如何识别这些事件，实际上并不需要用户去关心，每个窗体和控件都有一个预定义的事件集，它们能够自动识别属于事件集中的事件。对象所识别的事件类型多种多样，但多数类型为大多数控件所共有。例如，一个命令按钮和窗体都可以对 Click（单击）、KeyPress（按键）等事件做出响应。

2. 事件过程

相同的事件发生在不同的对象上所得到的反应可能也是不一样的。例如在前面的例子中，分别在三个命令按钮上单击时，得到的结果不同。造成这种差异的原因是“事件过程”，每个对象对每个可以识别的事件都有一个“事件过程”。当事件过程不同时，对事件所表现出来的反应自然也会不同。在前面的例子中，为命令按钮 Command1、Command2 和 Command3 的单击事件分别编制了各自的事件响应程序（事件过程），所以相同的单击事件发生在不同的对象上所得到的反应自然也是不一样的。

事件过程的语法为：

```
Sub 对象名_事件()
    处理事件的代码
End Sub
```

其中，“对象名_事件”称为事件过程名，由对象的名称、下画线和事件名组合而成，是系统自动产生的，不能进行修改。

如下所示为 1.5.3 小节示例程序中处理鼠标单击事件的事件过程：

```
Private Sub Command1_Click()
    Text3.Text=Val(Text1.Text)+Val(Text2.Text)
End Sub
```

Command1_Click 即为事件过程名，该事件过程完成这样的工作：将文本框 Text1 与 Text2 中的数字字符转换为数值后进行相加，将结果显示在文本框 Text3 中。而 Command2_Click()事件过程则是将三个文本框中的数据全部删除，设置为空，其程序如下所示：

```
Private Sub Command2_Click()
    Text1.Text=""
    Text2.Text=""
    Text3.Text=""
End Sub
```

在 Visual Basic 程序设计中，基本的设计机制就是改变对象的属性、使用对象的方法和为对象事件编写事件过程。虽然对象可以自动识别事件，但是如果没有必要，用户不必为所有的事件都编写事件过程，Windows 系统会以默认的方式来处理事件。在程序中不需要对某个事件进行额外的处理时，可以不理会它。只有当用户要以某种特定的方式响应某个事件时，才需要编写针对这个事件的事件过程。

1.6.5 事件驱动编程机制

在传统的面向过程的程序设计中，程序的执行流程起始于主程序的第一行，并按照预先写好的代码，从前到后执行各个语句，执行的流程完全取决于程序设计者编写的代码，用户无法改变程序执行的流程。

作为面向对象的程序设计语言，Visual Basic 没有传统意义上的主程序，即没有事先确定的执行起点，程序的执行是由事件过程来驱动的。也就是说，只有当某个事件被触发后，系统才会执行相应的事件过程。事件可以由用户操作触发，也可以由来自操作系统或其他应用程序的消息触发。这些事件的触发顺序决定了代码执行的顺序，因此应用程序每次运行时代码执行的顺序可以是不同的。

在例 1.1 中，窗体上有三个命令按钮，并定义了其相应的 Click 事件，分别完成“计算”、“清空”和“退出”的功能。在程序运行过程中，只有当用户单击“计算”按钮时才触发一个单击事件，此时系统将自动寻找相应的事件过程 Command1_Click，并执行其中的程序代码，执行完该过程后程序暂停，等待用户的下一次操作，即等待下一个事件的发生以驱动程序的继续运行。若没有事件被触发，则程序一直处于等待状态。

由此可见，Visual Basic 程序的执行步骤如下：

① 启动应用程序，显示窗体。

② 等待事件的触发。

③ 事件发生后，执行相应的事件过程。

④ 重复步骤②和③。

当遇到 End 语句，或单击窗体标题栏上的“关闭”按钮或工具栏中的“结束”按钮时，则停止程序的运行。

由以上分析可知，事件驱动编程机制有以下两个基本特点：

① 应用程序由对象组成，每个对象都有预先定义的事件，每个事件的发生都依赖于一定的条件（即用户的驱动或来自系统的触发）。

② 每个事件发生后系统所做的反应，取决于在事件过程中编写的代码。

小　　结

本章重点介绍 Visual Basic 6.0 集成开发环境。希望读者参照 1.5 节的内容，上机使用 Visual Basic 6.0 的集成开发环境，初步了解其使用方法，理解可视化程序设计的特点。

习　　题

1. Visual Basic 6.0 集成开发环境中，常用的窗口是什么？

2. 简述 Visual Basic 的三种工作模式。

3. 叙述建立一个完整的应用程序的过程。

4. 当建立好一个简单的应用程序后，假定该工程仅有一个窗体，该工程涉及多少个文件要保存？

5. 保存工程文件时，若不改变目录名，那么系统默认的目录是什么？

6. 为什么需要生成 EXE 可执行文件？生成 EXE 可执行文件后，是否就可以将其复制到任何计算机上运行？

第 2 章 Visual Basic 语言基础

第 1 章中介绍了 Visual Basic 应用程序由界面与程序代码两部分组成，因此，要编写一个真正的 Visual Basic 程序，就必须掌握 Visual Basic 程序设计语言。与其他任何一种程序设计语言一样，Visual Basic 也有自己的语法规则。本章主要介绍 Visual Basic 语言的数据类型、常量、变量、运算符与表达式、常用内部函数以及编码规则等基本知识，以便为后续章节的学习打下良好的基础。

学习目标

- 理解常量和变量的概念，掌握其定义和使用方法。
- 掌握各种常用数据类型的数据在内存中的存放形式。
- 掌握各种运算符、表达式的使用方法。
- 掌握常用内部函数的使用方法。

2.1 字符集、标识符和关键字

组成程序设计语言的基本要素有字符集、标识符、关键字等。本节将介绍 Visual Basic 程序设计语言的字符集、标识符和关键字。

2.1.1 字符集

任何语言都有组成该语言的基本元素，Visual Basic 语言的基本元素就是指用 Visual Basic 语言编写程序时所能使用的所有符号的集合，称为 Visual Basic 的字符集。字符集包含字母、数字和专用字符三类，共 89 个字符，即：

① 字母：大写英文字母 A～Z；小写英文字母 a～z。

② 数字：0～9。

③ 专用字符：共 27 个，如表 2-1 所示。

表 2-1 Visual Basic 中的专用字符

符 号	说 明	符 号	说 明
%	百分号（整型数据类型说明符）	=	等于号（关系运算符、赋值符）
&	连接号（长整型数据类型说明符）	(	左圆括号
!	感叹号（单精度数据类型说明符）	)	右圆括号

续表

符　号	说　明	符　号	说　明
#	磅号（双精度数据类型说明符）	'	单引号
$	美元号（字符串数据类型说明符）	"	双引号
@	货币数据类型说明符	,	逗号
+	加号	;	分号
-	减号	:	冒号
*	星号（乘号）	.	实心句号（小数点）
/	斜杠（除号）	?	问号
\	反斜杠（整除号）	_	下画线（续行号）
^	上箭头（乘方号）	<Space>	空格符
>	大于号	<CR>	回车符
<	小于号		

若在编写 Visual Basic 程序时使用了超出字符集的符号，系统就会提示错误信息，因此，一定要先弄清楚 Visual Basic 字符集包含的内容，再动手编写程序。

2.1.2 标识符

标识符是一个字符序列，用来标记变量名、符号常量名、过程或函数名、控件名及类型名等。简单地说，标识符就是一个名字，用于区分不同的变量、函数及过程等。在 Visual Basic 中，对标识符进行命名必须符合以下语法规定：

① 标识符必须由字母、数字、汉字或下画线组成。

② 标识符的第一个字符必须是字母或汉字。

③ 标识符的长度不超过 255 个字符。

④ 标识符不能分行书写。

⑤ 标识符不能与系统中已定义的关键字同名。

例如，以下都是合法的标识符：

area　　ra_123　　成绩　　x1　　total

下列则是不合法的标识符：

① x*y　　原因：使用了不合法字符*。

② x 1　　原因：使用了不合法字符空格。

③ 2^a　　原因：以数字开头。

④ case　　原因：case 是 Visual Basic 的关键字。

使用标识符时应注意，Visual Basic 中的标识符不区分字母的大小写，例如 sum、Sum 和 SUM 等被认为是相同的标识符。

为了提高程序的可读性，在为标识符命名时，除了需要符合上述规则外，最好能够做到见名知义、易于识别。例如，用 sum 表示和，用 average 表示平均值，用 area 表示面积等。

2.1.3 关键字

关键字又称保留字，是 Visual Basic 系统预先定义的、具有特定含义的标识符，是语言的组成部分，其中包括预定义语句、标准过程、函数、运算符和常量等。由于已经被系统占用，关键字不能再用来命名变量、符号常量及过程等。Visual Basic 中关键字的首字母为大写，在代码窗口输入关键字时，不论大小写字母系统都可以识别，并自动转换为系统的标准形式。

例如，Abs、As、Const、Dim、Do、End、Integer、Mod 等都是一些常用的关键字，其他关键字可从 Visual Basic 联机帮助文件中找到。

2.2 Visual Basic 的基本数据类型

现实生活中的数据是有类型之分的，例如年龄一般用整数表示，工资、成绩等用小数描述，姓名由一串中文或英文字符表示，而生日则是一个由年、月、日表示的日期。因此，为了在程序设计语言中正确表示这些日常生活中所用到的不同的数据信息，程序设计语言中规定了不同的数据类型，如整型、实型、字符型、日期型、逻辑型等。不同数据类型表示的数据的取值范围、所适用的运算不同，在内存中所占用的存储单元数目也不同。因此，正确地区分和使用不同的数据类型，可以使程序运行时占用较少的内存，确保程序运行的正确性和可靠性。

Visual Basic 具有系统定义的基本数据类型，另外，用户也可以根据需要自定义新的数据类型。本章主要介绍基本数据类型，自定义类型将在第 4 章介绍。

表 2-2 列出了 Visual Basic 定义的基本数据类型的相关信息。

表 2-2 基本数据类型

数据类型	关键字	类型说明符	字节/B	表示范围
字节型	Byte	无	1	0～255
逻辑型	Boolean	无	2	True 或 False
整型	Integer	%	2	-32 768～32 767
长整型	Long	&	4	-2 147 483 648～2 147 483 647
单精度型	Single	!	4	-3.402 823E+38～3.402 823E+38
双精度型	Double	#	8	-1.797 693 134 862 32D+308～1.797 693 134 862 32D+308
货币型	Currency	@	8	-922 337 203 685 477.5808～922 337 203 685 477.5807
日期型	Date	无	8	100 年 1 月 1 日～9999 年 12 月 31 日
对象型	Object	无	4	任何对象引用
字符型	String	$	与字符串长度有关	变长字符串的最大长度为 $2^{31}-1$ 个字符，定长字符串的最大长度为 65 535 个字符
变体型	Variant	无	根据需要分配	上述有效范围之一

2.2.1 数值型数据

Visual Basic 的数值型数据包括整型、浮点型、货币型和字节型数据。

1．整型数据

整型数据是不带小数点和指数符号的数，可以带有正号（+）和负号（-），在计算机内部以二进制补码形式表示。它的运算速度快且精确，但数据的表示范围小。

整型数据的类型分为整型和长整型两种。

（1）整型

整型用 Integer 表示，其类型说明符为%。Integer 类型的数据在计算机内存中占 2 B，其取值范围为-32 768～32 767。

（2）长整型

长整型用 Long 表示，其类型说明符为&。Long 类型的数据在计算机内存中占 4 B，其取值范围为-2^{31}～$2^{31}-1$（即-2 147 483 648～2 147 483 647）。若某个数据超过了长整型的数值范围，则应改用浮点型表示。

例如，123、-258、25%均表示整数，32 819、-123881、125&均表示长整型数。而 41236%则是错误的表示方式，因为它超过了整数的允许范围，此时应改用长整型表示，如 41236&。

除了十进制以外，整型数据还可以用八进制、十六进制形式表示。

八进制整数以&、&0 或&O（&o）开头，如&11、&017、&o123。

十六进制整数以&H（或&h）开头，如&H2B、&H281、&h84F。

当用八进制、十六进制表示长整型数时，只需在其末尾加上长整型的说明符即可，如&237&、&0123&为八进制长整数，而&H2B&、&h4579E&为十六进制长整数。

注意：在程序中用八进制或十六进制形式表示的整型数据、长整型数据输出时，系统会自动将其转换为十进制形式。

2．浮点型数据

浮点数又称为实数，是指带有小数点或写成指数形式的数。浮点数所表示的数的范围较大，但存在误差，运算速度慢。

浮点数的类型分为单精度和双精度两种。

（1）单精度

单精度用 Single 表示，其类型说明符为!。单精度数据在内存中占用 4 B，精度为 7 位，其表示的数据范围如表 2-2 所示。单精度数可用小数形式或指数形式表示，指数用 E 或 e 表示。例如，-2.4、12.3!、-3.7856E-2、0.5e+3 等表示的都是单精度浮点数，其中-3.7856E-2 表示的值是-3.7856×10^{-2}，0.5e+3 表示的值是0.5×10^{3}。

（2）双精度

双精度用 Double 表示，其类型说明符为#。双精度数据在内存中占 8 B，精度为 15 位，其表示的数据范围如表 2-2 所示。双精度数也可用小数形式或指数形式表示，指数用 D 或 d 表示。例如，0.78D3、-2.124#、5.812D-5 等表示的都是双精度浮点数。

3．货币型数据

货币类型（Currency）是为表示货币值及对货币进行计算而设置的，其特点是小数点前 15 位和小数点后 4 位均为精确计算，若小数位数超过 4 位，系统则会按四舍五入原则进行截取。该类型一般用于财务方面的运算。

货币型数据在内存中占用 8 B，以定点实数或整数表示，类型说明符为@。例如，123.91@、919@均为货币型数据。

4. 字节型数据

字节类型（Byte）数据在内存占 1 B，其取值范围为 0～255，一般用于存储无符号的二进制数。

2.2.2 字符型数据

字符型（String）数据是用双引号括起来的一串字符，又称字符串。构成字符串的字符包括所有西文字符和汉字。其中，不包含任何字符的字符串称为空字符串，表示为""。以下均为合法的字符串：

```
"Visual Basic"
"中国"
"123"
"abc@126.com"
```

需要说明的是：

① 字符串两端的双引号起界定字符串的作用。当输出一个字符串时，双引号不输出；若运行时需要从键盘输入字符串，也不需要输入双引号。

② 字符串长度指的是字符串中包含的字符的个数。在 Visual Basic 6.0 中，一个汉字被认为是一个字符。Visual Basic 中的字符串有两种，即可变长度字符串与定长字符串。顾名思义，可变长度字符串就是指在程序运行期间字符串的长度不固定，可包含大约 20 亿个字符；定长字符串即为在程序运行期间字符串长度保持不变的字符串，最多不超过 65 536 个字符。

③ 字符串中包含的字符是区分大小写的，因为一个字母的大写形式和小写形式具有不同的 ASCII 码值。例如，"hebut"与"HEBUT"表示的是两个不同的字符串。

2.2.3 日期型数据

日期型（Date）数据用来表示日期信息，在内存中占 8 B，日期的表示范围为公元 100 年 1 月 1 日到 9999 年 12 月 31 日，时间范围从 0:00:00～23:59:59。

日期型数据有两种表示方式：

（1）用#括起来表示

Visual Basic 允许使用各种表示日期和时间的格式，日期可以用“/”、“,”、“-”等符号隔开，顺序可以是年、月、日，也可以是月、日、年，时间必须用“:”分隔，顺序是时、分、秒。

例如，#2011-9-10#、#23/12/2011 2:25:45 PM#、#August,02,2011 10:45:10#等都是合法的日期型数据。

（2）用数字序列表示

用数字序列表示日期型数据时，小数点左边的值表示日期，小数点右边的值表示时间，午夜为 0，中午为 0.5，负数表示 1899 年 12 月 31 日以前的日期和时间。

例如，-2.5 表示的日期为 1899-12-28 12:00:00，-12.1 表示的日期为 1899-12-18 2:24:00。

2.2.4 逻辑型数据

逻辑型（Boolean）又称为布尔型，主要用于逻辑判断。逻辑型数据在内存中占 2 B，只有两个值：True（逻辑真）和 False（逻辑假）。

在进行数据转换时，如果将逻辑型数据转换为数值型数据，则 True 转换为-1，False 转换为 0；若要将其他类型的数据转换为逻辑型数据，则非零数据转换为 True，0 转换为 False。

2.2.5 对象型数据

对象型（Object）数据用来表示应用程序中的对象，如图形、OLE 对象或其他对象等。对象型数据在内存中占 4 B。

2.2.6 变体型数据

变体类型（Variant）是一种可变的数据类型，可以表示所有系统定义的类型的数据，如数值、字符串、日期等，具有很大的灵活性。当一个变量未定义类型时，其类型默认为变体型，其最终的类型由赋予它的值来确定。

在应用程序的设计过程中，虽然可以用变体类型替换任何数据类型，但是，由于类型不明确，如果使用不当则容易造成一些不易查找的错误，并且使用变体类型会增加内存空间的占用，因此应尽量少用变体类型。

变体类型数据可以包含一些特殊值，如 Empty、Error、Nothing 及 Null 等。使用 VarType()或 TypeName()函数可确定变体型变量中所保存的数据类型。

2.3 常量和变量

计算机的内存中存放着大量的信息，这些信息都是为了解决某个问题而设置的。在高级语言中，需要对存放数据的内存单元进行命名，通过内存单元名称访问其中的数据。命名的内存单元就是常量或变量。

2.3.1 常量

在程序运行过程中，其值始终保持不变的量称为常量。Visual Basic 语言中的常量分为 3 种：普通常量、符号常量和系统常量。

1. 普通常量

普通常量也称为直接常量，从其值即可判断出类型，也可以从常量后面紧跟的类型说明符获知其类型。普通常量分为数值型常量、字符型常量、逻辑型常量、日期型常量等。例如，123、437&、1.37E3、3.891!、2.095D-5、189.821@等均为数值型常量，"Welcome"为字符型常量，#2008-8-8#为日期型常量，True 为逻辑型常量。

2. 符号常量

在程序设计中，经常会遇到一些多次出现或难于记忆的常量，因此可以定义一个标识符来代替这个常量，这个标识符就称为符号常量。例如，对于数学运算中的圆周率 π，可以用符号 PI

来表示其近似值3.141 592 6，在程序中使用该数值时都可以用PI来代替，这样不仅可以方便书写，而且增强了程序的可读性和可维护性。

Visual Basic中使用关键字Const来声明符号常量，声明格式为：

```
Const 符号常量名 As 类型=表达式
```

说明：

（1）符号常量的命名规则

符号常量的命名规则与标识符的命名规则相同，为了便于与一般变量名互相区别，符号常量名一般用大写字母表示。

（2）As 类型

该选项说明符号常量的数据类型。若省略，数据类型由表达式的值的类型决定。也可以在符号常量名后加类型说明符进行说明。

（3）表达式

表达式是由数值常量、字符串常量以及运算符组成的，但是表达式中不能出现变量和函数。

例如：

```
Const PI As Single=3.1415926          '声明符号常量PI，代表单精度数3.1415926
Const SIZE%=100                       '声明符号常量SIZE，代表整数100
Const NAME As String="Visual"         '声明符号常量NAME，代表字符串"Visual"
```

需要注意的是，符号常量一旦声明后，就看做常量的名字，不能再将其作为变量名，也不能在程序中修改它的值。

在一行中声明多个符号常量时，可用逗号隔开。例如，可以使用以下的符号常量声明：

```
Const MAX%=100,PRICE As Single=2134.56,HT As String="Beijing"
```

3. 系统常量

系统常量是Visual Basic系统预先定义的常量，可以与应用程序的对象、属性和方法一起使用。系统常量通常以字符vb开头。例如，vbCr表示回车符，vbLf表示换行符，vbCrLf、vbNewLine均表示回车换行符，vbRed的值为&HFF，表示红色。

系统常量存放在系统的对象库中，可通过“对象浏览器”查看。选择“视图”→“对象浏览器”命令，可打开“对象浏览器”窗口。Visual Basic（VB）和Visual Basic for Applications（VBA）等对象库中都列举了Visual Basic 的系统常量。

在程序中使用系统常量，可使程序更加容易阅读和理解，并使程序保持良好的兼容性。例如，要在程序中将文本框Text1的前景颜色设置为红色，可以使用下面的语句：

```
Text1.ForeColor=vbRed
```

或

```
Text1.ForeColor=&H000000FF&
```

显然，使用系统常量vbRed要比直接使用十六进制数&H000000FF&更加直观。

又如，窗口状态属性WindowState可取0、1、2三个值，分别对应还原、最小化和最大化三种不同状态。在程序中若要使窗口最小化，可以使用下面的语句：

```
Form1.WindowState=vbMinimized
```

该语句比Form1.WindowState=1更易于阅读与理解。

2.3.2 变量

数据都是保存在内存中的，数据的类型不同，占用的内存单元数也不同。为了对保存在内存中的数据进行访问，可以使用一个名称来表示该内存空间。这个有名称的内存空间就称为变量，每个变量都有一个名称和相应的数据类型，系统根据数据类型为其分配存储单元，并确定该变量能进行的操作。变量名对应的存储空间中所存储的数据称为变量的值，这个值在程序的运行过程中可以发生改变，在程序中通过变量名来引用变量的值。变量名、变量的类型及变量的值称为变量的三要素。

在一些计算机语言中，变量在使用前要求必须先进行声明，即声明变量名及其数据类型，以便系统在内存中为其分配内存单元。Visual Basic 允许不声明变量而直接使用，没有声明类型的变量均为变体型变量。但使用变体型变量浪费存储空间，且容易出错，所以应尽量避免使用。因此，应养成良好的编程习惯，即“先声明变量，后使用变量”。

1. 变量的声明

变量的声明就是用变量声明语句来定义变量的类型，语句格式为：

```
Dim 变量名 As 类型名
```

其中：

① Dim 是用于声明变量的关键字。

② 变量名是用户定义的标识符，命名时应遵循标识符的命名规则，不能与关键字同名。

③ 类型名可以是 Visual Basic 提供的基本数据类型，如 Integer、Single、String 等，也可以是自定义类型。若省略“As 类型名”，则变量的类型为变体型（Variant）。

例如：

```
Dim x As Integer                    '声明变量x，其类型为整型
Dim score As Single                 '声明变量score，其类型为单精度型
Dim t As Variant                    '声明变量t，其类型为变体型
Dim m                               '声明变量m，其类型为变体型
```

在为变量选择数据类型时，应根据其将要存储的数据特性确定其数据类型，如要处理的数据是出生日期，则应选择日期型；若为年龄等数据则选择整型，而工资、销售额等数据都需要精确到小数，因此应选择单精度或双精度型。另外，还应根据所要处理数据的大小确定数据类型。例如，某个运算的结果为大于 32 767 的整数，那么此时就不能再选择整型，因为整型表示的数据范围为–32 768～32 767（见表 2-2），该结果超出了整型所允许的取值范围，从而应改用长整型、单精度或双精度表示。因此，在为变量选择数据类型时，应确定以下几点：

① 数据的特性；

② 数据的取值范围；

③ 数据可以参与的运算。

需要说明的是：

① 一个 Dim 语句中可以同时声明多个变量，用逗号隔开即可。例如：

```
Dim x As Integer,y As Single        '声明变量x和y，x为整型，y为单精度型
```

用一个 Dim 语句声明多个变量时，每个变量应有自己的类型说明，即多个变量不能共用一个类型说明。例如：

```
Dim a,b As Integer,m,n As Single
```

该语句中声明了 4 个变量 a、b、m 和 n，其中在声明变量 a 和 m 时未指定类型，因此 a 和 m 为变体型，b 为整型，n 为单精度型。

② 为简便起见，可以使用类型说明符代替“As 类型名”，变量名与类型说明符之间不能有空格。但并非所有的类型都有类型说明符，如字节型和逻辑型。常用的类型说明符有%（整型）、!（单精度型）、#（双精度型）、$（字符串）等，各类型的类型说明符可参见表 2-1。例如：

```
Dim x%,y!,z#  '声明 x 为整型变量，y 为单精度变量，z 为双精度变量
```

③ 在对字符类型的变量进行声明时，根据其存放的字符串的长度是否固定，有两种不同的声明方法。长度固定的字符串称为定长字符串，长度可变的称为变长字符串。

定长字符串变量的声明格式为：

```
Dim 变量名 As String*长度
```

例如：

```
Dim address As String*10
```

表示声明 address 为定长字符串变量，且 address 中最多只能存放 10 个字符，若存放的字符不足 10 个，则在右边补空格；若超过 10 个字符，则将多余部分截去。

另外，不能使用类型说明符$来声明定长字符串。

变长字符串变量的声明格式为：

```
Dim 变量名 As String  或  Dim 变量名$
```

例如：

```
Dim s As String,t$            '声明 s 和 t 均为变长字符串变量
```

变长字符串的长度取决于其中保存的字符的个数，变长字符串中最多可存放 $2^{31}-1$ 个字符。

④ 为避免由于在程序中使用未经声明的变量而造成错误，Visual Basic 提供了强制声明变量的方式，即通过使用 Option Explicit 语句，规定每个变量必须声明后才能使用。

添加 Option Explicit 语句的方法有两种，一种是在窗体模块、标准模块或类模块的通用声明段手动输入 Option Explicit 语句，另一种方式是通过设置 Visual Basic 的工作环境添加该语句。设置方法为：选择“工具”→“选项”命令，在打开的“选项”对话框中选择“编辑器”选项卡，选中“要求变量声明”复选框，如图 2-1 所示，然后重新启动 Visual Basic。这时在编写程序时，系统会在代码窗口中的通用声明段自动插入 Option Explicit 语句。

在含有 Option Explicit 语句的模块中编写代码时，若程序中使用了未经声明的变量，在编译时系统便会提示变量未定义错误，如图 2-2 所示，这样可以减少编程时的错误。

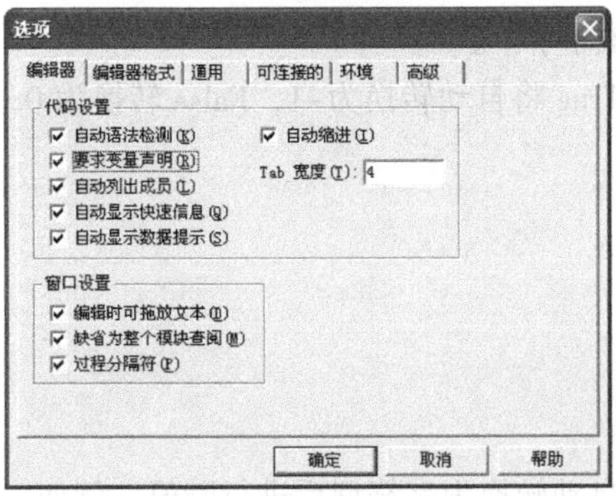

图 2-1 “选项”对话框

图 2-2 未声明变量的错误信息

注意：除了使用 Dim 语句声明变量外，还可以用 Static、Public、Private 等关键字声明变量，详见第 5 章。

2. 变量的默认值

在 Visual Basic 中，声明变量后，根据数据类型的不同变量会有不同的默认初值。例如，数值型变量的默认初值为 0，Boolean 型变量的默认初值为 False，String 型变量的初值为空，Object 类型变量的初值为 Nothing，Date 类型的变量初值为 0:00:00，Variant 型的变量初值为 Empty。

在程序中使用变量的默认值有时会引起一些意想不到的问题，因此建议声明变量后，在使用变量之前最好先为其赋值。

3. 变量的赋值

经过声明的变量在使用前可以对其进行赋值，使变量具有一个确定的值。为变量赋值的格式为：

变量名=表达式

其中，"="是赋值号，表示将赋值号右边表达式的值赋给赋值号左边的变量。

例如：

```
m=2                  '将 2 赋给变量 m
sum=x+y              '将 x 与 y 的和赋给变量 sum
```

使用赋值号时应注意：

① 赋值号左边必须是变量名，而不能是常量或表达式等。下面均为不合法的赋值方式：

```
2=m                  '错误，赋值号左边不能是常量
a+b=m                '错误，赋值号左边不能是表达式
```

② 赋值号具有方向性，即只能将赋值号右边的数据赋予赋值号左边的变量。例如，下面两个表达式具有不同的含义：

```
t=x                  '表示将 x 的值赋予 t
x=t                  '表示将 t 的值赋予 x
```

③ 若赋值号右边表达式的值的类型与赋值号左边的变量类型不一致，则要将表达式的值的类型转换为变量的类型，然后再进行赋值。

若表达式为数字字符串，变量为数值型，系统会自动将数字字符串转换成数值型赋予变量。但若表达式为非数字字符或空串，则会出现"类型不匹配"的错误信息提示。例如：

```
Dim x As Integer,y As Integer
x="1234"             '正确，x 的值为 1234
y="a1234"            '错误，因为字符串中包含非数字字符 a
```

若表达式为逻辑型，将其赋给数值型变量时，True 将自动转换为-1，False 转换为 0；反之，将非 0 转换为 True，0 转换为 False。例如：

```
Dim t As Integer,h As Integer
t=True               '正确，t 的值为-1
h=False              '正确，h 的值为 0
Dim m As Boolean,n As Boolean
m=-3                 '正确，m 的值为 True
n=0                  '正确，n 的值为 False
```

任何非字符型数据赋值给字符型变量时，都将自动转换为字符型后进行赋值。例如：

```
Dim x As String,y As String,z As String
x=123                '正确，x 的值为"123"
y=85.4               '正确，y 的值为"85.4"
z=True               '正确，z 的值为"True"
```

2.4　运算符和表达式

程序中的大部分数据处理是通过运算符和表达式实现的。对常量或变量进行运算或处理的符号称为运算符，参与运算的数据称为操作数，用运算符将操作数连接起来就构成了表达式。在 Visual Basic 中有四种运算符：算术运算符、关系运算符、逻辑运算符和字符串运算符，不同的运算符其运算方法和特点也不同。通过运算符和表达式可以实现程序编制中所需要的大量操作。

2.4.1　运算符

1. 算术运算符

算术运算符用于对数值型数据进行各种算术运算，是 Visual Basic 中最常使用的一类运算符，算术运算符的功能及示例如表 2-3 所示。

表 2-3　算术运算符及示例

运 算 符	功　能	优 先 级	示　例	结　果
^	乘方	1	5^3	125
-	负号	2	-5+3	-2
*	乘	3	5*3	15
/	除	3	5/2	2.5
\	整除	4	5\2	2
Mod	取余	5	5 Mod 3	2
+	加	6	5+3	8
-	减	6	5-3	2

在这 8 个算术运算符中，运算符加（+）、减（-）、除（/）、负号（-）的符号和含义与数学中的相同，乘方（^）、乘（*）与数学上的符号不同，但含义基本相同，因此这些运算符的用法不再赘述，下面只介绍整除与取余运算符的使用。

（1）整除运算符（\）

整除运算的结果为整数，即商的整数部分。一般进行整除运算的操作数为整型数据，若操作数为实型数据，则要先对其小数部分进行四舍五入，然后再相除，除得的结果将只获取整数部分，对小数部分不做处理。例如：

```
12\4            '运算结果为 3
5\3             '运算结果为 1
8.6\1.3         '运算结果为 9，先进行四舍五入然后再做整除，即 9\1
```

注意：除法运算符（/）的运算结果为 Double 型数据。例如：

```
5/3             '运算结果为 1.66666666666667
9/4             '运算结果为 2.25
```

（2）取余运算符（Mod）

取余即取两个操作数整除后的余数，取余运算的结果为整数，其符号与被除数的符号相同。进行取余运算的两个操作数一般为整数，若为实型数据，则要先对其小数部分进行四舍五入，然后再进行取余运算。例如：

```
8 Mod 2                       '结果为 0
11.8 Mod 5.2                  '结果为 2，先进行四舍五入然后再取余，即 12 Mod 5
-21 Mod -5                    '结果为-1
21 Mod -5                     '结果为 1
-21 Mod 5                     '结果为-1
```

注意：在表达式中使用 Mod 运算符时，Mod 与其后的操作数之间一定要用空格隔开。

说明：

① 当表达式中出现了多种算术运算符时，应按照运算符优先级从高到低的顺序计算。若优先级别相同，则按照从左到右的顺序计算。

例如，表达式 4+5\6*7/8 Mod 3^2 的运算顺序依次为：

```
4+5\6*7/8 Mod 9               '计算 3^2
4+5\42/8 Mod 9                '计算 6*7
4+5\5.25 Mod 9                '计算 42/8
4+1 Mod 9                     '计算 5\5.25
4+1                           '计算 1 Mod 9
5                             '计算 4+1
```

该表达式的最终运算结果为 5。

② 当算术运算符两边的操作数的类型不同时，运算结果的类型以精度高的数据类型为准，即 Integer < Long < Single < Double < Currency。例如，整型数据与实型数据进行运算，运算结果的类型为实型；单精度与双精度数据进行运算，结果的类型为双精度。

③ 当算术运算符两边的操作数是数字字符串或逻辑值时，系统会自动将其转换为数值型再进行计算。例如，表达式 10+True+"100"的值为 109。

2. 关系运算符与关系表达式

关系运算符是用来比较两个操作数之间的关系的运算符，由关系运算符和操作数组成的表达式称做关系表达式，其运算结果为一个逻辑值（True 或 False）。如果关系成立，结果为 True（真），如果关系不成立，结果为 False（假）。另外，任何非 0 值都可以被认为是 True。关系运算符的功能及示例如表 2-4 所示。

表 2-4　关系运算符及示例

运 算 符	功 能	示 例	结 果
>	大于	"1234" > "129"	False
>=	大于或等于	"ABC" >= "abc"	False
<	小于	34 < 67	True
<=	小于或等于	"23"<="3"	True
=	等于	150 = 150	True
<>	不等于	"xyz" <> "XYZ"	True
Like	字符串匹配	"aBBBa" Like "a*a"	True
Is	对象比较		

说明：

① 关系运算符的优先级相同。

② 当两个操作数均为数值型时，按数值的大小进行比较。例如：

```
12>20                  '结果为 False
100<105                '结果为 True
```

③ 当两个操作数均为字符型时，则按字符的 ASCII 码值从左到右逐个比较，即首先比较两个字符串中的第一个字符，ASCII 码值大的字符串大。若第一个字符相同，则比较第二个字符，依此类推，直到比较出大小为止。汉字按照拼音字母顺序比较，汉字字符大于西文字符。常用的 ASCII 码值大小关系为：空格<数字<大写字母<小写字母<汉字。例如：

```
"happen">="happy"      '结果为 False
"天津">="北京"          '结果为 True
"Tianjin">="北京"       '结果为 False
```

④ 当两个操作数中一个是数值型，另一个是可转换为数值型的数据比较时，按照数值大小进行比较。在 Visual Basic 中 True 表示-1，False 表示 0。例如：

```
56>"124"               '结果为 False
0>True                 '结果为 True
-4<False               '结果为 True
```

⑤ 数值型与不能转换为数值的字符型数据不能进行比较。例如，表达式 12>"abc"无法进行比较，系统提示“类型不匹配”错误。

⑥ 不要对两个实型数据进行相等或不相等的比较，因为实型数据在计算或存储过程中出现的误差使本应该相等的两个数在计算机中却不相等。若要判断两个实型数据 x、y 是否相等，不能使用关系表达式 x=y，可以采取判断 x 与 y 的差的绝对值是否小于一个很小的数（如 10^{-6}）的方法，可写成下面的关系表达式：

```
Abs(x-y)<0.000001
```

其中，Abs()是求绝对值的函数。只要两个数的差小于一个很小的数，就可以认为这两个数相等。

⑦ 要注意区分关系运算符中的等于号“=”与赋值号“=”，两者的作用不同。等于号的作用是比较两个数或两个表达式的值是否相等；而赋值号是对变量进行赋值运算，赋值号的左边是变量名或对象的属性名称。

例如，表达式 7*12=9*8/5，其中的“=”为关系运算符等于号，该表达式先计算 7*12 和 9*8/5 的值，再进行比较，结果为 False。

又如，表达式 c=(b=a)，已知 a 的值为 1，b 的值为 2。在该表达式中，首先计算 b=a，这里的“=”为关系运算符，判断 a、b 是否相等，运算结果为 False，然后将该结果赋值给变量 c，因此变量 c 的值为 False。

再如，表达式 x Mod 2=0，其中的“=”为关系运算符等于号，即判断 x 是否能被 2 整除，若 x 为偶数，则该表达式的值为 True，若 x 为奇数，该表达式的值为 False。

⑧ Is 和 Like 运算符具有特定的比较功能，它们不同于其他的关系运算符。

Like 是字符串匹配运算符，其使用格式为：

```
字符串 1 Like 字符串 2
```

如果字符串 1 和字符串 2 匹配，则运算结果为 True，否则运算结果为 False。其中，字符串 2 中可以使用通配符、字符串列表和字符区间等方式来匹配字符串。表 2-5 列出了字符串 2 中允许使用的匹配字符及其含义。

表 2-5　Like 的匹配字符及含义

匹配字符	含　义	示　例	结　果
?	任何一个字符	"BAT" Like "B?T"	True
*	零个或多个字符	"aBBBa" Like "a*a"	True
#	任何一个数字（0~9）	"a2a" Like "a#a"	True
[charlist]	字符串列表中的任何单一字符	"F" Like "[A-Z]"	True
[!charlist]	不在字符串列表中的任何单一字符	"F" Like "[!A-Z]"	False

Is 运算符是对象引用的比较运算符，其格式为：

对象 1　Is　对象 2

如果对象 1 和对象 2 引用相同的对象，则结果为 True；否则，结果为 False。它并不将对象或者对象的值进行比较，而只确定引用的两个对象是否相同。

3．逻辑运算符与逻辑表达式

Visual Basic 提供了六种逻辑运算符，逻辑运算符的功能是对操作数进行逻辑运算（又称为布尔运算），运算结果为逻辑值（True 或 False）。逻辑运算符的功能及示例如表 2-6 所示。

表 2-6　逻辑运算符及示例

运 算 符	功　能	优 先 级	说　　明	示　例	结　果
Not	逻辑非	1	当操作数为真时，结果为假	Not True	False
And	逻辑与	2	两个操作数都为真时，结果为真	False And True	False
Or	逻辑或	3	两个操作数有一个为真时，结果为真	False Or False	False
Xor	异或	3	两个操作数逻辑值相反时，结果为真	True Xor False	True
Eqv	逻辑等价	4	两个操作数逻辑值相同时，结果为真	True Eqv True	True
Imp	蕴含	5	只有第一个操作数逻辑值为真，第二个操作数逻辑值为假时，结果才为假，其余结果为真	True Imp False	False

说明：

① Visual Basic 中使用最多的逻辑运算符是 Not、And、Or，它们可以连接多个关系表达式进行逻辑运算。

例如，数学中表示自变量的某个取值区域常用诸如 $-1 \leqslant x < 1$ 形式，写为 Visual Basic 的表达式应为 x>=-1 And x<1。

再如，若要判断一个数既能被 3 整除也能被 5 整除，写成 Visual Basic 的表达式应为：x Mod 3=0 And x Mod 5=0。

② 参加逻辑运算的操作数一般应该是逻辑型数据，如果操作数是数值量，则以数字的二进制值逐位进行逻辑运算。例如，10 And 8 表示将 1010（10 的二进制表示）与 1000（8 的二进制表示）进行逻辑与运算，结果是 8（二进制数 1000）。

③ 逻辑运算符有不同的优先级，由高到低依次为：Not>And>Or>Xor>Eqv>Imp。

4．字符串运算符与字符串表达式

字符串运算符有两个："+" 和 "&"，它们的作用都是将两个字符串连接起来，合并为一个字符串，具体示例如表 2-7 所示。

表 2-7　字符串运算符及示例

运 算 符	功　能	示　例	结　果
&	连接两个字符串	"Visual" & "Basic"	"VisualBasic"
+		"10" + "20"	"1020"

虽然这两个连接符都可以实现两个字符串的连接，但是这两个运算符是有区别的。

（1）连接运算符“&”的使用

不论“&”两边的操作数为何种数据类型，系统都会将两个操作数强制转换为字符串，然后进行连接。例如：

```
"Visual" & "Basic"          '结果为"VisualBasic"
"aa" & 123                  '结果为"aa123"
100 & 2.5                   '结果为"1002.5"
True & "abc"                '结果为"Trueabc"
```

注意：在变量名后使用“&”运算符时，变量与“&”之间需要加空格，因为“&”也是长整型的类型说明符，若不加空格，Visual Basic 会将其作为类型说明符来处理，导致出现错误。

（2）连接运算符“+”的使用

当“+”号两边的操作数均为字符型时，进行字符串的连接运算；当“+”号两边的操作数均为数值型时，进行算术加法运算；当一个操作数的类型为数值型，另一个为数字字符型时，Visual Basic 自动将数字字符转换为数值型，然后进行算术加法运算；当一个操作数的类型为数值型，另一个为非数字字符型时，则会出错。例如：

```
"Visual"+"Basic"            '结果为 "VisualBasic"
100+2.5                     '结果为 102.5
"aa"+123                    '出错
True+"200"                  '结果为 199（True 转换为-1）
False+"abc"                 '出错
```

2.4.2　表达式

1. 表达式的组成

表达式是由操作数、运算符和圆括号按一定规则构成的式子，其中构成表达式的操作数可以是常量、变量、函数或对象的属性等。表达式可分为算术表达式、关系表达式、逻辑表达式和字符串表达式，无论是何种表达式，通过运算后总能得到一个结果，该运算结果的类型是由操作数和运算符共同决定的。

2. 表达式的运算顺序

在对表达式进行计算的过程中，各种运算必须按一定的顺序依次进行，运算的顺序是由运算符的优先级别决定的。当一个表达式中出现了多个不同类型的运算符时，优先级高的运算符先进行运算，级别低的后运算。

在 Visual Basic 中，不同类型的运算符的优先级从高到低依次为：

算术运算符>字符运算符>关系运算符>逻辑运算符

说明：

① 当一个表达式中同时出现多种运算符时，优先级别由高到低为：算术运算>字符运算>关系运算>逻辑运算。需要注意的是，相同类型的运算符也有优先级别的高低之分，例如，算术运算符中的乘、除的优先级别就高于加、减。

② 可以通过圆括号来改变表达式的运算顺序，括号内的运算总是优先于括号外的运算。

3. 表达式的书写

在书写表达式时，要按照程序设计语言中的表达式书写规则来书写，应与数学表达式区分开。在书写 Visual Basic 表达式时，应注意以下几点：

① 乘号不能省略。例如，a 乘以 b，应写做 a*b，若写做 ab，系统则认为 ab 为变量名。

② 括号可以改变运算顺序，但是括号必须成对出现，而且只能使用圆括号，表达式中可以出现多个圆括号，但是必须配对使用，如(-b+2*(a-c))/(2*d)。

③ 表达式中没有上标或下标，也没有分式，应从左到右在同一行上并排书写。

④ 数学表达式中的某些符号要使用其他符号或数值代替。例如，对于数学表达式 $2\pi r$，若要写成 Visual Basic 表达式，应为 2*3.1415926*r。

2.5 常用内部函数

Visual Basic 语言提供了大量的内部函数，用户可以直接调用它们。内部函数又称标准函数，是 Visual Basic 中预先定义好的完成某一特定功能的函数，通常带有一个或几个参数，并返回一个值。除了内部函数外，用户也可以根据需要自定义函数，这部分内容将在第 5 章中详细介绍。

在使用内部函数时，要掌握函数的功能、函数的调用形式、函数的参数以及函数的返回值。函数的一般调用形式为：

函数名（参数列表）

说明：

① 函数的参数可以是变量、常量或表达式，若有多个参数，参数之间用逗号隔开。

② 若函数无参数，函数名后的括号可省略。

Visual Basic 的内部函数包括数学函数、字符串函数、转换函数、日期函数等。

2.5.1 数学函数

数学函数用于完成各种数学运算，如三角函数、平方根、绝对值、对数、指数等，这些函数与数学中的函数含义相同。表 2-8 所示为一些常用的数学函数。

表 2-8 常用的数学函数

函 数	功 能	示 例	结 果
Sin(x)	返回 x 的正弦值	Sin(0)	0
Cos(x)	返回 x 的余弦值	Cos(0)	1
Tan(x)	返回 x 的正切值	Tan(0)	0
Atn(x)	返回 x 的反正切值	Atn(1)	0.785
Sqr(x)	返回 x 的平方根	Sqr(2)	1.414

续表

函　数	功　　能	示　例	结　果
Abs(x)	返回 x 的绝对值	Abs(-2.5)	2.5
Log(x)	返回 x 的自然对数值	Log(2)	0.693
Exp(x)	返回 e 的 x 次幂	Exp(2)	7.389
Sgn(x)	求 x 的符号，x>0 时返回 1；x=0 时返回 0；x<0 时返回-1	Sgn(-2.5)	-1
Rnd[(x)]	产生一个在[0,1]区间内的随机数	Rnd	0～1 之间的数
Int(x)	返回小于或等于 x 的最大整数	Int(-2.8) Int(2.8)	-3 2
Fix(x)	返回 x 的整数部分	Fix(-2.8) Fix(2.8)	-2 2
Round(x,N)	对 x 进行四舍五入，保留 N 位小数；若省略 N，则对 x 取整	Round(1.56,1) Round(1.56)	1.6 2

（1）三角函数 Sin(x)、Cos(x)、Tan(x)和 Atn(x)

其中的参数 x 是以弧度为单位的。例如，求 30° 所对应的三角函数值，各函数表达式分别为：

```
Sin(30*3.14/180)            '运算结果为 0.5
Cos(30*3.14/180)            '运算结果为 0.866
Tan(30*3.14/180)            '运算结果为 0.577
```

（2）平方根函数 Sqr(x)

该函数返回 x 的平方根，参数 x 必须大于或等于 0。

（3）Int(x)、Fix(x)和 Round(x)函数

Int(x)和 Fix(x)函数都会去掉 x 的小数部分而只保留整数。但如果 x 为负数，则 Int(x)返回小于或等于 x 的第一个负整数，而 Fix(x)则会返回大于或等于 x 的第一个负整数。

例如：

```
Int(-8.4)                   '返回值为-9
Fix(-8.4)                   '返回值为-8
```

在对一些实型数据取整时，可采取四舍五入的方法。常常使用 Int(x)函数来进行四舍五入，形式为 Int(x+0.5)。

例如，若 x 的值为 1.8，则 Int(1.8+0.5)的值为 2；若 x 的值为 1.2，则 Int(1.2+0.5)的值为 1。

除此之外，也可以使用带有四舍五入功能的 Round()函数。例如：

```
Round(1.5)                  '返回值是 2
Round(1.512,2)              '返回值是 1.51，其中的 2 是要保留小数的位数
```

（4）随机函数 Rnd(x)

Rnd(x)函数返回一个大于或等于 0 且小于 1 的双精度随机数。其中的参数 x 为随机数生成器，它决定了生成随机数的方式。

① x<0 时，每次都使用 x 作为随机数种子，并得到相同的随机数。

② x=0 时，产生与最近生成的随机数相同的数。

③ x>0 或省略 x 时，以上一个随机数作为种子，产生下一个随机数。

为了生成某一个范围内的整数，如 n1～n2，可以使用以下的公式：

```
Int(Rnd*(n2-n1+1))+n1
```

其中，n1 为随机数的下限，n2 为随机数的上限。例如，若要产生 1～10 范围内的整数，应使用如下表达式：

```
Int(Rnd*10)+1
```

又如表达式 Int(Rnd*11)+10 可生成 10～20 范围内的整数。

由于每一次调用 Rnd(x)函数都使用数列中的上一个数作为一个数的种子，于是对最初给定的 x 都会生成相同的数列。如果不改变随机数生成器 x 的值，所得到的随机数必然是一样的。为解决这个问题，可以在调用 Rnd(x)函数之前，先使用 Randomize 语句初始化随机数生成器，这样即可得到不同的随机数列。

例如：

```
Dim y As Integer
Randomize
y=Int(Rnd*100)+1
```

该语句段在程序设计中会经常使用到，每次运行时，y 都会得到一个 1～100 范围内的不同整数。

2.5.2 转换函数

转换函数主要用于数据类型或数据形式的转换，包括数值型与字符串之间的转换以及 ASCII 码与 ASCII 字符之间的转换等。表 2-9 中列出了一些常用的转换函数。

表 2-9 常用的转换函数

函 数	功 能	示 例	结 果
Str(x)	将数值 x 转换为字符串	Str(123)	"123"
Val(s)	将字符串 s 中的数字转换为数值	Val("12ab34")	12
Chr(x)	返回 ASCII 码值为 x 的字符	Chr(65)	"A"
Asc(x)	返回字符 x 的 ASCII 码值（十进制）	Asc("a")	97
Hex(x)	将十进制数 x 转换为字符串形式的十六进制数	Hex(100)	"64"
Oct(x)	将十进制数 x 转换为字符串形式的八进制数	Oct(100)	"144"

2.5.3 字符串函数

字符串函数主要用于对字符串进行截取、查找、计算长度、大小写转换等操作，Visual Basic 中提供了丰富的字符串处理函数，为字符型数据的处理带来了极大的方便。表 2-10 列出了一些常用的字符串函数，其中参数 s 为字符串，n、n1、n2 为整型数据。

表 2-10 常用的字符串函数

函 数	功 能	示 例	结 果
Len(s)	返回字符串 s 的长度	Len("aaa")	3
Left(s,n)	返回字符串 s 左边的 n 个字符	Left("abcd",2)	"ab"
Right(s,n)	返回字符串 s 右边的 n 个字符	Right("abcd",2)	"cd"
Mid(s,n1,n2)	返回字符串 s 从 n1 位置开始的 n2 个字符	Mid("abcd",2,3)	"bcd"
LTrim(s)	删除字符串 s 左边的空格	LTrim(" abcd")	"abcd"

续表

函　数	功　　能	示　例	结　果
RTrim(s)	删除字符串 s 右边的空格	RTrim("abcd　")	"abcd"
Trim(s)	删除字符串 s 左右两边的空格	Trim("　abcd　")	"abcd"
LCase(s)	将字符串 s 中的大写字母转换为小写	LCase("AbcD")	"abcd"
UCase(s)	将字符串 s 中的小写字母转换为大写	UCase("AbcD")	"ABCD"
Replace(s,s1,s2)	将字符串 s 中的字符串 s1 替换为 s2	Replace("AbcDbcA","bc","a")	"AaDaA"
InStr(s1,s2)	返回字符串 s2 在字符串 s1 中出现的位置	InStr("abcd","cd")	3
String(n,s)	返回字符串 s 中 n 个首字符组成的字符串	String(3, "abcd")	"aaa"
Space(n)	返回 n 个空格	Space(5)	"　　"

（1）Len(s)函数

该函数返回字符串 s 的长度（整型值），需要注意的是由于 Visual Basic 中采用的是 Unicode 来存储和操作字符，因此一个中文字符与一个西文字符都代表一个字符。

例如：

```
Len("Visual Basic")                '返回值为 12
Len("程序设计")                    '返回值为 4
```

（2）Left(s,n)、Right(s,n)、Mid(s,n1,n2)函数

这三个函数均用于对字符串 s 进行截取，返回截取后的字符串。

Left(s,n)表示从左边对字符串 s 截取 n 个字符，若 n=0，则返回空字符串；若 n≥字符串长度，则返回整个字符串。例如：

```
Left("Visual Basic 程序设计",6)     '返回字符串"Visual"
```

Right(s,n)表示从右边对字符串 s 截取 n 个字符，若 n=0，则返回空字符串；若 n≥字符串长度，则返回整个字符串。例如：

```
Right("Visual Basic 程序设计",4)    '返回字符串"程序设计"
```

Mid(s,n1,n2)表示对字符串 s 从第 n1 个字符开始截取，共截取 n2 个字符。其中，n1 的值不能省略，且 n1≥1，若 n1>字符串长度，则返回空字符串；若省略 n2，则截取从第 n1 个字符开始的后面所有字符。

例如：

```
Mid("Visual Basic 程序设计",13,2)   '返回字符串"程序"
Mid("Visual Basic 程序设计",13)     '返回字符串"程序设计"
```

（3）LCase(s)与 UCase(s)函数

LCase(s)函数将字符串 s 中的所有大写字母转换为小写字母，其他字符不变，返回转换完成后的字符串；UCase(s)函数是将字符串 s 中的所有小写字母转换为大写字母，其他字符不变，返回转换完成后的字符串。

（4）Replace(s,s1,s2)函数

Replace(s,s1,s2)函数用来实现将字符串 s 中的子串 s1 用字符串 s2 替换，还可以指定进行替换的起始位置以及替换次数，格式为：

```
Replace(s,s1,s2,n1,n2)
```

如果指定 n1，则从 s 的第 n1 个字符开始查找 s1，然后由 s2 替换，在返回值中，第 n1 个字

符之前的部分被去掉；n2 表示进行替换的最多次数，若不指定 n2，则将所有符合的 s1 字符串替换为 s2，否则替换 n2 次。

例如：

```
Replace("ABC789ABC123","ABC","")        '返回"789123"，将所有的"ABC"替换成空字符串
Replace("AA789AAA123","A","x",5,2)      '返回"9xxA123"，从第 5 个字符开始，
                                        '将"A"替换为"x"，共替换两次
```

（5）InStr(s1,s2)函数

InStr(s1,s2)函数用于字符串的查找，返回字符串 s2 在 s1 中最先出现的位置，在查找时，还可以指定查找的起始位置。使用格式为：

```
InStr(n,s1,s2)
```

其中，参数 n 代表查找的起始位置。省略 n 时，表示从 s1 的第一个字符开始查找。如果 s1 包含字符串 s2，函数的返回值为字符串 s2 在字符串 s1 中的位置值；若 s2 未出现在 s1 中，则返回 0。

例如：

```
Instr("Visual Basic6.0","Basic")           '返回值为 8
Instr(10,"Visual Basic6.0","basic")        '返回值为 0
```

2.5.4 日期和时间函数

日期和时间是一种常用的数据，Visual Basic 提供了许多处理日期和时间的函数。表 2-11 列出了常用的日期和时间函数，其中参数 t 和 d 可以是日期型数据，也可以是表示日期型数据的字符串。

表 2-11 常用的日期和时间函数

函 数	功 能	示 例	结 果
Time	返回系统当前的时间	Time	9:52:12
Date	返回系统当前的日期	Date	2011-10-16
Now	返回系统当前的日期和时间	Now	2011-10-16 9:52:16
Year(d)	返回参数 d 包含的年份	Year(#2010-2-5#)	2010
Month(d)	返回参数 d 包含的月份（1～12）	Month(#2010-2-5#)	2
Day(d)	返回参数 d 包含的日期（1～31）	Day(#2010-2-5#)	5
Weekday(d)	返回参数 d 包含的星期（1～7），星期日为 1	Weekday(#2010-2-5#)	6
Hour(t)	返回参数 t 包含的小时（0～23）	Hour(#9:52:49#)	9
Minute(t)	返回参数 t 包含的分钟（0～59）	Minute(#9:52:49#)	52
Second(t)	返回参数 t 包含的秒数（0～59）	Second(#9:52:49#)	49
DateAdd(C,N,d)	返回日期 d 以 C 方式加上一段时间 N 后的日期	DateAdd("m",1,#2010-2-5#)	2010-3-5
DateDiff(C,d1,d2)	以 C 方式返回日期 d1 和 d2 之间的间隔	DateDiff("m",#2009-2-5#,#2010-2-5#)	12

（1）Date()、Time()和 Now()函数

这三个函数分别用于返回系统的当前日期、时间、日期及时间，这三个函数都没有参数。

（2）Year(d)、Month(d)、Day(d)函数

这三个函数分别用于提取参数 d 中的年、月、日。

例如：

```
Year("2010-2-5")                    '返回值为 2010
Month(#2010-2-5#)                   '返回值为 2
```

（3）WeekDay(d)函数

该函数返回的是参数 d 对应的星期代号 1～7，这里 1 表示该日期为星期日，2 表示星期一，依此类推，7 表示星期六。

例如：

```
Weekday(#2010-2-5#)                 '返回值为 6，表示该日期为星期五
```

（4）Hour(t)、Minute(t)、Second(t)函数

这三个函数分别用于提取参数 t 中的时、分、秒。其中，参数 t 可以是日期型数据，也可以是字符串。

例如：

```
Minute("9:52:49")                   '其返回值为 52
```

（5）DateDiff(C,d1,d2)函数

DateDiff()函数用于以参数 C 为单位计算两个日期 d2 与 d1 之间的时间间隔数目，使用格式为 DateDiff(C,d1,d2)，其中参数 d1、d2 为日期型数据或表示日期型数据的字符串，参数 C 为计算单位，其取值如表 2-12 所示。

表 2-12　参数 C 的取值及其含义

参数的取值	yyyy	q	m	y	d	w	ww	h	n	s
含　义	年	季	月	一年的天数	日	一周的天数	周	时	分	秒

例如：

```
DateDiff("m",#2011/6/28#,#2012/1/1#)     '返回 7，表示 7 个月
DateDiff("d",#2011/6/28#,#2012/1/1#)     '返回 187，表示 187 天
DateDiff("w",#2011/6/28#,#2012/1/1#)     '返回 26，表示 26 个星期
```

（6）DateAdd(C,N,d)函数

DateAdd()函数用于将一个日期值 d 以参数 C 为单位加上一段时间间隔 N，返回加完之后的日期。使用格式为 DateAdd(C,N,d)，其中参数 C 为计算单位，其取值如表 2-12 所示；N 为数值型数据，表示要加上的时间间隔的数目，可以是正数或负数。

例如：

```
DateAdd("d",12,#2011/6/28#)         '返回 2011-7-10，表示 12 天后的日期
DateAdd("m",12,#2011/6/28#)         '返回 2012-6-28，表示 12 个月后的日期
DateAdd("d",-12,#2011/6/28#)        '返回 2011-6-16，表示 12 天前的日期
```

2.5.6　Shell()函数

在 Visual Basic 中，不但可以调用内部函数，还可以调用各种应用程序。在 Visual Basic 程序中可通过 Shell()函数来调用 DOS 或 Windows 中的应用程序。Shell()函数的使用格式为：

```
Shell(命令字符串,窗口类型)
```

其中：

① 命令字符串是必需参数，类型为 String，代表应用程序的文件名及其路径，它必须是可执行文件（扩展名为.com、.exe、.bat）。

② 窗口类型为可选参数，类型为 Integer，用于指定在程序运行时窗口的样式，取值为 0～4,6，各个值所代表的含义如表 2-13 所示。一般取值为 1，表示正常窗口状态；若省略，其值为 2。

表 2-13　Shell 函数窗口类型取值及其含义

常　　量	值	描　　　　述
vbHide	0	窗口被隐藏，且焦点会移到隐式窗口
vbNormalFocus	1	窗口具有焦点，且会还原到它原来的大小和位置
vbMinimizedFocus	2	窗口会以一个具有焦点的图标来显示（默认值）
vbMaximizedFocus	3	窗口是一个具有焦点的最大化窗口
vbNormalNoFocus	4	窗口会被还原到最近使用的大小和位置，而当前活动的窗口仍然保持活动
vbMinimizedNoFocus	6	窗口会以一个图标来显示。而当前活动的窗口仍然保持活动

Shell()函数返回一个 Variant 类型的常量，如果调用成功，则返回代表程序的任务标识 ID，它是运行程序的唯一标识；若不成功，则返回 0。

例如：

```
i=Shell("C:\WINDOWS\system32\mspaint.exe",1)
```

该语句将打开 Windows 的画图程序，且画图程序窗口以最大化的形式显示。

```
i=Shell("C:\WINDOWS\system32\mspaint.exe",2)
```

该语句将打开 Windows 的画图程序，且画图程序窗口以按钮的形式显示在任务栏上。

注意：上述内部函数均可通过编写事件过程的方法进行验证，但这种方法较烦琐。Visual Basic 提供了命令行解释程序的方法，即通过命令行直接显示函数的执行结果，可使用立即窗口实现。在立即窗口中每输入一条语句，并按【Enter】键，Visual Basic 就会执行这条语句。为验证各个函数，可在立即窗口中输入各个函数名，并在函数名前添加问号“?”，按【Enter】键后就会显示输出结果，如图 2-3 所示。

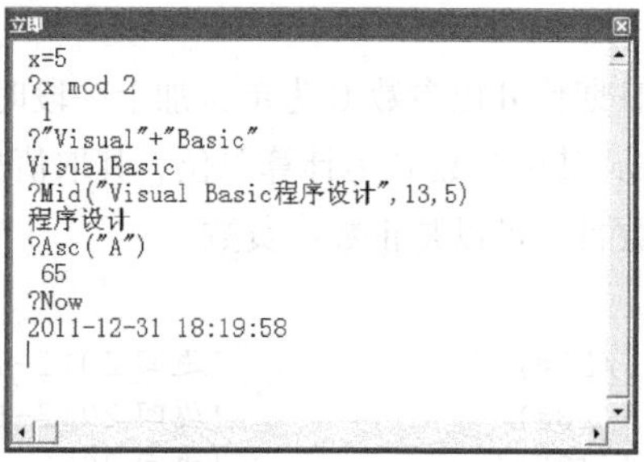

图 2-3　立即窗口

2.6　Visual Basic 的编码规则

使用任何程序设计语言编写程序代码时都要遵循一定的规则，否则编写出来的代码不能被计算机正确地识别，产生语法错误或者运行错误。

Visual Basic 主要的编码规则为：

1. Visual Basic 程序不区分字母大小写

① Visual Basic 对用户程序代码自动进行转换。对于 Visual Basic 中的关键字，首字母会自动被转换成大写字母，其余字母一律转换为小写字母，如 End。

② 如果 Visual Basic 中的关键字是由多个英文单词组成的，则系统自动将每个单词的首字母转换成大写字母，如 ElseIf。

③ 对于用户自定义的变量名、过程名、函数名，Visual Basic 以第一次定义为准，以后输入的自动转换成首次定义的形式。

2. Visual Basic 中语句的书写比较自由

① Visual Basic 程序由若干语句行组成，通常为了提高程序的可读性，一般是一行书写一条语句，一条语句书写在同一行上。

② 若要将多条语句写在同一行上，各个语句之间要用冒号“:”分隔开。例如：

```
x=5:y=6:z=x+y
```

③ Visual Basic 一行最多允许书写 255 个字符，若一条语句在一行内写不下，可将其分为若干行书写，在行末尾使用续行符“_”（一个空格后面跟一个下画线），可将一条长语句分成多行。例如：

```
isLeapYear=x Mod 4=0 And x Mod 100<>0 _
Or x Mod 400=0
```

原则上，续行符应加在运算符的前后，不应将变量名或属性名分隔在两行上。

3. 在 Visual Basic 中使用注释

在程序中添加必要的注释，有利于程序的阅读、调试和维护。例如，通常在程序的最前面增加注释来说明本程序的功能、编写的时间、作者等信息；在程序中增加注释来说明一些变量的含义；在程序的调试过程中，可以利用注释来屏蔽某一条或多条语句，以观察程序运行的变化，以便发现问题和错误。

在 Visual Basic 中添加注释有三种方法：

① 用 Rem 开头引导注释行。例如：

```
Rem 下面代码的功能是用矩形法求定积分的值
```

Rem 后面的内容为注释内容。

② 用单引号“'”引导注释内容，可直接出现在语句后面。例如：

```
'调用函数求解字符串的长度
Text1.Text="祝您成功！"    '在文本框中放入祝福词
```

③ 使用“设置/取消注释块”命令将若干语句行或文字设置/取消为注释块。

选择“视图”→“工具栏”→“编辑”命令，在打开的“编辑”工具栏中单击“设置注释块”或“解除注释块”按钮来对代码块添加或删除注释符号。

应注意的是，续行符之后不能加注释。

注意：在 Visual Basic 6.0 中，注释内容的颜色自动设置为绿色。

4. 使用不同进制的数字

在 Visual Basic 中，数字的默认计数制是十进制，但在某些场合下使用其他计数制可能会更方便。要使用十六进制数，则应在数字前增加“&H”；如果在数字前面加上“&O”，则表示数字是八进制。

5．使用缩进格式

在 Visual Basic 中输入程序代码时，最好使用缩进风格，即程序代码距边界有一定距离，一般是 4 个空格。在程序中使用缩进是初学者应养成的习惯，这样做有利于增强程序的可读性。

小　结

数据类型、常量、变量、运算符及表达式是计算机程序设计语言的基础。Visual Basic 6.0 的数据类型分为基本数据类型和自定义类型两大类。

在编写程序时，常常需要用到不同的数据。数据有类型之分，不同类型的数据在计算机中的存放形式不同，使用的内存空间不同，参与的运算也不同。注意在编写程序时不要将数据类型用错。

Visual Basic 6.0 有四种运算符：算术运算符、关系运算符、逻辑运算符和字符连接运算符。由运算符、括号、内部函数及数据组成的式子称为表达式。表达式的运算顺序由运算符的优先级别决定。为保证运算顺序，在写 Visual Basic 6.0 表达式时需要适当添加括号。

Visual Basic 6.0 提供了上百种内部函数。要使用内部函数，必须按内部函数格式要求书写，因此用户需要掌握一些常用函数的功能及使用方法。函数的调用只能出现在表达式中，目的是使用函数求得一个值。

在编写 Visual Basic 程序时，必须遵循 Visual Basic 的编码规则。此外，用户应养成良好的编程习惯，如添加必要的注释、使用缩进格式等，这样有利于增加程序的可读性，便于程序的调试和维护。

习　题

1．Visual Basic 中有哪些数据类型？

2．在 Visual Basic 中，对于没有赋值的变量，系统默认值是什么？

3．如果希望使用变量 x 来存放数据 765 432.123 456，应该把变量 x 定义为何种数据类型？

4．在立即窗口中测试下列表达式的运算顺序及表达式的值。

（1）7+3*4　（2）7^2/6　（3）7/2*3/2　（4）7 Mod 3+ 3^3/4\5

（5）"abc"<"ABC"　（6）"123"+"24"　（7）"123"+24　（8）"abc" & "ABC"

（9）True+"200"　（10）5 Mod 2=0 Or 7 mod 3=1　（11）Int(12.678 *100 +0.5)/100

5．在立即窗口中输出下列函数的值。

（1）Int(-3.14159)　（2）Sqr(Sqr(64))　（3）Int(Abs(99-100)/2)

（4）Fix(-3.1415926)　（5）Chr(97)　（6）Mid("abcAbc123aa",7,3)

（7）Year(Now)　（8）Val("12*3")　（9）Len("程序设计")

6．将下列数学表示式写成 Visual Basic 表达式。

（1）$\frac{2x^2+3y^2}{x-y}$　（2）$\frac{-b\pm\sqrt{b^2-4ac}}{2a}$　（3）$-1\leqslant x<1$

（4）$\frac{x}{\sqrt{|x^3+y^3+z^3|}}$　（5）$\sin 15^\circ + \sqrt{x} + e^3/|x-y| - \ln(3x)$　（6）$\pi r^2 h$

第 3 章 Visual Basic 流程控制结构

Visual Basic 使用面向对象的方法解决问题，对象将自己的属性和方法封装成一个整体，供程序设计者使用。对象之间的相互作用通过消息传递来实现，这种“对象 + 信息”的面向对象程序设计模式正在取代“数据结构 + 算法”的面向过程的结构化程序设计。但这并不意味着面向对象的程序设计模式要放弃结构化程序设计的方法，具体到每个对象的事件过程或者模块中的每个通用过程，仍需要结构化程序设计的方法和技巧。

Visual Basic 是由 Quick Basic 发展起来的一种可视化的、面向对象的高级程序设计语言。它包含了普通 Basic 语言具有的语句，如选择语句、循环语句等，由这些语句构成了结构化程序设计中的三种基本结构：顺序结构、选择结构和循环结构。

本章将介绍 Visual Basic 语言程序的设计方法，包括顺序结构程序设计、选择结构程序设计和循环结构程序设计的基本语句和一些方法。

学习目标

- 掌握顺序结构程序设计方法。
- 掌握选择控制语句的应用，能够灵活运用各种选择结构进行综合程序设计。
- 掌握循环控制语句的应用，能够灵活运用各种循环控制进行综合程序设计。
- 能够运用三种结构进行综合程序设计。

3.1 顺 序 结 构

顺序结构是一种最简单的程序结构。这种结构的程序按语句书写的顺序从上到下依次执行，中间既没有跳转语句，也没有循环语句。顺序结构程序由变量的声明语句、赋值语句、输入/输出语句、计算语句等部分组成。

3.1.1 赋值语句

赋值语句是程序设计语言中最基本的语句，也是使用最多的语句。在第 2 章中也曾经使用赋值语句为变量赋值。使用赋值语句可以在程序运行中改变对象的属性或变量的值。

赋值语句的形式为：

变量名=表达式　　或　　对象名．属性名=表达式

赋值语句的作用是首先计算赋值号右边的表达式的值，并将计算的值赋给赋值号左边的变量或对象的属性。

例如，以下程序段：

```
Dim x As Integer,y As Integer,sum As Integer    '定义变量
x=2                       '将变量 x 赋值为 2
y=3                       '将变量 y 赋值为 3
sum=x+y                   '先计算 x+y 的值，然后将计算结果赋给变量 sum
```

该程序段执行后，变量 x、y、sum 的值分别为 2、3 和 5。

在程序运行过程中，还可以通过赋值语句修改或读取对象的属性值。例如：

```
Text1.Text=x              '将 x 的值赋予 Text1 对象的 Text 属性
x=Text1.Text              '将 Text1 对象的 Text 属性值赋给变量 x
```

在赋值语句中，“=”是赋值号，与数学上的等号意义不同。例如，有如下语句：

```
i=i+1
```

该语句表示将变量 i 的值加 1 后，将结果赋给变量 i，从而使变量 i 的值增 1，而并非表示等号两边的值相等。

3.1.2 数据输出

应用程序的运行结果往往需要输出到输出设备上（如显示器），从而实现与用户的交互。Visual Basic 中主要有以下三种输出数据的方法，即：

- 使用 Print 方法输出；
- 使用控件（文本框、标签）输出；
- 使用消息对话框输出。

下面依次对这三种方法进行介绍。

1. Print 方法

窗体（Form）、图片框（PictureBox）和打印机（Printer）都具有 Print 方法，用于输出变量、常量或表达式的值。

Print 方法的格式为：

```
对象名.Print 输出项
```

（1）对象名

对象名可以是窗体名称、图片框名称、打印机名称或 Debug，若为 Debug，则表示将结果输出到立即窗口中。如果省略对象名，则表示在当前窗体上输出。

例如：

```
Form1.Print 2                    '将 2 在窗体 Form1 上输出
Debug.Print 2                    '将 2 输出到立即窗口中
```

（2）输出项

输出项是需要输出的数据，可以是常量、变量或表达式。若为表达式，则先计算表达式的值，然后输出结果；如果是变量，则输出变量的值；如果是常量，则直接输出该常量，对字符串常量来说，不会输出双引号。如果省略输出项，则输出一个空行。

例如：

```
Dim x As Integer,y As Single     '定义整型变量 x，单精度型变量 y
x=100                            '为 x 变量赋值 100
y=-2.5                           '为 y 变量赋值-2.5
Print x                          '输出变量 x 的值
```

```
Print y              '输出变量 y 的值
Print "abc"          '输出字符串 abc
Print 1.5            '输出常量 1.5
Print x+y            '先计算 x+y 的值，然后输出结果 97.5
Print                '输出空行
Print "y=" & y       '先进行连接，然后输出 y=-2.5
```

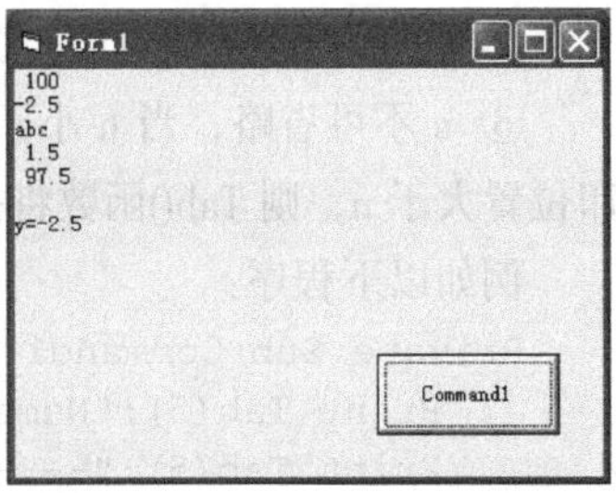

图 3-1　Print 方法的输出结果

该程序段执行后的结果如图 3-1 所示。

由图 3-1 可知，在输出数值型数据时，数值的前面会有一个符号位，后面有一个空格；字符串的前面和后面都没有多余的空格。另外，Print 方法每执行一次后都会自动换行。例如上面的程序段中，执行完 Print x 语句，输出 x 的值后，在执行 Print y 语句时将换到下一行输出 y 的值，若要使 x 和 y 的值在同一行中输出，就需要使用分隔符进行分隔。

（3）分隔符

若要在同一行上输出多个数据项的值，则需要在 Print 后面书写多个数据项，且应使用逗号或分号进行分隔。此时，Print 方法的格式为：

```
对象名.Print 输出项 1,|;输出项 2,|;输出项 3…
```

当用逗号分隔各个输出项时，将按标准输出格式（以 14 个字符位置为单位）显示数据，即在输出时，两个输出项的内容之间间隔 14 个字符；用分号分隔时，将按紧凑格式输出数据，即第二个输出项的内容会紧随第一个输出项的内容之后输出。

例如：

```
Private Sub Command1_Click()
    Dim x As Integer,y As Integer
    x=1
    y=2
    Print x,y,x+y       '在同一行上输出 x、y 和 x+y 的值，且按标准输出格式输出
    Print x;y;x+y       '在同一行上输出 x、y 和 x+y 的值，且按紧凑格式输出
End Sub
```

该程序段执行后的结果如图 3-2 所示。

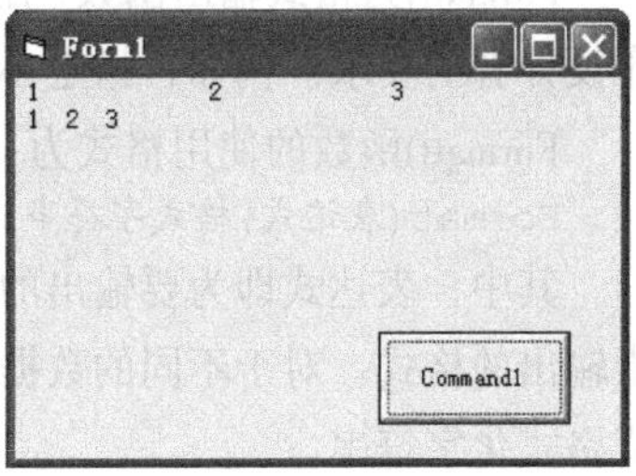

图 3-2　Print 方法的输出结果

2. 与 Print 方法有关的函数

为使输出项按指定的格式输出，Visual Basic 中提供了几个与 Print 方法一起使用的函数，其中包括 Tab()函数、Spc()函数和 Format()等。

（1）Tab()函数

Tab()函数用来将插入点定位在某一列上，即在指定的位置输出数据，与 Print 方法一起使用的格式为：

```
Print Tab(n); 输出项
```

例如：

```
Print Tab(5);"Visual";Tab(15);"Basic"
```

表示从第 5 列开始输出字符串"Visual"，在第 15 列输出字符串"Basic"。

说明：

① Tab()函数将打印位置移动到由参数 n 指定的列上，从该列开始输出数据，输出项放在 Tab()函数后面，中间用分号隔开。

② 一个 Tab()函数对应一个输出项，各个输出项之间用分号相隔。

③ n 不可省略，当 n 小于 1 时，则 Tab()函数将打印位置移动到第 1 列；如果当前行上的打印位置大于 n，则 Tab()函数将打印位置移动到下一个输出行的第 n 列上。

例如以下程序：

```
Private Sub Command1_Click()
    Print Tab(5);"Name";Tab(20);"Age";Tab(35);"Score"
    Print Tab(5);"--------------------------------------------------------"
    Print Tab(5);"GuoJing";Tab(20);"20";Tab(35);"80"
    Print Tab(5);"HuangRong";Tab(20);"18";Tab(35);"90"
    Print Tab(5);"YangKang";Tab(20);"20";Tab(35);"70"
End Sub
```

该程序段执行后的结果如图 3-3 所示。

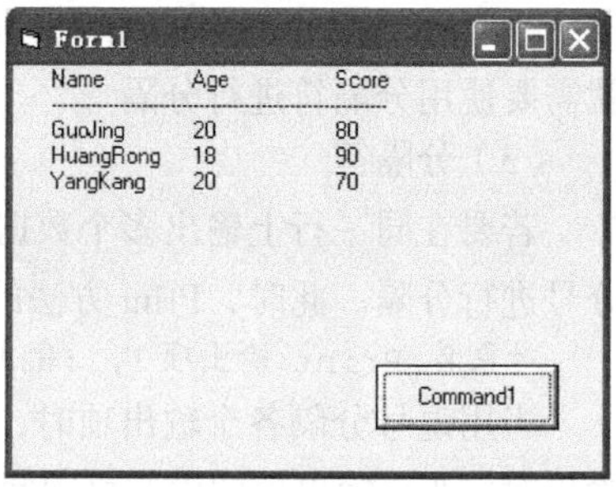

图 3-3　使用 Tab()函数的输出结果

（2）Spc()函数

Spc()函数用于在输出的数据项之前插入若干个空格。与 Print 方法一起使用的格式为：

```
Print Spc(n); 输出项
```

例如：

```
Print Spc(5);"Visual";Spc(15);"Basic"
```

表示首先插入 5 个空格再输出字符串"Visual"，然后插入 15 个空格，再输出字符串"Basic"，即两个字符串之间间隔 15 个空格。

说明：参数 n 表示两个输出项之间的间隔，Spc()函数与输出项之间用分号相隔。

注意：Tab()函数与 Spc()函数的作用不同，在与 Print 方法一起使用时，Tab(n)表示在第 n 列输出内容；Spc(n)表示跳过 n 列输出内容。

（3）Format()函数

Format()为格式输出函数，用来将要输出的数据按照指定的格式输出，使输出的数据更符合程序设计者的要求。例如，指定小数的位数、百分比符号、千位分隔符等。

Format()函数的使用格式为：

```
Format(表达式,格式字符串)
```

其中，表达式即为要输出的数据，可以是数值型、日期型或字符串类型数据；格式字符串是指输出的格式。对于不同的数据类型，系统定义了不同的格式字符串。表 3-1 列出了一些常用数值格式化字符串。

对于符号 0 与#，如果要显示的数值表达式的整数部分位数多于格式字符串的位数，则按实际数值显示输出；如果小数部分的位数多于格式字符串的位数，则按四舍五入显示。

表 3-1　常用数值格式化符

符　　号	作　　用	数值表达式	格式化字符串	显 示 结 果
0	实际数字小于符号位数时，数字前后加 0	1234.567	"00000.0000"	01234.5670
		1234.567	"000.00"	1234.57
#	实际数字小于符号位数时，数字前后不加 0	1234.567	"#####.####"	1234.567
		1234.567	"###.##"	1234.57

续表

符　　号	作　　　　用	数值表达式	格式化字符串	显 示 结 果
.	加小数点	1234	"0000.00"	1234.00
,	加千分位	1234.567	"##,##0.0000"	1,234.5670
%	数值乘以 100，加百分号	1234.567	"####.##%"	123456.7%
$	在数字前强行加$	1234.567	"$###.##"	$1234.57
+	在数字前强行加+	-1234.567	"+###.##"	+-1234.57
-	在数字前强行加-	1234.567	"-###.##"	-1234.57
E+	用指数表示	123.45	"0.00E+00"	1.23E+02
E-	用指数表示	0.01234	"0.00E-00"	1.23E-02

例如，以下程序为 Format()函数与 Print 方法一起使用来设置数据的输出格式。

```
Private Sub Command1_Click()
   Dim x As Integer,y As Single
   x=12345:y=12.345
   Print Format(x,"######")
   Print Format(y,"##.##")
   Print Format(x,"000000")
   Print Format(y,"0000.000")
   Print Format(x,"###,###")
   Print Format(y,"000.00%")
   Print Format(y,"0.00E+00")
End Sub
```

该程序的输出结果如图 3-4 所示。

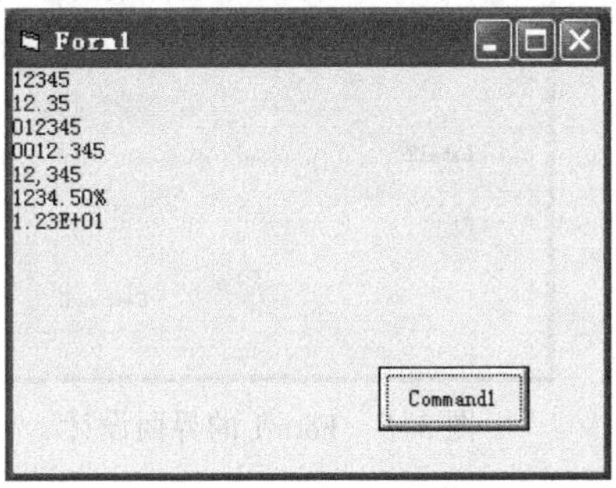

图 3-4　使用 Format()函数的输出结果

（4）Cls 方法

Cls 方法用于清除运行时在窗体或图片框内生成的图形和文本。其使用格式为：

```
对象名.Cls
```

若省略对象名，则表示清除当前窗体上显示的内容。

注意：Cls 方法无法清除在设计阶段添加到窗体上的控件或图片框中使用 Picture 属性设置的背景图片。

3. 使用控件输出

在 Visual Basic 中可使用标签和文本框输出数据。标签控件只能用来显示信息，而不能用来输入信息；而文本框控件既可以显示信息，也可以完成信息的输入。

（1）使用标签控件进行输出

标签中显示的信息是通过其 Caption 属性进行设置的，可在属性窗口中设置，也可以通过程序代码进行设置。

例如：

```
Label1.Caption=Date & vbCrLf & Time
```

该语句表示在标签 Label1 中显示当前日期与时间，且分别在两行显示，其中 vbCrLf 为系统常量，表示回车换行符。由于 Caption 属性为标签控件的默认属性，因此可省略属性名称，写做：Label1=Date & vbCrLf & Time。

【例 3.1】使用标签控件输出两个整数的和与差。

【解】① 界面设计。

新建一个工程，在窗体窗口中添加两个标签控件和一个命令按钮控件，如图 3-5 所示。

② 设置控件的属性值。

分别选择 Label1 和 Label2，在属性窗口中将其 Caption 属性值设置为空，即将其原属性值删除。

③ 编写程序代码。

双击命令按钮，进入代码窗口，编写该按钮的单击事件过程。程序代码为：

```
Private Sub Command1_Click()
    Dim x As Single,y As Single
    x=2:y=1
    Label1.Caption=x & "+" & y & "=" & x+y
    Label2=x & "-" & y & "=" & x-y
End Sub
```

④ 运行程序，单击 Command1 按钮，运行结果如图 3-6 所示。

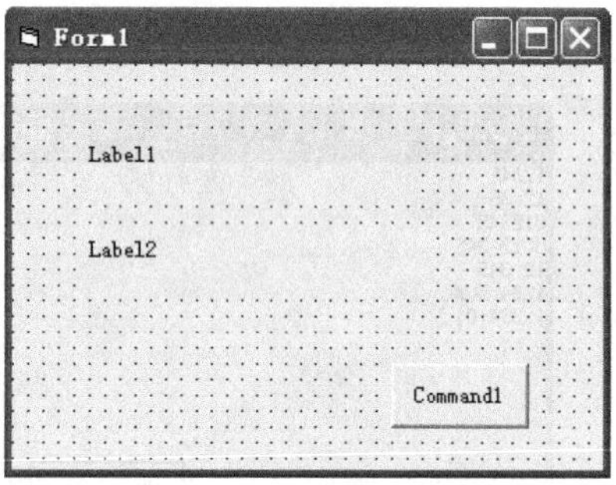

图 3-5　Form1 的界面设计

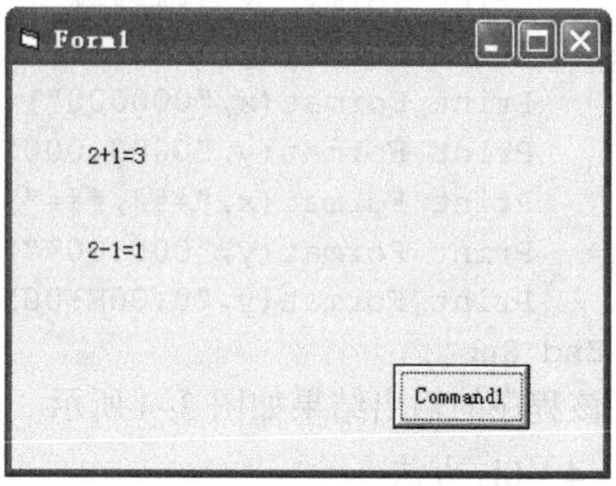

图 3-6　使用标签控件输出

（2）使用文本框进行输出

通过文本框控件的 Text 属性可实现数据的输出。例如：

```
Text1.Text=Date & vbCrLf & Time
```

该语句表示在文本框 Text1 中分两行显示日期和时间（注：此时必须将文本框 Text1 的 MultiLine 属性设为 True。关于文本框的属性设置详见第 6 章）。另外，由于文本框控件的默认属性是 Text，因此可省略该属性名，上面的语句也可写做：

```
Text1=Date & vbCrLf & Time
```

【例 3.2】使用文本框控件输出两个整数的和与差。

分析：与例 3.1 类似，在窗体窗口上添加两个文本框控件，并将其 Text 属性值设置为空，并添加一个命令按钮。

【解】编写该命令按钮的单击事件过程，程序代码如下：

```
Private Sub Command1_Click()
    Dim x As Integer,y As Integer
    x=2:y=1
    Text1.Text=x & "+" & y & "=" & x+y
    Text2=x & "-" & y & "=" & x-y
End Sub
```

运行该程序后，输出结果如图 3-7 所示。

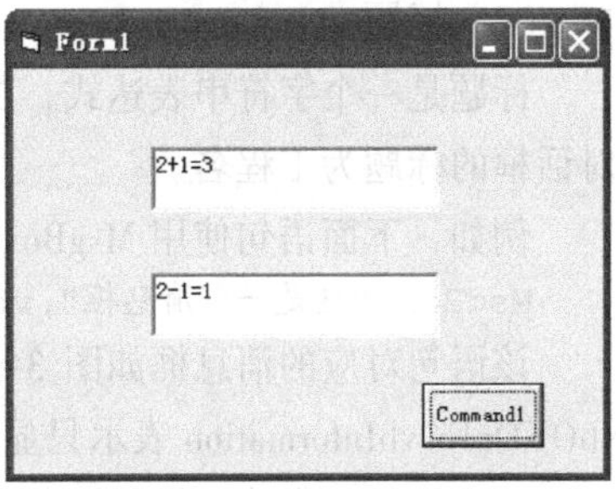

图 3-7　使用文本框控件输出

4．使用消息框输出

消息框可实现系统和用户之间的交互。显示消息框的函数为 MsgBox()，该函数有两个作用，一是在消息框中显示信息，二是等待用户单击消息框上的按钮，然后将结果（一个整数）返回给程序继续执行后面的操作。

消息框可通过 MsgBox()函数或 MsgBox 过程实现，MsgBox()函数有返回值，且返回值为整数；MsgBox 过程没有返回值，常常用来输出信息。

MsgBox()函数的使用格式为：

```
变量 = MsgBox(提示信息,按钮类型,标题)
```

MsgBox()过程使用格式为：

```
MsgBox 提示信息,按钮类型,标题
```

（1）提示信息

提示信息是消息框中显示的信息，它是一个字符串表达式，可以为字符或汉字，最大长度为 1 024 个字符。若提示信息需要多行显示时，则必须在每行末尾加回车符 Chr(13)（或系统常量 vbCr）和换行符 Chr(10)（或系统常量 vbLf）或系统常量 vbCrLf。提示信息不能省略。

（2）按钮类型

该参数用于确定消息框中显示的按钮数目、形式及图标的类型、默认按钮等。该参数是一个整数值，由按钮的类型、显示图标的种类、默认按钮的位置三类数值相加产生。按钮的取值如表 3-2 所示。若省略该参数，则不显示图标，且只显示“确定”按钮。

表 3-2　消息对话框按钮设置值及含义

分　组	内 部 常 数	按　钮　值	描　　述
按钮数目	vbOKOnly	0	只显示确定按钮
	vbOKCancel	1	显示“确定”、“取消”按钮
	vbAboutRetryIgnore	2	显示“终止”、“重试”、“忽略”按钮
	vbYesNoCancel	3	显示“是”、“否”、“取消”按钮
	vbYesNo	4	显示“是”、“否”
	vbRetyCancel	5	显示“重试”、“取消”按钮
图标类型	vbCritical	16	关键信息图标
	vbQuestion	32	询问信息图标
	vbExclamation	48	警告信息图标
	vbInformation	64	信息图标
默认按钮	vbDefaultButton1	0	第 1 个按钮为默认
	vbDefaultButton2	256	第 2 个按钮为默认
	vbDefaultButton3	512	第 3 个按钮为默认
	vbDefaultButton4	768	第 4 个按钮为默认

（3）标题

标题是一个字符串表达式，决定消息框标题栏显示的信息内容。该参数可省略，若省略，则对话框的标题为工程名。

例如，下面语句使用 MsgBox 过程创建了一个消息框：

```
MsgBox "这是一个消息框",vbOKOnly+vbInformation,"测试"
```

该语句对应的消息框如图 3-8 所示，其中，"这是一个消息框"为提示信息，"测试"为标题，vbOKOnly+vbInformation 表示只显示“确定”按钮且图标类型为信息图标。

以上语句若省略“按钮”与“标题”参数，例如：

```
MsgBox "这是一个消息框"
```

此时的消息框如图 3-9 所示，只显示“确定”按钮，且消息框的标题为工程名。

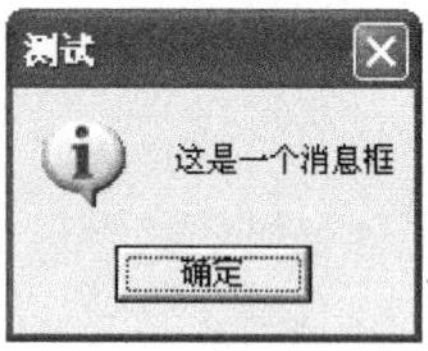

图 3-8　测试消息框

图 3-9　消息框

【例 3.3】使用消息框输出两个整数的和与差。

【解】新建工程，在窗体上添加一个命令按钮，编写该命令按钮的单击事件过程，程序代码如下：

```
Private Sub Command1_Click()
    Dim x As Integer,y As Integer
    Dim s1 As String,s2 As String
    x=2:y=1
    s1=x & "+" & y & "=" & x+y
    s2=x & "-" & y & "=" & x-y
    MsgBox s1 & vbCrLf & s2,,"输出"
End Sub
```

程序中使用 MsgBox 过程进行输出，其中省略了“按钮类型”参数，但由于有“标题”参数，因此逗号不能省略。程序运行结果如图 3-10 所示。

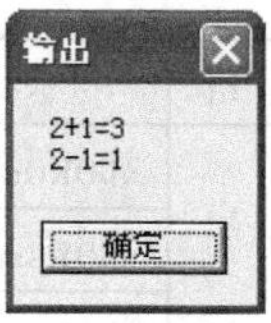

图 3-10　使用消息框输出

当 MsgBox 消息框出现后，必须单击其上的某个按钮，程序才能继续运行，否则不能执行其他操作。当单击某个按钮后，MsgBox()函数将返回 1～7 之间的一个整数，该值与被单击的按钮相对应。例如，若单击“确定”按钮，则 MsgBox()函数返回 1。MagBox()函数的返回值如表 3-3 所示。

表 3-3　MsgBox()函数的返回值

内部常数	返回值	按钮属性	内部常数	返回值	按钮属性
vbOK	1	确定	vbIgnore	5	忽略
vbCancel	2	取消	vbYes	6	是
vbAbout	3	终止	vbNo	7	否
vbRetry	4	重试			

消息框函数常与 If 语句一起使用，根据用户所单击的按钮决定程序执行的流程，如以下语句：

```
Dim i As Integer
i=MsgBox("密码错误!",vbRetryCancel+vbExclamation,"登录")
```

当程序运行该语句时，将弹出图 3-11 所示的消息框，其中显示“重试”按钮与“取消”按钮，显示“警告”图标，标题为“登录”。当单击了不同按钮后，MsgBox()函数将返回不同的整数值并赋值给整型变量 i。如若单击“重试”按钮，则 i 的值为 4；当单击“取消”按钮后，i 的值为 2。因此可根据 i 的值选择程序后面的流程，具体程序可参见例 3.15。

图 3-11　“登录”消息框

3.1.3　数据输入

Visual Basic 中可使用输入对话框函数或文本框控件实现数据的输入。

1. 使用输入对话框函数 InputBox()输入数据

输入对话框使用 InputBox()函数实现，InputBox()函数的格式为：

```
InputBox(提示信息,标题,默认值,x 坐标,y 坐标)
```

该函数的作用是打开一个对话框，等待用户在对话框中输入数据，当用户按【Enter】键或者单击“确定”按钮时，函数将输入的内容作为字符串返回给变量。

例如：

```
Dim x As String
x=InputBox("请输入姓名"+vbCrLf+"然后单击确定","输入","黄蓉",100,100)
```

各参数的说明如图 3-12 所示。

图 3-12　“输入”对话框

（1）提示信息

提示信息是一个字符串表达式，不能省略，在对话框中作为提示信息，可以为字符或汉字，最大长度为 1 024。若提示信息需要多行显示，则必须在每行末尾加回车符 Chr(13)和换行符 Chr(10)或系统常量 vbCrLf。

（2）标题

标题是一个字符串表达式，决定对话框标题栏显示的信息内容。如果省略标题，则将工程名作为对话框的标题，上例中的标题为“输入”。

（3）默认值

默认值也是一个字符串表达式，决定对话框初始的输入内容。如果用户没有输入数据，而直接单击“确定”按钮或按【Enter】键，该默认值就是函数的返回值，如上例中的“黄蓉”；若省略默认值，则文本输入框为空。

（4）x 坐标、y 坐标

x、y 坐标是整型表达式，用来决定输入对话框在屏幕上显示的位置。屏幕左上角为坐标原点，向右为 x 的正方向，向下为 y 的正方向，坐标单位为缇。若省略，则对话框位于屏幕水平正中，垂直方向距下边大约 1/3 的位置。

在使用 InputBox()函数时应注意：

① 各项参数的次序必须一一对应，除“提示信息”不可省略外，其他参数均为可选项，可省略；但省略参数时，参数间的逗号不能省略。

② InputBox()函数的返回值类型为字符型，程序设计时，通常将 InputBox()函数的返回值赋给某个变量，再通过这个变量使用函数的返回值，如上例中将 InputBox()函数的返回值赋给了变量 x。若要通过 InputBox()函数得到数值型数据，可使用 Val()函数进行类型转换或直接赋给数值型变量。

③ 输入对话框中有两个按钮，即“确定”与“取消”。若用户单击“确定”按钮或按【Enter】键，InputBox()函数返回输入的数据；如果单击“取消”按钮或按【Esc】键，则返回空字符串。

④ 执行一次 InputBox()函数只能输入一个值，若要输入多个数据，则需要多次执行 InputBox()函数，实际应用中可与循环语句一起使用。

【例 3.4】使用输入对话框输入两个整数，然后输出其和与差。

【解】新建一个工程，在窗体上添加一个命令按钮。在代码窗口中编写该命令按钮的单击事件过程。程序代码如下：

```
Private Sub Command1_Click()
    Dim x As Integer,y As Integer
    x=InputBox("请输入第 1 个整数","输入",0)        '默认值为 0
    y=InputBox("请输入第 2 个整数","输入",0)        '默认值为 0
    Print " 第 1 个数为: " & x
    Print " 第 2 个数为: " & y
    Print " 和 = " & x+y
    Print " 差 = " & x-y
End Sub
```

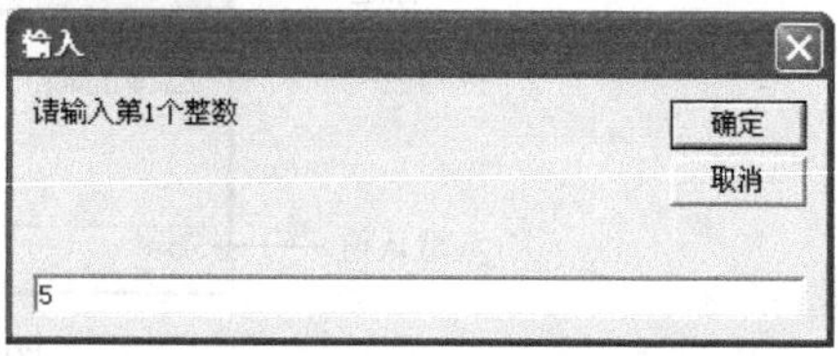

图 3-13　第一个“输入”对话框

程序运行时，单击 Command1 按钮，首先打开第一个“输入”对话框，如图 3-13 所示。输入数据后单击“确定”按钮，输入的数据赋给了 x 变量；然后打开第二个“输入”对话框，如图 3-14 所示。输入数据后单击“确定”按钮，输入的数据赋给了 y 变量，并在窗体上输出运算结果，如图 3-15 所示。

从例 3.4 可以看出，程序执行到 InputBox()函数时，将打开输入对话框，等待输入。输入数据后，单击“确定”按钮，程序将继续执行。

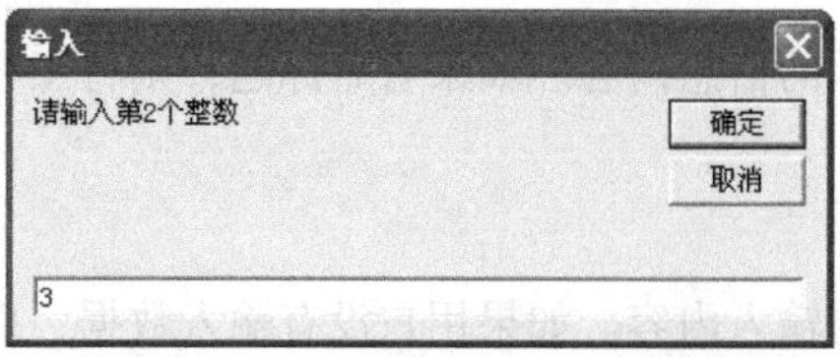

图 3-14　第二个“输入”对话框

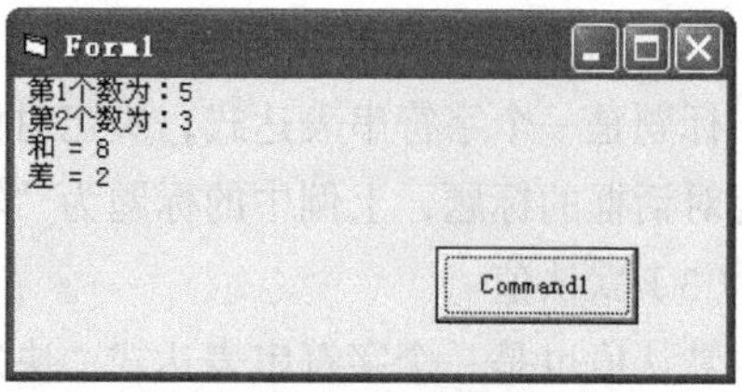

图 3-15　程序运行结果

2. 使用 TextBox 控件输入数据

利用文本框控件的 Text 属性，不仅可实现数据的输出，也可以实现数据的输入，即接收用户在文本框内输入的信息。

需要注意的是，TextBox 控件接收的数据为字符型，如果需要对数值型数据进行处理，可通过 Val()函数进行转换，或直接将其赋值给数值型变量。例如，1.5.3 节的例 1.1 中的语句：

```
Text3.Text=Val(Text1.Text)+Val(Text2.Text)
```

在该语句中，文本框 Text1 与 Text2 接收用户输入的数据，转换为数值型数据后进行求和运算，文本框 Text3 实现数据的输出。

3.1.4 顺序结构应用程序举例

顺序结构的程序一般由变量声明语句、赋值语句或输入/输出语句构成，程序执行时按照语句书写的顺序依次执行。

【例 3.5】 编写程序，输入圆柱体的半径与高，输出其表面积和体积。

分析：新建一个工程，将窗体 Form1 的 Caption 属性设置为“圆柱体”；在窗体中添加一个命令按钮 Command1，并将其 Caption 属性改为“计算”，对该命令按钮的单击事件进行编程。

【解】 程序代码如下：

```
Private Sub Command1_Click()
    Dim r As Single,h As Single              '声明变量 r 表示半径，h 表示高
    Dim area As Single,v As Single           '声明变量 area 表示表面积，v 表示体积
    r=InputBox("请输入半径" )                 '输入半径
    h=InputBox("请输入高度")                  '输入高
    area=2*3.14*r*r+2*3.14*r*h               '计算表面积
    v=3.14*r*r*h                             '计算体积
    Print "圆柱体的半径为: " & r;" 高为: " & h  '输出半径与高
    Print "表面积为: " & area                 '输出表面积
    Print "体积为: " & v                      '输出体积
End Sub
```

程序运行时，单击“计算”按钮，则分别打开两个输入对话框等待输入圆柱体的半径和高，当分别输入半径值为 1、高度值为 10 时，程序的运行结果如图 3-16 所示。注意程序中使用到的圆周率 π 要用具体的数值代替，而不能使用符号 π。

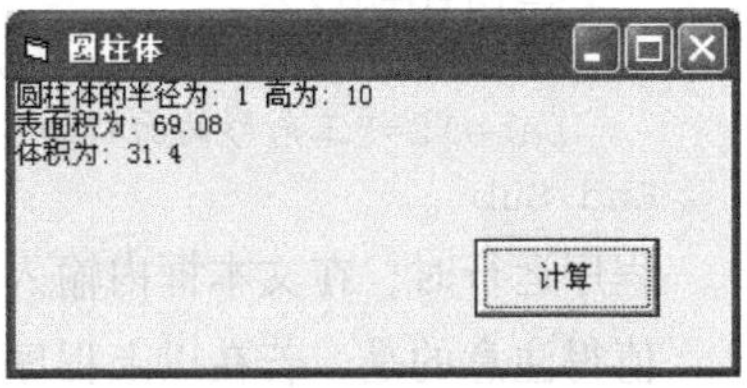

图 3-16 程序运行结果

【例 3.6】 输入三角形的三条边（假定可构成三角形），求三角形的面积。三角形面积公式为：$area=\sqrt{s(s-a)(s-b)(s-c)}$，其中 $s=\frac{a+b+c}{2}$，a、b、c 为三边之长。

分析：新建一个工程，在窗体上添加三个文本框、一个命令按钮和两个标签，其布局如图 3-17 所示；分别设置各个控件的属性值，如表 3-4 所示；对命令按钮的单击事件进行编程。

表 3-4 各个控件的属性值

控 件	属 性 名	属 性 值
窗体	名称	Form1
	Caption	三角形面积

续表

控　件	属 性 名	属 性 值
命令按钮	名称	Command1
	Caption	计算面积
标签 1	名称	Label1
	Caption	请输入三角形的三条边
标签 2	名称	Label2
	Caption	空白
文本框	名称	Text1
	Text	空白
文本框	名称	Text2
	Text	空白
文本框	名称	Text3
	Text	空白

【解】程序代码如下：

```
Private Sub Command1_Click()
    Dim a As Single,b As Single,c As Single
                       '声明变量
    Dim s As Single,area As Single
    a=Text1            '输入三边
    b=Text2
    c=Text3
    s=(a+b+c)/2        '计算
    area=Sqr(s*(s-a)*(s-b)*(s-c))
    Label2="三角形的面积为： " & area  '输出
End Sub
```

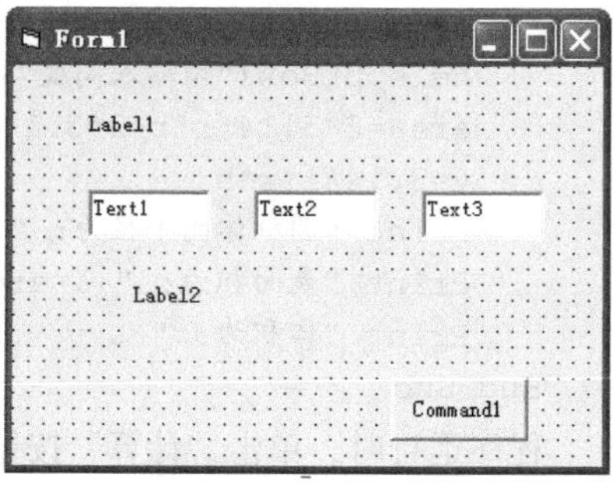

图 3-17　窗体布局

程序运行时，在文本框内输入数据，程序运行结果如图 3-18 所示。

值得注意的是，若在以上程序代码中省略变量的声明，则会得到错误的结果。原因是当使用文本框控件输入数据时，其 Text 属性得到的数据类型为字符型，即赋给变量 a、b、c 字符型数据，表达式 s=(a+b+c)/2 中的“+”号则成为字符串连接符，因此结果发生错误。所以，在编写程序时，应尽量声明数据的类型，以避免产生不必要的问题。为避免上述错误，还可以使用 Val()函数进行转换。例如，以上程序中的赋值语句也可写做：

```
a=Val(Text1)
b=Val(Text2)
c=Val(Text3)
```

【例 3.7】输入两个整数，将其值交换后输出。例如，若变量 a、b 的值分别 1、2，则交换后 a 的值为 2，b 的值为 1。

分析：要交换两个变量的值，必须借助于第三个变量，用于预先保存其中一个变量的值。

【解】新建工程，在窗体上添加两个文本框、两个标签和一个命令按钮，窗体布局如图 3-19 所示。其中，文本框控件的 Text 属性设置空字符串；第一个标签的 Caption 属性设置为“请输入两个整数:"，第二个标签的 Caption 属性设置为空字符串；命令按钮的 Caption 属性设置为"交换"。

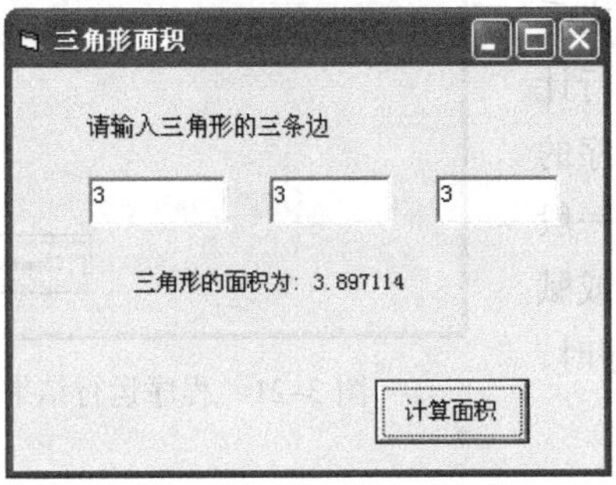

图 3-18 程序运行结果

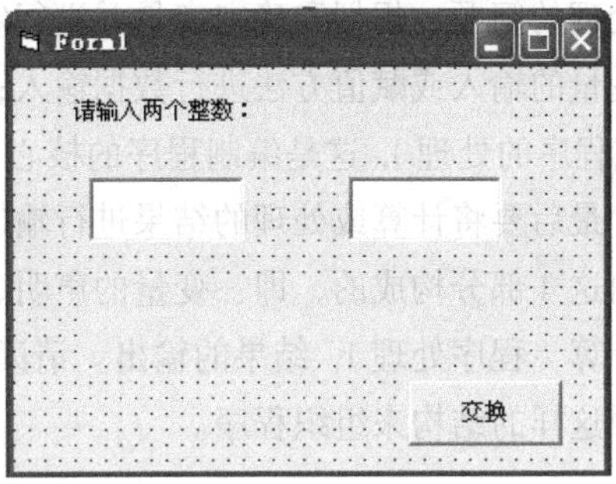

图 3-19 窗体布局

双击命令按钮，在打开的代码窗口中编写其单击事件过程。程序代码如下：

```
Private Sub Command1_Click()
    Dim a As Integer,b As Integer,t As Integer        '声明变量
    a=Text1                                           '输入两个整数
    b=Text2
    t=a                                               '将 a 的值赋给 t，即 t 保存 a 的值
    a=b                                               '将 b 的值赋给 a，则 a 的值变为 b
    b=t                                               '将 t 的值赋给 b
    Label2="交换后的值为:" & a & "," & b              '输出
End Sub
```

程序运行时，分别在文本框内输入 1、2，单击"交换"按钮，输出结果如图 3-20 所示。

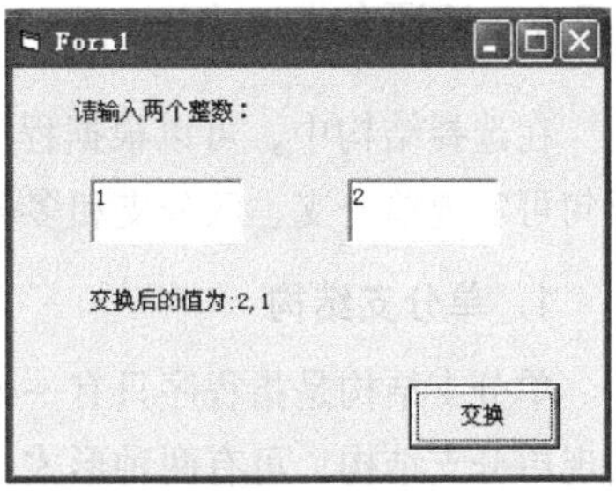

图 3-20 程序运行结果

【例 3.8】输入一个四位正整数，输出各位数字之和。例如若输入 2134，则输出结果为 10（即 2+1+3+4）。

分析：为输出四位正整数的各位数之和，应先求各位数字。由于任何一个整数对 10 取余得到的都是个位数字，因此利用取余与整除运算符即可得到各个数位上的数字。

【解】新建工程后，在窗体上添加命令按钮，并编写该命令按钮的单击事件过程。程序代码如下：

```
Private Sub Command1_Click()
    Dim x As Integer,s As Integer             '声明变量
    Dim a As Integer,b As Integer
    Dim c As Integer,d As Integer
    x=InputBox("请输入一个四位正整数")         '输入
    a=x Mod 10                                '得到个位数
    b=x\10 Mod 10                             '得到十位数
    c=x\100 Mod 10                            '得到百位数
    d=x\1000                                  '得到千位数
    s=a+b+c+d                                 '求和
    Print x; " 的各位数字之和为: ";s           '输出
End Sub
```

程序运行后，当输入 2134 时的运行结果如图 3-21 所示。

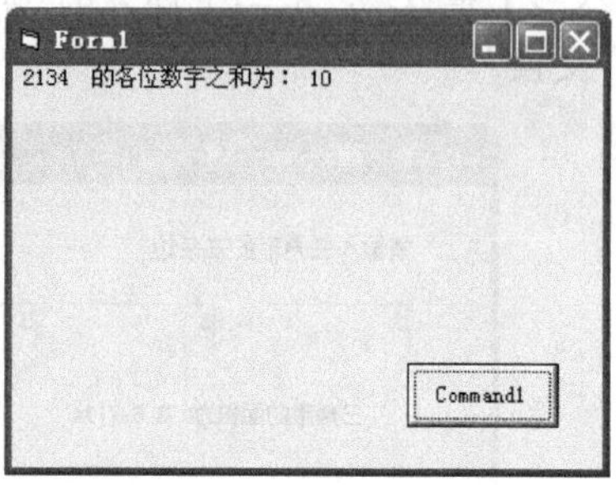

图 3-21 程序运行结果

由以上程序示例可以看出，在编制程序时，首先要根据需要处理的问题，规划和确定变量并进行定义和声明；之后通过变量的输入或赋值方法进行数据输入；接下来要进行计算（或程序的处理），这是编制程序的核心，用于完成程序的功能；最后要将计算或处理的结果进行输出。一个程序一般都是由这 4 部分构成的，即：变量的声明、变量的输入或赋值、计算（程序处理）、结果的输出。请读者在编制程序时，也按照这样的结构来组织程序。

3.2 选择结构

用顺序结构编写的程序比较简单，一般用于进行一些简单的运算，所以能够处理的问题类型有限。在实际应用中，有许多问题是根据不同的条件来选择执行不同的操作。例如，根据成绩进行输出，当成绩为 60 分以上时，输出“合格”，小于 60 分时，则输出“不合格”。根据成绩的不同进行选择以执行不同的输出操作，这样的程序结构称为选择结构或分支结构。

Visual Basic 中通过 If 语句和 Select Case 语句实现选择结构，它们都是对某个条件进行判断，然后选择执行不同的分支。

3.2.1 If 语句

在选择结构中，可以根据程序分支的数目，分为单分支结构、双分支结构和多分支结构。If 语句可实现单分支、双分支和多分支结构。

1. 单分支结构

单分支结构是指程序只有一个分支，当满足指定的条件才能执行该程序分支的语句。If 语句实现单分支结构，可有两种形式：

形式 1：

```
If 表达式 Then
    语句组
End If
```

形式 2：

```
If 表达式 Then 语句
```

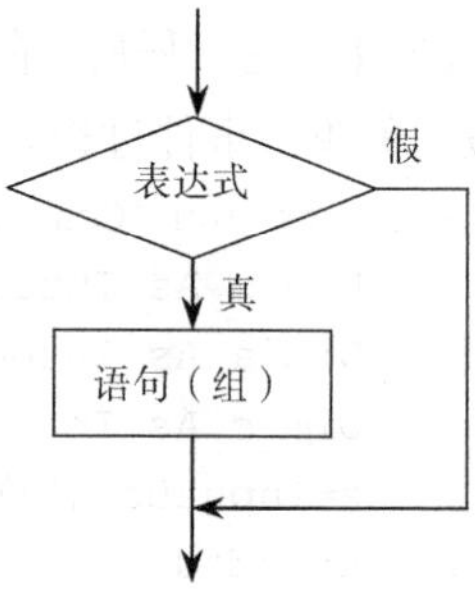

图 3-22 单分支结构流程图

该语句在执行时，首先计算表达式，若表达式的值为真（True 或非零），则执行 Then 后面的语句组（或语句），若表达式的值为假（False 或 0），则跳过 Then 后面的语句，执行 End If 后面的语句。其流程图如图 3-22 所示。

说明：

① 表达式可为关系表达式、逻辑表达式或数值表达式。当表达式是数值表达式时，非零值表示 True，0 表示 False。

② 在形式 1 中，语句组可以为一条或多条语句。在形式 2 中，语句表示一条语句，若为多条语句，则必须使用冒号进行分隔，即语句必须与 Then 写在同一行上。

③ 在形式 1 中，必须以 End If 语句结束。形式 2 为单行结构，要求语句都写在一行上，且不能以 End If 语句结束。

【例 3.9】 输入两个数，输出这两个数中的最大值。

分析：求最大值的一般算法为：首先设置变量 max 用于存放最大值，且将第一个数赋给该变量，然后用 max 与第二个数比较，若第二个数大于 max，则将第二个数赋给 max，因此 max 就是这两个数中的最大值。

【解】 新建一个工程，在窗体窗口上添加命令按钮 Command1，将其 Caption 属性修改为“求最大值”；添加命令按钮 Command2，将其 Caption 属性修改为“退出”。分别双击 Command1 和 Command2 按钮，在代码窗口中编写其单击事件过程。程序代码如下：

```
Private Sub Command1_Click()  'Command1 的单击事件过程
   Dim x As Single,b As Single,max As Single
   x=InputBox("请输入第一个数","输入")
   y=InputBox("请输入第二个数","输入")
   max=x
   If max<y Then
      max=y
   End If
   Print "输入的两个数为: "; x,y
   Print "最大值为: "; max
End Sub
Private Sub Command2_Click()  'Command2 的单击事件过程
   End
End Sub
```

程序运行时，单击“求最大值”按钮，输入 3、2，程序运行结果如图 3-23 所示。单击“退出”按钮则退出程序。

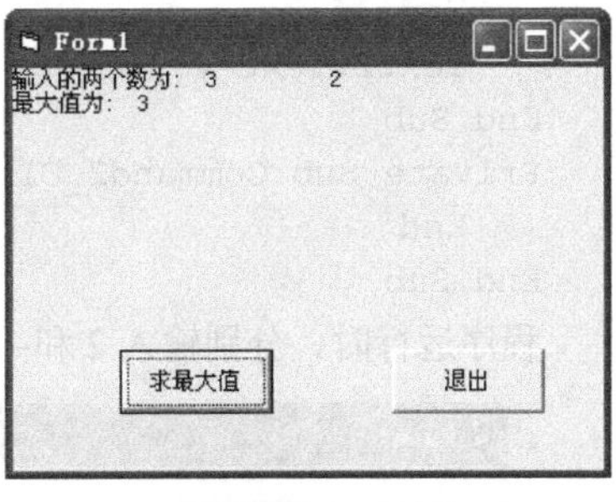

图 3-23 输出两个数中的最大值

本例中通过输入对话框为变量 x、y 赋值，并将 x 赋给 max 变量，通过 If 单分支语句比较 max 与 y 的值，若 y 大于 max，则将 y 赋给 max，最后输出 max 的值。

以上程序使用的是 If 单分支结构的形式 1，若使用形式 2，则分支语句为：

```
If max<y Then max=y
```

2. 双分支结构

双分支结构表示程序有两个分支，当满足给定条件时，执行分支 1，否则执行分支 2。If 语句实现双分支结构也有两种语句形式：

形式 1：

```
If 表达式 Then
   语句组 1
Else
   语句组 2
End If
```

形式 2 为：

```
If 表达式 Then 语句 1 Else 语句 2
```

该语句在执行时，首先计算表达式，若表达式的值为真(True 或非 0),则执行 Then 后面的语句组 1(或语句 1)；否则跳过语句组 1 (或语句 1)，执行 Else 后面的语句组 2 (或语句 2)，其流程图如图 3–24 所示。

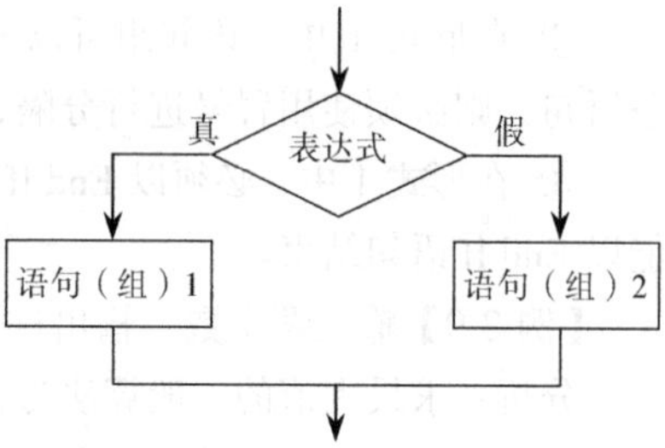

图 3–24　双分支结构流程图

使用时应注意在形式 1 中的 Else 后不能增加表达式。

【例 3.10】输入 x，计算分段函数 y 的值并输出。

$$y=\begin{cases} x^2-1 & x>0 \\ \sqrt{x^2+1} & x\leqslant 0 \end{cases}$$

分析：y 为分段函数，根据 x 的值的不同，使用两个公式计算 y 的值。当 $x>0$ 时，$y=x^2-1$；当 $x\leqslant 0$ 时，$y=\sqrt{x^2+1}$ ，因此可使用 If 双分支结构实现。在进行判断时，既可用 $x>0$ 作为条件，也可以用 $x\leqslant 0$ 作为条件。

【解】新建工程，窗体布局如图 3–25 所示。其中，两个文本框分别用来输入变量 x 的值和输出 y 的值。命令按钮 Command1 的 Caption 属性值为“计算”，Command2 的 Caption 属性值为“退出”。分别双击这两个命令按钮，在代码窗口中编写其单击事件过程。程序代码如下：

```
'Command1 的单击事件过程
Private Sub Command1_Click()
   Dim x As Single,y As Single
   x=Text1.Text                    '输入 x 的值
   If x>0 Then
      y=x*x-1
   Else
      y=Sqr(x*x+1)
   End If
   Text2.Text=y                    '输出 y 的值
End Sub
Private Sub Command2_Click()      'Command2 的单击事件过程
   End
End Sub
```

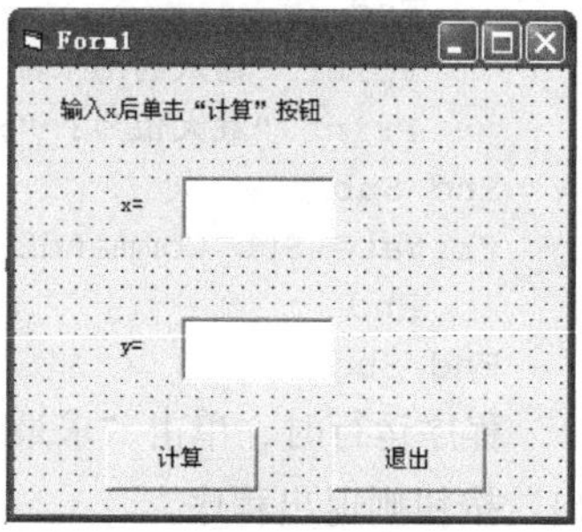

图 3–25　窗体布局

程序运行时，分别输入 2 和–1，运行结果分别如图 3–26 和图 3–27 所示。

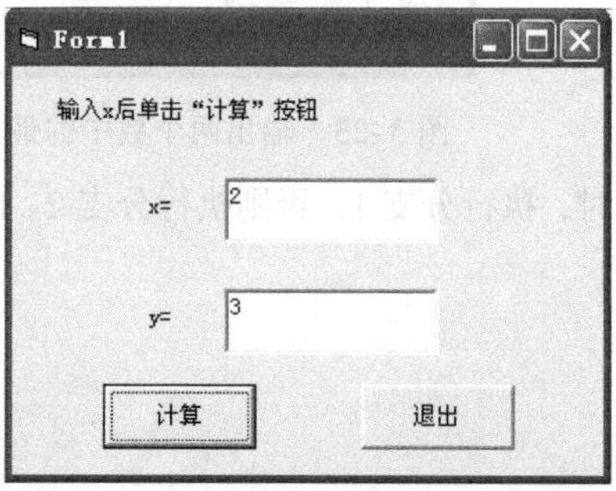

图 3–26　输入 2 时的运行结果

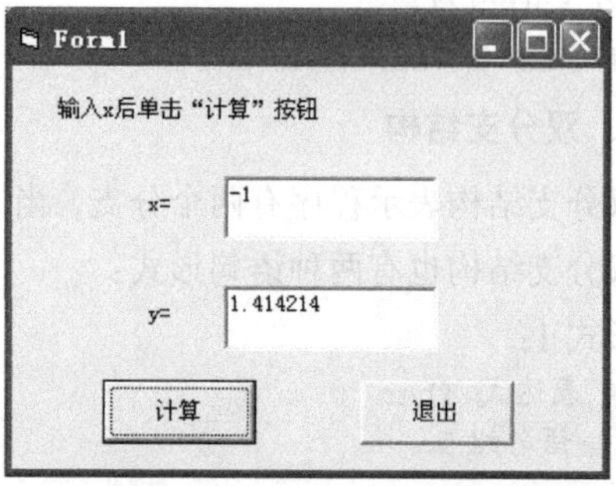

图 3–27　输入–1 时的运行结果

以上程序中的 If 双分支结构采用的是形式 1，若使用形式 2，则分支语句为：

```
If  x>0  Then  y=x*x-1  Else  y=Sqr(x*x+1)
```

【例 3.11】 改进例 3.6，求三角形的面积。当输入的三条边长不能构成三角形时，提示重新输入；若能构成三角形，则输出该三角形的面积。

分析：输入的三条边长若能构成三角形，则必须满足条件：任意两边之和大于第三边，否则将不能构成三角形。该程序可使用 If 双分支结构实现，其中的条件为使用逻辑运算符 And 连接的三个关系表达式，即：

```
a+b>c And b+c>a And a+c>b
```

其中，a、b、c 分别代表三个边长。

【解】 在例 3.6 程序代码基础上进行修改，增加 If 双分支结构。修改后的程序代码为：

```
Private Sub Command1_Click()
    Dim a As Single,b As Single,c As Single
    Dim s As Single,area As Single
    a=Text1.Text
    b=Text2.Text
    c=Text3.Text
    If a+b>c And b+c>a And a+c>b Then
        s=(a+b+c)/2
        area=Sqr(s*(s-a)*(s-b)*(s-c))
        Label2.Caption="三角形的面积为：" & area
    Else
        Label2.Caption="无法构成三角形，请重新输入！"
    End If
End Sub
```

程序运行时，在三个文本框中分别输入 3、4、5 时，此时能构成直角三角形，程序运行结果如图 3-28 所示；重新输入 1、2、3，此时无法构成三角形，程序运行结果如图 3-29 所示。

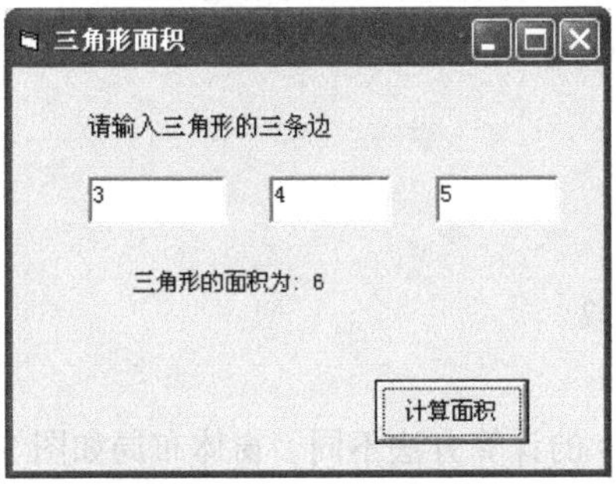

图 3-28　程序运行结果 1

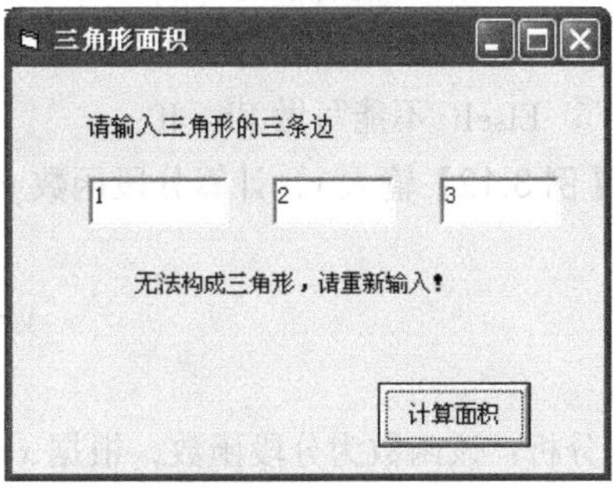

图 3-29　程序运行结果 2

3. 多分支结构

双分支结构只能根据一个条件为真或假选择执行两个分支之一，在实际问题中常常会遇到多个条件，此时就要用到多分支结构。

If 语句实现多分支结构的形式为：

```
If 表达式1 Then
    语句组1
ElseIf 表达式2 Then
    语句组2
```

```
…
ElseIf 表达式n Then
    语句组 n
Else
    语句组 n+1
End If
```

执行该语句时，首先计算表达式 1，若表达式 1 的值为真，则执行语句组 1，然后退出 If 语句，执行 End If 后面的语句；若表达式 1 的值为假，则计算表达式 2；若表达式 2 的值为真，则执行语句组 2，然后退出 If 语句，执行 End If 后面的语句；若表达式 2 的值为假，则计算表达式 3；……依此类推，若表达式 n 的值为真，则执行语句组 n，然后退出 If 语句，执行 End If 后面的语句；若表达式 n 的值为假，则执行 Else 后面的语句组 n+1，然后执行 End If 后面的语句。其流程图如图 3-30 所示。

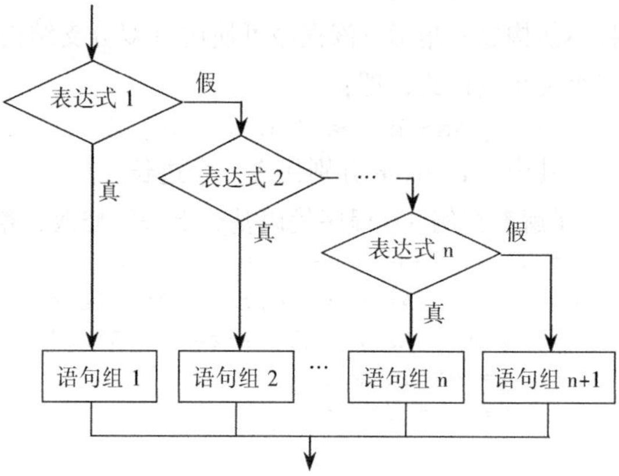

图 3-30　多分支结构流程图

综上所述，在执行 If 多分支结构时，一旦某个表达式的值为真，则执行对应的语句组，然后退出 If 语句，执行 End If 后面的语句。若所有表达式的值都为假，则执行 Else 下面的语句组 n+1，然后执行 End If 后面的语句。

说明：

① 无论有几个分支，程序一旦执行了某一个分支则退出 If 语句，其余分支不再执行。

② ElseIf 子句的数量没有限制，可以根据需要使用任意多个 ElseIf 子句。

③ Else 后不能有表达式，Else 表示以上表达式均为假时则执行其下面的语句组。

④ Else 及其后的语句组可以省略。

⑤ ElseIf 不能写做 Else If。

【例 3.12】 输入 x，计算分段函数 y 的值并输出。

$$y=\begin{cases}5 & x<0 \\ x+1 & 0\leqslant x<2 \\ x^2+2 & x\geqslant 2\end{cases}$$

分析：该函数为分段函数，根据 x 的取值范围不同，y 的计算方法不同。窗体布局如图 3-31 所示，第一个文本框用于输入，第二个文本框用于输出；命令按钮 Command1 的 Caption 属性为“计算”，Command2 的 Caption 属性为“退出”。

【解】 Command1 和 Command2 的单击事件过程分别为：

```
Private Sub Command1_Click()                'Command1 的单击事件过程
    Dim x As Single,y As Single
    x=Text1.Text                            '输入 x 的值
    If  x<0  Then
        y=5
    ElseIf  x<2  Then
        y=x+1
```

```
    Else
        y=x^2+2
    End If
    Text2.Text=y                        '输出 y 的值
End Sub
Private Sub Command2_Click()            'Command2 的单击事件过程
    End
End Sub
```

程序运行后，当输入的值为 0.5 时，程序运行结果如图 3-32 所示。

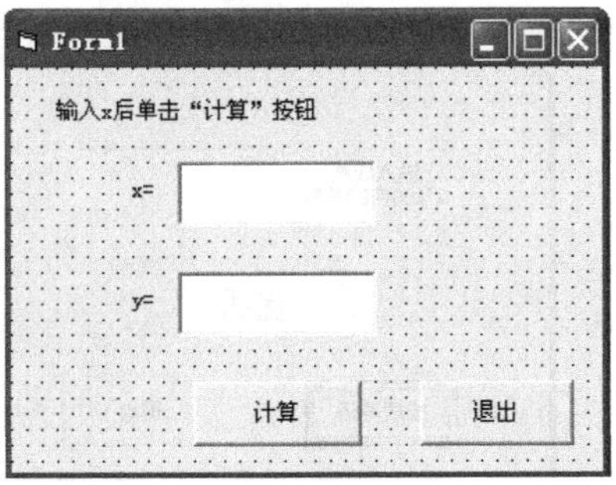

图 3-31 窗体布局

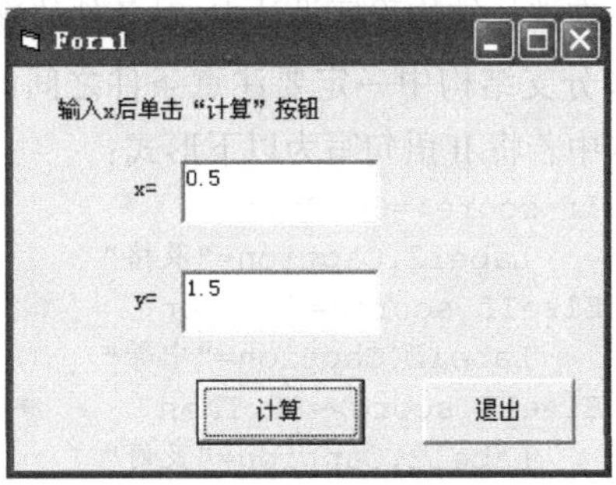

图 3-32 程序运行结果

注意：程序中“ElseIf x<2 Then”中的条件只限定了 x<2，这是因为如果程序能执行到这一步，说明前面的 x<0 为假，即此时的 x 必定满足 x≥0，因此这里不需要写成“ElseIf x<2 And x>=0 Then”。

【例 3.13】 输入学生的百分制成绩，输出其成绩的等级。成绩等级的判断标准为：

```
90≤score<100        优秀
80≤score<90         良好
70≤score<80         中等
60≤score<70         及格
score<60            不及格
```

其中，score 代表百分制成绩。

分析：窗体布局如图 3-33 所示，由两个标签、一个文本框和两个命令按钮组成。标签 Label1 用于显示提示信息，Label2 用于显示成绩等级。文本框 Text1 用于输入成绩，单击“成绩等级”按钮，在 Label2 中显示等级信息，单击“退出”按钮结束程序。

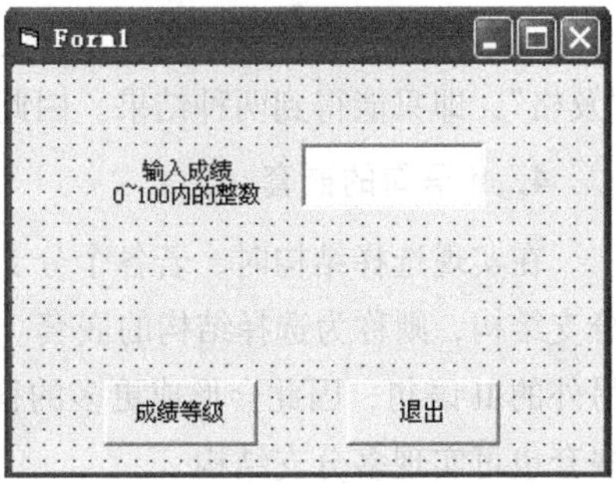

图 3-33 窗体布局

【解】 程序代码如下：

```
Private Sub Command1_Click()            'Command1 的单击事件过程
    Dim score As Integer
    score=Text1.Text
    If score>=90 Then
        Label2.Caption="优秀"
    ElseIf score>=80 Then
        Label2.Caption="良好"
    ElseIf score>=70 Then
        Label2.Caption="中等"
    ElseIf score>=60 Then
```

```
        Label2 .Caption="及格"
    Else
        Label2.Caption="不及格"
    End If
End Sub
Private Sub Command2_Click()          'Command2 的单击事件过程
    End
End Sub
```

程序运行时，输入 95 后单击“成绩等级”按钮，运行结果如图 3-34 所示。

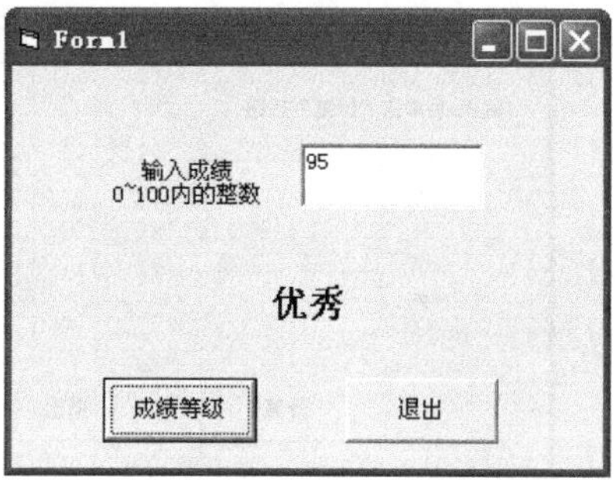

图 3-34　程序运行结果

在选择结构程序设计中,对条件的判断往往是复杂的。在多分支结构中一定要注意条件之间的逻辑关系。如例 3.13 中若将 If 语句写为以下形式：

```
If score>=60 Then
    Label2.Caption="及格"
ElseIf score>=70 Then
    Label2.Caption="中等"
ElseIf score>=80 Then
    Label2.Caption="良好"
ElseIf score>=90 Then
    Label2 .Caption="优秀"
Else
    Label2.Caption="不及格"
End If
```

当 score 的值为 95 时，满足条件：score≥60，因此执行的是 If 语句的第一个分支：Label2.Caption="及格"，显示出错。这是因为各分支条件具有包含关系，当 score 的值为 95 时，满足条件 score≥90，也满足条件 score≥80、score≥70 以及 score≥60，但程序首先执行的是第一个满足条件的分支，显示为“及格”，只有当 score 的值小于 60 时显示“不及格”，其余值均显示“及格”，即只能得到两种结果。因此，一定要注意条件的书写顺序，避免出现上述错误。

4. If 语句的嵌套

在实现选择结构时，若各个分支的语句组中又包含另一个分支结构，则称为选择结构的嵌套。由于在 If 语句中又嵌套了另外的 If 语句，因此会形成更多的程序分支，所以，If 语句的嵌套也可实现多分支结构。

例如，图 3-35 是一个两层嵌套的分支结构，在双分支 If 语句的语句组 1 和语句组 2 的位置分别嵌套了一个双分支 If 语句，形成内层分支结构，其执行过程为：首先计算表达式 1 的值，若表达式 1 的值为真，则继续判断表达式 2 的值，若其值为真，则执行语句组 1，若表达式 2 的值为假，则执行语句组 2；若表达式 1 的值为假，则判断表达式 3 的值是否为真，若为真则执行语句组 3，否则执行语句组 4。

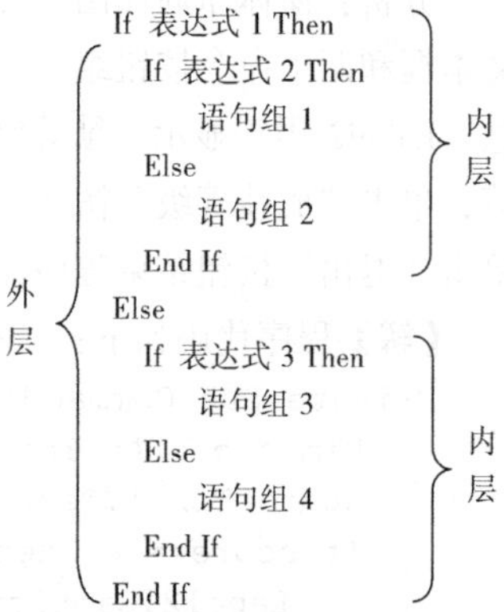

图 3-35　两层嵌套的 If 语句

注意：在使用嵌套的分支结构时，内层的分支结构只能处于外层分支结构某个“语句组”的位置，内外层的分支结构不允许交叉。

【例 3.14】用 If 语句的嵌套结构实现例 3.12。

【解】程序代码为：

```
Private Sub Command1_Click()
    Dim x As Single,y As Single
    x=Text1
    If x>=0 Then
        If x>=2 Then
            y=x^2+2
        Else
            y=x+1
        End If
    Else
        y=5
    End If
    Text2=y
End Sub
```

在嵌套的 If 语句中，要注意嵌套的每个 If 都必须与 End If 配对，书写时采用缩进格式可增加程序的可读性。

【例 3.15】编写程序，设计一个系统登录窗体，通过文本框输入用户名和密码。当用户输入正确的用户名（如“guojing”）和密码（如“huangrong”）时，提示用户登录成功；若用户名正确，密码错误，则提示“密码错误”；若输入错误的用户名，则提示“用户名不存在”。

分析：由于本程序中要根据用户输入的用户名和密码是否正确分别给出提示信息，因此可使用嵌套的 If 语句。外层 If 语句用于判断用户名输入是否正确，若正确，则进入内层 If 语句，进而判断密码是否正确。

【解】新建一个工程，在窗体上添加两个文本框、两个命令按钮和两个标签，其布局如图 3-36 所示；分别设置各个控件的属性值，如表 3-5 所示；分别对两个命令按钮的单击事件进行编程。

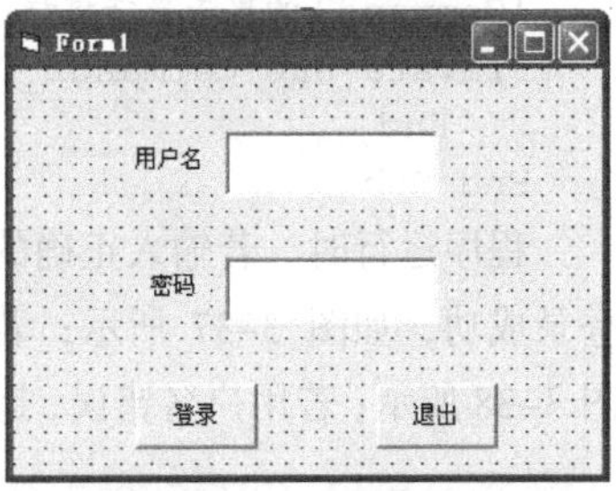

图 3-36　窗体布局

表 3-5　各个控件的属性值

控件名称	属性	属性值	控件名称	属性	属性值
标签 1	名称	Label1	文本框 2	名称	Text2
	Caption	用户名		Text	空白
标签 2	名称	Label2		PasswordChar	*
	Caption	密码	命令按钮 1	名称	Command1
文本框 1	名称	Text1		Caption	登录
	Text	空白	命令按钮 2	名称	Command2
				Caption	退出

程序代码如下：

```
Private Sub Command1_Click()                'Command1 的单击事件过程
    Dim user As String,pw As String         'user 表示用户名，pw 表示密码
    user=Text1
    pw=Text2
```

```
        If user="guojing" Then
            If pw="huangrong" Then                '判断密码是否正确
                MsgBox "登录成功！",vbInformation,"登录"
            Else
                i=MsgBox("密码错误！",vbRetryCancel+vbExclamation,"登录")
                If i=vbRetry Then                 '若单击“重试”按钮
                    Text2=""                      '清空 Text2 中内容
                    Text2.SetFocus                'Text2 获得焦点，为下次输入做准备
                Else
                    End
                End If
            End If
        Else
            i=MsgBox("用户名不存在！",vbRetryCancel+vbExclamation,"登录")
            If i=vbRetry Then
                Text1=""                          '清空 Text1 中内容
                Text2=""                          '清空 Text2 中内容
                Text1.SetFocus                    'Text1 获得焦点，为下次输入做准备
            Else
                End
            End If
        End If
    End Sub
    'Command2 的单击事件过程
    Private Sub Command2_Click()
        End
    End Sub
```

程序运行时，若输入正确的用户名和密码，则显示登录成功，如图 3-37 所示；若密码错误，运行结果如图 3-38 所示；若用户名错误，运行结果如图 3-39 所示。

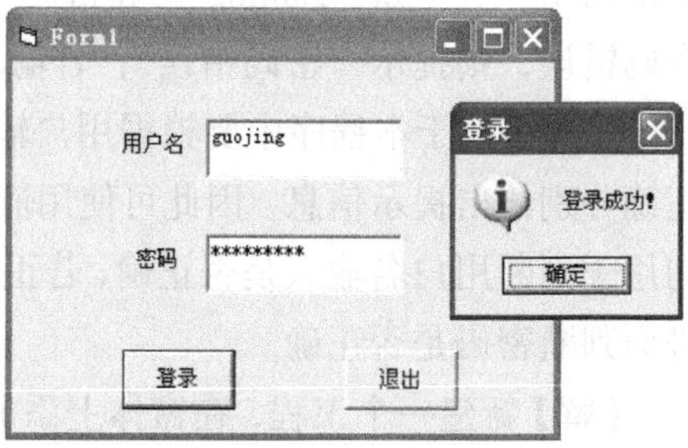

图 3-37　登录成功时的运行结果

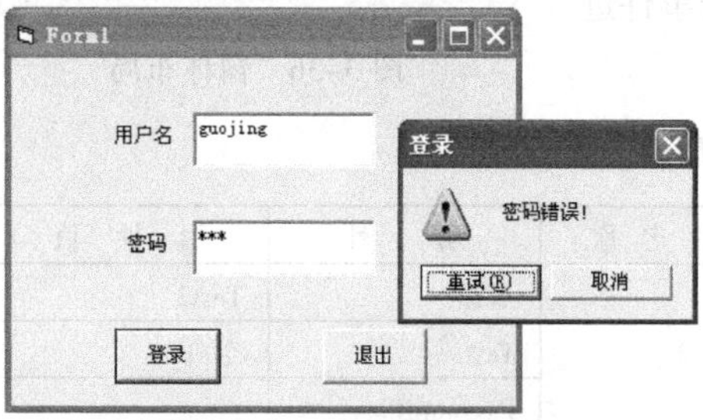

图 3-38　密码错误时的运行结果

图 3-39　用户名错误时的运行结果

3.2.2　Select Case 语句

Select Case 语句也称为情况语句，是多分支结构的另一种表示形式。Select Case 语句的格式如下：

```
    Select Case 测试表达式
        Case  表达式列表 1
            语句组 1
        Case  表达式列表 2
```

```
        语句组 2
         …
    Case  表达式列表 n
        语句组 n
    Case Else
        语句组 n+1
End Select
```

Select Case 语句的功能是根据测试表达式的值，从多个语句组中选择符合条件的一个语句组执行。

Select Case 语句的执行过程如图 3-40 所示，首先计算测试表达式的值，然后将计算的结果与每个 Case 后的表达式列表的值进行比较，如果有相匹配的表达式，就执行该 Case 下面的语句组，执行完该语句组后则退出 Select Case 语句，不再与后面的表达式列表比较；若测试表达式的值没有找到匹配项，则执行 Case Else 语句后面的语句组，然后退出 Select Case 语句；若无 Case Else 语句，则直接退出 Select Case 语句。

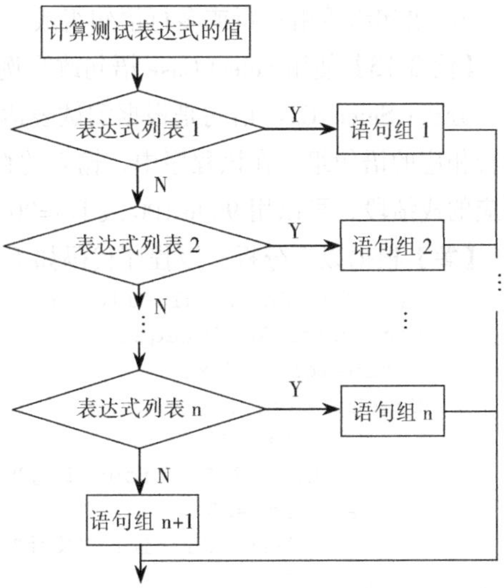

图 3-40　Select Case 语句的流程图

说明：

① 测试表达式可以是各类表达式，还可以是常量、变量或对象属性值，通常为变量。

② Case 后的表达式列表的类型必须与测试表达式值的类型相同。表达式列表通常有以下四种形式：

- 单个表达式，例如：

```
Case 2
Case "A"
```

此时只要测试表达式的值与该常量值相同即可。

- 一组用逗号隔开的枚举值，例如：

```
Case 1,3,5
Case "Y","y"
```

此时，只要测试表达式的值是其中之一即可。

- 某个范围，由“表达式 1 to 表达式 2”组成，值较小的表达式放在前面，值较大的表达式放在后面，若为字符串常量，则按字符的编码顺序从低到高排列。例如：

```
Case 1 To 10
Case "a" To "e"
```

此时，只要测试表达式的值属于表达式 1 到表达式 2 的范围即可。

- Is 关系运算表达式，例如：

```
Case Is>=80
Case Is<>"Y"
```

此时，只要测试表达式的值使得关系表达式成立即可。

值得注意的是，Is 后只能用关系运算符并且只能为简单条件，不能使用逻辑运算符连接两个或多个简单条件。例如，Case Is>=60 为合法形式，而 Case Is>=40 And Is<=50 为不合法形式。

另外，在一个 Select Case 语句中，上述四种形式可以混合使用。例如：

```
Case 1,3,5,10 To 20,Is<0
```

只要测试表达式的值等于 1、3、5，或在 10～20 之间，或小于 0，都满足条件。

③ 当有多个 Case 子句的值与测试表达式的值匹配时，只执行第一个与之匹配的语句组。

④ Case Else 及其对应的语句组放在所有 Case 的表达式列表的下面，它们用于指定当测试表达式的值与所有表达式列表都不匹配时所执行的操作。

⑤ Select 表示 Select Case 语句的开始，End Select 表示 Select Case 语句的结束，它们必须成对出现。

⑥ 语句组可由一行或多行语句组成，还可以是 If 语句或其他 Select Case 语句等。

【例 3.16】使用 Select Case 语句改写例 3.13，输入百分制成绩，输出成绩等级。

分析：Select Case 语句是根据测试表达式的值与 Case 后表达式列表的值是否匹配而选择是否执行相应的语句组。在该程序中，输入的百分制成绩就是测试表达式，表达式列表指定各个等级对应的成绩段，可以用 90 to 100 或 Is>=90 表示“优秀”，其他等级对应的成绩段可类似处理。

【解】根据以上分析，该程序代码如下：

```
Private Sub Command1_Click()
    Dim score As Integer
    score=Text1.Text
    Select Case score
        Case Is>=90
            Label2.Caption="优秀"
        Case Is>=80
            Label2.Caption="良好"
        Case Is>=70
            Label2.Caption="中等"
        Case Is>=60
            Label2.Caption="及格"
        Case Else
            Label2.Caption="不及格"
    End Select
End Sub
```

运行程序可看出，该程序与例 3.13 程序的运行结果完全相同。

【例 3.17】输入一个在 0～6 范围内的整数，输出该整数对应的是星期几。例如，输入 0，则输出星期日，输入 5，则输出星期五。

分析：该程序根据输入的数据，输出相应的信息，由于数字 0～6 分别对应输出星期几共七种情况，适合使用 Select Case 语句实现。将输入的数字作为测试表达式，Case 后的表达式列表使用单个表达式的值（分别为 0～6）。程序中使用输入框进行输入，使用 Print 方法进行输出。

【解】新建工程后，在窗体上添加命令按钮，其单击事件过程代码为：

```
Private Sub Command1_Click()
    Dim a As Integer
    a=InputBox("请输入一个 0～6 以内的整数","输入")        '输入整数
    Select Case a
        Case 0
            Print "星期日"
```

```
        Case 1
            Print "星期一"
        Case 2
            Print "星期二"
        Case 3
            Print "星期三"
        Case 4
            Print "星期四"
        Case 5
            Print "星期五"
        Case 6
            Print "星期六"
        Case Else
            Print "输入错误"
    End Select
End Sub
```

该程序也可使用 If 多分支结构实现，如：

```
If a=0 Then
    Print "星期日"
ElseIf a=1 Then
    Print "星期一"
ElseIf a=2 Then
    Print "星期二"
ElseIf a=3 Then
    Print "星期三"
ElseIf a=4 Then
    Print "星期四"
ElseIf a=5 Then
    Print "星期五"
ElseIf a=6 Then
    Print "星期六"
Else
    Print "输入错误"
End If
```

由该程序可看出，对于多分支结构，使用 Select Case 语句比用 If 语句更为直观，程序可读性强。但是要注意，并非所有的多分支结构都可以使用 Select Case 语句代替 If 语句。Select Case 只能计算一个测试表达式的值，并根据得到的结果执行不同的语句组，因此当只有一个测试表达式时，最好用 Select Case 语句，该语句结构清晰，便于维护。

3.2.3　条件函数

Visual Basic 中提供了 IIf()条件函数用于实现简单的条件选择，它是双分支选择结构的另一种表达形式。IIf()函数的格式为：

```
IIf(表达式 1,表达式 2,表达式 3)
```

IIf()函数在执行时，首先计算表达式 1 的值，当表达式 1 的值为真时，计算表达式 2 的值，并将其作为 IIf()函数的返回值；当表达式 1 的值为假时，计算表达式 3 的值，并将其作为 IIf()函数的返回值。

说明：三个表达式均不能省略，且可为任意表达式。

【例 3.18】输入两个数，输出其中的最大值。

【解】程序代码为：

```
Private Sub Command1_Click()
    Dim x As Single,y As Single,max As Single
    x=InputBox("请输入第一个数","输入")              '输入
    y=InputBox("请输入第二个数","输入")
    max=IIf(x>y,x,y)                                '求最大值
    Print "最大值为:" & max                         '输出
End Sub
```

程序运行时，若为 x、y 输入 1、2，在执行 IIf()条件函数时，首先计算表达式 x>y 的值，结果为假，因此取表达式 y 的值赋给变量 max；若为 x、y 输入 2、1，则表达式 x>y 的值为真，因此计算表达式 x 赋给变量 max，即 max 中保存的是 x、y 中的最大值。

从上例可以看出，对于简单的双分支结构，使用 IIf()函数可简化程序代码。

3.2.4 选择结构程序设计举例

选择结构需要对某个条件做出判断，根据这个条件的取值情况来决定应该执行哪个分支的操作，一般使用 If 语句和 Select Case 语句实现。

【例 3.19】输入三个数，将其按从小到大的顺序输出。

分析：该程序为三个数的升序排序问题。若只有两个数进行升序排列，只需将这两个数比较一次，若第一个数大于第二个数，则进行互换，这样即可按升序排列，该操作可以通过一个 If 单分支语句实现。若三个数进行升序排列，则需要对这三个数据进行三次两两比较互换，此时可使用三个独立的 If 单分支语句实现。注意两个变量在互换时，要使用第三个变量作为中间变量，通过三条语句实现两个变量值的互换。

【解】新建工程，在窗体上添加一个命令按钮，对该命令按钮的单击事件进行编程。程序中使用输入对话框函数实现输入，使用 Print 语句实现输出。程序代码如下：

```
Private Sub Command1_Click()
    Dim a As Single,b As Single,c As Single,t As Single
    a=InputBox("输入第一个数","输入")            '输入
    b=InputBox("输入第二个数","输入")
    c=InputBox("输入第三个数","输入")
    Print "输入的三个数为:   ";a,b,c             '先输出排序前的三个数
    If a>b Then
        t=a:a=b:b=t                              '交换 a 与 b
    End If
    If a>c Then
        t=a:a=c:c=t                              '交换 a 与 c
    End If
    If b>c Then
        t=b:b=c:c=t                              '交换 b 与 c
    End If
    Print "从小到大排列后为: ";a,b,c             '输出排序后的三个数
End Sub
```

程序运行时，若为 a、b、c 三个变量分别输入 3、2、1，当程序运行到第一个 If 语句时，首先比较 a、b 的值，因为 a 大于 b，所以 a、b 的值进行互换，互换后 a 的值为 2，b 的值为 3；继续向下执行，在第二个 If 语句中比较 a、c 的值，由于 a 大于 c，因此 a、c 进行互换，互换后 a 的值为 1，c 的值为 2，a 中保存的是最小值；在第三个 If 语句中比较 b、c 的值，由于 b 大于 c，因此 b、c 进行互换，互换后 b 的值为 2，c 的值为 3。通过三次比较互换，a、b、c 三个变量的值发生了变化，实现了升序排列，程序的运行结果如图 3-41 所示。

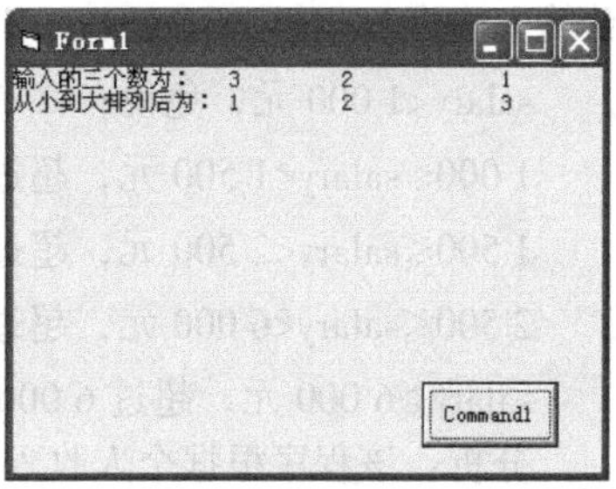

图 3-41 程序运行结果

注意：本例的程序实际上就是一种数据排序的算法。可以看出在对数据排序时，首先让第一个数（变量）与余下的所有数依次比较，如果发现有更小（或更大）的，则将其交换到第一个变量中，当完成所有数值的比较后，第一个变量中一定是最小（或最大）的数；之后再让第二个数（变量）与余下的所有数依次比较，将次小（或次大）的数换到第二个变量中；依此类推，直到所有数都排序完毕。可以按照上述程序的思路，输入四个或五个数进行排序。可以发现，随着参与排序的数据个数的增加，程序中选择结构的数量会成倍增加，程序也会变得复杂和烦琐。实际上在排序时并不对这些单个的变量进行排序，而是用一种特殊的数据表现形式——数组来实现排序，但是其排序的基本思想与本例还是一致的。关于数组排序的详细介绍请参阅第 4 章内容。

【例 3.20】编写程序，输入年份，判断该年是否为闰年。

分析：设 year 为输入的年份，判断该年是否为闰年的条件如下。

若 year 不能被 4 整除，则 year 不是闰年；

若 year 能被 4 整除，不能被 100 整除，则 year 是闰年；

若 year 能被 4 和 100 整除，但不能被 400 整除，则 year 不是闰年；

若 year 能被 4、100、400 整除，则 year 是闰年。

此程序为多分支结构，这里采用 If 多分支结构实现，通过输入框函数进行输入，通过 Print 方法进行输出。

【解】新建工程，在窗体上添加一个命令按钮，编写该命令按钮的单击事件过程。程序代码如下：

```
Private Sub Command1_Click()
    Dim year As Integer
    year=InputBox("请输入年份","输入")
    If year Mod 4<>0 Then
        Print year & "年不是闰年"
    ElseIf year Mod 100<>0 Then
        Print year & "年是闰年"
    ElseIf year Mod 400<>0 Then
        Print year & "年不是闰年"
    Else
        Print year & "年是闰年"
    End If
End Sub
```

程序运行时，分别输入 1998、2008、2000、2100，运行结果如图 3-42 所示。

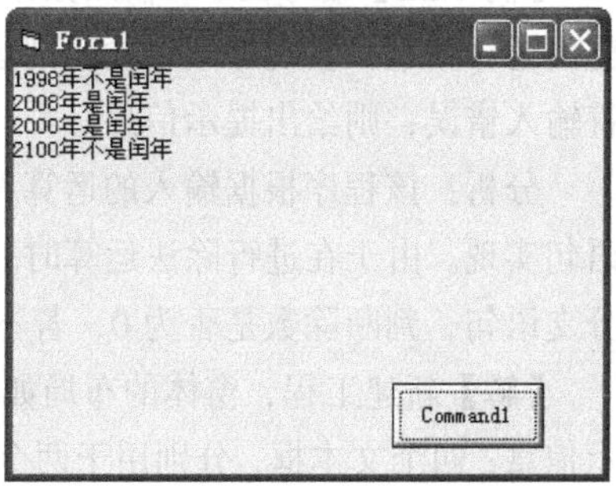

图 3-42 程序运行结果

【例 3.21】编写程序，输入个人收入 salary，计算个人所得税 tax 并输出。已知个人所得税的计算方法为：

salary<1 000 元，免税；

1 000≤salary<1 500 元，超过 1 000 元部分税率为 5%；

1 500≤salary<2 500 元，超过 1 500 元部分税率为 10%；

2 500≤salary<6 000 元，超过 2 500 元部分税率为 15%；

salary≥6 000 元，超过 6 000 部分税率为 20%。

分析：该程序根据个人收入的多少，按照不同方法计算所得税，因此为多分支结构，可使用 If 多分支结构或 If 嵌套结构，也可以使用 Select Case 语句，该程序使用 Select Case 语句实现。

【解】新建工程，在窗体上添加两个标签控件，Label1 用于显示提示信息，其 Caption 属性值为“个人收入为”，Label2 用于显示计算结果，其 Caption 属性值为空；添加一个文本框，用于输入收入数值；添加一个命令按钮，单击此按钮时，计算所得税并输出，编写该命令按钮的单击事件过程，程序代码如下：

```
Private Sub Command1_Click()
    Dim salary As Double,tax As Double
    salary=Text1.Text
    Select Case salary
        Case Is<1000
            tax=0
        Case Is<1500
            tax=(salary-1000)*0.05
        Case Is<2500
            tax=(salary-1500)*0.1+(1500-1000)*0.05
        Case Is<6000
            tax=(salary-2500)*0.15+(2500-1500)*0.1+(1500-1000)*0.05
        Case Else
            tax=(salary-6000)*0.2+(6000-2500)*0.15+(2500-1500)*0.1 _
                +(1500-1000)*0.05
    End Select
    Label2.Caption="个人所得税为： " & tax
End Sub
```

程序运行时，可分别输入 900、1300、2000、4800、6800，验证每个分支程序的正确性。输入 2000 时运行结果如图 3-43 所示。

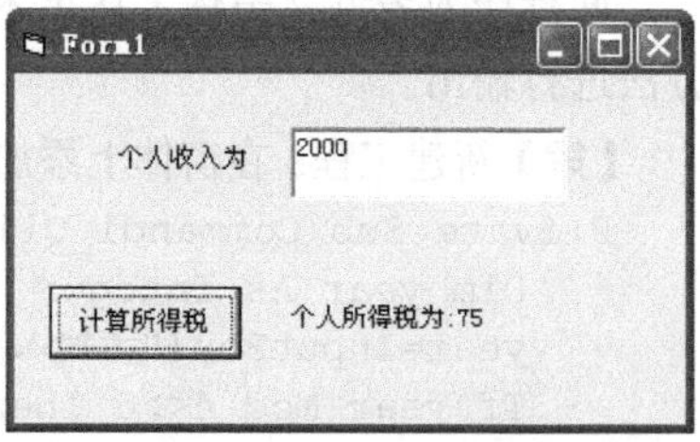

图 3-43　程序运行结果

【例 3.22】编写程序，输入数据与运算符（+、-、*、/），输出运算结果，实现加减乘除四则运算。若除数为 0 或运算符输入错误，则给出提示信息。

分析：该程序根据输入的运算符不同，执行不同的运算，为多分支结构，可采用 Select Case 语句实现。由于在进行除法运算时，要考虑除数不能为 0 的情况，因此在此分支下，可嵌套 If 双分支语句，判断除数是否为 0，若不为 0，则可进行运算，若为 0，则给出提示信息。

【解】新建工程，窗体的布局如图 3-44 所示，该程序界面中包括六个标签，分别用于显示提示信息；四个文本框，分别用于两个运算数和运算符的输入以及计算结果的输出；三个命令按钮，分别实现计算、清空及退出功能。分别编写这三个命令按钮的单击事件过程，程序代码如下：

```
'Command1(计算按钮)的单击事件过程
Private Sub Command1_Click()
'定义变量a、b、r分别表示两个运算数和运算结果，op表示运算符
    Dim a As Double,b As Double,r As Double
    Dim op As String
    a=Text1.Text                              '输入
    op=Text2.Text
    b=Text3.Text
    Select Case op                            '根据运算符的不同采用不同的公式进行计算
        Case "+"
            r=a+b
        Case "-"
            r=a-b
        Case "*"
            r=a*b
        Case "/"
            If b<>0 Then
                r=a/b
            Else                              '若除数为0，则结束该过程
                MsgBox "除数不能为0！请重新输入！"
                Text3.Text=""
                Text4.Text=""
                Text3.SetFocus                'Text3获得焦点，等待重新输入
                Exit Sub                      '退出该事件过程
            End If
        Case Else                             '若运算符非法，则结束该过程
            MsgBox "非法运算符！请重新输入"
            Text2.Text=""
            Text4.Text=""
            Text2.SetFocus                    'Text2获得焦点，等待重新输入
            Exit Sub                          '退出该事件过程
    End Select
        Text4.Text=r                          '输出
End Sub

'Command2(清空按钮)的单击事件过程
Private Sub Command2_Click()
    Text1.Text=""
    Text2.Text=""
    Text3.Text=""
    Text4.Text=""
End Sub

'Command3(退出按钮)的单击事件过程
Private Sub Command3_Click()
    End
End Sub
```

运行该程序，分别输入不同的数据验证每个分支程序的正确性。当输入 1、+、5 时的运行结果如图 3-44 所示。该程序中 Exit Sub 语句的作用是退出该事件过程。

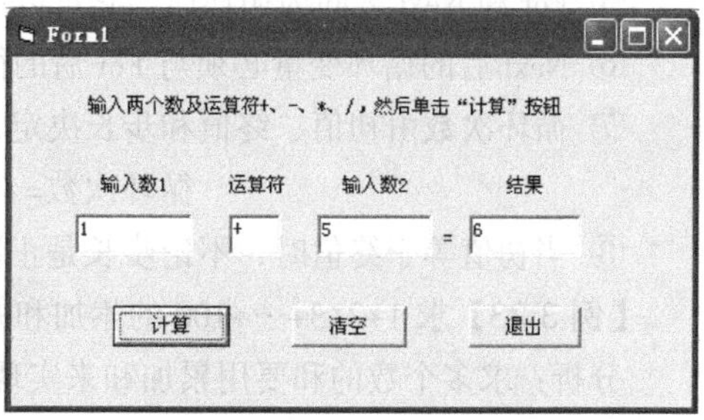

图 3-44　程序运行结果

3.3 循环结构

在许多问题中，常常需要将某个程序段反复执行多次，如果在这类程序中安排多个重复的语句序列，就会使程序冗长并浪费计算机存储空间。为了解决这个问题，Visual Basic 提供了循环语句来实现程序段的多次反复执行，从而简化程序结构，节省计算机存储空间。在循环结构中需要反复执行的语句称为循环体。循环结构是结构化程序设计的三种基本结构之一，和顺序结构、选择结构一起构成了复杂的程序。

在 Visual Basic 中，有两种类型的循环语句，一种是循环次数已知的循环语句，即 For 语句，一种是由条件控制的循环语句，相应的语句为 Do 语句和 While 语句。

3.3.1 For 循环语句

For 循环语句适用于循环次数已知的循环结构，其一般格式为：

```
For  循环变量=初值 To 终值 Step 步长
     循环体
Next 循环变量
```

For 语句的执行过程为：首先将初值赋给循环变量，然后检查循环变量的值是否在初值到终值范围内，若超出了该范围，则结束循环，执行 Next 后面的语句；如果没有超过该范围，则执行一次循环体，然后将循环变量的值加上步长赋给循环变量，再返回，重新判断循环变量的值，其流程图如图 3-45 所示。

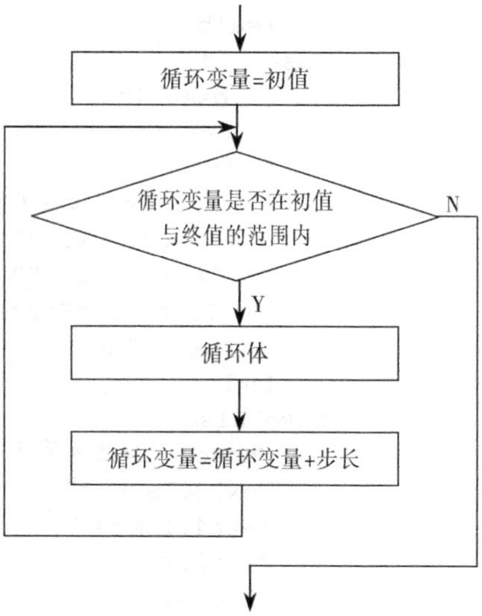

图 3-45　For 循环的执行过程

说明：

① For、To、Next、Step 都是关键字。

② 循环变量是一个数值型变量，用于控制循环的次数。

③ 初值、终值代表循环变量的初值和终值，可以是数值型常量或数值表达式。

④ 步长是循环变量的增值，可以是数值型常量或数值表达式。步长的值可正可负，其取值与初值和终值有关。若步长为正，则初值必须小于终值，否则无法进入循环，步长值为 1 时可省略“Step 1”；步长为负时，初值必须大于终值，否则无法进入循环；步长的值为 0，则出现无限循环（即死循环），因此步长不能为 0。

⑤ For 和 Next 之间为循环体，它可以由一个或多个语句构成。

⑥ Next 后的循环变量必须与 For 后的循环变量相同，也可省略不写。

⑦ 循环次数由初值、终值和步长决定，计算公式为：

循环次数= Int((终值–初值)/步长+1)

⑧ 当初值等于终值时，不论步长是正数还是负数，都执行一次循环体。

【例 3.23】 求 1+2+3+…+100 的累加和并输出。

分析：求多个数的和要用累加和来实现。累加就是 sum=sum+t，sum 用于存放累加和，其初值为 0；t 为累加项。当 t 从 1 变化到 100 时，sum 即为 1～100 的累加和，即将累加 sum=sum+t

重复执行 100 次，这是一个循环的过程。因此，可以用 For 循环语句实现。为控制循环次数，可设置循环变量 i，令其初值为 1，终值为 100，步长为 1；而循环变量的值刚好为累加项，则累加可写成 sum=sum+i。

【解】新建工程，在窗体上添加一个命令按钮，将其 Caption 属性值设置为“计算 1+2+…+100”；在代码窗口中编写该命令按钮的单击事件过程。程序代码如下：

```
Private Sub Command1_Click()
    Dim sum As Integer,i As Integer        '定义变量，sum 为累加和变量，i 为循环变量
    sum=0                                  '为 sum 赋初值 0
    For i=1 To 100 Step 1
        sum=sum+i                          '累加
    Next i
    Print "1+2+3+...+100 =";sum            '输出
End Sub
```

程序运行结果如图 3-46 所示。

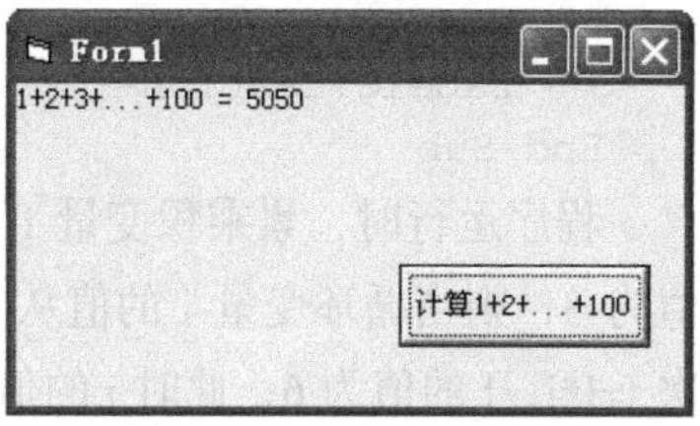

图 3-46　程序运行结果

在求累加和时，累加和变量 sum 赋初值为 0，循环变量 i 的值从 1 变化到 100，需要累加 100 次；也可以为 sum 赋初值为 1，这样循环变量 i 的初值则必须为 2，从 2 到 100 循环 99 次，这两种方式求得的计算结果相同。

程序中 Next i 中 Next 后的循环变量可省略；由于步长为 1，Step 1 也可省略，因此该 For 语句也可写做以下形式：

```
For i=1 To 100
    sum=sum+i
Next
```

值得考虑的是，在程序结束时，循环变量 i 的值应为多少？该循环中，循环变量的初值为 1，终值为 100，步长为 1，因此当 i 的值在 1～100 范围内时，均满足循环条件；而当 i 的值变为 101 时，则超出了该范围，不再满足循环条件，此时循环结束，执行 Next 后的语句。因此，程序结束时，i 的值应为 101。

另外，改变 For 语句中的初值、终值或步长，可分别实现求 1～100 内的偶数和或奇数和。计算 1～100 内的奇数和的 For 语句为：

```
For i=1 To 100 Step 2     '初值为 1，步长为 2
    sum=sum+i
Next
```

该循环的循环次数为 Int((100–1)/2+1)，即 50 次。

计算 1～100 以内的偶数和的 For 语句为：

```
For i=2 To 100 Step 2     '初值为 2，步长为 2
    sum=sum+i
Next
```

循环的循环次数为 Int((100–2)/2+1)，仍为 50 次。

【例 3.24】输入 n（n>0），计算 n 的阶乘并输出。

分析：因为 n!=1×2×3×…×(n–1)×n，所以求 n!就是求多个数的累乘积。定义 f 用于存放累乘积，其初值为 1；将累乘 f=f*i 重复执行 n 次，i 的值由 1 变化到 n，则 f 中为 n!。

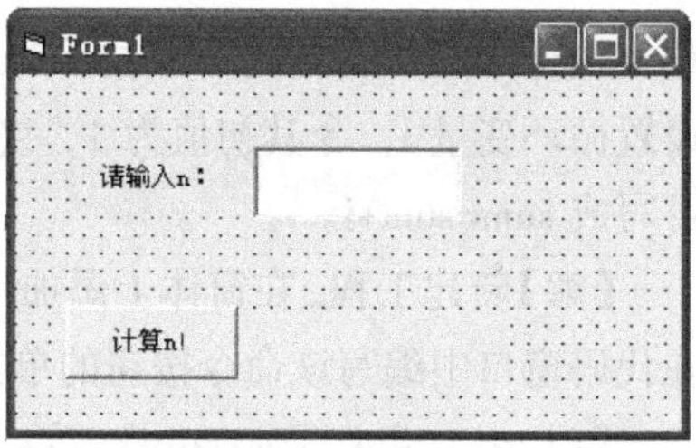

图 3-47　窗体布局

【解】新建工程，在窗体上添加一个文本框、两个标签和一个命令按钮，其布局如图 3-47 所示。文本框 Text1 用于输入 n 的值；标签 Label1 用于显示提示信息，Label2 用于输出计算结果；在命令按钮 Command1 的单击事件过程中计算 n!，在代码窗口中编写其单击事件过程。

程序代码为：

```
Private Sub Command1_Click()
    '定义变量，f 为累乘积变量，i 为循环变量，n 为待输入值
    Dim f As Double,i As Integer,n As Integer
    n=Text1.Text              '输入 n
    f=1                       '为 f 赋初值 1
    For i=1 To n              'For 循环语句
        f=f*i                 '累乘
    Next
    Label2.Caption=f          '输出
End Sub
```

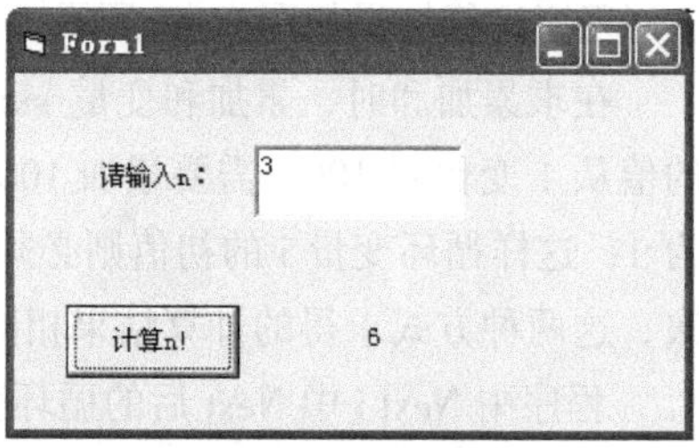

图 3-48　程序运行结果

程序运行时，累乘积变量 f 的初值为 1，若输入 n 的值为 3，则当循环变量 i 的值从 1 递增到 3 时，共执行 3 次 f=f*i，f 的值为 6；此时 i 的值增加步长 1 变为 4，已不满足循环条件，结束循环，执行 Next 后的语句，在 Label2 中显示计算结果，输出结果如图 3-48 所示。

说明：

① 程序中用于保存计算结果的变量 f 声明为 Double 型而并非 Integer，是考虑 n!有可能会超出整型数据的允许范围，造成溢出错误。若使用 Double 型保存阶乘结果，n 的允许范围为 n<171。因此，在声明变量时，应考虑变量内将要存储的数据的大小，再选择合适的数据类型。

② 程序中一定要为累乘积变量 f 赋初值为 1；若不赋初值，则 f 的初始值默认为 0，在执行语句 f=f*i 时，是先取出 f 的值（0）进行计算，然后将计算结果赋给 f，因此无论 i 的值如何变化，f 的值始终为 0，造成计算结果错误。因此，在进入循环前要对累乘积变量赋初值。

③ 循环结束时，循环变量 i 的值应为 n+1，即若 n 的值为 3，循环结束时 i 的值为 4。

3.3.2　Do 循环语句

For 循环适用于循环次数已知的循环结构，而在很多实际问题中无法预先确定循环次数，因此这类循环通常使用基于条件的循环语句。Do 循环语句主要用于循环次数不确定的循环结构，通过循环条件来决定循环是继续进行还是结束。

Do 语句有两种形式，即：

形式 1：

```
Do While|Until 循环条件
    循环体
Loop
```

形式 2：

```
Do
    循环体
Loop While|Until 表达式
```

说明：

① Do、Loop、Until、While 都是关键字，Do 和 Loop 共同构成 Do 循环语句。

② “循环条件”可为关系表达式、逻辑表达式或数值表达式。若其为数值表达式，则表达式的值为非 0 时表示为真，为 0 时表示为假。

③ 关键字 While 表示当循环条件为真时执行循环体，若循环条件为假则结束循环；关键字 Until 表示若循环条件为假则执行循环体，一旦循环条件为真则结束循环。

④ 形式 1 与形式 2 的区别在于，形式 1 为先判断后执行，即先判断循环条件，然后根据条件的真或假来决定是否执行循环体；而形式 2 为先执行后判断，即先执行一次循环体，然后判断循环条件，根据条件的真或假决定是否继续执行循环体。

⑤ Do 与 Loop 应成对出现，当省略“While|Until 循环条件”时，循环结构仅由 Do 和 Loop 构成，表示无条件循环，此时应在循环体中使用 Exit Do 语句终止循环，否则循环语句将永远无法终止，导致死循环。

根据以上两种形式，可构成五种循环结构，即 Do…Loop、Do While…Loop、Do Until…Loop、Do…Loop While 和 Do…Loop Until 结构，其格式分别为：

①
```
Do
    循环体
Loop
```
②
```
Do While 循环条件
    循环体
Loop
```
③
```
Do Until 循环条件
    循环体
Loop
```
④
```
Do
    循环体
Loop While 循环条件
```
⑤
```
Do
    循环体
Loop Until 循环条件
```

以 Do While…Loop 结构为例，说明其执行过程：当程序执行到该语句时，首先判断 While 后的循环条件，若其值为 True（或非 0），表示满足循环条件，则执行循环体中的语句，然后继续判断是否满足循环条件；若循环条件的值为假（或 0），则表示不满足循环条件，从而结束循环，不再执行循环体中的语句，直接执行 Loop 后面的语句，其流程图如图 3-49（a）所示。其余几种结构的流程图分别如图 3-49（b）～图 3-49（d）所示。

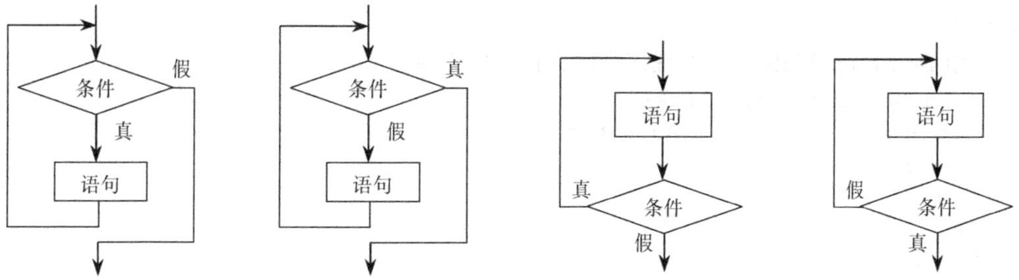

（a）Do While…Loop 的流程图　（b）Do Until…Loop 的流程图　（c）Do…Loop While 的流程图　（d）Do…Loop Until 的流程图

图 3-49　Do 语句的流程图

【例 3.25】 求 1+2+3+…+100 的累加和并输出，使用 Do While…Loop 语句实现。

分析：可使用 sum=sum+i 来实现累加计算，其中 i 为累加项，其值要从 1 递增到 100，当 i 的值小于 101 时应进行累加计算，由此可知循环条件应为 i≤100 或 i<101。在循环体中执行累加，并对 i 进行增值计算。因此，循环的初始设置为 sum=0 和 i=1，循环条件为 i≤100，循环体为 sum=sum+i 和 i=i+1。

【解】程序代码为：

```
Private Sub Command1_Click()
    Dim sum As Integer,i As Integer
    sum=0
    i=1
    Do While i<=100
        sum=sum+i
        i=i+1
    Loop
    Print "1+2+3+...+100 =";sum
End Sub
```

程序的运行结果与图 3-46 相同。

在使用 Do 语句实现循环时，应注意以下两个问题：

① 存放累加和的变量 sum 和循环变量 i 应赋初值，sum 用于保存累加和，因此初值设置为 0，i 为累加项，从 1 递增到 100，因此初值应设置为 1。

② 在循环体中一定要包含使循环趋近于结束的语句，即改变循环条件的语句，否则会造成死循环，无法结束程序。如该程序中，循环条件为 i≤100，因此在循环体中应该有让 i 增值以最终导致 i≤100 为假的语句，如使用 i=i+1 来达到此目的。如果无此语句，则 i 的值始终保持不变，i≤100 永远为真，形成死循环。

以上程序若使用 Do Until...Loop 结构实现，应将循环条件修改为：i>100。程序代码为：

```
Private Sub Command1_Click()
    Dim sum As Integer,i As Integer
    sum=0
    i=1
    Do Until i>100
        sum=sum+i
        i=i+1
    Loop
    Print "1+2+3+...+100 =";sum
End Sub
```

若使用 Do...Loop While 结构实现该程序，程序代码为：

```
Private Sub Command1_Click()
    Dim sum As Integer,i As Integer
    sum=0
    i=1
    Do
        sum=sum+i
        i=i+1
    Loop While i<=100
    Print "1+2+3+...+100 =";sum
End Sub
```

若使用 Do...Loop Until 结构实现该程序，程序代码为：

```
Private Sub Command1_Click()
    Dim sum As Integer,i As Integer
    sum=0
    i=1
    Do
```

```
        sum=sum+i
        i=i+1
    Loop Until i>100
    Print "1+2+3+...+100 =";sum
End Sub
```

【例 3.26】输入若干个学生的某科成绩，求其总成绩和平均成绩，输入 0 时表示输入结束。

分析：输入多个成绩求总成绩，即为求累加和问题，可使用 sum=sum+x 实现，sum 表示总成绩，x 为某个成绩。由于学生人数未知，循环次数无法确定，因此应选择 Do 语句实现；已知输入 0 时表示输入结束，从而可确定出循环条件，该程序使用 Do While...Loop 语句实现，因此循环条件应为 x<>0。循环初始时先为 x 输入一个值，并将 sum 初始化为 0；在循环体中实现累加和的计算以及对 x 的重新输入；为计算平均分，可设置用于保存学生人数的变量 n，其初始值为 0，在循环体中通过 n=n+1 统计人数。程序中使用 InputBox 输入框实现成绩的输入。

【解】新建工程，在窗体上添加一个命令按钮，并对其单击事件过程编写代码，程序代码为：

```
Private Sub Command1_Click()
    'x 表示成绩，n 表示学生人数，sum 表示总成绩，aver 表示平均成绩
    Dim x As Single,n As Integer,sum As Single,aver As Single
    sum=0
    n=0
    x=InputBox("请输入成绩(输入 0 退出) ")                    '为 x 赋初值
    Do While x<>0
        Print x                                           '输出各个成绩
        sum=sum+x                                         '累加，计算总成绩
        x=InputBox("请输入成绩(输入 0 退出) ")                '输入
        n=n+1                                             '累计，统计人数
    Loop
    aver=sum/n                                            '计算平均成绩
    Print "学生人数为: ";n
    Print "总成绩为: ";sum
    Print "平均成绩为: ";aver
End Sub
```

程序运行时，依次输入各个成绩，最后输入 0 表示输入结束，运行结果如图 3-50 所示。需要说明的是，该程序中 x 为循环控制变量，在进入循环前为 x 输入的数据值应为非 0 值。注意循环控制变量的初值应满足循环开始的条件，否则将无法进行循环。如果本例中为 x 输入的第一个数据为 0，则无法进入循环；此时 n 的值为 0，因此在计算平均成绩时还会出现“除数为 0”的错误。

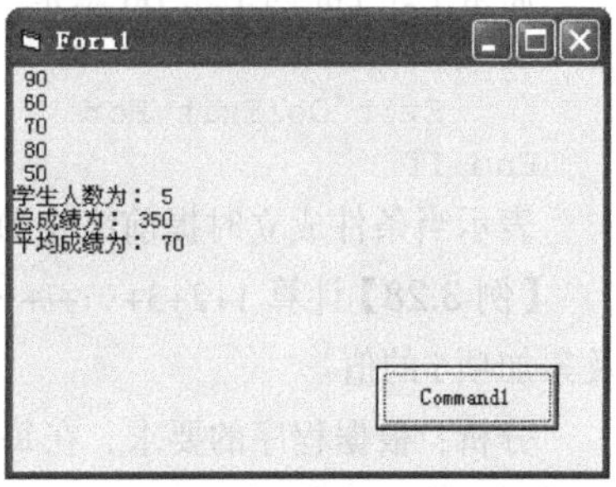

图 3-50　程序运行结果

思考：如果为 x 输入的第一个数据即为 0，如何避免程序发生“除数为 0”的错误？

3.3.3 While 循环语句

While 循环语句用于循环次数不可知的循环结构，该语句和 Do While...Loop 结构的功能完全相同，其语句格式为：

```
While 表达式
    循环体
Wend
```

该语句的执行过程为：首先计算表达式的值，当表达式的值为真（非零）时，执行循环体，而后由 Wend 语句控制返回再次计算 While 后的表达式，若为真则继续执行循环体，若表达式的值为假，则结束循环，执行 Wend 后面的语句。

【例 3.27】 求 1+2+3+…+100 的累加和并输出，使用 While 语句实现。

【解】 程序代码如下：

```
Private Sub Command1_Click()
    Dim sum As Integer,i As Integer
    sum=0
    i=1
    While i<=100
        sum=sum+i
        i=i+1
    Wend
    Print "1+2+3+...+100 =";sum
End Sub
```

程序运行结果与图 3-46 相同。

3.3.4 循环的强制退出

在循环结构中，有时需要中途提前退出循环。Visual Basic 提供了 Exit 语句，用于退出某种控制结构的执行。Exit 有多种形式，如 Exit For、Exit Do、Exit Sub、Exit Function 等，其中，Exit Sub 和 Exit Function 分别用于提前终止子过程和函数过程，其使用将在第 5 章介绍。

Exit For 和 Exit Do 均用于退出循环结构。Exit For 只能用于 For 循环语句的循环体中，执行该语句后则立即退出循环，不再执行循环体内的其他语句，而是执行 Next 后面的语句；Exit Do 只能用于 Do 循环语句的循环体中，一旦执行该语句则退出循环，执行 Loop 后面的语句。

通常 Exit For 与 Exit Do 总是与 If 语句一起用于循环结构，其形式为：

```
If 条件 Then
     Exit Do|Exit For
End If
```

表示当条件成立时提前终止 Do 循环或 For 循环，不成立则不退出循环。

【例 3.28】 计算 1+2+3+…+i+…+100 的累加和，若和大于 2 000 停止计算，输出此时的累加和及累加项 i 的值。

分析：根据程序的要求，在每次累加后都应该判断累加和是否超过 2 000，若超过 2 000 则结束循环。该程序使用 Do While...Loop 结构实现。

【解】 新建工程后，在窗体上添加一个命令按钮，在代码窗口中编写其单击事件过程。程序代码如下：

```
Private Sub Command1_Click()
    Dim i As Integer,sum As Integer
    sum=0
    i=1
    Do While i<=100
        sum=sum+i                  '计算累加和
        If sum>2000 Then           '判断累加和是否大于 2000
            Exit Do                '终止 Do 循环
```

```
        End If
        i=i+1
    Loop
    Print i,sum
End Sub
```

程序运行时，每次计算完累加和后，都通过 If 语句判断 sum 是否大于 2 000，当 sum>2 000 时就会执行 Exit Do 语句，提前终止循环，执行 Loop 后的 Print 语句进行输出，输出结果为 63 和 2 016。

【例 3.29】输入一个整数 n，判断其是否为素数。

分析：素数是只能被 1 和它本身整除的数。要判断 n 是否为素数，只有当 2～n-1 范围内的所有数都不能被 n 整除时，即可说明 n 为素数；只要 2～n-1 范围内有一个整数能被 n 整除，则说明 n 不是素数（无须再检测其他数）。设置变量 i 作为除数，利用循环让 i 从 2 递增到 n-1，如果 n 能被 i 整除，说明 n 不是素数，不需再检测而提前结束循环，此时 i 必然小于 n；如果 n 不能被 2～n-1 中任何一个整数整除，循环正常结束，则 n 必为素数，此时 i 的值为 n。因此在循环结束之后根据 i 的值是否为 n 来判定 n 是否为素数。图 3-51 所示为该程序的流程图。

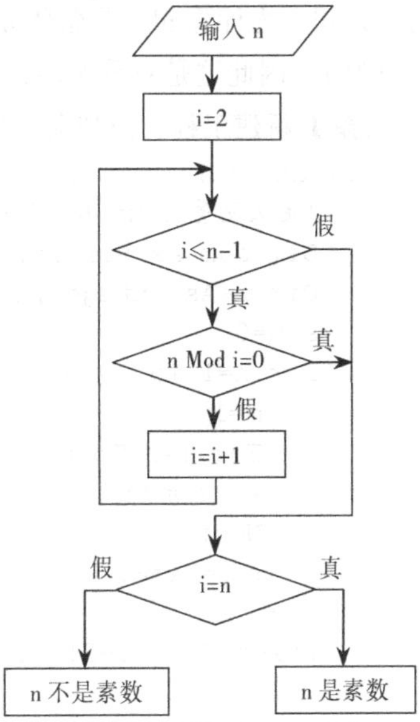

图 3-51　判断素数的流程图

【解】新建工程后添加命令按钮，编写该命令按钮的单击事件过程，程序代码如下：

```
Private Sub Command1_Click()
    Dim i As Integer,n As Integer
    n=InputBox("请输入一个整数")
    For i=2 To n-1
      '判断 n 是否能被 i 整除
      If n Mod i=0 Then
          Exit For          '终止 For 循环
      End If
    Next
    If i=n Then
        Print n;"是素数"
    Else
        Print n;"不是素数"
    End If
End Sub
```

运行程序，分别输入多个数据，程序运行结果如图 3-52 所示。

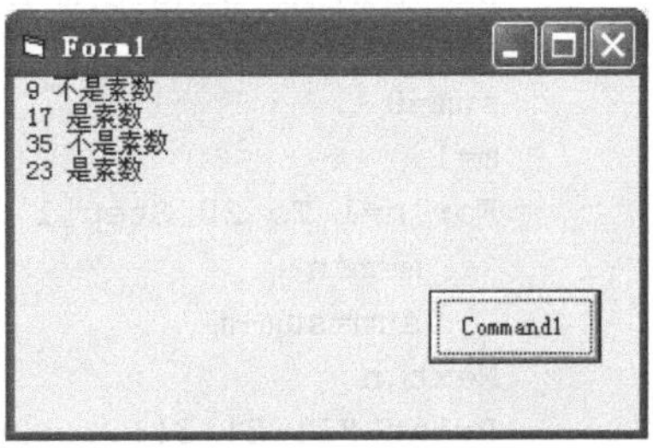

图 3-52　程序运行结果

实际从数学上可以证明，对于一个整数 n，如果不能被 2～ $\sqrt{n}$ 的所有整数整除，该数即为素数，可利用该结论对本例进行改进以减少循环次数。

使用 Exit 语句可以提前结束循环，减少无谓的循环次数，增强程序的可读性。

3.3.5 循环的嵌套

与选择结构的嵌套类似，循环结构也可构成嵌套。当一个循环的循环体内包含有另一个完整的循环时，称为循环的嵌套，也称为多重循环。

【例 3.30】 计算输出 $\sum_{n=1}^{20} n!$（即 1!+2!+3!+⋯+20!）。

分析：为求 20 个数的累加和，定义循环控制变量 n 控制 20 次循环：sum=sum+m。累加项 m 的值为 n!，为计算 n!，要循环 n 次计算：m=m*i，定义 i 为循环控制变量，其值由 1 变化到 n，m 初值为 1。因此这是双重循环，在内层循环中计算 n!，在外层循环中实现累加。

【解】 新建工程，添加命令按钮，编写其单击事件过程。程序代码如下：

```
Private Sub Command1_Click()
    '定义变量，sum 用于存放累加和，m 用于存放 n!
    Dim sum As Single,m As Single
    Dim i As Integer,n As Integer
    sum=0
    For n=1 To 20 Step 1
        m=1                     '求 n!
        For i=1 To n
            m=m*i
        Next i
        sum=sum+m               '累加项求和
    Next n
    Print "1!+2!+3!+...+20! =";sum
End Sub
```

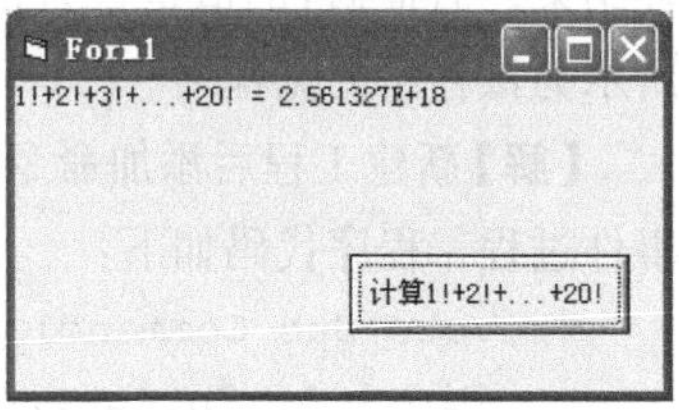

图 3-53　程序运行结果

程序运行结果如图 3-53 所示。该程序中的循环为双重循环，外循环每循环一次，内循环都要从 1 到 n 循环 n 次，以求得 n!。注意 m 的初始值为 1，并且要放在外循环的循环体内。

实际上累加项 n!也可由公式 n!=n*(n−1)!计算，因此使用语句 m=m*n 也可求得 n!，并且使用单重循环即可实现。程序代码如下：

```
Private Sub Command1_Click()
    '定义变量，sum 用于存放累加和，m 用于存放 n!
    Dim sum As Single,m As Single
    Dim n As Integer
    sum=0
    m=1
    For n=1 To 20 Step 1
        m=m*n                               '求 n!
        sum=sum+m                           '累加项求和
    Next n
    Print "1!+2!+3!+...+20! =";sum
End Sub
```

【例 3.31】 输出九九乘法表。

分析：九九乘法表中被乘数和乘数都在变化，因此由双重循环来实现。九九乘法表共有 9 行，由外循环来控制每行的输出，设置循环控制变量 i 取值 1～9 控制每一行的输出，并作为被乘数。每一行输出 i 个式子，用内循环控制每个式子的输出，循环控制变量 j 取值 1～i 循环 i 次，并作为乘数，输出乘式。定义字符型变量 s 存放每个乘式，并控制其输出格式。

【解】新建工程后添加命令按钮，编写其单击事件过程。程序代码如下：

```
Private Sub Command1_Click()
   Dim i As Integer,j As Integer
   Dim s As String
   For i=1 To 9                          'i 为被乘数
      For j=1 To i                       'j 为乘数
         s=i & "*" & j & "=" & i*j       's 中存放乘式
         Print Tab((j-1)*8+1);s;         '每个乘式占 8 列
      Next j
      Print                              '换行
   Next i
End Sub
```

程序运行结果如图 3-54 所示。应注意在循环嵌套结构中，程序中内外循环控制变量不能重名。

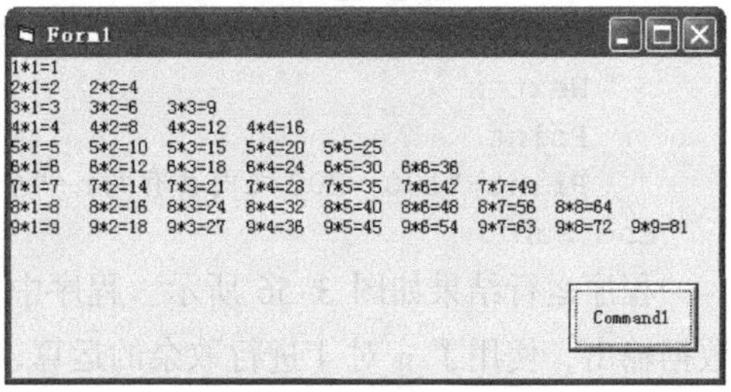

图 3-54 程序运行结果

使用循环嵌套时应注意：

① 在执行循环嵌套时，每执行一次外层循环，其内层循环必须循环指定的次数(即内层循环结束)后，才能进入外层循环的下一次循环。

② 在构成循环嵌套时要特别注意，外层循环和内层循环之间是包含关系，即内层循环必须被完全包含在外层循环中，绝对不能出现循环交叉的情况。若用缺口矩形表示每层循环结构，则图 3-55(a)、(b)是正确的多层循环结构，而图 3-55(c)是错误的多层循环结构，因为它出现了循环结构交叉的情况。

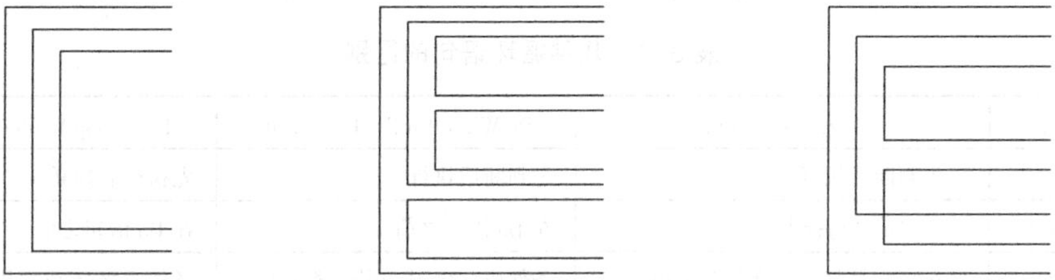

(a) (b) (c)

图 3-55 多层循环结构

③ For、Do、While 三种循环语句可以自身嵌套，也可以互相嵌套。

④ Exit Do 或 Exit For 语句用在嵌套的循环结构中时，仅能退出包含该语句的那层循环，即它只能跳出一层循环。

【例 3.32】输出 100～200 之间的所有素数，按每行 4 个输出，并输出素数的个数。

分析：例 3.29 中给出了判定素数的程序，本例中应使用双重循环，外循环 x 的值从 100 递增到 200，内循环中对每个 x 进行是否为素数的判断。为统计素数的个数，可设置一个变量 n 作为计数器，其初值为 0，若 x 为素数则 n 的值增 1，最后得到 n 的值即为素数的个数。

【解】新建工程，在窗体上添加一个命令按钮，并编写其单击事件过程。程序代码如下：

```
Private Sub Command1_Click()
   Dim x As Integer,i As Integer
   Dim n As Integer
```

```
    n=0
    For x=100 To 200
        For i=2 To x-1
            If x Mod i=0 Then
                Exit For
            End If
        Next i
        If i=x Then
           Print x,
           n=n+1                        '计数
           If n Mod 4=0 Then
               Print                    '换行
           End If
        End If
    Next x
    Print
    Print "100～200之内共有";n;"个素数"
End Sub
```

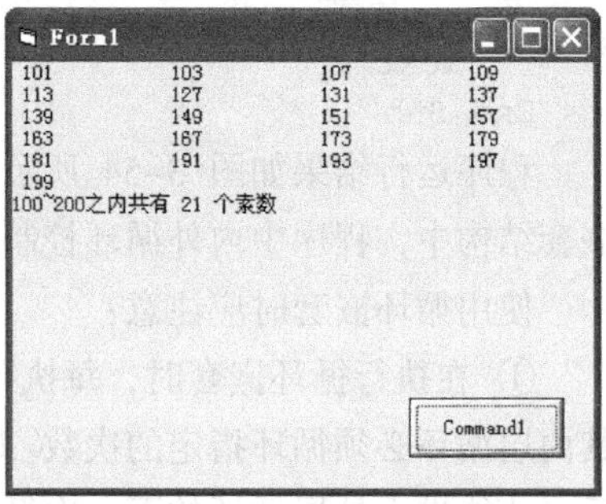

图 3-56　程序运行结果

程序运行结果如图 3-56 所示。程序中为实现每行 4 个数据输出，使用了 n 对 4 进行取余的运算，若余数为 0，则打印空行，从而实现换行。

3.3.6　几种循环结构的比较

一般情况下，几种循环语句可以相互替代，在编写程序时，要根据题目的要求采用合适的循环语句。为了对几种循环结构有更深的认识，表 3-6 列出了各种循环语句的区别。

表 3-6　几种循环语句的区别

比 较 项 目	For…Next 语句	Do While/Until…Loop 语句	Do…Loop While/Until 语句
循环类型	先判断后执行	先判断后执行	先执行后判断
循环变量赋初值	在 For 语句行中	在 Do 语句之前	在 Do 语句之前
循环控制条件	循环变量是否在终值范围内	条件成立/不成立执行循环体	条件成立/不成立执行循环体
提前结束循环	Exit For	Exit Do	Exit Do
改变循环条件	循环体中不需要专门语句，由 Next 语句自动改变	在循环体中使用专门语句	在循环体中使用专门语句
使用场合	循环次数可确定	循环/结束控制条件可确定	循环/结束控制条件可确定

3.3.7　循环结构应用程序举例

【例 3.33】用公式 $\frac{\pi}{4}\approx 1-\frac{1}{3}+\frac{1}{5}-\frac{1}{7}+\cdots$ 计算 π 的近似值，直到最后一项的绝对值小于 10^{-6} 为止。

分析：这个近似计算可以看做一个累加的过程，关键是找到累加项的通项。题目中进行累加的累加项的符号正负交替，为此定义一个变量 sign 存放符号，每次将其取负得到下一项的符号。

【解】新建工程，在窗体上添加一个命令按钮，并编写其单击事件过程。程序代码如下：

```
Private Sub Command1_Click()
    Dim pi As Double,t As Double            'pi 为累加和，t 为累加项
```

```
    Dim i As Long,sign As Integer         'i 为累加项的分母，sign 存放符号
    t=1
    pi=0
    i=1
    sign=1
    Do While Abs(t)>0.000001
        pi=pi+t                           '进行累加
        i=i+2
        sign=-sign                        '符号取负，得到下一个累加项的符号
        t=sign/i                          '求得下一个累加项
    Loop
    pi=pi*4
    Print "pi=";pi
End Sub
```

程序的运行结果如图 3-57 所示。注意在程序中将 pi、t 的数据类型定义为 Double 型，i 定义为 Long 类型，否则会出现溢出错误。

图 3-57　程序运行结果

【例 3.34】 求裴波那契（Fibonacci）数列：1，1，2，3，5，8，13，…的前 40 个数。

裴波那契数列具有如下规律：

$F_1=1$　　　　$n=1$

$F_2=1$　　　　$n=2$

$F_n=F_{n-1}+F_{n-2}$　　　　$n\geqslant 3$

分析：数学上的一些定义和算法是用迭代的方式来描述的，迭代在数学上有严格的定义。简单地说，迭代就是一个数列或一组数据，其中的第 n 项由前几项经过运算得到，如裴波那契数列中的第 n 项为前两项之和，而阶乘可用迭代方式定义为：$n!=(n-1)!\times n$。

为了输出裴波那契数列的前 40 项，在程序中首先输出 f_1 和 f_2，然后控制循环变量从 3 到 40，依次输出裴波那契数列的各项。定义三个变量 f1、f2 和 fn，其中 f1 和 f2 分别初始化为前两项的值，利用 fn=f1+f2 可求得第 n 项，为了用该式求下一项，将 f2 的值赋给 f1，fn 的值赋给 f2，使得经过循环可求得下一项。

【解】 新建工程，在窗体上添加一个命令按钮，并编写其单击事件过程。程序代码如下：

```
Private Sub Command1_Click()
    Dim f1 As Long,f2 As Long,fn As Long
    Dim i As Integer
    f1=1
    f2=1
    Print f1,f2,
    For i=3 To 40
        fn=f1+f2
        Print fn,
        If i Mod 4=0 Then Print  '每行输出 4 个数
        f1=f2
        f2=fn
    Next i
End Sub
```

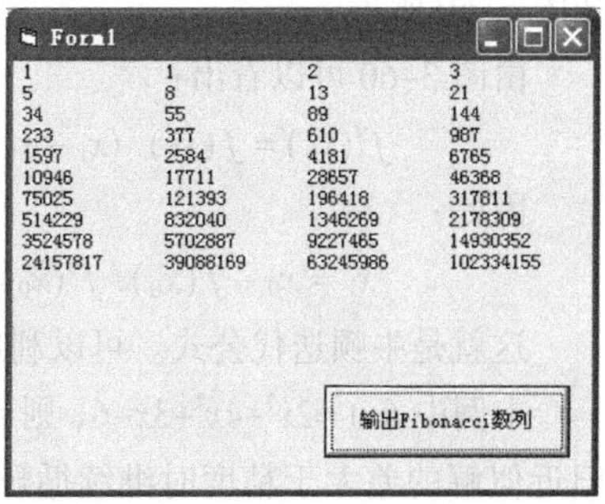

图 3-58　程序运行结果

程序的运行结果如图 3-58 所示。注意在程序中将 f1、f2、fn 的数据类型定义为 Long 类型，否则会出现溢出错误。

【例 3.35】输入 10 个学生的成绩，输出最高分。

分析：该程序为求 n 个数中的最大值问题，可先将第一个数作为最大值 max 的初值，然后在循环中设置循环控制变量 i 从 2～n 进行 n–1 次循环，依次输入 n–1 个数据到变量 x 中，将输入的每一个 x 与 max 比较，若 x>max，则将 x 的值赋给 max，使得 max 中总是存放前 i 个数中的最大值。求最小值的方法与此类似。

【解】新建工程，在窗体上添加一个命令按钮，并编写其单击事件过程。程序代码如下：

```
Private Sub Command1_Click()
    Dim x As Single,max As Single
    x=InputBox("请输入成绩")          '输入第 1 个成绩
    Print x;                          '输出
    max=x                             '为 max 赋初值
    For i=2 To 10
        x=InputBox("请输入成绩")      '输入成绩
        Print x;
        If max<x Then                 '求最大值
            max=x
        End If
    Next
    Print "max=";max
End Sub
```

程序的运行结果如图 3-59 所示。

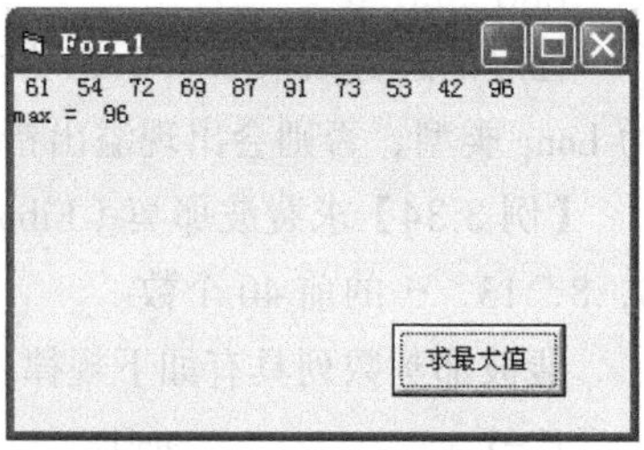

图 3-59　程序运行结果

【例 3.36】使用牛顿迭代法求解方程 $2x^3-4x^2+3x-6=0$ 在 1.5 附近的一个根，当 $|x_{n+1}-x_n|\leqslant 10^{-6}$ 时达到精度要求。

分析：迭代法是求解方程根的常用方法，是一种重要的逐次逼近的方法，此方法是用某个迭代格式（迭代公式）根据旧值 x_0 生成一个新值 x_1，然后把新值当做旧值，不断重复上面的过程，逐步精确化，最后得到满足精度要求的结果，该过程即为迭代。

牛顿迭代法又称牛顿切线法。它采用以下方法求根：先设定一个与真实的根相近的值 x_0 作为第一次近似根，由 x_0 求出 $f(x_0)$，过 $(x_0, f(x_0))$ 点画 $f(x)$ 的切线，交 x 轴于 x_1，把它作为第二次近似根；再由 x_1 求出 $f(x_1)$，过 $(x_1, f(x_1))$ 点画 $f(x)$ 的切线，交 x 轴于 x_2，求出 $f(x_2)$；再画切线……如此继续下去，直到足够接近真正的根 x 为止，其几何意义如图 3-60 所示。

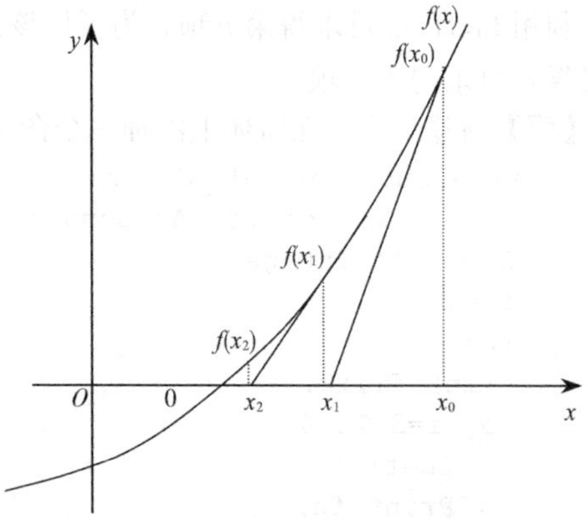

图 3-60　牛顿迭代法的几何意义

由图 3-60 可以看出：

$$f'(x_0) = f(x_0)/(x_1 - x_0)$$

因此：

$$x_1 = x_0 - f(x_0)/f'(x_0)$$

这就是牛顿迭代公式。可以利用它由 x_0 求出 x_1，再由 x_1 求出 x_2，依此类推。

本例中 $f(x)=2x^3-4x^2+3x-6$，则 $f'(x)=6x^2-8x+3$，编写程序求得所要求精度的解，当求得的新、旧近似解的差大于精度时继续循环；否则，当新、旧近似解差的绝对值不大于精确度时，则结束循环。

【解】新建工程，在窗体上添加一个命令按钮，并编写其单击事件过程。程序代码如下：

```
Private Sub Command1_Click()
    Dim x0 As Double,x As Double        'x0 为旧值，x 为新值
    Dim f As Double,f1 As Double
    x=1.5
    Do
        x0=x                            '将新值作旧值，为再一次求出新值准备
        f=2*x0*x0*x0-4*x0*x0+3*x0-6
        f1=6*x0*x0-8*x0+3
        x=x0-f/f1
    Loop While Abs(x0-x)>0.000001
    Print "x = ";x
End Sub
```

程序运行结果为：x=2。

【例 3.37】编写程序输出定积分 $\int_0^1 \sin x\mathrm{d}x$ 的值。

分析：在微积分中，积分值是通过找被积函数的原函数的方法求解的。但在实际问题中，有些原函数很难找到。因此，常采用数值积分计算方法求积分。其基本思路是：

对函数 $f(x)$在区间$[a,b]$上的定积分，其几何意义是求 $f(x)$曲线和直线 $x=a,y=0,x=b$ 所围成的曲边梯形的面积（见图 3-61）。为求出此面积，可将区间$[a,b]$分成若干个小区间，每个区间的长度为 $h=(b-a)/n$。如果 n 很大，每个小区间与 $f(x)$ 曲线所围成的区域可近似看成梯形。求出每个小梯形的面积，然后将 n 个小区间的面积累加起来，就近似得到总面积，即定积分的近似值。

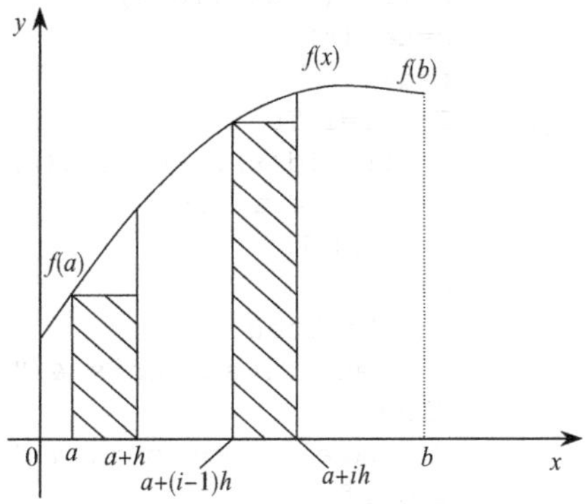

图 3-61　数值积分

【解】新建工程，在窗体上添加一个命令按钮，编写该按钮的单击事件过程。程序代码如下：

```
Private Sub Command1_Click()
    Dim a As Single,b As Single,t As Single,sum As Single
    Dim n As Integer,h As Single,x As Single
    a=InputBox("请输入下限")
    b=InputBox("请输入上限")
    n=InputBox("请输入区间个数")
    h=(b-a)/n
    sum=0
    x=a
    For i=1 To n
        t=(Sin(x)+Sin(x+h))*h/2             '计算梯形面积
        sum=sum+t                           '累加
        x=x+h
    Next
    Print "n=";n,"sum=";sum
End Sub
```

程序运行时，输入区间的下限 0 和上限 1，然后输入划分区间的个数，当输入的区间个数分别为 10、20、50 时，程序的运行结果如图 3-62 所示。从此结果可见，随着 n 的增大，划分的区间越小，计算结果越精确。

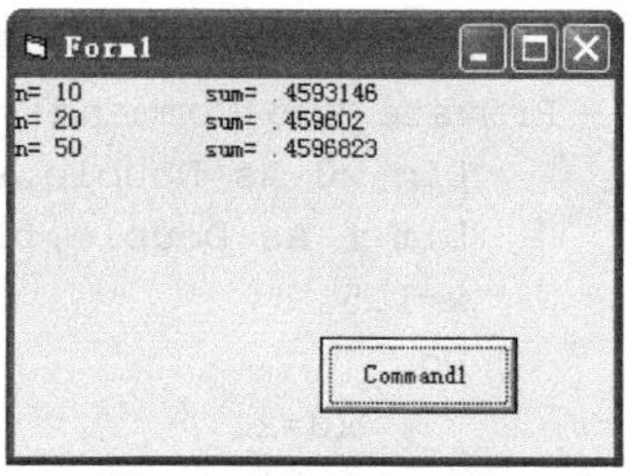

图 3-62　程序运行结果

【例 3.38】编写程序判断用户输入的字符串是否为回文。所谓回文，就是一个字符串正读和反读时都一样。例如，"LEVEL"、"2332"等均为回文，而"visual"则不是回文。

分析：为判断输入的字符串是否为回文，先计算出字符串的长度 n，然后依次取出字符串的第一个字符和第 n 个（即最后一个）字符进行比较，若相同，再比较第 2 个字符与第 n-1 个字符，依此类推，利用循环依次比较第 i 个字符与第 n-i+1 个字符，共比较 n\2 次；若每对字符均相同说明该字符串为回文，若有一对不相同，则可提前结束循环，说明不是回文。为取出第 i 个字符与第 n-i+1 个字符，可使用取子串函数 Mid()。

【解】新建工程，在窗体上添加两个标签、一个文本框和一个命令按钮。两个标签分别用于显示提示信息和输出，文本框用于输入字符串。编写命令按钮的单击事件过程，程序代码如下：

```
Private Sub Command1_Click()
    Dim x As String,n As Integer,t As Integer
    x=Trim(Text1.Text)          '删除字符串两边的空格
    n=Len(x)                    '得到字符串的长度
    t=n\2
    For i=1 To t
       If Mid(x,i,1)<>Mid(x,n-i+1,1) Then    '比较第 i 个与第 n-i+1 个字符
           Exit For             '终止 For 循环
       End If
    Next i
    If i>t Then
       Label2.Caption=x & "是回文"
    Else
       Label2.Caption=x & "不是回文"
    End If
End Sub
```

程序运行时，在文本框内输入 LEVEL，运行结果如图 3-63 所示。

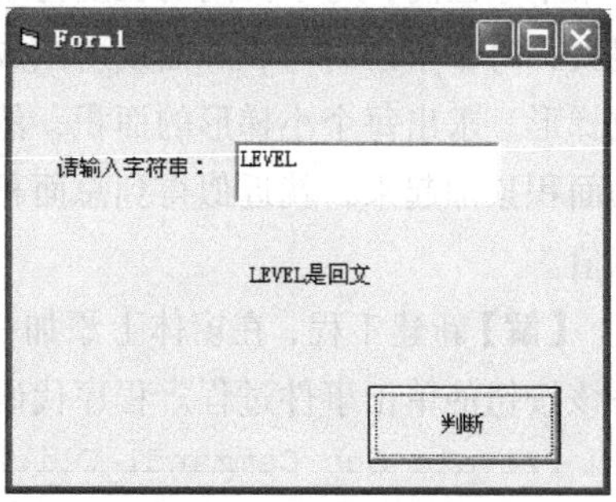

图 3-63　程序运行结果

【例 3.39】字符串的编码与译码。将输入的一行字符串的所有字符编码（加密），然后将编码进行译码（解密），如图 3-64 所示。

图 3-64　字符串的加密和解密

分析：简单加密的思想是将字符串中的每一个字母的 ASCII 码值加上一个数，即密钥。如密钥为 5，则"A"→"F"、"B"→"G"…依此类推，到字母"V"时，转换为"A"，即"V"→"A"，"W"→"B"，"X"→"C"，"Y"→"D"，"Z"→"E"，若为非字母字符则不变。利用 Asc()函数可得到某个字符的 ASCII 码值，利用 Chr()函数可将某个数值转换为对应的字符。解密是将字符串中的每一个字母的 ASCII 码值减去密钥。

【解】新建工程，在窗体上添加四个文本框、四个命令按钮及两个标签。单击 Command1 命令按钮时实现加密，单击 Command2 时实现解密，单击 Command3 时实现清除，单击 Command4 时结束程序。分别对各个命令按钮的单击事件编程，程序代码如下：

```
'对输入字符串进行加密
Private Sub Command1_Click()
    Dim x As String,n As Integer,a As Integer
    Dim t As String,i As Integer,key As Integer,y As String
    x=Text1.Text                                '输入字符串
    key=Text2.Text                              '输入密钥
    y=""                                        '加密后的字符串
    n=Len(x)                                    'n 为字符串的长度
    For i=1 To n
        t=Mid(x,i,1)                            't 为取出的第 i 个字符
        Select Case t
            Case "A" To "Z"                     '检查字符 t 是否为大写字母
                a=Asc(t)+key                    '进行加密
                If a>Asc("Z") Then
                    a=a-26
                End If
                y=y & Chr(a)                    '连接转换后的字符
            Case "a" To "z"                     '检查字符 t 是否为小写字母
                a=Asc(t)+key                    '进行加密
                If a>Asc("z") Then
                    a=a-26
                End If
                y=y & Chr(a)                    '连接转换后的字符
            Case Else
                y=y & t                         '若为其他字符则直接连接
        End Select
    Next i
    Text3.Text=y                                '输出
End Sub
'对加密后的字符串进行译码
Private Sub Command2_Click()
    Dim x As String,n As Integer,a As Integer
    Dim t As String,i As Integer,key As Integer,y As String
    x=Text3.Text                                '输入字符串
    key=Text2.Text                              '输入密钥
    y=""                                        '解密后的字符串
    n=Len(x)                                    'n 为字符串的长度
    For i=1 To n
        t=Mid(x,i,1)                            't 为取出的第 i 个字符
        Select Case t
            Case "A" To "Z"                     '检查字符 t 是否为大写字母
                a=Asc(t)-key                    '进行解密
                If a<Asc("A") Then
                    a=a+26
                End If
                y=y & Chr(a)                    '连接转换后的字符
```

```
            Case "a" To "z"                       '检查字符t是否为小写字母
               a=Asc(t)-key                       '进行解密
               If a<Asc("a") Then
                  a=a+26
               End If
               y=y & Chr(a)                       '连接转换后的字符
            Case Else
               y=y & t                            '若为其他字符则直接连接
         End Select
      Next i
      Text4.Text=y                                '输出
   End Sub
   '清除文本框中的内容
   Private Sub Command3_Click()
      Text1.Text=""
      Text2.Text=""
      Text3.Text=""
      Text4.Text=""
   End Sub
   '结束程序运行
   Private Sub Command4_Click()
      End
   End Sub
```

程序运行后的结果如图 3-64 所示。程序中在加密时对所输入字符的处理方法为先判定其是否为字母，若为字母，则将其 ASCII 码值加上 key，如果加 key 后的值大于 Asc("Z")或 Asc("z")，则将其减 26，然后转换为字符进行连接。在解密时方法相似，区别在于，若为字母则将其 ASCII 码值减去 key，如果减 key 后的值小于 Asc("A")或 Asc("a")，则将其加 26，然后转换为字符进行连接。

小　　结

本章介绍了程序的流程控制结构。从整体上来说，一个程序由数据的定义（变量声明）、数据的输入（变量赋值或变量输入）、数据的处理及数据的输出四大部分组成。具体到程序的流程控制，一个程序一般都是由顺序结构、选择结构和循环结构这三种基本结构组合而成的。

顺序结构是程序的最基本的结构，通常由赋值语句及输入、输出语句构成。

在 Visual Basic 中，实现选择结构的是 If...Else...End If 语句和 Select Case...End Select 语句，在实际使用中，它还可以有多种使用形式。选择结构的特点是：根据所给定的条件是否成立，决定程序的流程从不同的分支中执行某一分支的相应程序块。

在 Visual Basic 中可以使用 For 循环语句、Do 循环语句和 While 循环语句来构造循环结构。For...Next 循环语句适用于循环次数已知的循环结构。Do 循环语句和 While 循环语句的功能一样，它们主要用于循环次数不确定的循环结构，需要通过循环条件来决定是否退出循环。不过在用 Do 循环语句来实现的循环结构中，可用 Exit Do 语句退出循环，而在 While 循环语句中却没有这样的语句可以提前结束循环。

使用循环要注意循环控制条件及每次执行循环体后循环控制条件如何改变，随着循环的执行，控制循环的条件也应做相应变化，使其通过有限次运行后结束循环，防止出现死循环。

习　　题

1．输入梯形的上边长、下边长及高度，计算梯形的面积并输出，要求使用 InputBox()函数输入，使用 Print 方法输出。

2．输入时、分、秒，将它们换算为秒，然后输出。要求使用文本框输入，使用标签输出。

3．输入直角三角形的两个直角边，输出其斜边、周长和面积。要求使用 InputBox()函数输入，使用 Print 方法输出。

4．输入四科成绩，输出总成绩和平均成绩。通过 InputBox()函数输入数据，使用消息框 MsgBox 进行输出。

5．输入一个数，输出其绝对值（使用分支结构实现）。

6．编写程序，输入 x，输出分段函数 y 的值。

$$y=\begin{cases}3x+2 & x<0\\ 0 & x=0\\ 2x-1 & x>0\end{cases}$$

7．计算奖金。企业利润 I 低于 5 000 元时，奖金为利润的 1%；当 5 000≤I<10 000 时，超过 5 000 元部分奖金为 1.5%；当 10 000≤I<20 000 元时，超过 10 000 元部分按 2%计算奖金；如 20 000≤I<50 000 时，超过 20 000 元部分按 2.5%计算奖金；50 000≤I<100 000 元时，超过 50 000 元部分按 3%计算奖金；当 I≥100 000 元时，超过 100 000 元部分按 3.5%计算奖金。通过文本框控件输入 I，使用标签控件输出相应的奖金数。

8．输入一元二次方程 $ax^2+bx+c=0$ 的系数 a、b、c，输出其根。

9．输入年与月，输出该月的天数。要求使用 Select Case 语句实现。

10．编写程序，输入 n，计算 $1+2+3+\cdots+n$ 的累加和。

11．编写程序计算 11+22+33+…+1010 的值。

12．编写程序，输入 10 个同学的成绩（0～100），输出最高成绩与最低成绩。

13．编写程序，输出 100 以内的素数。

14．输入若干个学生的成绩，统计其中 90 分以上、70～89、60～69、小于 60 分的人数并输出。当输入的成绩小于 0 时结束输入。

15．用牛顿迭代法求方程 $x^5-3x^2+2x+1=0$ 在 0 附近的根，当前后两项的差的绝对值小于 10^{-6} 时，则达到要求精度。

16．求指定区间内函数 $f(x)$的积分 $\int_b^a f(x)\mathrm{d}x$，其中 $f(x)=1+\sin(x)$。

17．输入任意一个字符串，将其逆序输出。例如输入的字符串为"abcde"，则输出为"edcba"。

18．输入任意一个字符串，分别统计其中字母"A"、"E"和"Z"的个数，不区分大小写。

第 4 章 数 组

在前面的章节中已经介绍了 Visual Basic 程序中所能使用的各种基本数据类型，分别为整型、单精度、双精度、字符型、逻辑型、日期型等。任何一个变量都具有一定的数据类型，并在内存中占用一定的存储空间，而一个变量在某一时刻只能保存一个值。在实际应用中，经常需要处理大批相关的数据，这时有效的办法就是通过一种常用的数据结构——数组来解决。本章主要介绍数组的基本概念，以及定长数组与动态数组的使用。

学习目标

- 理解数组的用途及其在内存中的存放形式。
- 掌握一维数组和二维数组的定义及引用方法。
- 掌握动态数组的定义和使用。
- 能应用数组解决一些常见问题，如平均值、最大/小值、排序和查找等。
- 了解控件数组的概念及使用。
- 了解 Visual Basic 的自定义数据类型。

4.1 数组概述

在处理大量逻辑上相关的数据时，可以使用数组这一数据表现形式。在程序中使用数组时可以用一个数组名代表逻辑上相关的一批数据，用下标表示该数组中的各个元素，与循环语句结合使用，可以使程序简洁、结构清晰。

4.1.1 数组概念的引入

在程序的执行过程中，往往会需要保存大量的数据。

【例 4.1】输入 100 个学生的成绩，求其平均分，并统计高于平均分的人数。

分析：如果只求平均分，该程序比较简单，利用简单变量和循环结构即可。可编写如下程序段：

```
Dim score As Single,aver As Single,i As Integer
aver=0
For i=1 To 100 Step 1
    score=InputBox("请输入第" & i & "个成绩","输入")      '依次输入成绩
    aver=aver+score                                       '求和
```

```
    Next i
    aver=aver/100                    '求平均值
    Print aver
```

但是若要统计高于平均分的人数，则无法实现。这是因为在计算平均分之后，还要将输入的每个成绩与平均分进行比较，以确定哪些成绩比平均分高。而在以上程序段中存放成绩的变量 score 是一个简单变量，只能存放一个学生的成绩。在 For 循环体中输入一个学生的成绩就会把前一个学生的成绩覆盖。为了统计高于平均分的人数，所有成绩必须保存在变量中。因此，必须逐一定义 100 个简单变量，并分别存储这 100 个成绩，如 score1、score2、score3、…、score100，而且要分别书写对这 100 个变量的输入语句，再考虑平均分计算及计数的处理，程序的编写工作量将非常庞大。因此需要一种更有效、更有条理的方法。Visual Basic 提供了数组这样一种数据结构，它可以保存具有相同数据类型的一组数据。引入数组以后，以上问题的处理则非常方便。

【解】程序代码如下：

```
Private Sub Command1_Click()
    Dim score(1 To 100) As Single '定义 score 数组，包含 100 个数组元素
    Dim aver As Single,i As Integer
    Dim n As Integer
    n=0
    aver=0
    For i=1 To 100
        score(i)=InputBox("请输入第" & i & "个成绩", "输入") '依次输入成绩
        aver=aver+score(i)           '求和
    Next i
    aver=aver/100                    '求平均分
    Print aver                       '输出平均分
    For i=1 To 100                   '统计高于平均分的人数
        If score(i)>aver Then
            n=n+1
        End If
    Next i
    Print n                          '输出高于平均分的人数
End Sub
```

该程序中将 score 定义为包含有 100 个数组元素的 Single 型数组，用来存储 100 个学生的成绩。这样在程序中就可以通过下标的形式，如 score(i)（i 的值从 1 到 100 变化）来访问各个数组元素，从而可大大减少编程工作量，使程序得以简化，提高效率。

4.1.2　数组的基本概念

数组是由 Visual Basic 提供的一种数据结构，它是具有相同数据类型且按一定次序排列的一组变量的集合。数组内存放的数据具有相同的名称，即数组名。数组中的每个数据称为一个数组元素，它们在数组中按线性顺序排列。每个数组元素具有唯一的顺序号，即下标。每个数组元素之间用下标变量来区分，下标变量标识数组元素在数组中的位置。Visual Basic 中下标变量放在圆括号内，如例 4.1 中的 score(i)表示 score 数组中的第 i 个数组元素。下标的最小取值称为下界，下标的最大取值称为上界，下界与上界决定了数组中数组元素的个数。将数据存放在数组元素中，从而可以在程序中方便地通过数组名和下标的组合来访问这些数据。

在程序中可以定义不同维数的数组，如一维数组、二维数组和多维数组。所谓维数，是指一个数组中的元素需要用多少个下标变量来确定。若数组元素只有一个下标，则表示该数组为一维数组，两个下标则表示二维数组。常用的是一维数组和二维数组，一维数组相当于数学中的数列，二维数组相当于数学中的矩阵。

Visual Basic 中的数组，按不同的划分方式可分为以下几类：

① 按数组元素个数（数组大小）是否可以改变分为静态（定长）数组和动态（变长）数组。

② 按元素的数据类型分为数值型数组、字符串数组、日期型数组、变体数组。

③ 按数组的维数分为一维数组、二维数组、多维数组。

④ 按数组的对象分为控件数组、菜单对象数组。

数组必须先声明后使用，即声明数组名、数组的维数、每一维的元素个数及元素的数据类型。

4.2 定长数组

声明数组就是让系统在内存中分配一个连续的存储区域，用于存储数据。在声明时即可确定数组大小的数组称为静态数组，也称为定长数组；在声明时数组大小无法确定，在使用时需要重新定义的数组称为动态数组，也称为变长数组。本节重点讨论定长数组。

4.2.1 一维数组

1. 一维数组的声明

如果只需要用一个下标就能确定一个数组元素在数组中的位置，那么该数组就称为一维数组。一维数组的声明格式为：

```
Dim 数组名(下界 To 上界) As 数据类型
```

例如：

```
Dim a(1 To 5) As Single
```

表示声明数组名为 a 的一维数组，该数组中包含 5 个数组元素，且每个数组元素都为 Single 类型，下标的变化范围为 1～5。

说明：

① 数组名的命名规则与简单变量的命名规则相同。

②“下界 To 上界”表明了数组元素下标的变化范围，其中下界和上界必须是常量，不能是表达式或变量。下界的最小值为-32 768，上界的最大值为 32 767，并且下界必须小于上界。当省略“下界 To”时，下界默认值为 0。

③ 一维数组的元素个数由数组的下界和上界决定：个数=上界-下界+1。例如：

```
Dim x(5) as Integer
```

表示 x 数组中数组元素的下标变化范围为 0～5，该数组中共有 6 个数组元素。

④“数据类型”用于说明数组的类型，也就是每一个数组元素的数据类型。如果省略，则默认为变体型数组。例如：

```
Dim x(1 To 100) As Integer      '声明 x 数组为整型数组，下标范围为 1～100
Dim y(10)                       '声明 y 是一个下标范围为 0～10 的变体型数组
```

⑤ 一维数组中的所有数组元素在内存中占用连续的存储空间，并按下标序号从小到大的顺序存放。例如：

```
Dim a(1 To 10) As Integer
```

则该数组在内存中的存储情况如图 4-1 所示。

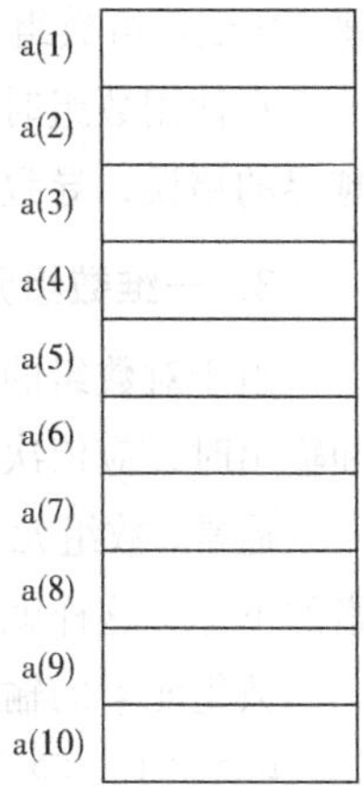

图 4-1　数组的存储

⑥ Dim 语句声明的数组，为系统编译程序提供了数组名、数组类型、数组的维数和各维的大小。该语句把数值数组中的全部数组元素都初始化为 0，而把字符串数组中的全部数组元素都初始化为空字符串。

注意：当“下界 To”省略时，下界的默认值为 0。若希望其默认值为 1，可在模块的通用部分使用 Option Base 语句进行设置。其使用格式是：

```
Option Base 1    '将数组声明中下界的默认值设置为 1
```

例如：

```
Option Base 1
Dim a(5) As Integer,b(-1 To 5) As Single
```

则数组 a 的下标范围为 1～5，数组 b 的下标范围为-1～5。

该语句只能对本模块中声明的数组起作用，对其他模块的数组不起作用；另外，该语句只能放在模块的通用部分，不能放在任何过程中使用。一个模块中只能出现一次 Option Base 语句，且必须位于带维数的数组声明之前。

2．一维数组元素的使用

数组声明后，就可以对数组进行使用。对数组的使用实际上是对数组元素的使用。使用数组元素时，必须指定其下标值。数组元素的使用形式为：

数组名(下标)

其中，下标可以是变量、常量或数值表达式，若其值不是整数，则自动取整。下标的取值应在下界～上界范围内，若超出了这个范围，则会出现“下标越界”的错误。

例如，若有以下数组声明语句：

```
Dim a(5) As Integer,b(-1 To 5) As Single
```

则表明 a 数组中有 6 个整型数组元素，下标范围为 0～5，各个数组元素分别为 a(0)、a(1)、a(2)、a(3)、a(4)、a(5)；b 数组中有 7 个单精度型数组元素，下标范围为-1～5，各个数组元素分别为 b(-1)、b(0)、b(1)、b(2)、b(3)、b(4)、b(5)。

数组中的每一个数组元素相当于一个变量，因此可以被赋值，也可以参加运算。例如：

```
a(0)=1
a(1)=1
a(2)=(a(0)+a(1))/2
```

由于数组元素的下标值是连续变化的（从下界依次变化到上界），因此在程序中可以使用循环结构依次访问各个数组元素。

例如，以下程序段可实现数组元素的赋值：

```
Dim a(1 To 10) As Integer        '定义整型数组 a，包含 10 个数组元素
Dim i As Integer
For i=1 To 10
   a(i)=2*i                      '为数组元素赋值
Next
```

在该程序段中，对数组中任意数组元素的访问可用 a(i)表示，其中 i 的变化范围为 1～10。利用 For 循环语句使得循环变量 i 作为数组元素的下标，从 1 变化到 10，即可依次访问数组元素，

将 2*i 赋值给数组元素 a(i)，则数组元素的值分别为 2、4、6、…、20。

在使用数组时，一定要注意数组元素的下标值不能超过其允许的变化范围，否则会出现下标越界的错误，导致程序无法运行。

3．一维数组元素的输入与输出

由于对数组的使用实际上就是对数组元素的使用，因此在对数组中的全部数组元素进行输入和输出时，应依次对各个数组元素进行输入和输出。

通常，数组元素的输入与输出都是通过 For 循环语句实现的，For 循环的循环变量作为数组元素的下标，这样就可以依次访问数组中的每个数组元素。

数组元素的输入一般通过循环语句和 InputBox()函数配合完成。例如：

```
Dim a(1 To 5) As Integer      '定义 a 为包含 5 个数组元素的整型数组
For i=1 To 5
   a(i)=InputBox("请输入第" & i & "个数组元素")      '输入
Next
```

循环变量 i 从 1 变化到 5 的过程中，a(i)则分别表示 a(1)～a(5)，这样即可依次对数组中的每一个数组元素进行输入。

对于较大的数组，为了便于编辑，大量的数据输入一般不使用 InputBox()函数，而是在文本框中输入，然后用 Split()函数进行拆分，详细使用方法可参见例 4.10。

数组元素的输出可以使用 For 循环和 Print 语句来实现。例如，对数组 a 中所有的数组元素进行输出：

```
For i=1 To 5
   Print a(i);        '在同一行输出
Next
```

注意，若数组声明为：

```
Dim a(5) As Integer
```

由于数组的下界默认为 0，数组元素下标的变化范围应为 0～5，数组元素的输出为：

```
For i=0 To 5
   Print a(i);
Next
```

【例 4.2】编写程序，为包含 10 个数组元素的整型数组输入数据，然后输出数组元素的累加和与平均值。

分析：对数组中任意一个数组元素的访问可用 a(i)表示，其中 i 为下标，变化范围为 1～10。利用 For 循环语句使得循环变量 i 从 1 变化到 10，循环 10 次可实现输入、计算与输出。

【解】新建工程，在窗体上添加命令按钮，并编写该命令按钮的单击事件过程。程序代码如下：

```
Private Sub Command1_Click()
   Dim a(1 To 10) As Integer      '定义整型数组 a，包含 10 个数组元素
   Dim i As Integer,sum As Integer,aver As Single
   For i=1 To 10
      a(i)=InputBox("请输入第" & i & "个数据")      '输入
   Next
   sum=0
   For i=1 To 10                                   '求累加和
      sum=sum+a(i)
```

```
    Next
    aver=sum/10                '求平均值
    For i=1 To 10
        Print a(i);            '在同一行输出各个数组元素
    Next
    Print                      '换行
    Print sum,aver             '输出和与平均值
End Sub
```

程序运行时，若分别输入 1、2、3、4、5、6、7、8、9、10，则输出结果为：55　　5.5。

【例 4.3】使用数组输出 Fibonacci 数列的前 20 项。

分析：已知 Fibonacci 数列为：1，1，2，3，5，8，…，具有如下规律：第一项与第二项的值为 1，其后各项为前两项之和。为输出其前 20 项，可定义包含 20 个数组元素的一维数组 f，其中 f(1)的值为 1，f(2)的值为 1，其余各项满足：f(i)=f(i−1)+f(i−2)，i 的值为 3～20。

【解】新建工程，在窗体上添加命令按钮，编写该按钮的单击事件过程。程序代码如下：

```
Private Sub Command1_Click()
    '定义整型数组 f，包含 20 个数组元素
    Dim f(1 To 20) As Integer
    Dim i As Integer
    f(1)=1                     '为第 1 项与第 2 项赋值
    f(2)=1
    For i=3 To 20              '从第 3 项开始计算数列中的每一项
        f(i)=f(i-1)+f(i-2)
    Next
    For i=1 To 20              '依次输出每一项
        Print "f( " & i & " ) = " & f(i)
    Next
End Sub
```

程序运行结果如图 4-2 所示。

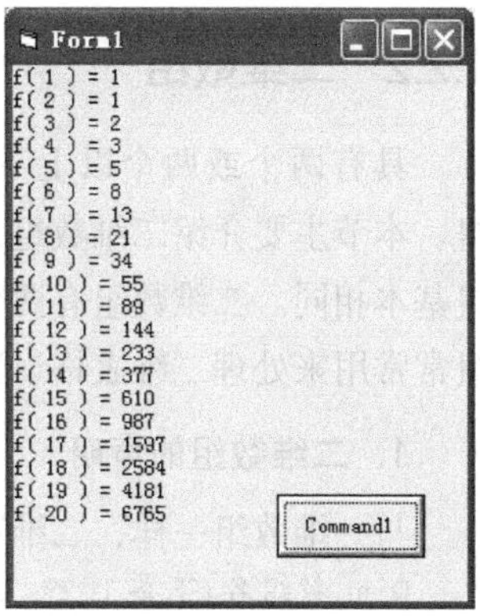

图 4-2　程序运行结果

【例 4.4】输入 5 个学生的姓名及一门课程的成绩，输出成绩最高与最低的同学的姓名及其成绩。

分析：求最高成绩与最低成绩即为求解最大值与最小值的问题。由于学生的姓名应为字符型数据，成绩为数值型数据，因此可定义两个一维数组分别存储学生的姓名与成绩，如 Dim a(1 To 5) As Single,n(1 To 5) As String，其中 a 数组用于存放成绩，n 数组用于存放姓名。

为输出成绩最高者的姓名，可找到成绩最大值所对应的数组元素的下标。具体方法为：设置变量 k1 表示最大值的下标，首先将数组中的第一个数组元素作为最大值，即 k1 的值为 1，然后将 a(k1)依次与其他数组元素进行比较，若大于 a(k1)，则将其下标赋给 k1，这样 k1 中保存的就是最大值的下标，因此对应的学生的姓名即为 n(k1)。同理，可求得最小值对应的下标。

【解】新建工程，在窗体上添加命令按钮，编写该按钮的单击事件过程。程序代码如下：

```
Private Sub Command1_Click()
    Dim a(1 To 5) As Single,n(1 To 5) As String
    Dim i As Integer
```

```
        Dim k1 As Integer,k2 As Integer  'k1表示最大值的下标，k2表示最小值的下标
        For i=1 To 5
            n(i)=InputBox("请输入第" & i & "个学生的姓名")        '输入姓名
            a(i)=InputBox("请输入第" & i & "个学生的成绩")        '输入成绩
        Next i
        k1=1                                 '首先将第1个数组元素作为最大值，其下标为1
        k2=1                                 '首先将第1个数组元素作为最小值，其下标为1
        For i=2 To 5
            If a(i)>a(k1) Then               '找到更大的数组元素
                k1=i                         '将其下标赋值给k1
            End If
            If a(i)<a(k2) Then               '找到更小的数组元素
                k2=i                         '将其下标赋值给k2
            End If
        Next i
        Print "姓名","成绩"
        For i=1 To 5                         '输出每个学生的姓名与成绩
            Print n(i),a(i)
        Next i
        Print
        Print "成绩最高的学生的姓名与成绩为:"
        Print n(k1),a(k1)                    '输出姓名与最高成绩
        Print "成绩最低的学生的姓名与成绩为:"
        Print n(k2),a(k2)                    '输出姓名与最低成绩
    End Sub
```

程序运行结果如图 4-3 所示。

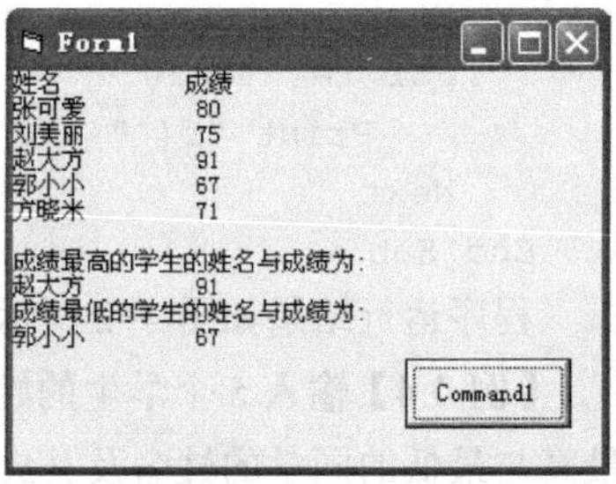

图 4-3 程序运行结果

4.2.2 二维数组

具有两个或两个以上下标的数组称为二维数组或多维数组。本节主要介绍二维数组，多维数组的定义与使用与二维数组基本相同。二维数组有两个下标，分别表示行与列。二维数组常常用来处理二维表格、数学中的矩阵等问题。

1. 二维数组的声明

与一维数组一样，二维数组也要先声明后使用。二维数组的声明格式为：

```
Dim 数组名(下界1 To 上界1,下界2 To 上界2 ) As 数据类型
```

说明：

① “下界 1 To 上界 1”说明了第一维下标的范围，表示二维数组的行；“下界 2 To 上界 2”说明了第二维下标的范围，表示二维数组的列。

② 二维数组中每一维的大小为：上界–下界+1。数组元素的个数为各维大小的乘积。

③ 同一维数组相同，当“下界 1 To”或“下界 2 To”省略时，默认下界值为 0。

例如：

```
Dim b(1 To 2, 1 To 3) As Single
```

表示声明二维单精度型数组 b，第一维下标的范围为 1～2，第二维下标的范围为 1～3，整个数组为 2 行 3 列，共 6 个数组元素。

又如：

```
Dim t(2,3) As Long
```

表示声明 t 是一个二维长整型数组，第一维下标的范围为 0～2，第二维下标的范围为 0～3，数组为 3 行 4 列，共 12 个数组元素。

二维数组在计算机内存中像一维数组一样占用一块连续的存储单元，在内存中数组元素是按行存放的，即先顺序存放第一行的元素，再存放第二行的元素。因此在按照存储顺序读取元素时，第一维的下标变化最慢，第二维的下标变化最快。二维数组 b 中各个数组元素的存放顺序如图 4-4 所示。

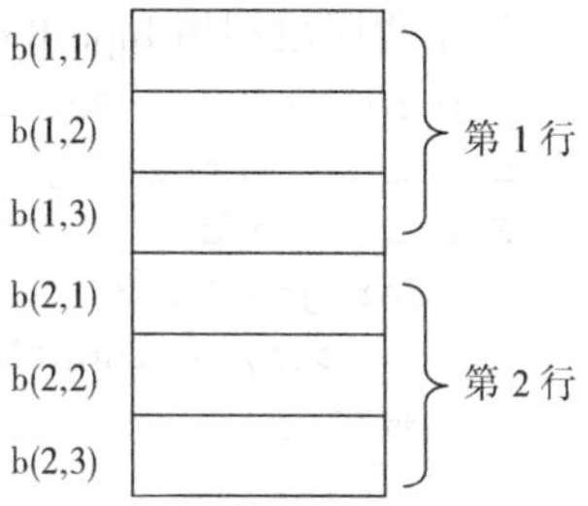

图 4-4　二维数组元素的存储

在二维数组的基础上可方便地掌握多维数组，例如，以下为三维数组的声明：

```
Dim x(2,2,2) As Integer
```

声明 x 为三维整型数组，第一维、第二维、第三维下标的范围都是 0～2，分别表示页、行和列，该数组内共有 27（3×3×3）个数组元素。三维数组在内存中的存放顺序是按页（层）存放二维数组，如图 4-5 所示。

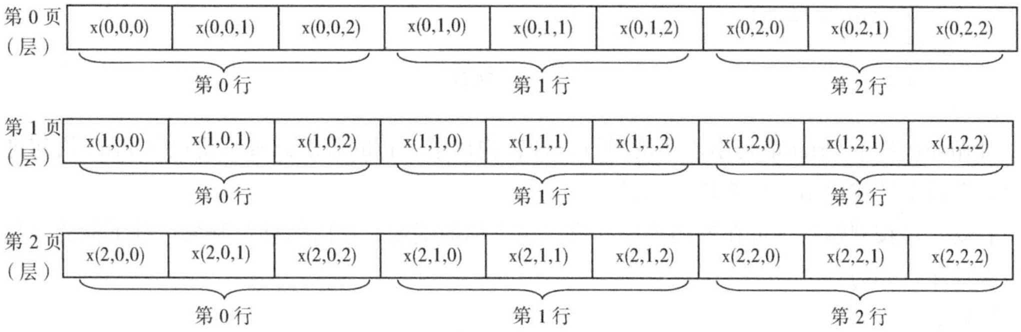

图 4-5　三维数组元素的存放

注意： 实际上，无论是一维、二维还是多维数组，其数组元素在内存中都是有序存放，并不表现出行列等形式，只是在处理现实中的数据时，它们可以更好地描述实际数据的形式，如某个二维表中的数据可使用二维数组表现。

2. 二维数组元素的使用

在使用二维数组元素时，必须给出两个下标值。二维数组元素的访问形式为：

```
数组名(下标 1,下标 2)
```

其中，下标 1、下标 2 可以是变量、常量或数值表达式。下标 1 的取值应在第一维的下标范围内，下标 2 的取值应在第二维的下标范围内。

例如，若有以下数组声明语句：

```
Dim x(1 To 2,1 To 3) As Integer,y(2,2) As Single
```

表明 x 数组中有 6 个整型数组元素，y 数组中有 9 个单精度型的数组元素。x 数组中的各个数组元素分别为 x(1,1)、x(1,2)、x(1,3)、x(2,1)、x(2,2)、x(2,3)；y 数组中的各个数组元素分别为 y(0,0)、y(0,1)、y(0,2)、y(1,0)、y(1,1)、y(1,2)、y(2,0)、y(2,1)、y(2,2)。

二维数组中的每一个数组元素也相当于一个变量，可进行输入、赋值或参与运算。

3．二维数组元素的输入与输出

由于二维数组有两个下标，因此其输入与输出应使用两重 For 循环完成。外层循环控制第一维下标（行）的变化，内层循环控制第二维下标（列）的变化。

以下程序段利用 InputBox()函数为二维数组 b 输入元素：

```
Dim b(1 To 2,1 To 3) As Single        'b 数组为 2 行 3 列的二维数组
Dim i As Integer,j As Integer         'i 表示第一维的下标，j 表示第二维的下标
For i=1 To 2                          '按行进行输入
    For j=1 To 3
        b(i,j)=InputBox("请输入数组元素 b(" & i & "," & j & ")的值")
    Next j
Next i
```

在对二维数组进行输出时，为了直观地显示数组的逻辑形式，可以通过循环有效地控制输出的方式。如在内循环中不换行，内循环结束后在外循环体内通过 Print 语句进行换行，这样就可以按行输出各个数组元素。

例如，按行输出以上 b 数组中的各数组元素，程序代码为：

```
For i=1 To 2
    For j=1 To 3                      '内层循环中输出每一行的所有元素
        Print b(i,j),
    Next j
    Print                             '换行
Next i
```

外循环体中的 Print 语句用于实现换行，即在输出第一行的数组元素后便执行 Print 语句进行换行，然后继续输出第二行的数组元素。

若要实现按列输出，可在外循环控制第二维下标的变化，在内循环控制第一维下标的变化，相应的程序代码为：

```
For j=1 To 3
    For i=1 To 2                      '内层循环中输出每一列的所有元素
        Print b(i,j),
    Next i
    Print                             '换行
Next j
```

该程序段中，外层循环变量 j 表示第二维下标（列），内层循环变量 i 表示第一维下标（行），这样就可以先输出第一列的数组元素，然后依次输出第二列、第三列的数组元素，外循环体内的 Print 语句用于实现换行。

【例 4.5】输入一个 2 行 3 列的二维数组，分别将其按行、列进行输出。

【解】新建工程后，在窗体上添加命令按钮，编写该命令按钮的单击事件过程。程序代码如下：

```
Private Sub Command1_Click()
    Dim b(1 To 2,1 To 3) As Single
    Dim i As Integer,j As Integer
    '按行进行输入
    For i=1 To 2
        For j=1 To 3
            b(i,j)=InputBox("请输入数组元素 b(" & i & "," & j & ")的值")
        Next j
```

```
        Next i
        '按行输出
        Print "按行输出："
        For i=1 To 2
            For j=1 To 3
                Print b(i,j),
            Next j
            Print            '换行
        Next i
        '按列输出
        Print "按列输出："
        For j=1 To 3
            For i=1 To 2
                Print b(i,j),
            Next i
            Print            '换行
        Next j
    End Sub
```

程序运行时，首先弹出图 4-6 所示的输入对话框等待输入，依次输入 1、2、3、4、5、6 后，程序的输出结果如图 4-7 所示。

图 4-6　输入对话框

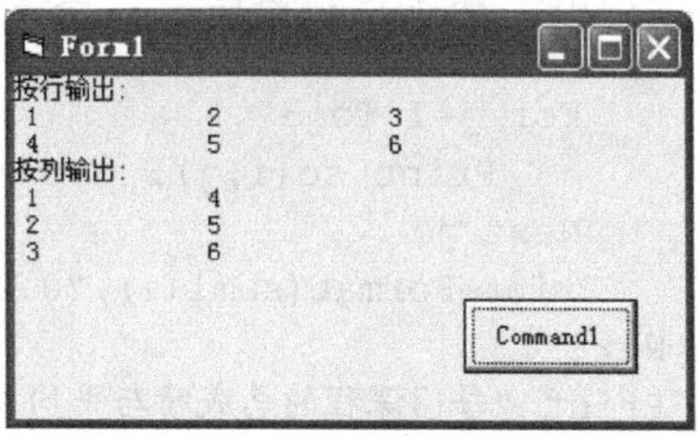

图 4-7　程序运行结果

【例 4.6】输入 5 个学生 3 门课程的成绩，分别计算每个学生的平均成绩及每门课程的平均成绩。

分析：由于每个学生有 3 门成绩，因此若要处理 5 个学生的 3 门成绩（共 5×3 个数据），则需要使用二维数组进行存储。为此，可定义二维数组 sc 用于存储 5 个学生 3 门课程的成绩，该二维数组的行数为 5，列数为 3，因此每一行的数组元素表示某个学生的 3 门课程成绩；每一列表示某一门课程的成绩。

计算每个学生的平均成绩，即计算各行数组元素的平均值；计算每门课程的平均成绩，即计算各列数组元素的平均值。可分别定义四个一维数组 sum1、aver1、sum2、aver2，分别用来存放各行的和与平均值，以及各列的和与平均值，其中 sum1 与 aver1 的长度应与二维数组的行数相同；sum2 与 aver2 的长度应与二维数组的列数相同。

【解】新建工程，在窗体上添加命令按钮，编写该按钮的单击事件过程。程序代码如下：

```
Private Sub Command1_Click()
    Dim sc(1 To 5,1 To 3) As Single
    Dim sum1(1 To 5) As Single,sum2(1 To 3) As Single
    Dim aver1(1 To 5) As Single,aver2(1 To 3) As Single
    Dim i As Integer,j As Integer
    '输入每个同学的 3 门成绩
    For i=1 To 5
```

```
        For j=1 To 3
            sc(i,j)=InputBox("请输入第" & i & "个同学的第" & j & "门成绩")
        Next j
    Next i
    '计算每个同学的平均成绩
    For i=1 To 5
        sum1(i)=0
        For j=1 To 3
            sum1(i)=sum1(i)+sc(i,j)          '求每一行的和
        Next j
        aver1(i)=sum1(i)/3                   '求每一行的平均值
    Next i
    '计算每门课程的平均成绩
    For j=1 To 3
        sum2(j)=0
        For i=1 To 5
            sum2(j)=sum2(j)+sc(i,j)          '求每一列的和
        Next i
        aver2(j)=sum2(j)/5                   '求每一列的平均值
    Next j
    '输出
    Print "课程1","课程2","课程3","总成绩","平均成绩"
    For i=1 To 5
        For j=1 To 3
            Print sc(i,j),                   '输出各个成绩
        Next j
      Print Format(sum1(i),"0.0"), Format(aver1(i),"0.0")  '输出各行和与平均值
    Next i
    Print "每门课程的总成绩与平均成绩:"
    For j=1 To 3
        Print Format(sum2(j),"0.0"),         '在后一行输出各列的和
    Next j
    Print
    For j=1 To 3
        Print Format(aver2(j),"0.0"),        '在最后一行输出各列的平均值
     Next j
End Sub
```

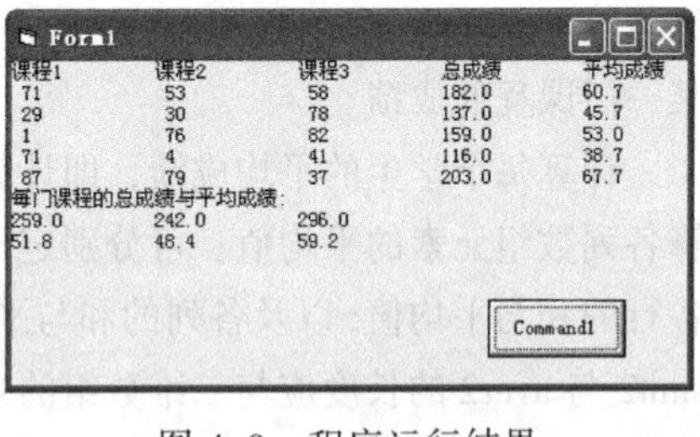

图 4-8　程序运行结果

程序运行结果如图 4-8 所示。程序中 Format(sum1(i),"0.0")的作用是使 sum(i)只保留一位小数。

注意：为方便调试程序，当需要输入数据量较大时，可利用随机函数 Rnd()产生一定范围内的随机数据。例如，例 4.6 中的语句“sc(i,j)=InputBox("请输入第" & i & "个同学的第" & j & "门成绩")”可使用语句“sc(i,j)=Int(Rnd*101)”代替，这样可产生 0～100 内的随机数据，从而节省程序的调试时间。

【例 4.7】 有一个 4×3 的矩阵，求出其中最大及最小元素的值以及其所在的行号和列号。

分析：对矩阵而言，应使用二维数组进行存储。对二维数组求最大（最小）值的方式与求一维数组最值的方式相同，区别在于对二维数组元素的访问要使用两重循环。

设置两个变量 max 与 min 分别代表要求的两个极值，首先将数组中的一个数组元素作为最大和最小值赋给 max 和 min，同时保存其行、列的下标；然后令其与数组中的其他数组元素进行比较，一旦找到比 max 大的数组元素或比 min 小的数组元素，就将其赋给 max 或 min，同时也保存新的行、列下标。

【解】新建工程，在窗体上添加命令按钮，编写该按钮的单击事件过程。程序代码如下：

```
Private Sub Command1_Click()
    Dim a(1 To 4,1 To 3) As Integer              '声明二维数组
    Dim max As Integer,min As Integer            'max 表示最大值，min 表示最小值
    Dim maxr As Integer,maxc As Integer          'maxr、maxc 表示最大值的行号与列号
    Dim minr As Integer,minc As Integer          'minr、minc 表示最小值的行号与列号
    For i=1 To 4                                 '输入
        For j=1 To 3
            a(i,j)=InputBox("请输入第" & i & "行第" & j & "列数据")
        Next j
    Next i
    max=a(1,1):min=a(1,1)                        '将第一个数组元素作为极值
    maxr=1:maxc=1
    minr=1:minc=1
    For i=1 To 4
        For j=1 To 3
            If max<a(i,j) Then
                max=a(i,j)
                maxr=i                           '记录最大值的行号与列号
                maxc=j
            End If
            If min>a(i,j) Then
                min=a(i,j)
                minr=i                           '记录最小值的行号与列号
                minc=j
            End If
        Next j
    Next i
    For i=1 To 4                                 '输出
        For j=1 To 3
            Print a(i,j);
        Next j
        Print
    Next i
    Print "maximum = " & max; " row = " & _
        maxr; " column = " & maxc
    Print "minimum = " & min; " row = " & _
        minr; " column = " & minc
End Sub
```

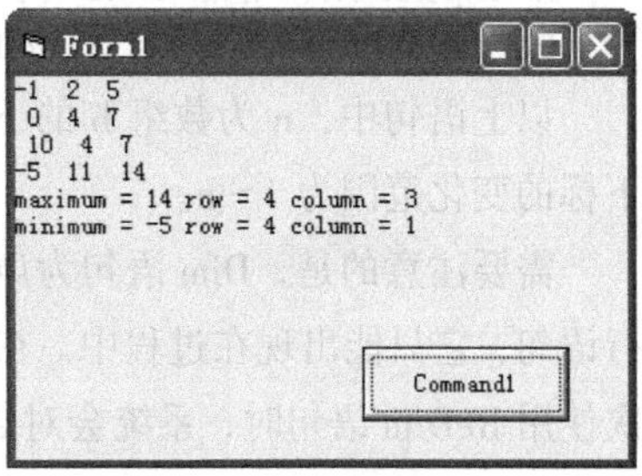

图 4-9　程序运行结果

程序运行时，依次输入数据，运行结果如图 4-9 所示。

4.3 动态数组

前面介绍的数组在声明时就确定了数组的维数和每一维的大小，这种在声明时维数和大小都确定的数组称为定长数组，或称为静态数组。定长数组在编译时预先分配存储空间，在程序运行过程中，数组所占用的内存空间不能改变，当程序结束时，数组所占用的内存空间才释放。但有时在解决实际问题时，数组的维数和大小在编译阶段无法确定，只有当程序运行时才能根据需要确定。在这种情况下，可使用动态数组（或称变长数组）。动态数组的使用非常灵活方便，可以有效地利用内存空间。

动态数组声明时不给出数组的大小，当要使用数组时，才用 ReDim 语句指定数组的大小，分配存储空间。

4.3.1 动态数组的声明

建立动态数组分为以下两个步骤：

① 用 Dim 语句声明数组，但不指定数组的大小，形式为：

```
Dim 数组名() As 数据类型
```

② 使用 ReDim 语句重新声明数组的大小与维数，形式为：

```
ReDim 数组名(下界 To 上界) As 数据类型
```

或

```
ReDim 数组名(下界1 To 上界1,下界2 To 上界2) As 数据类型
```

其中，下界与上界可以是常量，也可以是有确定值的变量。ReDim 语句后的数据类型可以省略，若不省略，则必须与 Dim 声明的类型一致。

例如，以下语句声明了动态数组 a：

```
Dim a() As Integer        '先声明动态数组名 a
ReDim a(2,3)              '指定数组的大小为 3 行 4 列
```

以上语句中使用 Dim 语句声明了动态数组名 a，然后使用 ReDim 语句指定该数组为二维数组，第一维下标的范围为 0～2，第二维下标的变化范围为 0～3，共有 12 个数组元素。

再如以下语句：

```
Dim n As Integer
Dim b() As Single
n=InputBox("请输入数组的长度")
ReDim b(1 to n) As Single
```

以上语句中，n 为数组 b 的下标上界，其值在运行时输入。该数组中共包含 n 个数组元素，下标的变化范围为 1～n。

需要注意的是，Dim 语句为声明语句，可以出现在程序中的任何地方，而 ReDim 语句是可执行语句，它只能出现在过程中。在过程中可以多次使用 ReDim 语句改变数组的大小或维数，但每次使用 ReDim 语句时，系统会对数组进行初始化，会使原来数组中的数据丢失；若要保留数组中原有的数据，可在 ReDim 语句后使用 Preserve 参数。

建立动态数组后，数组元素的使用与定长数组完全相同。

【例 4.8】声明动态数组 x，并修改数组的元素个数和数组的维数，依次输入数据并输出。

【解】程序代码如下：

```
Private Sub Command1_Click()
    Dim x() As Integer                    '声明动态数组名 x
    ReDim x(2,2)                          '声明为 3 行 3 列的二维数组
    For i=0 To 2
        For j=0 To 2
            x(i,j)=(i+1)*(j+1)            '为数组元素赋值
        Next j
    Next i
    Print "第一次输出："
    For i=0 To 2                          '输出
        For j=0 To 2
            Print x(i,j);
        Next j
        Print
    Next i
    ReDim x(8)                            '重新定义 x 数组为一维数组，长度为 9
    For i=0 To 8
        x(i)=i+1                          '为数组元素赋值
    Next i
    Print "第二次输出："
    For i=0 To 8                          '输出
        Print x(i);
    Next i
End Sub
```

程序运行时首先将动态数组 x 声明为 3 行 3 列的二维数组，数组元素第一维与第二维的下标变化范围均为 0～2，并为其赋值为(i+1)*(j+1)；然后将 x 重新定义为一维数组，长度为 9，此时之前数组元素的数据全部丢失，为数组重新赋值为(i+1)，运行结果如图 4-10 所示。

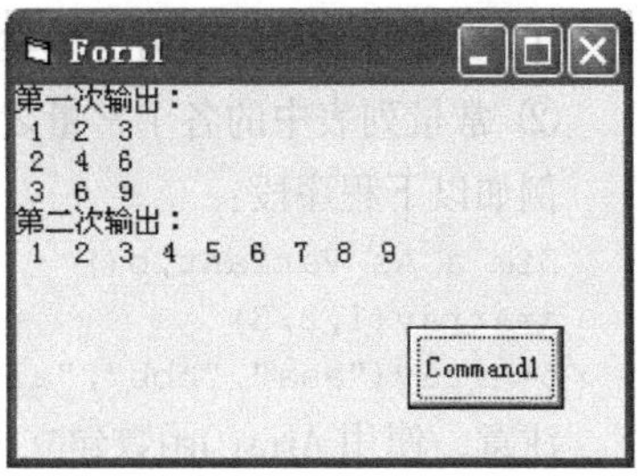

图 4-10　程序运行结果

【例 4.9】编写一个程序，输入任意多个字符串数据，并且将其存放在数组中。当输入空格时结束输入，最后将输入的所有字符串在窗体上输出。

分析：由于输入的字符串个数未知，因此应使用动态数组。

【解】新建工程，在窗体上添加命令按钮，编写该按钮的单击事件过程。程序代码如下：

```
Private Sub Command1_Click()
    Dim a() As String                     '声明动态数组名 a
    Dim n As Integer                      '存放当前动态数组的大小
    Dim t As String
    n=-1
    t=InputBox("请输入任意字符串")          '输入第一个字符串
    Do While Trim(t)<>""                  '当输入空格时，循环结束
        n=n+1                             '增加动态数组的大小
        ReDim Preserve a(n)               '重新分配空间，并保留数组原有数据
        a(n)=t                            '把输入的数据放在数组中
        t=InputBox("请输入任意字符串")
    Loop
    For i=0 To n                          '输出
```

```
        Print a(i)
    Next
End Sub
```

程序中使用整型变量 n 表示对动态数组 a 重新定义时下标的上界，当输入一个新的非空字符串时其值增 1，并重新指定数组下标的上界；为保留数组元素之前的值，在 ReDim 语句后使用 Preserve 关键字，并将新输入的字符串赋值给数组元素 a(n)。当输入结束时，a 数组中共有 n+1 个数组元素，下标的变化范围为 0～n。

注意，使用 Preserve 关键字只能在改变数组最后一维的大小时保留数组原有的数据。对于一维数组来说，所有的数据都会保留；对于多维数组，只能在改变最后一维的大小时，才能保留全部数据，否则会出错。

4.3.2 与数组操作有关的几个函数

1. 使用 Array()函数为数组赋初值

Array()函数可方便地对数组进行整体赋值，其格式为：

```
变量名=Array(常量列表)
```

该函数可将常量列表中的各个常量赋值给一个一维数组的各个数组元素，赋值后的数组大小由常量列表的数据个数决定。

说明：

① 变量名必须声明为变体类型或为一维变体型动态数组名。

② 常量列表中的各个常量之间必须用逗号隔开。

例如以下程序段：

```
Dim a As Variant,b()                          '声明 Variant 型的变量 a 与动态数组 b
a=Array(1,2,3)                                '为 a 赋值
b=Array("aaa","bbb","a123","程序设计")         '为 b 赋值
```

注意，使用 Array()函数建立的动态数组的下界为 0，如果要改变，可以用 Option Base 1 语句指定下界为 1。

Array()函数返回的是一个包含数组的变体型变量，语句 a=Array(1,2,3)是将 1、2、3 分别赋给数组 a 的各个元素，因此数组长度为 3，即 a(0)的值为 1，a(1)的值为 2，a(2)的值为 3；b 数组中各个数组元素 b(0)、b(1)、b(2)、b(3)的值分别为"aaa"、"bbb"、"a123"、"程序设计"，数组长度为 4。

以下为 Array()函数使用过程中容易出现的错误：

```
Dim a As Integer
a=Array(1,2,3)          '错误原因：a 不能为整型变量；修改：Dim a
Dim b(1 to 3)
b=Array(1,2,3)          '错误原因：b 不能为定长数组；修改：Dim b()
Dim c() As Integer
c=Array(1,2,3)          '错误原因：c 不能为动态的整型数组；修改：Dim c()
```

2. 求数组指定维数的上界 UBound()函数、下界 LBound()函数

在程序中，有时需要准确地获得数组的上界和下界，以保证访问的数组元素下标在合法的范围之内。此时可使用 UBound()和 LBound()函数来获得数组的上、下界。其中，UBound()函数用于获取数组某一维的上界值，LBound()函数用于确定数组某一维的下界值。其格式如下：

```
UBound(数组名,维数)
LBound(数组名,维数)
```

说明：

① 数组名不可省略，“维数”用于指定返回哪一维的下界和上界。1 表示第一维，2 表示第二维，等等。省略时，默认值为 1。例如以下程序段：

```
Dim a(3,-1 To 2)
Print LBound(a,1), UBound(a,1)        '输出 a 数组第一维的下界 0 与上界 3
Print LBound(a,2), UBound(a,2)        '输出 a 数组第二维的下界-1 与上界 2
```

② 通过 UBound()函数与 LBound()函数可确定数组每一维数组元素的个数，即：

```
UBound(数组名,维数)-LBound(数组名,维数)+1
```

③ 在使用 Array()函数对数组整体赋值时，常常使用 LBound()函数和 UBound()函数来确定数组的下界与上界，例如以下程序段：

```
Dim a(),n1 As Integer,n2 As Integer
a=Array(1,2,3,4,5)
n1=LBound(a)              '获得数组 a 下界
n2=UBound(a)              '获得数组 a 上界
For i=n1 To n2            '输出数组 a 各元素
   Print a(i)
Next
```

3. 使用 Split()函数实现数据的批量输入

在对大量数据进行输入时，可采用文本框与 Split()函数进行处理，比使用 InputBox()函数的效率更高。

Split()函数的作用是从一个字符串中，以某个指定的符号为分隔符，分离出若干子字符串，建立一个下标从 0 开始的一维数组。其使用格式为：

```
Split(字符串表达式 ,分隔符)
```

说明：

① 字符串表达式不可省略，若字符串表达式是一个长度为 0 的空字符串，则 Split()函数返回一个空数组，即没有元素和数据的数组。

② 分隔符是可选项，用来标识子字符串边界的字符。如果该项省略，则使用空格字符作为分隔符；如果分隔符是一个长度为 0 的字符串，则返回的数组仅包含一个元素，即整个字符串表达式。

③ Split()函数返回的是字符型数组，且该数组不能为定长数组。

例如，以下程序段以逗号作为分隔符，分离字符串"a,b,c,d"，存放到字符数组 a 中：

```
Dim a() As String
a=Split("a,b,c,d",",")
For i=LBound(a) To UBound(a)
   Print a(i)
Next i
```

程序运行后，a(0)、a(1)、a(2)、a(3)的值分别为"a"、"b"、"c"、"d"。

【例 4.10】利用文本框输入一系列数据，要求数据之间用逗号分隔，并能对数据进行有效性检查，使用 Split()函数对其进行分隔，然后存放在数组中，并进行输出。

分析：要对在文本框中输入的数据进行有效性检查，可在文本框的 KeyPress 键盘事件过程中利用 KeyAscii 参数，对数据限定输入，只允许输入数字 0～9、小数点、负号、逗号（作为分隔符）以及回车符。当输入回车符时表示输入结束。然后利用 Split()函数按分隔符分离，存放到数组中，并在图片框中进行显示。

注意：在键盘上按下并且释放一个可以产生 ASCII 码的键时将触发 KeyPress 键盘事件，在该事件中可以通过 KeyAscii 参数获知按下的键并进行相应的处理。有关 KeyPress 键盘事件的详细介绍请参见 6.8.2 节。

【解】新建工程，在窗体上添加一个文本框及一个图形框，并将文本框的 Multiline 属性设置为 True（接收多行文本），ScrollBars 属性设置为 Vertical（文本框中显示垂直滚动条）。对文本框的 KeyPress 键盘事件进行编程，程序代码如下：

```
Private Sub Text1_KeyPress(KeyAscii As Integer)
    Dim a,i As Integer
    Dim s As String,t As String
    t=Chr(KeyAscii)
    Select Case t                    '输入的有效数字串为 0～9、负号、小数点、逗号和回车符
       Case "0" To "9",".",",","-",vbCr
       Case Else
          MsgBox "非法字符，选中该字符，重新输入"
          Exit Sub
    End Select
    If t=vbCr Then                   '回车符表示数字串输入结束
       s=Text1.Text
       a=Split(s,",")
     '使用 Split()函数进行分离，将数据存放到数组中
       For j=LBound(a) To UBound(a)
          Picture1.Print a(j)
     '在图片框中输出分离后的数据
       Next
    End If
End Sub
```

程序运行时，在文本框中输入数据，并以逗号分隔，输入完成后按【Enter】键，在右侧的图形框中显示分离后的各个数据，如图 4-11 所示。

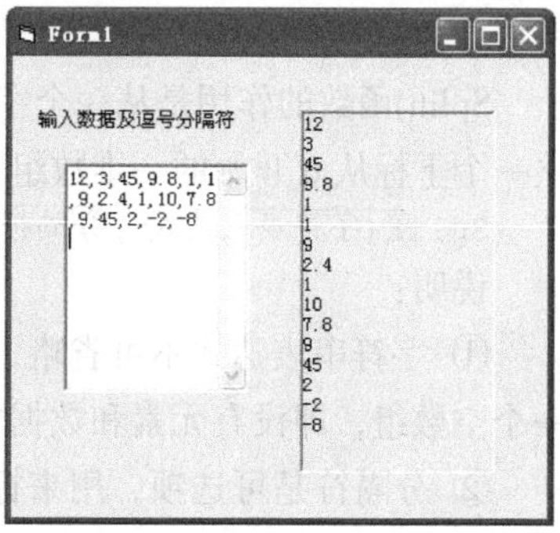

图 4-11　程序运行结果

4.4　数组应用举例

数组和 For 循环结合起来使用可以解决大量的实际问题，使用时在数组元素的下标与循环控制变量之间建立联系，这样随着循环变量的变化，数组元素的值就可以得到处理。

4.4.1　排序

在程序设计中经常需要把一组无序的数据由大到小或由小到大排列，这种操作称为排序。数组最典型的应用就是排序，通常选用数组来存放待排序的数，排序完成后，数组中各元素的值将是有序的。排序的算法有多种，常用的有比较互换法、选择法、冒泡法、希尔法、合并法等。下面介绍比较互换法、选择法。

1. 比较互换法排序

比较互换法排序是较直观、易于理解的一种排序方法。在例 3.19 中对输入的三个数按由小到大的顺序输出，采用的就是比较互换的方法。但是，在例 3.19 中是对单一的变量进行操作，当变量增加时（数据量大时），程序将变得烦琐复杂，因此并不具有实用性，可是在引入数组后，情况就不一样了。

假定数组 a 中存放 N 个数据，下标为 1～N，若要对这 N 个数据按降序进行排列，方法为：

第一轮中将第一个数组元素 a(1)与其后的每一个元素 a(2)～a(N)依次比较，若比 a(1)大，则与 a(1)交换，待一轮比较互换完毕后，则 a(1)即为数组中的最大值；第二轮中将第二个数组元素 a(2)与其后面的每一个元素 a(3)～a(N)依次比较，并进行必要的互换，第二轮比较互换完毕后，则 a(2)即为数组中第二大元素；以此类推，在第 N–1 轮时，将数组元素 a(N–1)与 a(N)进行比较互换，至此 a 数组中的数据已按降序排列。

由上面的叙述可以看出，若有 N 个数进行排序，应进行 N–1 轮比较；在第 i 轮中，由 a(i)与 a(i+1)～a(N)依次比较互换。因此需要两重循环，外层循环变量 i 控制比较轮数，其取值范围为 1～N–1；内层循环变量 j 控制每一轮中参与比较的数组元素，则 j 的取值范围为 i+1～N；在内层循环中，由 a(i)与 a(j)进行比较，如果需要则进行互换。由此可以得到对于 1～N 个数，采用比较互换法排序的核心程序为：

```
For i=1 To N-1
    For j=i+1 To N
       If a(i) op a(j) Then       '升序排序 op 为">", 降序排序 op 为"<"
          t=a(i)
          a(i)=a(j)
          a(j)=t
       End If
    Next j
Next i
```

在该核心程序中，op 表示一个操作符，如果是升序排序，op 应该为大于号“>”；如果是降序排序，则 op 应该为小于号“<”。

【例 4.11】使用比较互换法对 10 个学生某门课程的成绩按照从高到低排序并输出。

分析：将成绩按从高到低的顺序排列，即降序排列。声明包含 10 个数组元素的数组 a 存放成绩，使用比较互换法进行降序排列。

【解】新建工程，在窗体上添加两个标签控件，分别用于显示排序前的数据与排序之后的数据。在窗体上添加一个命令按钮 Command1，编写其单击事件过程，完成数据的排序与输出。为调试程序方便，可定义符号常量 N，用于表示数组长度，并将其值设置为 10，从而在程序中可直接使用 N 来表示长度。

程序代码如下：

```
'命令按钮 Command1 的单击事件过程
Private Sub Command1_Click()
Const N As Integer=10                       'N 表示数组长度
   Randomize
   Dim a(1 To N) As Integer                 '声明 a 数组, 包含 N 个数组元素
   Dim i As Integer,t As Integer
```

```
        For i=1 To N
            a(i)=Int(Rnd*101)                    '使用随机函数为数组元素赋值（0～100）
            Label1=Label1 & a(i) & " "           '显示排序前的数据
        Next i
        For i=1 To N-1                           '比较互换法排序
            For j=i+1 To N
                If a(i)<a(j) Then
                    t=a(i)
                    a(i)=a(j)
                    a(j)=t
                End If
            Next j
        Next i
        For i=1 To N                             '输出
            Label2=Label2 & a(i) & " "
        Next i
    End Sub
```

程序中为调试方便，使用随机函数产生 0～100 以内的整数为数组元素赋值，程序运行结果如图 4-12 所示。

若要升序排序，只需要将程序中的比较语句修改为“If a(i)>a(j) Then”即可。

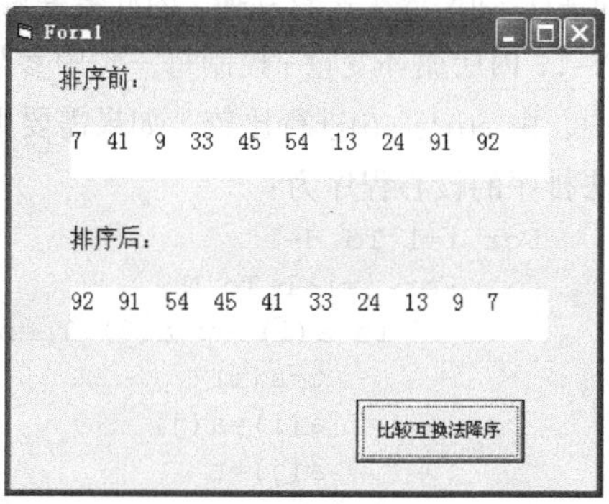

图 4-12　程序运行结果

2．选择法排序

选择法排序与比较互换法的思想类似，但是在每次比较后并不立即进行互换，而是记录最大值（或最小值）的位置（即下标）。例如，若对 a 数组中的 N 个元素进行降序排序，其思路为：

第一轮中将数组元素 a(1)与 a(2)～a(N)依次比较，找到 N 个数据中最大值的下标并存放到变量 k 中，然后将 a(k)与第一个数组元素 a(1)互换，这样第一轮结束后 a(1)中的元素即为最大值；第二轮中将 a(2)与 a(3)～a(N)依次进行比较，从 a(2)到 a(N)这 N−1 个数中找到最大值的下标 k，然后 a(k)与 a(2)互换，这样 a(2)中的元素为次大值；依此类推，在第 N−1 轮中，从 a(N−1)与 a(N)中找出最大值下标 k，a(k)与 a(N−1)互换，此时 a 数组中的 N 个数据即实现了降序排列。

例如，有原始数据 2、5、9、7、8（N 为 5），若采用选择法对其进行排序，排序过程如图 4-13 所示，其中 k 表示最大值的下标。

由此可见，选择法排序也需要两重循环才能实现，其中外循环变量 i 控制比较轮次，其变化范围为 1～N−1，即若有 N 个数据，则需要比较 N−1 轮；内循环变量 j 表示需要进行比较的数组元素的下标，其变化范围为 i+1～N。此外，还要定义 k 变量用于保存最大值的下标，在

第一轮	比较前：k=1 比较后：k=3 互换后：9　5　2　7　8
第二轮	比较前：k=2 比较后：k=5 互换后：9　8　2　7　5
第三轮	比较前：k=3 比较后：k=4 互换后：9　8　7　2　5
第四轮	比较前：k=4 比较后：k=5 互换后：9　8　7　5　2

图 4-13　选择法排序过程示意图

内循环中找到最大值后，将最大值的下标保存在 k 中，在退出内循环后，将 a(k)（即最大值）与 a(i)数组元素互换。若要按升序排列，只要每次选最小的数的下标即可。由此可以得到对于 1～N 个数，采用选择法排序的核心程序如下：

```
For i=1 To N-1
    k=i                              '初始化变量 k，记录当前轮次头一个元素位置
    For j=i+1 To N
        If a(k) op a(j) Then         '升序排序 op 为">"; 降序排序 op 为"<"
            k=j                      '如果发现更大(或更小)元素，将其位置保存
        End If
    Next j
    t=a(k)                           '每一轮次比较完成后将 a(k)与 a(i)进行互换
    a(k)=a(i)
    a(i)=t
Next i
```

由选择法排序的核心程序可以看出，虽然选择法排序与比较互换法排序的基本思路是一致的，但是具体操作上还是有所不同。比较互换法排序在每个轮次的比较中，只要发现有大小关系，即进行交换；而选择法排序在每个轮次的比较中只是记录最大（或最小）元素的位置，并不进行交换，只是在一个轮次比较完退出内循环后，才做一次交换。

【例 4.12】使用选择法实现例 4.11。

【解】程序代码如下：

```
Private Sub Command1_Click()
    Const N As Integer=10            '定义符号常量 N 表示数组长度
Randomize
    Dim a(1 To N) As Integer         '声明 a 数组，包含 N 个数组元素
    Dim i As Integer,t As Integer,k As Integer       'k 用于存放最大值的下标
    For i=1 To N
        a(i)=Int(Rnd*101)            '使用随机函数为数组元素赋值(0～100)
        Label1=Label1 & a(i) & "  "  '显示排序前的数据
    Next i
    For i=1 To N-1                   '选择法排序
        k=i
        For j=i+1 To N               '找到最大数的下标 k
            If a(k)<a(j) Then
                k=j
            End If
        Next j
        t=a(k)                       '每一轮比较完成后进行互换
        a(k)=a(i)
        a(i)=t
    Next i
    For i=1 To N                     '输出
        Label2=Label2 & a(i) & "  "
    Next i
End Sub
```

该程序中数组元素的赋值与输出部分与例 4.11 相同。

4.4.2 查找

查找又称“检索”，是在一组数据或信息中，找出满足条件的数据。查找在信息处理、办公自动化等方面应用广泛，因此查找是非数值计算算法中被广泛研究的一类算法。这里主要介绍顺序查找法。

顺序查找即将待查找的数据与数组中的每一个数组元素逐一进行比较，直到找到该数据，或全部比较结束后没有找到。当数组很大时，顺序查找的效率比较低。

【例 4.13】在一个包含有 N 个数组元素的数组 a 中查找是否包含数据 x。

分析：顺序查找时，令 x 与 a 数组中的每一个数组元素 a(i)比较，i 为数组元素的下标，其变化范围为 1～N。若 x 与 a(i)相等，则可提前结束循环，此时 i⩽N，且 i 即为数据 x 在 a 数组中所在的位置；若 i>N，则说明数据 x 不在该数组中。

【解】新建工程，在窗体添加两个标签控件，分别用于显示各个数组元素的值与查找结果；在窗体上添加一个命令按钮，并在该命令按钮的单击事件过程中完成数据的查找，在 Label2 控件中显示查找结果。

程序代码如下：

```
Private Sub Command1_Click()
    Const N As Integer=10                  '定义符号常量N表示数组长度
    Dim a(1 To N) As Integer               '声明a数组，包含N个数组元素
    Dim x As Integer                       'x表示要查找的数据
    Dim i As Integer
    Randomize
    For i=1 To N
        a(i)=Int(Rnd()*101)                '使用随机函数为数组元素赋值
        Label1=Label1 & a(i) & "  "        '将各个数组元素的值在Label1中显示
    Next i
    x=InputBox("请输入要查找的数")         '输入x
    For i=1 To N
        If a(i)=x Then                     '如果找到，则提前结束循环
            Exit For
        End If
    Next i
    If i<=N Then                           '在Label2中显示查找结果
        Label2="要查找的 " & x & " 在第" & i & "个位置."
    Else
        Label2="没有找到" & x & "这个数据！"
    End If
End Sub
```

程序运行时，分别输入 78 和 4，程序的运行结果如图 4-14 所示。

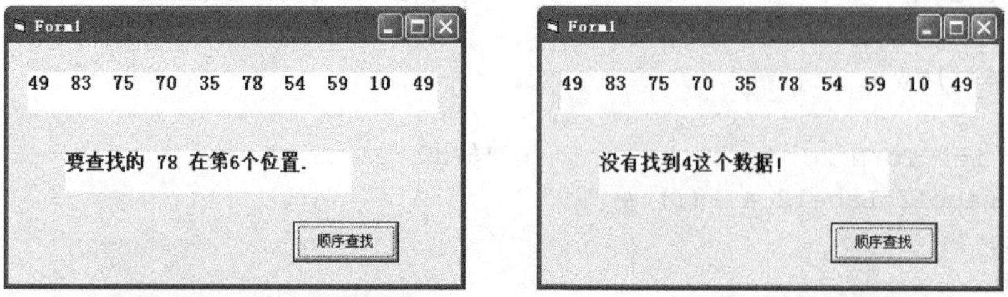

（a） 输入 78 时的运行结果　　（b）输入 4 时的运行结果

图 4-14　程序运行结果

4.4.3　矩阵计算

由于矩阵中的每个元素都要使用其行、列的位置表示，因此在程序设计中，常常使用二维数组处理 N 行 M 列的矩阵。

【例 4.14】 编写程序求两个矩阵的和并输出。设其行数为 N，列数为 M。

分析：两个矩阵相加，实际就是将两个矩阵中对应的元素相加。两个矩阵可以相加的条件是具有相同的行数和列数，它们的和也具有相同的行数和列数。定义 3 个行数与列数相同的二维数组 a、b、c，分别存储两个矩阵及其和。为使程序的通用性更好，定义两个符号常量 N 与 M，分别表示矩阵的行数与列数，这里赋值为 2、3，表示 2 行 3 列的矩阵。

【解】 新建工程，在窗体上添加命令按钮，并在代码窗口中编写该按钮的单击事件过程。程序代码如下：

```
Private Sub Command1_Click()
    Const N As Integer=2,M As Integer=3              'N 表示行，M 表示列
    Dim a(1 To N,1 To M) As Integer
    Dim b(1 To N,1 To M) As Integer
    Dim c(1 To N,1 To M) As Integer                  'c 表示两个矩阵的和
    Dim i As Integer,j As Integer
    '输入 a 数组
    For i=1 To N
        For j=1 To M
            a(i,j)=InputBox("请输入 a 数组第" & i & "行第" & j & "列的元素")
        Next j
    Next i
    '输入 b 数组
    For i=1 To N
        For j=1 To M
            b(i,j)=InputBox("请输入 b 数组第" & i & "行第" & j & "列的元素")
        Next j
    Next i
    '计算 c 数组
    For i=1 To N
        For j=1 To M
            c(i,j)=a(i,j)+b(i,j)
        Next j
    Next i
    '按行输出 a 数组
    Print "a 矩阵为: "
    For i=1 To N
        For j=1 To M
            Print a(i,j);
        Next j
        Print                                        '换行
    Next i
    '按行输出 b 数组
    Print "b 矩阵为: "
    For i=1 To N
        For j=1 To M
            Print b(i,j);
```

```
        Next j
        Print           '换行
    Next i
    '按行输出c数组
    Print "a、b矩阵的和c为: "
    For i=1 To N
        For j=1 To M
            Print c(i,j);
        Next j
        Print           '换行
    Next i
End Sub
```

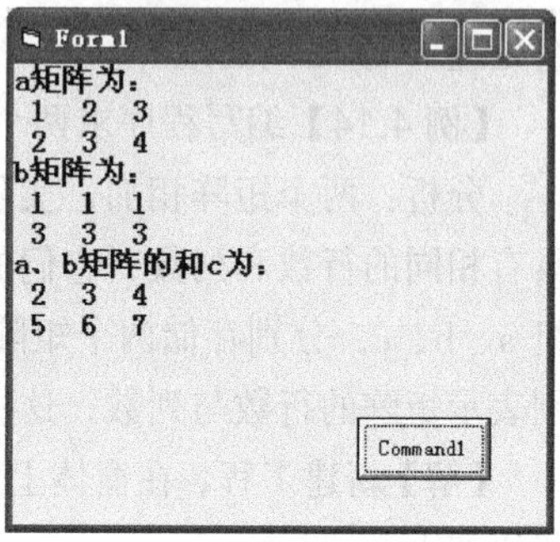

图 4-15 程序运行结果

程序运行时，使用 InputBox()函数分别为 a 数组与 b 数组输入数据，程序运行后的结果如图 4-15 所示。

【例 4.15】输入一个 3×3 的矩阵，分别求出两条对角线元素之和。

分析：定义二维数组 a 表示该矩阵，数组的行数与列数均为 3。矩阵的主对角线元素分别为 a(1,1)、a(2,2)和 a(3,3)；副对角线的数组元素为 a(1,3)、a(2,2)和 a(3,1)。由此可知主对角线上各数组元素的第一个下标与第二个下标的值相同，可表示为 a(i,i)；副对角线上数组元素的两个下标之和为 4，可表示为 a(i,4–i) ，其中 i 的变化范围为 1～3。因此可利用一个 For 循环语句实现求和计算。

【解】新建工程后，在窗体上添加命令按钮，并编写其单击事件过程。程序代码如下：

```
Private Sub Command1_Click()
    Dim a(1 To 3,1 To 3) As Integer
    Dim i As Integer,j As Integer
    Dim s1 As Integer,s2 As Integer
    For i=1 To 3                    '输入
        For j=1 To 3
            a(i,j)=InputBox("请输入第" & i & "行第" & j & "列的元素")
        Next j
    Next i
    s1=0
    s2=0
    For i=1 To 3
        s1=s1+a(i,i)                '求主对角线的元素之和
        s2=s2+a(i,4-i)              '求副对角线的元素和
    Next i
    For i=1 To 3                    '按行输出数组元素
        For j=1 To 3
            Print Tab(4*(j-1));a(i,j);
        Next j
        Print
    Next i
    Print
    Print "主对角线的和为: "; s1    '输出和
    Print
    Print "副对角线的和为: "; s2
End Sub
```

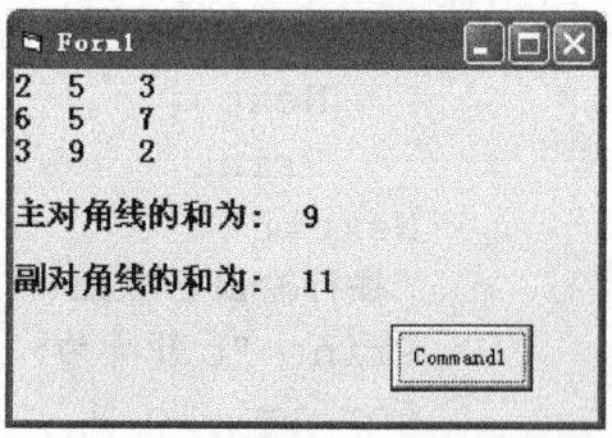

程序运行时，为数组输入数据，程序运行结果如图 4-16 所示。

图 4-16 程序运行结果

【例 4.16】编写程序对 N × N 的矩阵进行转置后输出。

分析：矩阵的转置即将行列上的数组元素进行交换，例如，以下 4 行 4 列的矩阵转置后如下所示。

$$\begin{pmatrix}1&1&1&1\\2&2&2&2\\3&3&3&3\\4&4&4&4\end{pmatrix}\xrightarrow{\text{转置}}\begin{pmatrix}1&2&3&4\\1&2&3&4\\1&2&3&4\\1&2&3&4\end{pmatrix}$$

行列上的数组元素进行交换，即 a(i,j)与 a(j,i)交换。由于转置时对角线上的数组元素不变，因此为了防止交换过的两个元素被再次交换，j 的变换范围应为 i+1～N，其中 i 的变化范围为 1～N。

【解】新建工程后，在窗体上添加命令按钮，并编写其单击事件过程。程序代码如下：

```
Private Sub Command1_Click()
    Const N As Integer=4
    Dim a(1 To N,1 To N) As Integer,t As Integer
    Dim i As Integer,j As Integer
    For i=1 To N                          '输入
        For j=1 To N
            a(i,j)=InputBox("请输入第" & i & "行第" & j & "列的元素")
        Next j
    Next i
    For i=1 To N                          '输出转置前的数组
        For j=1 To N
            Print Tab(4*(j-1));a(i,j);
        Next j
        Print
    Next i
    For i=1 To N                          '转置
        For j=i+1 To N
            t=a(i,j)
            a(i,j)=a(j,i)
            a(j,i)=t
        Next j
    Next i
    Print "转置后为: "
    For i=1 To N                          '输出转置后的数组
        For j=1 To N
          Print Tab(4*(j-1));a(i,j);
        Next j
        Print
    Next i
End Sub
```

程序运行时，输入数据，然后分别输出转置前后的数组元素，程序运行结果如图 4-17 所示。

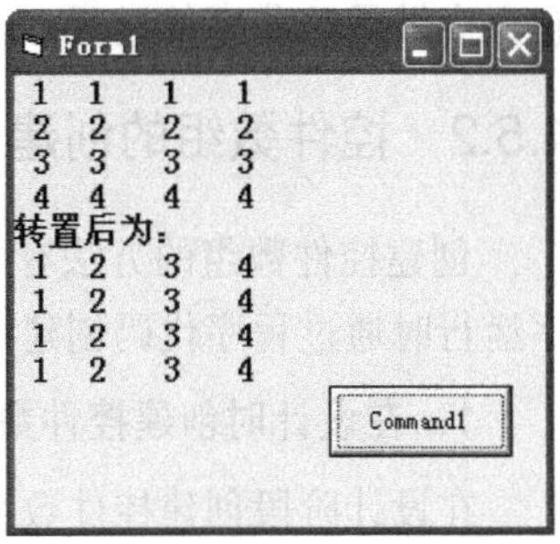

图 4-17　程序运行结果

4.5　控 件 数 组

在进行界面设计时，如果需要用到多个相同的控件（如命令按钮），并且这些控件都执行相同或相似的操作，就可以使用控件数组。控件数组具有相同的名称，可以共享同样的事件过程，每一个控件数组元素通过各自的下标互相区分。

4.5.1 控件数组的概念

1. 什么是控件数组

控件数组是一组具有相同名称和类型的控件的集合，控件数组中的各个元素共用一个控件名称，共享同一个事件过程。控件数组名由控件的名称（Name）属性决定，其 Name 值即为数组名；控件数组中每个元素都有唯一的与之关联的索引号（Index 属性），即控件数组元素的下标。与普通数组相同，控件数组元素的下标也放在圆括号中，如 Command1(0)、Label1(1)等。

一个控件数组中至少应有一个元素，元素数目可在系统资源和内存允许的范围内增加。控件数组元素的 Index 属性表明了其在数组中的下标，如果 Index 属性值为空，表示该控件不属于控件数组。控件数组中第一个元素的索引值为 0，控件数组元素可用的最大索引值为 32 767。控件数组元素在使用时，都必须指明其索引号（即下标）。

2. 为何使用控件数组

当希望若干控件共享程序代码时，控件数组就非常有用。控件数组的事件过程与普通控件的事件过程不同，它带有 Index 参数，通过这个参数值可区分控件数组中哪个控件触发了事件。例如，如果创建了一个包含三个命令按钮的 Command1 控件数组，当双击窗体上的任意一个命令按钮时，都将打开程序代码窗口，其单击事件过程中添加了 Index 参数，如下所示：

```
Private Sub Command1_Click(Index As Integer)

End Sub
```

在程序运行时，无论单击哪一个命令按钮，都将执行该事件过程，按钮的 Index 属性值将传递给该事件过程中的 Index 参数，由它确定哪一个命令按钮发生了单击事件，由此可以提高代码的利用率，简化程序。

使用控件数组的另一个好处是可以在程序运行时由语句创建新的控件。没有控件数组机制是不可能在运行时创建新控件的，因为新控件不具有任何事件过程，而控件数组解决了这个问题。因为每个控件数组元素都共享为数组编写好的事件过程，当创建的新控件是控件数组的成员时，它也会继承这些事件过程。

4.5.2 控件数组的创建

创建控件数组的方法有两种，第一种方法是在设计窗体时创建控件数组，第二种方法是在程序运行时通过程序代码创建控件数组。

1. 在设计时创建控件数组

在设计阶段创建控件数组，最常用的方法是通过对控件的复制、粘贴操作实现，具体步骤为：

① 在窗体上添加一个控件，并根据需要设置其属性。

② 选中该控件，并进行复制操作按（按【Ctrl+C】组合键或选择“复制”命令）。

③ 进行粘贴操作（按【Ctrl+V】组合键或选择“粘贴”命令），此时将弹出确认提示，如图 4-18 所示（以创建命令按钮控件数组为例），单击“是”按钮，则窗体的左上角会生成一个同名的控件。

图 4-18 创建控件数组的对话框

④ 在属性窗口中分别查看同名的两个控件的属性，可以发现，两者的名称相同，但最先建立的控件的 Index 属性值为 0，新生成的 Index 属性值为 1，说明两者已经是控件数组的成员。

⑤ 重复步骤②、③，可以创建多个控件数组成员，各成员的 Index 属性值按建立的次序，依次增加。

⑥ 选择任意一个控件数组元素，编写其事件过程。

从上述创建控件数组的过程可以看出，成为控件数组，关键是控件同名，且 Index 属性值各不相同。为此，也可以按以下步骤建立控件数组：

① 在窗体上添加控件，并将其 Index 属性值设为 0，则该控件成为控件数组的第一个元素。

② 继续添加同类型控件，并将其 Name 属性值改为与数组第一个元素的 Name 值相同。此时弹出图 4-18 所示的对话框，单击“是”按钮，则该控件成为第二个数组元素，且其 Index 属性值自动设置为 1。

③ 重复步骤②，可在控件数组中添加多个数组元素。

建立控件数组后，只要改变其中某个控件的名称，就能把该控件从控件数组中删除。

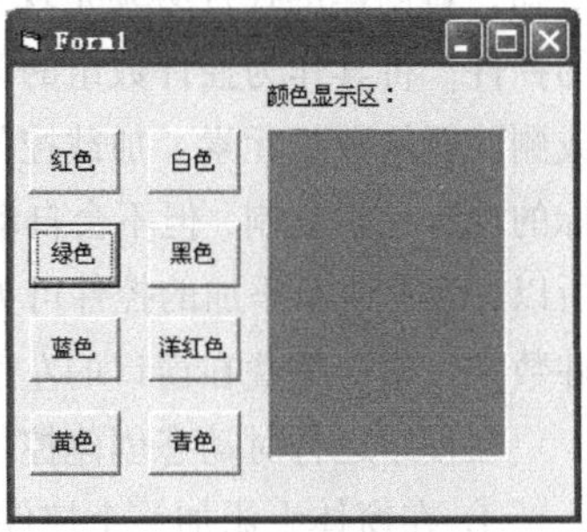

图 4-19 控件数组的应用举例

【例 4.17】创建包含 8 个命令按钮的控件数组，如图 4-19 所示。当单击不同的命令按钮时，右侧的图片框中会显示不同的颜色。

分析：将 8 个命令按钮定义为控件数组，这样就可以共享命令按钮的单击事件过程，根据 Index 参数可确定单击了哪个命令按钮。

【解】新建工程，首先添加一个命令按钮，名称为 Command1，Caption 属性值为“红色”，然后依次复制并粘贴 7 次该按钮，创建控件数组，并将其拖动到适合位置，分别修改其 Caption 属性值，然后在窗体右侧添加图片框控件。

双击任意一个命令按钮，在打开的代码窗口中编写其单击事件过程。程序代码如下：

```
Private Sub Command1_Click(Index As Integer)
   Select Case Index
      Case 0
         Picture1.BackColor=vbRed
      Case 1
         Picture1.BackColor=vbGreen
      Case 2
         Picture1.BackColor=vbBlue
      Case 3
         Picture1.BackColor=vbYellow
      Case 4
         Picture1.BackColor=vbWhite
      Case 5
         Picture1.BackColor=vbBlack
      Case 6
         Picture1.BackColor=vbMagenta
```

```
        Case 7
            Picture1.BackColor=vbCyan
    End Select
End Sub
```

程序中的 vbRed、vbGreen 等均为代表颜色的系统常量。程序运行时，当单击某一个命令按钮后，如标题为“红色”的命令按钮，其 Index 值为 0，此时首先将按钮的 Index 值传递给 Command1_Click 过程的 Index 参数，通过 Select Case 语句可知图片框的背景颜色将设置为红色。

2. 在程序中动态创建控件数组

在程序运行时，可用 Load 和 Unload 语句动态创建和删除控件数组中的控件。由前面的介绍可知，新创建的控件必须是现有控件数组的元素，因此，必须在设计时创建一个 Index 属性为 0 的控件，将其作为控件数组的第一个数组元素，然后在程序中使用 Load 方法和 Unload 方法添加或删除新的数组元素。加载控件数组的新元素时，新元素的大多数属性值将由数组中具有最小下标的现有元素复制，但不会自动把 Visible、Index 和 TabIndex 属性值复制到控件数组的新元素中。所以，为了使新添加的控件可见，必须将其 Visible 属性设置为 True。此外，这些由程序创建的控件数组元素会重叠在窗口的左上角，因此在程序中还要调整这些控件数组元素的坐标位置。

在程序运行时动态创建控件数组的步骤为：

① 在窗体上添加一个控件，并将其 Index 属性设置为 0，表示该控件为控件数组的第一个数组元素，此时还可根据需要设置其他属性。

② 在程序中用 Load 方法添加控件数组的其他元素，使用 Unload 方法可删除添加的元素，格式为：

```
Load 控件数组名(索引值)
Unload 控件数组名(索引值)
```

注意：如果对数组中已存在的索引值使用 Load 语句，将产生错误。Unload 语句可以删除所有由 Load 语句创建的控件，但是不能删除在设计时创建的控件，而无论它们是否是控件数组的一部分。

③ 设置新添加的每个控件数组元素的 Left、Top 属性，以确定其在窗体上的位置，设置 Visible 属性值为 True，令其在窗体上可见。

【例 4.18】使用控件数组创建国际象棋棋盘，如图 4-20 所示。要求：当程序运行时单击“生成棋盘”按钮，则在窗体上显示 8×8 的黑白相间的棋格；当单击棋格时，显示对应的序号，并将所有棋格的颜色变反。

分析：棋格可用 Label 控件表示。由于程序运行时才生成棋盘，因此应动态创建包含 64 个 Label 的控件数组，且其 BackColor 属性值黑白交替，即其值在 vbBlack 与 vbWhite 间交替变化。

【解】为动态创建控件数组，首先在窗体上添加一个 Label 控件，其名称为 Label1，并修改其下列属性：

Index 属性值为 0；

BackColor 属性值为黑色；

图 4-20 国际象棋棋盘

Width、Height 属性值均为 615；

Visible 属性值为 False。

从而该控件成为 Label1 控件数组的第一个数组元素，即 Label 1(0)；然后可在程序中使用 Load 方法添加新的控件数组元素。

在窗体上添加命令按钮，设置 Caption 属性为“生成棋盘”，编写该命令按钮的单击事件过程，生成棋盘。程序代码如下：

```
'命令按钮的单击事件过程
Private Sub Command1_Click()
    Dim mtop As Integer,mleft As Integer,i As Integer,j As Integer
    mtop=0                                      'mtop 表示棋盘顶边初值
    For i=1 To 8                                'i 为棋格的行号
        mleft=50                                'mleft 表示棋盘左边位置
        For j=1 To 8                            'j 为棋盘列号
            k=(i-1)*8+j                         '在第 i 行第 j 列产生一个棋格
            Load Label1(k)                      '通过 load 方法装入控件数组中的其他元素
            '利用 IIf()函数根据行、列号的关系使棋格的背景黑白交替改变
            Label1(k).BackColor=IIf((i+j) Mod 2=0,vbBlack,vbWhite))
            Label1(k).Visible=True              '使新控件元素可见
            Label1(k).Top=mtop                  '确定新控件元素的位置
            Label1(k).Left=mleft
            mleft=mleft+Label1(0).Width         '为下一个新控件元素确定 Left 位置
        Next j
        mtop=mtop+Label1(0).Height              '为下一行的控件元素确定 Top 位置
    Next i
End Sub
```

编写 Label 控件数组的单击事件过程，程序代码为：

```
Private Sub Label1_Click(Index As Integer)
    Dim i,j,k As Integer
    Label1(Index).Caption=Index                 '显示所单击棋格的序号
    For i=1 To 8
        For j=1 To 8
            k=(i-1)*8+j
            If Label1(k).BackColor=vbWhite Then
                Label1(k).BackColor=vbBlack
                Label1(k).ForeColor=vbWhite
            Else
                Label1(k).BackColor=vbWhite
                Label1(k).ForeColor=vbBlack
            End If
        Next j
    Next i
End Sub
```

4.6 自定义类型及其数组

数组是一组相关数据的集合，并且数组中的所有数据具有相同的数据类型。但在处理实际问题时，经常要遇到更复杂的数据。例如，要描述一个学生的基本信息，包括学号、姓名、性别、年龄、各科成绩等；又如描述图书档案的信息，包括书名、作者、出版社、出版时间、定价等。

其中的数据具有不同的数据类型，但要作为一个整体来描述与处理，因此不能简单地使用数组来描述，此时可使用用户自定义类型来解决。

4.6.1 自定义类型的声明

在 Visual Basic 中，除了前面介绍的基本数据类型外，还允许用户自定义数据类型，自定义数据类型也称为记录类型，是由若干标准数据类型组成的一个新的数据类型。自定义类型通过 Type 语句来实现，格式为：

```
Type 自定义类型名
    成员名1 As 数据类型
    成员名2 As 数据类型
    …
    成员名n As 数据类型
End Type
```

其中：

① 成员名表示自定义类型中的一个数据成员，若成员名后带有下标，则表示该数据成员是数组。

② 数据类型表明了该成员的数据类型，既可以是基本数据类型名，如 Integer、Single、String 等，也可以是已有的自定义类型。

例如，一个学生的基本情况包括学号、姓名、性别、年龄、三科成绩等数据，为了便于处理数据，需要把这些数据定义成一个新的数据类型（如 Student 类型），该类型的声明形式为：

```
Type Student                        '声明Student是自定义类型名
    Id As String                    '学号，字符型
    Name As String                  '姓名，字符型
    Sex As String*1                 '性别，字符型
    Age As Integer                  '年龄，整型
    Score(1 to 3) As Single         '三科成绩，单精度型数组，长度为3
End Type
```

应该明确，Student 类型一经定义后便成为一种新的数据类型，从这点来说，它和基本数据类型的地位是等同的；然而，它又是一种特殊的数据类型，它是根据设计需要，由用户将一组不同类型而又逻辑相关的数据组合而成的一种新类型。

注意：自定义数据类型不能在过程内定义，一般是在标准模块（*.bas）中定义，默认为 Public；若在窗体的通用声明区定义，在 Type 前必须使用 Private 关键字。

4.6.2 自定义类型变量的声明与使用

1. 自定义类型变量的声明

自定义类型变量的声明说明了该自定义类型的组成。声明自定义类型后，就可以定义属于该类型的变量，即自定义类型的变量，定义形式为：

```
Dim 变量名 As 自定义类型名
```

例如，前面定义了自定义类型 Student，这里可以使用该类型定义变量：

```
Dim t1 As Student,t2 As Student
```

表示声明了两个 Student 类型的变量 t1 和 t2。

这里要注意区分自定义类型名和具有该类型的变量名，这是两个不同的概念，不要混淆。前

者表示一种数据类型，规定了该类数据的性质和占用内存的大小；而后者表示一个具有某种类型的变量名，Visual Basic 根据变量的类型为其分配必要的存储空间。

2. 自定义类型变量成员的访问

在定义自定义类型变量后，就可以使用这个变量，在很多情况下需要访问自定义类型变量的数据成员。

访问自定义类型变量成员的一般语法格式为：

```
自定义类型变量名.成员名
```

例如，用 t1.Name 表示 t1 变量中的 Name 成员，用 t1.Age 表示 t1 变量中的 Age 成员。若对 t1 变量中的各个成员进行赋值，可使用如下语句：

```
t1.Id="20101283"
t1.Name="Alice"
t1.Sex="F"
t1.Age=18
For i=1 to 3
   t1.Score(i)=Int(Rnd*101)
Next i
```

为方便对自定义类型的变量中各个成员的访问，可使用 With 语句。With 语句可以对某个变量执行一系列的语句，而不用重复指出变量名，仅用点号（.）和成员名表示，从而简化书写。With 语句的使用格式为：

```
With 变量名
    语句块
End With
```

如以上对 t1 各个成员的赋值，可使用 With 语句表示为：

```
With t1
   .Id="20101283"
   .Name="Alice"
   .Sex="F"
   .Age=18
   For i=1 to 3
      .Score(i)=Int(Rnd*101)
   Next i
End With
```

另外，同种自定义类型变量之间可以直接赋值，例如 t2=t1，即将 t1 各成员的值依次赋给 t2 的各相应成员。

4.6.3 自定义类型数组及其应用

自定义类型数组即数据类型为自定义类型的数组，它与之前介绍过的数组的不同之处在于自定义类型数组的每个数组元素是一个自定义类型的变量。

自定义类型数组的声明格式为：

```
Dim 数组名(下界 To 上界) As 自定义类型名        '声明自定义类型的一维数组
```

或

```
Dim 数组名(下界1 To 上界1,下界2 To 上界2) As 自定义类型名
                                             '声明自定义类型的二维数组
```

若已有自定义类型名 Student，则可声明该类型的数组，例如：

```
Dim a(1 To 10) As Student
```

表示声明 Student 类型的一维数组 a，其中包含 10 个数组元素，依次为 a(1)～a(10)。又如：

```
Dim b(1 To 3,1 To 3) As Student
```

表示声明 Student 类型的二维数组 b，3 行 3 列共 9 个数组元素。

【例 4.19】已知学生的信息包括姓名、年龄和三科成绩及平均成绩，输入 N 个学生的姓名、年龄和三科成绩，计算平均成绩，并按平均成绩从大到小的顺序输出学生的信息。

分析：首先定义一个包含姓名、年龄、三科成绩及平均成绩的自定义数据类型 Student，然后定义一个该类型的数组 a 用来存放学生信息。

【解】新建一个工程，在该窗体的代码通用声明区定义 Student 数据类型，在窗体上添加命令按钮，在该按钮的单击事件过程中完成数组的输入、计算、排序与输出。程序代码如下：

```
'在窗体的通用声明区声明自定义数据类型 Student
Private Type Student
    Name As String
    Age As Integer
    Score(1 To 3) As Single
    Aver As Single
End Type
'命令按钮的单击事件过程
Private Sub Command1_Click()
    Const N As Integer=5
    Dim a(1 To N) As Student,t As Student,sum As Single
    For i=1 To N                                        '输入学生信息
        With a(i)
            .Name=InputBox("请输入第" & i & "个学生的姓名")
            .Age=InputBox("请输入第" & i & "个学生的年龄")
            For j=1 To 3
                .Score(j)=InputBox("请输入第" & i & "个学生的第" _
                            & j & "科成绩成绩")
            Next j
        End With
    Next i
    For i=1 To N
        sum=0
        For j=1 To 3
            sum=sum+a(i).Score(j)                       '计算总成绩
        Next j
        a(i).Aver=sum/3                                 '计算平均成绩
    Next i
    Print
    Print "学生信息"                                    '输出排序前的学生信息
    Print
    Print Tab(2);"姓名";Tab(14);"年龄";Tab(22);"科目 1";_
        Tab(30);"科目 2";Tab(38);"科目 3";Tab(46);"平均成绩"
    For i=1 To N
        With a(i)
            Print Tab(2);.Name;Tab(14);.Age;
            For j=1 To 3
                Print Tab(22+(j-1)*8);.Score(j);
```

```
            Next j
            Print Tab(46);Format(.Aver,"###.0")          '保留一位小数输出
        End With
    Next
    For i=1 To N-1                                        '选择法排序
        k=i
        For j=i To N
            If a(k).Aver<a(j).Aver Then
                k=j
            End If
        Next j
        t=a(i)
        a(i)=a(k)
        a(k)=t
    Next i
    Print
    Print "排序后"                                        '输出排序后的学生信息
    Print
    Print Tab(2);"姓名";Tab(14);"年龄";Tab(22);"科目 1"; _
        Tab(30);"科目 2";Tab(38);"科目 3";Tab(46);"平均成绩"
    For i=1 To N
        With a(i)
            Print Tab(2);.Name;Tab(14);.Age;
            For j=1 To 3
                Print Tab(22+(j-1)*8);.Score(j);
            Next j
            Print Tab(46);Format(.Aver,"###.0")
                          '保留一位小数输出
        End With
    Next
End Sub
```

程序中首先计算平均成绩，然后使用选择排序法按照平均成绩进行排序。在进行交换时，数组元素 a(i)与 a(k)可以直接进行赋值，如 a(i)=a(k)。程序运行结果如图 4-21 所示。

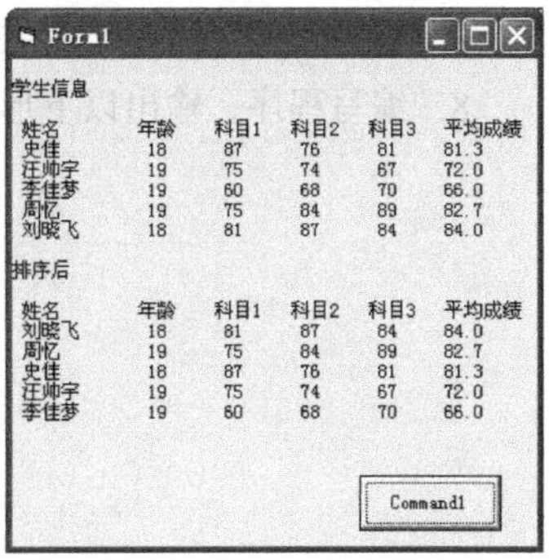

图 4-21　程序运行结果

小　　结

数组可以看做一组带下标的变量集合，系统分配一块连续的内存空间来存放数组中的元素。数组通常是存放具有相同性质的一组数据，即数组中的数据必须是同一种类型。数组元素是数组中的某一个数据项，引用数组通常是引用数组元素。数组元素的使用和简单变量的使用相同。

当所需处理的数据个数确定时，通常使用定长数组，否则应该考虑使用动态数组。数组必须先定义后使用。对于长度可变的动态数组，使用之前还必须通过 ReDim 语句确定其维数及每维的大小。

数组和 For 循环结合使用可以解决大量的实际问题。使用时在数组元素的下标与循环控制变量之间建立联系，这样根据循环变量的变化，对数组元素进行处理。通过数组可以方便地进行数据排序、查找、成绩统计、矩阵计算等应用。

控件数组是一组具有相同名称和类型控件的集合，控件数组中的各个元素共用一个控件名称，共享同一个事件过程。当希望若干控件共享程序代码时，控件数组就非常有用。控件数组的事件过程带有 Index 参数，通过这个参数值可区分控件数组中哪个控件触发了事件。

在 Visual Basic 中，除了基本数据类型外，还允许用户自定义数据类型，它是由若干标准数据类型组成的一个新的数据类型。在处理实际问题时，如果遇到包含多种不同数据类型的复杂数据，就可以定义一个自定义数据类型，用来将复杂的数据作为一个整体来描述与处理。自定义类型通过 Type 语句来实现。

习　题

1．编写程序，将 2、4、6、…、18、20 共 10 个数据赋予一个数组，然后将各数组元素按相反顺序输出。

2．输入 10 个学生的成绩，计算总分与平均分。

3．输入 10 个学生的成绩，输出最高分与最低分。

4．输入 10 个学生的成绩，使用比较互换法将其按照升序的顺序输出。

5．编写程序，将长度为 5 的一维数组中的数组元素循环向后移动一个位置，最后一个元素移到第一个元素位置上。例如，若各个数组元素值为 1、2、3、4、5，则移动后的值为 5、1、2、3、4。

6．编写程序，为一个 3×4 的二维数组输入任意整数，然后计算该二维数组中所有数组元素之和及平均值。

7．编写程序，为一个 3×3 的二维数组输入任意整数，然后输出最大值及其行号与列号。

8．编写程序，输出以下形式的杨辉三角形，输出前 10 行。

```
1
1    1
1    2    1
1    3    3    1
1    4    6    4    1
1    5    10   10   5    1
          …
```

9．利用动态数组，输出指定项数的 Fabonacci 数列，项数通过文本框输入。例如，在文本框中输入 10，则输出 Fabonacci 数列的前 10 项。

10．利用动态数组，输入学生人数 n，然后输入 n 个学生的学号与一门课程的成绩，进行如下计算：

（1）计算该门课程的总分和平均分。

（2）求出最高分、最低分并显示对应的学号。

（3）输出超过平均分的学生学号与成绩。

11．使用控件数组，在窗体上添加三个文本框，分别用于两个数据的输入及运算结果的输出显示；并添加一个包含四个命令按钮的控件数组，分别实现加、减、乘、除功能。

12．已知某种商品的信息包括商品代码（字符型，长度为 5）、商品名称（字符型）、商品单价（单精度型）、销售量（整型）与销售额（单精度型，其值为单价×销售量），声明自定义类型 Product 表示商品信息，输入五种商品的信息，然后计算各种商品的销售额，按销售额进行升序排序输出，要求使用选择法排序。

第 5 章 过　程

在前面章节中，使用了 Visual Basic 提供的内部函数来实现某些特定的功能。事实上，Visual Basic 允许用户定义自己的过程和函数。使用自定义过程和函数，不仅可以提高代码的利用率，还可以使得程序结构更为清晰、简洁，便于调试和维护。

学习目标

- 掌握 Sub 子程序和 Function 函数过程的定义和调用方法。
- 理解过程调用中的参数传递，掌握值传递和地址传递两种参数传递方式的区别及其用途，熟悉数组作为参数的使用方法。
- 了解过程的嵌套调用和递归调用的执行过程。
- 掌握变量的作用域和生存期。
- 了解过程作用域的有关概念。

5.1 过 程 概 述

在进行程序设计时，有些程序代码常常需要重复执行，或者许多个程序都要进行同类的操作，这些重复执行的程序是相同的，只不过每次使用不同的参数。例如，第 3 章例 3.30 阶乘求和的例子，每次循环都需要在内层循环中完成一个相同的功能——求阶乘，然后将其累加到求和变量中。若可以将求阶乘的功能写成一个形如 n!=fun(n)形式的函数，则此程序结构就变得简单清晰了（见例 5.3）。

在实际的程序设计中，可以将程序分割成一些较小的、相对独立的、能完成一定任务的程序段，这些程序段被称为逻辑部件，用这些逻辑部件能够简化程序设计。Visual Basic 中称这些逻辑部件为“过程”，它们可以变成增强和扩展 Visual Basic 的构件。

过程可用于压缩重复任务或共享任务，在程序中使用过程可以实现代码的重用，把某些功能完全相同或非常相近的子任务单独提取出来，划分成程序的基本单元，其他程序可以重复调用。这样做既提高了编程效率，使程序更加规范化、代码更容易维护，又减少了代码的出错率。概括起来，使用过程编程有两大好处：

① 过程可使程序划分成离散的逻辑单元，每个单元都比无过程的整个程序容易调试。

② 一个程序中的过程，往往不必修改或只需稍做改动，便可以成为另一个程序的构件。

一个过程仍然由顺序、选择、循环这三种基本结构组成，因此过程程序设计的基本方法与一般程序差别不大。但是，过程有它自己的特点，主要体现在主程序和子程序之间的数据输入和输出上，即主程序和子程序之间的数据传递。

在 Visual Basic 中,除了系统提供的内部函数过程和事件过程外,还有一类是用户自定义过程。用户自定义的过程可以包括以下几种:

① Sub 子过程，不返回值。

② Function 函数过程，返回一个函数值。

③ Property 属性过程，返回并设定属性值，以及设置对象引用。

④ Event 事件过程。

通常也将 Sub 子过程、Function 函数过程称为通用过程，两者之间的差异并不大，只是函数过程（Function）可以有一个返回值，而子过程（Sub）则没有。本章只对 Sub 子过程和 Function 函数过程进行讨论，读者若对 Property 过程和 Event 过程感兴趣，可查阅有关资料。

5.2 Sub 过程

在 Visual Basic 中，Sub 过程有两类：事件过程和 Sub 子过程（也称通用 Sub 过程）。

5.2.1 事件过程

在前面的章节中，多次讨论过事件过程，这样的过程是当发生某个事件如 Click 事件或 Load 事件时，对该事件做出响应的程序段。这种事件过程构成了 Visual Basic 应用程序的主体。

当用户对某个对象发出一个动作时,Windows 会通知 Visual Basic 产生了一个事件,Visual Basic 会自动调用与该事件相关的事件过程。即当对象对一个事件的发生做出认定时，Visual Basic 便自动用相应事件的名称调用该事件的过程。由于名称在对象和代码之间建立了联系，所以说事件过程是依附于窗体和控件上的程序。

事件过程是 Visual Basic 自动生成的，程序框架由 Visual Basic 集成开发环境确定，在代码窗口中，在“对象”下拉列表框中选择一个对象，在“过程”下拉列表框中选择一个事件，系统就会自动生成对应的事件过程。格式如下：

```
Private Sub 对象名_事件名(参数列表)
    语句组
End Sub
```

例如，在窗体上生成一个命令按钮 Command1，然后在代码窗口的“对象”下拉列表框中选择 Command1，在“过程”下拉列表框中选择 Click（或者直接在窗体上双击 Command1 控件），此时，代码窗口中就会生成如下模板：

```
Private Sub Command1_Click()

End Sub
```

用户可在其中输入程序代码，运行程序后用鼠标单击 Command1 按钮，即可执行程序代码。

由此可以看出，事件过程的特点是：程序由事件所驱动，运行状态与用户在设计界面上的操作相关。

5.2.2 Sub 子过程

有时，多个不同的事件过程可能需要使用同一段程序代码；或者，一个事件过程中可能在不同的位置使用同一段程序代码。为了不必重复编写代码，可以把这一段程序代码独立出来，单独作为一个 Sub 子过程，这个 Sub 子过程也称为“通用 Sub 过程”。Sub 子过程只有在被调用时才起作用，一般由事件过程来调用。Sub 子过程可以保存在窗体模块（.frm）和标准模块（.bas）中。

Sub 子过程的定义格式如下：

```
[Public]|[Private]|[Static] Sub 子过程名(形式参数列表)
   局部变量或常数定义
   …(程序段)
    [Exit Sub]
   …(程序段)
End Sub
```

说明：

① Sub 子过程的构成：Sub 子过程以 Sub 开头，以 End Sub 结束，Sub 和 End Sub 之间的部分是描述过程操作的语句块，称为“过程体”或“子过程体”。

② Sub 子过程名：命名规则与变量命名规则相同。Sub 子过程名只代表名称，不返回值，Sub 子过程和调用程序之间是通过形参和实参的传递得到结果的，调用时可返回多个值。

③ 形式参数列表：形式参数通常简称为“形参”。形参列表仅表示形参的类型、个数和位置，形参在定义时是无值的，只有在子过程被调用时，形参和实参结合后才能获得相应的值。子过程可以没有形参，但括号不能省略。各个形参的定义形式为：

```
[ByVal/ByRef]变量名[()][As 数据类型][,…]
```

其中，变量名可以是普通变量名或数组名，若是数组，则要在数组名后加上一对括号。数据类型用来说明变量类型，若省略，变量类型为 Variant 型。ByVal 表示该过程被调用时参数是按值传递的；默认或 ByRef 表示该过程被调用时参数是按地址传递的。

④ 每个 Sub 子过程必须由一个 End Sub 作为结束语句。当程序执行到 End Sub 时，将退出该过程，并返回到调用语句下面的语句。另外，在过程体内可以使用一个或多个 Exit Sub 语句从过程中退出，Exit Sub 常与选择结构联用，即当满足一定条件时，退出过程。

⑤ Public/Private/Static：表示 Sub 子过程的作用范围或过程中的局部变量在内存中的存储方式，本章的 5.7 节对此做了介绍。

5.2.3 Sub 子过程的建立

Sub 子过程一般创建和保存在窗体文件（.frm）或标准文件（.bas）中。直接在窗体文件或标准文件的代码窗口内按照 Sub 过程的语句格式输入过程名和参数，Visual Basic 就会自动加上结尾的 End Sub，构成子过程的框架。用户只要在子过程的框架内输入程序代码即可。

【例 5.1】声明子过程。

```
Private Sub MySub(x As Integer,y As Integer,z1 As Integer,z2 As Integer)
   z1=x*x+y*y
   z2=x*x-y*y
End Sub
```

从这个例子可以看出，参数列表中的参数在过程中实际上作为变量使用。由于过程只有在被调用时才为这些参数变量分配实际的单元，所以将这些参数称为形式参数（形参）。而当过程被调用时，由调用程序传递给过程的实际参数称为实参。

用户建立 Sub 子过程后，在代码窗口的“对象”下拉表框中选择“通用”选项，在“过程”下拉列表框中即可看到新增的 Sub 子过程名称，如图 5-1 所示。

创建 Sub 子过程的另一种方法是利用 Visual Basic 提供的“添加过程”命令。选择“工具”→“添加过程”命令，打开“添加过程”对话框（见图 5-2），然后在“名称”文本框中输入过程名，在“类型”选项组中选中“子程序”单选按钮，在“范围”选项组中选择过程的作用域。

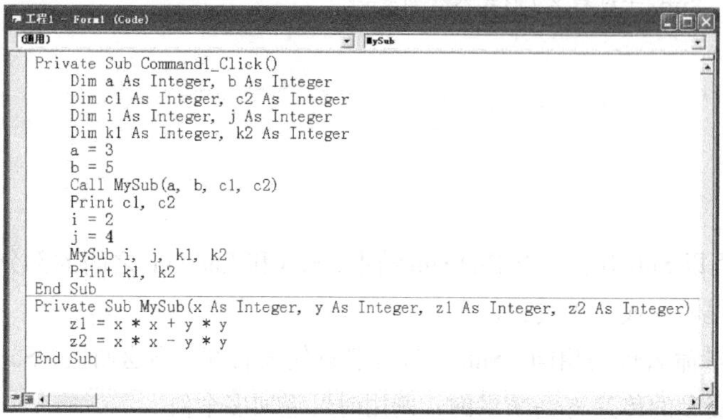

图 5-1 在代码窗口内创建过程

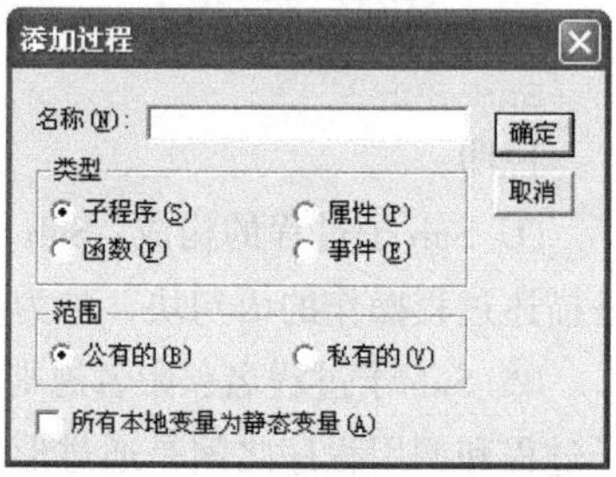

图 5-2 “添加过程”对话框

5.2.4 Sub 子过程的调用

在程序中调用 Sub 子过程有两种方法：

```
Call 过程名(实参列表) 或 过程名 [实参列表]
```

例如，调用上面定义的 MySub 子过程的形式为：

```
Call MySub(a,b,c1,c2)
MySub i,j,k1,k2
```

调用 Sub 子程序的程序段称为主调程序。在主调程序中调用 Sub 子过程时，将使程序流程自动转向被调用的 Sub 子过程。在过程执行到最后一行语句 End Sub 后，程序流程将自动返回到主调程序语句的下一行继续运行，如图 5-3 所示。

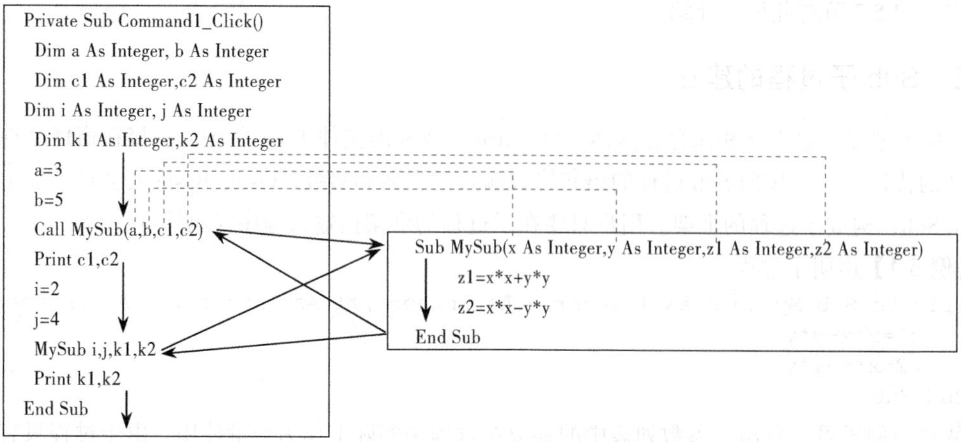

图 5-3 Sub 子过程调用语句流程说明

如果调用过程时带有参数，则在调用过程时，把调用语句中的实参值传递给被调用过程的形参。在图 5-3 中，将实参 a、b、c1、c2 传递给形参 x、y、z1、z2；将实参 i、j、k1、k2 传递给形参 x、y、z1、z2。

在调用过程的语句中，不仅要求实参个数与被调用过程形参个数一致，而且要求实参表的参数类型、参数顺序与被调用过程形参表的参数完全一致。

需要特别说明的是，在声明过程时如果指定了形参的类型，则调用时实参的类型必须与之完全相符。

5.3　函数（Function）过程

Visual Basic 函数有内部函数和外部函数之分。内部函数是系统预先编制好的、能完成特定功能的一段独立的程序，如经常使用的 Sqr()、Exp()等；外部函数是用户根据需要用 Function 关键字定义的函数过程，它的使用类似于内部函数，它与 Sub 子过程不同的是函数过程要返回一个值。

5.3.1　函数过程的定义

函数过程的定义形式如下：

```
[Public]|[Private]|[Static] Function 函数名(形参列表) As 返回值类型
    局部变量或常数定义      ┐
    ...(程序段)             │
    函数名称=返回值         │
    [Exit Function]         ├ 函数体
    ...(程序段)             │
    函数名称=返回值         ┘
End Function
```

说明：

① 函数过程的构成：函数过程以 Function 开头，以 End Function 结束，Function 和 End Function 之间的部分是描述函数过程操作的语句块，称为“函数体”。

② 函数名：与变量命名规则相同，但不能和系统的内部函数或其他通用子过程同名，也不能与已定义的全局变量和本模块中的模块级变量同名。

③ 在函数体内，函数名可以当做变量使用。函数的返回值就是通过对函数名的赋值语句来实现的，因此在函数体中函数名至少要赋值一次。如果函数体中没有对函数名赋值的语句，则该过程返回一个默认值：数值函数过程返回 0，字符串函数过程返回空字符串。

④ As 返回值类型：由于函数名在函数体内当做变量使用，且通过函数名返回函数值，所以通过 As 指定函数返回值的类型，如果省略，则为变体型。

⑤ 当程序执行到 End Function 时，将退出该函数过程，并返回到调用语句下面的语句。与子过程相同，在函数体内也可以使用一个或多个 Exit Function 语句从函数过程中退出，通常是与选择结构联用，当满足一定条件时，退出函数过程。

⑥ 形参列表及 Public/Private/Static 的含义与 Sub 子过程完全相同。

5.3.2　函数过程的建立

与 Sub 子过程一样，函数过程一般也创建和保存在窗体文件（.frm）或标准文件（.bas）中。直接在窗体文件或标准文件的代码窗口内按照 Function 过程的语句格式输入过程名和参数，Visual Basic 会自动加上结尾的 End Function，构成函数过程的框架。用户也可在图 5-2 所示的“添加过程”对话框中选择“函数”类型来建立函数过程。

【例 5.2】建立函数过程。

【解】程序代码如下：

```
Function MyFunc(x As Integer,y As Integer) As Integer
    MyFunc=x*x+y*y    '通过对函数名赋值返回函数值
End Function
```

5.3.3 函数过程的调用

通常，调用自定义函数过程和调用内部函数过程（如 Sqr()）的方法一样，都是在表达式中书写函数名。调用形式为：

函数名(实参列表)

实参列表由变量名、数组名、数组元素名、常数或表达式组成，如果是数组名，则只要给出实参数组名即可。

在调用函数过程时，实参和形参的数据类型、顺序、个数必须一一对应。图 5-4 所示为函数过程调用时语句流程的说明。可以看出，函数调用只能出现在表达式中，其功能是求得函数的返回值。

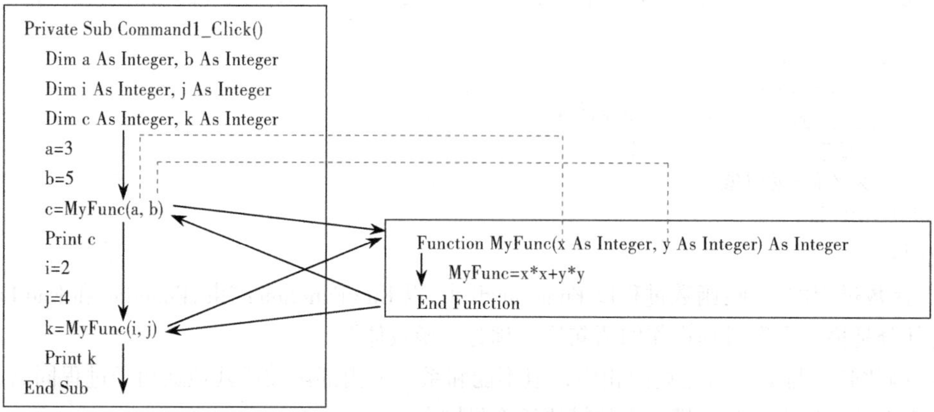

图 5-4　函数过程调用语句流程说明

【例 5.3】编写函数求解 1!+2!+3!+4!+…+N!，N 由程序输入。

【解】在此例题中，N!可以分解为子函数，而主程序可以由循环来构成。

```
Private Sub Command1_Click()
    Dim n As Integer,Sum As Long
    Sum=0
    n=InputBox("输入N的大小：","数据输入")
    For i=1 To n                                '构造循环求和
        Sum=Sum+Func(i)                         '调用函数求 i 的阶乘
    Next i
    Print "Sum=";Sum
End Sub

Function Func(ByVal n As Integer) As Long
    Dim i As Integer
    Func=1
    For i=1 to n                                '构造循环求 n 的阶乘
        Func=Func*i
    Next i
End Function
```

5.3.4 Sub 子过程与函数过程的区别

由前面的讨论可以看出，不论是 Sub 子过程还是函数过程，都是将一段完整的功能独立出来，建立一个过程。在主调程序中通过调用过程，将需要计算的参数（实参）传递给过程；在过程中求得结果后再将结果返回到主调程序，从而实现程序的功能，并使程序结构更为清晰、简洁。

但是通过对比图 5-3 所示的 Sub 子过程调用和图 5-4 所示的函数调用，也可以发现在实际使用过程中，Sub 子过程和函数过程还是有所不同的。

在传递需要计算的参数时（实参 a、b 传递给形参 x、y），两者并没有不同。但在返回结果方面，因为函数过程可以通过函数名返回结果，因此在函数过程中一般只需要设置接收计算参数的形参即可（图 5-4 中的形参 x、y）；Sub 子过程却有所不同，由于 Sub 子过程名只代表名字，不返回值，所以必须另外设置专门的形参用于返回结果（图 5-3 中的形参 z1、z2）。

那么，在解决一个问题时，是使用 Sub 子过程还是使用函数过程呢？从原则上来说，解决一个问题，既可以使用 Sub 子过程，也可以使用函数过程。如果过程只需要有一个返回值时，一般习惯使用函数过程，通过函数名来返回结果；如果不是为了求一个值，而是完成一些操作或者需要返回多个值，则使用 Sub 子过程比较方便，此时，可以通过设置与返回值个数相符的形参个数来得到返回结果。

5.4 参数的传递

从上面的介绍可以看出，过程和调用它的程序之间都存在数据传递，Visual Basic 使用参数列表这一形式来完成这个传递过程。过程本身使用的参数列表称为“形参”，而主程序传递给过程的真正参数称为“实参”，过程在被调用的过程中，用实参代替本身的形参，从而完成对真正的数据的操作。

在实参代替形参的传递过程中，Visual Basic 提供了两种传递方式：按数值传递和按地址传递，通过 ByVal 和 ByRef 参数来指定，其中 ByRef 即按地址传递为默认的传递方式。

5.4.1 值传递

值传递是指在程序中调用过程时，带实参值的调用语句只是将实参变量复制给过程中的形参，即将实参变量的副本传递给过程中的形参。

如果用值传递的方式在过程间传递参数，可以采用两种方式：

一种方式是在声明过程的参数行时，在参数的前面加上 ByVal 关键字，具体形式如下：

```
(ByVal 参数1 As 类型,ByVal 参数2 As 类型,…)
```

【例 5.4】 值传递示例。

【解】 程序代码如下：

```
Private Sub Command1_Click()
    Dim X As Integer
    X=5
    Print "调用过程前的X:";X
    Print
    Call ProcX(X)
    Print "调用过程后的X:";X
End Sub
```

```
Sub ProcX(ByVal Y As Integer)
    Y=Y+5
End Sub
```

虽然在过程 ProcX 中改变了形参变量 Y 的值，但这种改变并没有影响实参变量 X 本身。在过程调用前后，X 值没有发生变化。图 5-5 给出了运行结果。

另一种方式是先把变量转换为表达式再传递给形参。通过表达式的值传递给形参，对实参不会产生影响，起到了值传递的作用。为此，可以将变量前后加上括号，使其变为表达式。

【例 5.5】变量转换为表达式后按值传递的示例。

【解】程序代码如下：

```
Private Sub Command1_Click()
    Dim x As Integer,y As Integer
    x=3
    y=4
    Call abc((x),(y))
    Print "实参的值"
    Print "x=";x,"y=";y
End Sub
Sub abc(a,b)
    a=a+b
    b=b+a
    Print "形参的值"
    Print "a=";a,"b=";b
End Sub
```

运行结果如图 5-6 所示。

图 5-5　按值传递

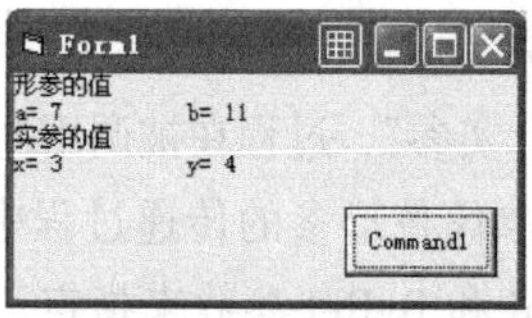

图 5-6　变量转换为表达式后按值传递

值传递方式的主要好处是避免输入的变量在自定义过程中被意外修改。值传递是单向传递，系统只是把实参变量的副本作为参数传递给过程。如果在过程中改变了形参变量的值，所做变动只影响副本而不会影响实参变量本身。

【例 5.6】使用传值方式编写交换变量值的子过程 Swap1。

【解】程序代码如下：

```
Private Sub Command1_Click()
    Dim a As Integer,b As Integer
    a=8
    b=15
    Print "调用过程前"
    Print "a=";a,"b=";b
    Call Swap1(a,b)
    Print
    Print "调用过程后"
    Print "a=";a,"b=";b
End Sub
```

```
Sub Swap1(ByVal x As Integer,ByVal y As Integer)
    Dim temp As Integer
    temp=x
    x=y
    y=temp
End Sub
```

运行结果如图 5-7 所示。可以看出，虽然在过程中形参 x、y 做了交换，但是由于是值传递，实参 a、b 并没有交换。

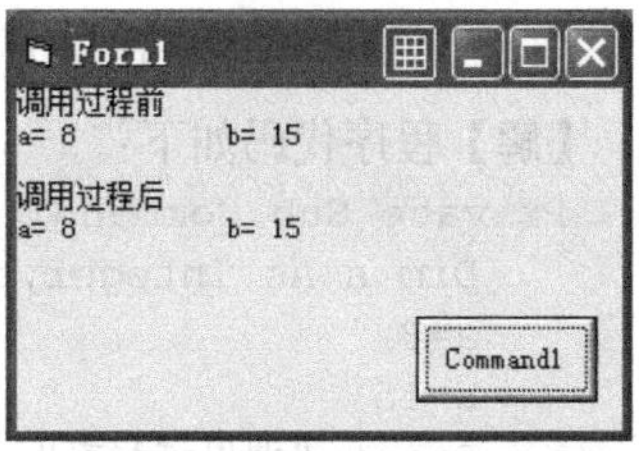

图 5-7　值传递方式的变量交换

5.4.2　地址传递

Visual Basic 默认的参数传递方式是“地址传递”。在声明过程的参数设置中，如果对参数没有特别说明，或在参数的前方加上 ByRef 关键字，即

```
(ByRef 参数 1 As 类型,ByRef 参数 2 As 类型,…)
```

则参数的传递是按地址传递的方式进行的。

与按值传递相反，如果参数采取的是按地址传递方式，则传给过程的将是实参本身。采用地址传递方式，当调用过程语句被执行时，过程中的形参直接引用了调用语句中的实参，此时，形参与实参实质上使用的是同一个存储单元。因此，过程中对形参的操作都将对实参产生实际的影响。

【例 5.7】 地址传递的示例。与例 5.4 相似，只是改变了 ProcX 子过程的参数传递方式。

【解】 程序代码如下：

```
Private Sub Command1_Click()
   Dim x As Integer
   x=5
   Print "调用过程前的 x:";x
   Print
   Call ProcX(x)
   Print "调用过程后的 x:";x
End Sub
Sub ProcX(ByRef y As Integer)
    y=y+5
End Sub
```

图 5-8（a）所示为地址传递时实参与形参结合的示意图。可以看出，此时形参 y 与实参 x 共用一个存储单元，因此在过程中对形参 y 的操作实际上就是对实参 x 的操作。图 5-8（b）给出了程序运行结果。从运行结果可以看出，过程中形参的变化导致了调用程序中实参的改变。

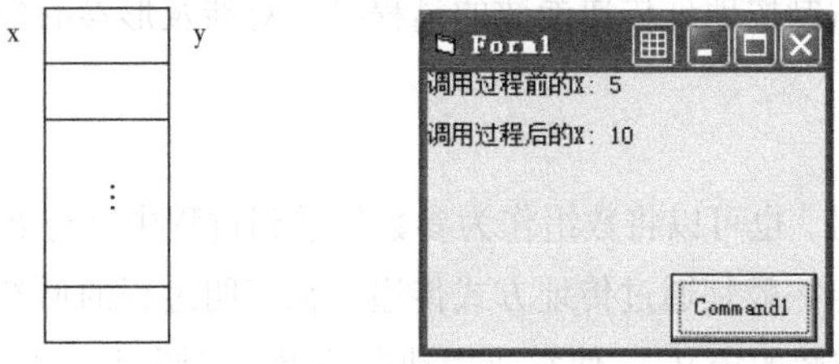

（a）实参与形参结合示意图　　（b）程序运行结果

图 5-8　按地址传递

使用地址传递的方式，可以在过程中通过对形参的操作，直接修改实参变量的值。利用这一特点，可以将一些有用的信息或计算结果传递回调用过程的主程序。下面通过地址传递来实现变量交换的功能。

【例 5.8】使用地址传递方式编写交换变量值的子过程 Swap2。

【解】程序代码如下：

```
Private Sub Command1_Click()
    Dim a As Integer,b As Integer
    a=8
    b=15
    Print "调用过程前"
    Print "a=";a,"b=";b
    Call Swap2(a,b)
    Print
    Print "调用过程后"
    Print "a=";a,"b=";b
End Sub
Sub Swap2(x As Integer,y As Integer)
    Dim temp As Integer
    temp=x
    x=y
    y=temp
End Sub
```

使用地址传递方式时，实参 a、b 与形参 x、y 分别共用一个存储单元，如图 5-9（a）所示，此时，过程中对形参 x、y 的交换实际上就是对实参 a、b 的交换，因此，实参 a、b 也完成了交换的操作。运行结果如图 5-9（b）所示。

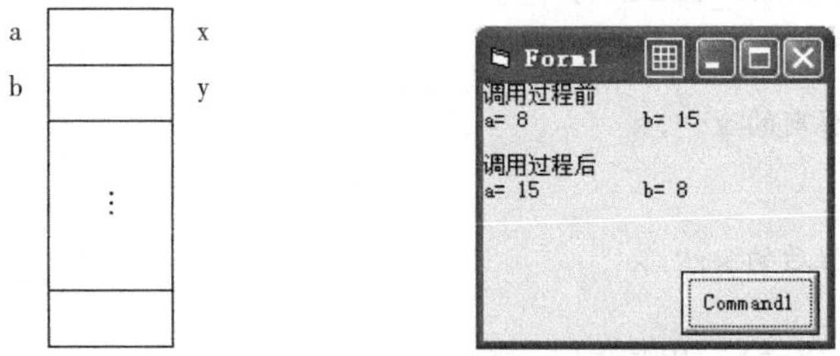

（a）实参与形参共用一个存储单元　　（b）程序运行结果

图 5-9　地址传递方式交换变量的值

按地址传递参数在 Visual Basic 中是默认方式，这样容易导致在不注意的情况下改变实参，如果这种改变不是用户所需要的，就会产生负面的影响，如影响了程序的正常运行、产生了错误的运算结果等。因此，在编制按地址传递参数的过程时，对涉及形参的操作一定要慎重。

5.4.3　数组传递

在使用自定义过程时，也可以将数组作为参数传递到过程中进行处理。Visual Basic 允许数组作为实参和形参，但数组一般是通过传址方式传递。在声明过程的形参列表中，数组名称后面要加上空括号（不能放入维数的定义），使它成为动态数组。在调用过程语句的实参表中，只要给出实参数组名即可。由于是传址方式，在调用过程时，调用程序中的实参数组与过程中的形参数组实际是同一个数组。

由于形参数组是动态数组，在进行参数传递时，需要知道数组的上、下界。这里可以利用 4.3.2 小节介绍的 LBound()和 UBound()函数获得参数数组的上下界。

【例 5.9】传址方式传递一维数组参数。

【解】程序代码如下：

```
Private Sub Command1_Click()
    Dim a(5) As Integer
    For i=0 To 5
        a(i)=InputBox("请输入 a(" & i & ")")          '数组输入
    Next
    Print "调用过程前数组输出"
    For i=0 To 5                                       '调用前数组输出
        Print a(i);
    Next
    Call SubArray1(a)                                  '调用过程
    Print
    Print "调用过程后数组输出"
    For i=0 To 5                                       '调用后数组输出
        Print a(i);
    Next
End Sub
Sub SubArray1(b() As Integer)
    m=LBound(b)                                        '获取一维数组 b 的下界
    n=UBound(b)                                        '获取一维数组 b 的上界
    For i=m To n                                       '改变形参数组元素的值
        b(i)=2*b(i)
    Next
End Sub
```

在过程调用时，实参一维数组 a 与形参数组 b 相结合，共用一段内存单元，如图 5-10（a）所示。此时在过程 SubArray1 中改变数组 b 的各元素值，也就相当于改变了实参数组 a 中对应的元素。运行结果如图 5-10（b）所示。

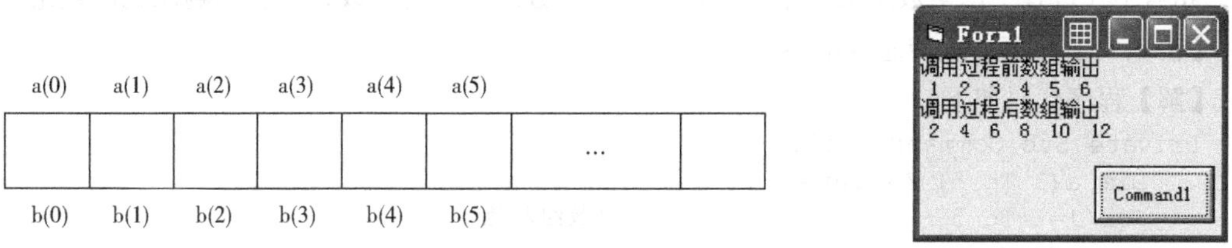

（a）实参数组和形参数组共用内存单元　　（b）运行结果

图 5-10　传递一维数组参数

【例 5.10】传址方式传递二维数组参数。

【解】程序代码如下：

```
Private Sub Command1_Click()
    Dim a(1,2) As Integer
    For i=0 To 1
        For j=0 To 2
            a(i,j)=InputBox("请输入 a(" & i & "," & j & ")")
        Next
    Next
    Print "调用过程前数组输出"
    For i=0 To 1
        For j=0 To 2
            Print a(i,j);
        Next
```

```
      Print
   Next
   Call SubArray2(a)
   Print
   Print "调用过程后数组输出"
   For i=0 To 1
      For j=0 To 2
         Print a(i,j);
      Next
      Print
   Next
End Sub
Sub SubArray2(b() As Integer)
   m1=LBound(b,1)                        '获取二维数组 b 第一维的下界
   m2=UBound(b,1)                        '获取二维数组 b 第一维的上界
   n1=LBound(b,2)                        '获取二维数组 b 第二维的下界
   n2=UBound(b,2)                        '获取二维数组 b 第二维的上界
   For i=m1 To m2
      For j=n1 To n2
         b(i,j)=2*b(i,j)
      Next
   Next
End Sub
```

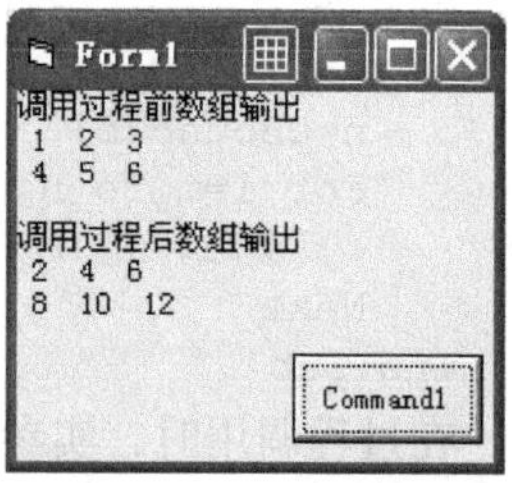

图 5-11 传递二维数组参数

在过程调用时，实参二维数组 a 与形参数组 b 相结合，共用一段内存单元。此时在过程 SubArray2 中改变数组 b 的各元素值，也就相当于改变了实参数组 a 中对应的元素。运行结果如图 5-11 所示。

如果将参数的类型设为 Variant 类型，还可以选择值传递。传值时，相当于在过程中产生数组的副本，所以在其中对数组值进行更改，不会影响原先的数组。

【例 5.11】传值方式传递数组参数。

【解】程序代码如下：

```
Private Sub Command1_Click()
   Dim a(1 To 5) As Integer
   For i=1 To 5                          '数组赋值
      a(i)=i
   Next
   Print "调用过程前的数组元素"
   For i=1 To 5                          '调用前数组输出
      Print a(i);
   Next
   Print
   Call SubArray(a)                      '调用过程
   Print "调用过程后的数组元素"
   For i=1 To 5                          '调用后数组输出
      Print a(i);
   Next
End Sub
Sub SubArray(ByVal x)                    'x 为 Variant 类型
   m=LBound(x)                           '得到数组下界
   n=UBound(x)                           '得到数组上界
   For i=m To n                          '改变了形参数组元素的值
```

```
        x(i)=x(i)*2
    Next
End Sub
```

运行结果如图 5-12 所示。

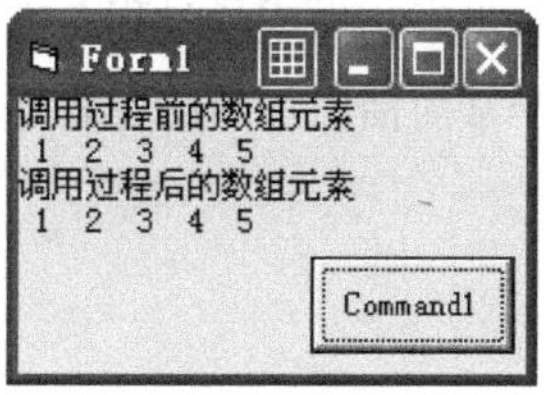

图 5-12　传值方式传递数组参数

【例 5.12】 利用过程完成一维数组的基本操作，包括数组输入、数组元素求和、数组元素求最大值、数组输出等，在主程序中通过调用过程，完成对数组的操作。

【解】 程序代码如下：

```
Private Sub Command1_Click()
    Dim a(1 To 5) As Integer,sum As Integer,amax As Integer
    Call ArrayInput(a)
    Call ArraySum(a,sum)
    Call ArrayMax(a,amax)
    Call ArrayOutput(a)
    Print
    Print "sum=";sum,"amax=";amax
End Sub
Sub ArrayInput(b() As Integer)
    m=LBound(b)                                    '得到数组下界
    n=UBound(b)                                    '得到数组上界
    For i=m To n                                   '输入形参数组元素
        b(i)=InputBox("请输入第" & i & "个数")
    Next
End Sub
Sub ArraySum(b() As Integer,bsum As Integer)       '形参 bsum 用于求数组和
    m=LBound(b)                                    '得到数组下界
    n=UBound(b)                                    '得到数组上界
    bsum=0                                         '求形参数组元素之和
    For i=m To n
        bsum=bsum+b(i)
    Next
End Sub
Sub ArrayMax(b() As Integer,bmax As Integer)       '形参 bmax 用于求数组最大值
    m=LBound(b)                                    '得到数组下界
    n=UBound(b)                                    '得到数组上界
    bmax=b(m)                                      '求形参数组的最大元素
    For i=m+1 To n
        If b(i)>bmax Then
            bmax=b(i)
        End If
    Next
End Sub
Sub ArrayOutput(b() As Integer)
    m=LBound(b)                                    '得到数组下界
    n=UBound(b)                                    '得到数组上界
    For i=m To n                                   '输出形参数组元素
        Print b(i);
    Next
End Sub
```

例 5.12 非常好地体现了使用过程的好处。从这个例子可以看出，将一维数组所有的基本操作

独立出来，做成子过程；在主程序中，像搭积木一样，根据功能的需要调用相应的过程，形成一个非常简洁、清晰的主程序结构。

5.5 过程的嵌套和递归调用

过程的嵌套调用是指在一个过程中调用另外的过程；过程的递归调用则是指在一个过程中调用过程自身。

5.5.1 过程的嵌套

在一个过程（Sub 子过程或 Function 过程）中调用另外一个过程，称为过程的嵌套调用。在 Visual Basic 中，过程的定义都是互相平行和孤立的，即在定义过程时，一个过程内不能包含另一个过程。Visual Basic 虽然不能嵌套定义过程，但可以嵌套调用过程，也就是主程序可以调用子过程，在子过程中还可以调用另外的子过程，这种程序结构称为过程的嵌套调用。过程嵌套调用的执行过程如图 5-13 所示。

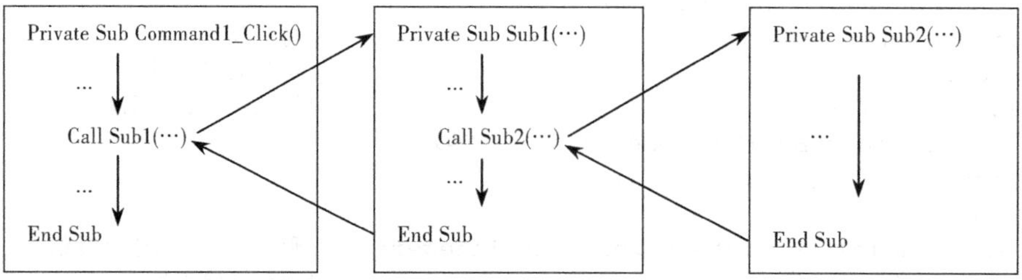

图 5-13 过程的嵌套

从图 5-13 可以看出，主程序或子过程遇到调用子过程语句时就转去执行子过程，而本程序的余下部分要等子过程返回后才得以继续执行。

【例 5.13】 输入参数 n、m，求组合数 $C_n^m = \dfrac{n!}{m!(n-m)!}$ 的值。程序界面如图 5-14 所示。

分析：这里可以分别定义两个函数过程 f1 和 f2。其中 $f1(n,m) = \dfrac{n!}{m!(n-m)!}$，用于求组合数；f2(n)=n!，用于求阶乘；在主程序中，通过调用函数，求得组合数的值。

【解】 程序代码如下：

```
Private Sub Command1_Click()
    Dim n As Integer, m As Integer
    m=Text1
    n=Text2
    If m>n Then
        MsgBox "输入参数有误，请重新输入"
        Exit Sub
    End If
    Text3=f1(n,m)
End Sub
Private Function f2(x As Integer) As Double
    f2=1
    For i=1 To x
```

```
        f2=f2*i
    Next
End Function
Private Function f1(n As Integer,m As Integer) As Double
    f1=f2(n)/(f2(m)*f2(n-m))
End Function
```

在例 5.13 中，主程序调用了 f1(n,m)函数过程，用来求组合数；而在 f1()函数过程中，又多次调用了 f2()函数过程，用来求阶乘。这就是过程的嵌套调用。程序的运行结果如图 5-14 所示。

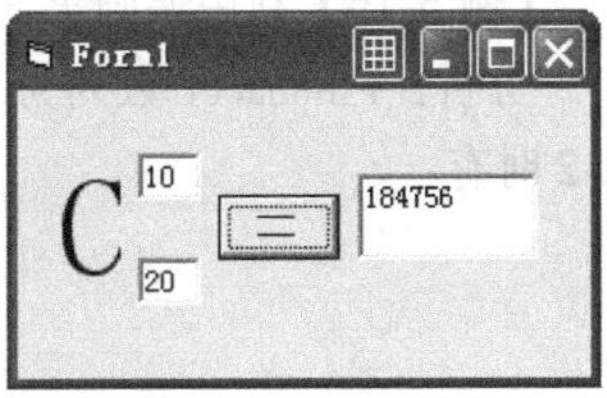

图 5-14 求组合数

5.5.2 过程的递归调用

通俗来讲，递归就是过程调用自身。如果一个过程调用了其自身，这就称做递归调用。递归分为两种类型：直接递归和间接递归。直接递归就是在过程中直接调用过程自身；间接递归是指在某个过程中调用了另一个过程，而被调用的过程反过来又调用主调用过程。

递归是推理和问题求解的一种重要的方法，特别是数学研究对象常具有递归的结构。通过一个对象自身的结构来描述该对象就构成递归。下面以阶乘为例来讲解递归。

如果以函数 $f(n)$表示自然数 n 的阶乘值，则有定义：

$$\begin{cases} f(n)=n*f(n-1) & n>0 \\ f(n)=1 & n=0 \end{cases}$$

根据上述阶乘的递归定义，可以编制下列函数过程：

【例 5.14】利用递归求阶乘。

【解】程序代码如下：

```
Function Fac(n As Integer) As Long
    If n=0 Then
        Fac=1
    Else
        Fac=n*Fac(n-1)
    End If
End Function
```

在调用某一个过程的时候，由于必须在调用的过程运行结束以后，回到调用它的语句的下一行语句继续运行，所以必须把原先运行程序的执行状况保存起来。在递归过程中，是使用“栈”结构来存储数据的，即每调用一次自身，把当前的数据压栈一次，该操作称为“递推”，而在符合递推结束条件后(即不必再调用自身的时候)，会逐次弹出压栈的数据，最终返回初次调用的地方，称为“回推”。由于计算机的内存空间有限，所以，递归过程一定要有递推结束的条件，否则会造成压栈过程一直进行下去而导致溢出。

由此，可得到递归调用的两个要素：

1. 结束条件

为了避免发生“溢出堆栈空间”，在递归调用时，必须给出递归终止的条件。例 5.14 中递归终止条件是 n=0。

2. 递归表达式

要描述出递归的表达形式，并且这种表述向终止条件变化，在有限的步骤内达到终止条件。例如，上例递归的表达形式是 Fac=n*Fac(n-1)。

递归使我们能够用有限的语句描述一个无穷集合。这种语句为求解具有递归结构的问题提供了技术手段，使得程序设计的算法描述与递归的描述完全一致，因而使程序易于理解和维护。下面再介绍一个非常典型的递归例子——Fibonacci 数列。

【例 5.15】利用递归求 Fibonacci 数列。

分析：Fibonacci 数列为 1，1，2，3，5，8，13，21，…，如果用 $F(n)$表示第 n 个数，则当 $n>2$ 时有：

$$F(n)= F(n-1)+ F(n-2) \qquad n\geqslant 3$$

$$F(1)= F(2)=1$$

若定义 $F(0) = 0$，则有：

$$F(n)= F(n-1)+ F(n-2) \qquad n\geqslant 2$$

$$F(0)=0，F(1)=1$$

这个表达式就是Fibonacci数列的递归定义，终止条件是n=0和n=1，递归形式为：$F(n)= F(n-1)+ F(n-2)$。当 $n\geqslant 2$ 时，函数 $F(n)$用它本身在自变量较小的两个点处的值来表示，递归的表示向终止条件（n=0，n=1）变化，所以这个问题可以用递归求解。

【解】求第 n 个 Fibonacci 数的程序如下：

```
Private Function Fibo(ByVal n As Integer)  As Integer
    If  n=0  Then
        Fibo=0
    Else If  n=1
        Fibo=1
    Else
        Fibo=Fibo(n-1) + Fibo(n-2)
    End If
End Function
Private Sub Commandl_Click()
    Dim m As Integer
    Dim n As Integer
    n=InputBox("n:")
    m=Fibo(n)
    Print m
End Sub
```

5.6 变量的作用域

变量的作用域是指变量在程序中可使用的范围。按照变量在程序中的使用范围，Visual Basic 把变量的作用域按由大到小的顺序分为三个层次：全局变量、模块级变量（窗体变量）和过程变量（局部变量）。如果变量属于某一个层次，则变量只在该层次对应的范围内可见。一个变量属于哪个层次，要根据它声明的位置以及声明的方式而定。

5.6.1 全局变量

全局变量可以在程序的任何一个模块中使用，它的使用范围为整个 Visual Basic 工程。全局变量可以在标准模块 Module 的开头声明，也可以在窗体的通用声明区声明，声明全局变量必须使用 Public 关键字。

1. 在标准模块中声明全局变量

① 向 Visual Basic 工程中添加标准模块 Module。

② 在标准模块的开头输入声明全局变量的语句。声明全局变量语句的格式如下：

```
Public 变量名 As 类型
```

【例 5.16】在 Visual Basic 工程中添加两个窗体，并添加标准模块，如图 5-15 所示。

【解】程序代码如下：

在标准模块中输入如下代码：

```
Public x_pub As Integer      '定义 x_pub 为全局变量
```

在 Form1 的按钮单击事件中输入如下代码：

```
Private Sub Command1_Click()
  x_pub=10
  Form2.Show
End Sub
```

在 Form2 的按钮单击事件中输入如下代码：

```
Private Sub Command1_Click()
  Print x_pub
End Sub
```

图 5-15　工程窗口示意

程序运行后，在 Form1 窗体上单击按钮，为变量 x_pub 赋值 10，并调用 Form2 窗体；在 Form2 窗体上单击按钮，显示变量 x_pub 的值 10。

从上例可以看出，标准模块 Module 中声明的全局变量 x_pub 可以在 Form1 和 Form2 窗体中使用，说明它的使用范围不受某个窗体的限制。

在一个工程的标准模块 Module 中声明的变量，如果其名称是唯一的，则在工程的其他模块中均可以直接使用该变量，如例 5.16 中对全局变量 x_pub 的使用。如果在不同的 Module 中声明了同名的全局变量，在使用时，必须带上标准模块的名称。例如，在 Module1 和 Module2 中都声明了全局变量 x_pub，则在使用时必须指明是使用哪个模块中的变量，其格式为：

```
Module1.x_pub   或   Module2.x_pub
```

2. 在窗体中声明全局变量

在窗体的通用声明区也可以用 Public 关键字声明变量，该变量可以被工程中的其他窗体或模块所使用。在使用时，要注明是哪个窗体的全局变量，其格式为：

```
窗体名.变量名
```

需要注意的是，在使用窗体的全局变量时，必须带有窗体名。如果在窗体和 Module 中声明了同名的变量，使用时直接写变量名，指的是 Module 中的全局变量，因为窗体全局变量必须带有窗体名。

全局变量可以在各个模块中自由使用，其优点是方便，可以省去很多变量的传递。但是使用全局变量很容易造成不易发觉的错误。当在程序中使用的变量没有先行声明时，可能会不自觉地使用和全局变量同名的变量名称，如果不小心改变了全局变量的值，有可能导致程序产生不可预知的错误。

因此，滥用全局变量会给程序带来负面影响，所以在编程中，如果程序中使用的变量作用域仅为窗体或过程级，就没有必要把它声明为全局变量。

5.6.2 模块级变量

Visual Basic 工程窗口中的项目如窗体、标准模块等，就是模块。在这些窗体或标准模块的通用声明区用 Dim 语句声明的变量称为模块级变量或窗体变量。

模块级变量（窗体变量）的作用域被限制在本模块（窗体）中，该变量可以在本模块或本窗体的各个过程中使用。

在图 5-16 中，变量 a 在 Form1 窗体的通用声明区被声明为模块级变量，则在 Form1 窗体的各个过程中，变量 a 均是可见的。在 Command1 的单击事件中给 a 赋值 12，单击 Command2，即可显示 a 的值。

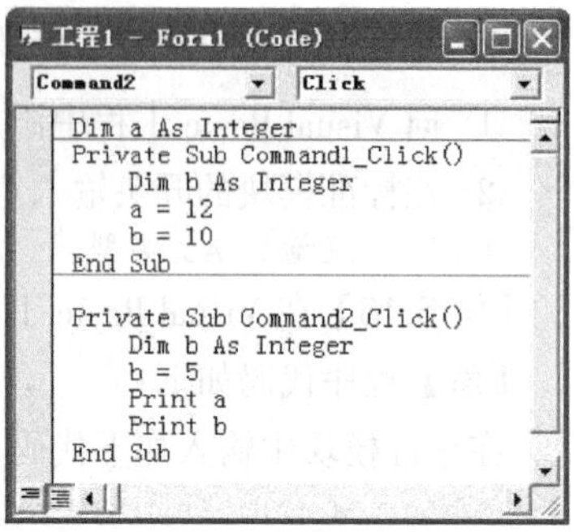

图 5-16　声明模块级变量

5.6.3　过程变量（局部变量）

在事件过程或自定义过程中使用 Dim 语句声明的变量，就属于过程级的变量。过程变量只能在声明这个变量的过程中使用。

在过程中声明的变量，仅当此过程被调用时，系统才为它们分配存储单元。过程运行结束时，这些存储单元被系统回收。如果过程再次被调用，过程变量将被重新初始化。

在图 5-16 中，在 Command1 和 Command2 的单击事件过程中分别声明的变量 b 就是过程变量，它只能在声明的过程中使用。

在 Command1 单击事件过程中声明的变量 b 与 Command2 单击事件过程中声明的变量 b 同名，但由于它们分别被声明在两个不同的过程中，其作用域被限定在各自的过程中，所以在程序运行时它们是毫不相关的两个变量。

如果在过程中声明的变量与较高层次中的变量同名，这也是可以的，但它们也被限定在各自的作用域中。例如，在一个过程中用 Dim M 语句声明了一个变量（过程变量），在通用声明区也声明了一个变量 M（模块变量）。模块变量 M 可以在窗体的各个过程内使用，但对于当前这个过程，由于它已经声明了变量 M，所以它使用的变量 M 只能是过程变量。

根据上面对变量作用域的讨论，可得出使用变量应该遵循的基本原则：首先确定变量在程序中所起的作用及使用范围，在此基础上，正确选择变量声明的位置。原则上，作用域为过程级的变量不应声明为模块级（窗体）变量，作用域为模块级的变量不应声明为全局变量。

5.6.4　静态变量

用 Static 关键字声明的变量为静态变量，一般在过程中定义静态变量和静态数组。当过程开始运行后，系统会为过程中的静态变量分配固定的存储单元，过程运行结束后，分配给静态变量的存储单元并不被释放，它始终保存在固定的存储单元中。如果保存该静态变量的过程再次被调用，静态变量也不会被初始化，它将使用上次调用结束时的值。定义静态变量的语句格式为：

```
Static 变量名 As 类型名
```

静态变量与用 Dim 语句定义的一般过程变量（局部变量）不同，一般的过程变量在过程开始运行以后，由系统分配实际的内存空间，当过程运行完毕后，使用的空间将被释放，变量的值也就被清除了。也就是说，在每次过程开始运行时，其中的变量都会被初始化。

利用静态变量在过程结束后仍可以保留内容值这一特性，可以用静态变量作为计数累加变量，在每次调用过程时，进行累加计数。

【例 5.17】静态变量与过程变量的比较。

```
Private Sub Command1_Click()
   Static a1 As Integer
   a1=a1+1
   Print "第" & a1 & "次"
End Sub
```

```
Private Sub Command2_Click()
    Dim a2 As Integer
    a2=a2+1
    Print "第" & a2 & "次"
End Sub
```

分析：在 Command1 单击事件过程中定义了 a1 静态变量，每单击一次 Command1 按钮，a1 的值就自动累加 1，并输出“第 a1 次”，直到整个程序结束，a1 最后的值等于调用该过程的次数。

在 Command2 单击事件过程中，a2 是一般过程变量，在单击 Command2 按钮时，a2 的值也会自动累加 1，但调用过程一结束，a2 的存储单元就被释放了，再次单击 Command2 按钮，a2 的值重新初始化为 0。因此单击 Command2 按钮总是输出“第 1 次”。

在上面例子中，定义的静态变量 a1 初始值是 0（由 Visual Basic 初始化）。如果希望累加是从某个固定值开始，则在第一次使用静态变量时，要通过赋值给它一个初始值，但这种赋值也要注意，使用不当会出现问题。例如，下面的写法就是有问题的：

```
Static S As Integer
S=15
S=S+1
```

这里本意是想从 15 开始累加，每进入过程一次就使 S 加 1，但由于每次进入过程后都执行 S = 15 语句，执行 S=S+1 后使 S 变为 16，因此没有达到使 S 累加的目的。

可以利用一个静态的 Boolean 变量对上述语句进行如下改动：

```
Static S As Integer,L As Boolean
If Not L Then
   S=15
   L=True
End If
S=S+1
```

这里定义了静态变量 L，它是 Boolean 型的，Visual Basic 将 Boolean 型变量初始化为 False，由于第一次进入过程时符合 If 条件，所以在 If 结构中对 S 赋初值 15，同时对 L 赋值 True。当再次进入过程时，由于不再满足 If 条件，所以会跳过 If 结构，直接在 S 中累加计数，达到了从初值 15 累加的目的。

5.7　过程的作用域

过程作用域分为两级：窗体过程和全局过程。根据全局过程的使用方法，又分为标准模块（Module）和公有的子过程（Public）。

5.7.1　全局过程

定义全局过程有两种方法：

1. 在标准模块中定义全局过程

在工程中添加标准模块 Module，然后在标准模块中以如下语句格式定义过程：

```
Public Sub 过程名(参数列表)
```

或

```
Public Function 函数名(参数列表)
```

【例 5.18】全局过程定义示例一。

【解】向工程中添加标准模块 Module1，在 Module1 中输入下列代码：

```
Public Sub PubProc()
    MsgBox "这是标准模块中的全局过程"
End Sub
Public Function PubFunc()
    PubFunc="这是标准模块中的全局函数"
End Function
```

在 Form1 的 Command1 单击事件中添加下列程序代码：

```
Private Sub Command1_Click()
    Dim str As String
    Call PubProc
    str=PubFunc()
    Print str
End Sub
```

运行程序，单击窗体 Form1 上的 Command1 命令按钮，出现"这是标准模块中的全局过程"和"这是标准模块中的全局函数"提示信息。说明在标准模块中用关键字 Public 声明的过程和函数可以被工程中的各个窗体调用，它是全局过程。

在一个工程的标准模块 Module 中声明的 Public 过程或函数，如果名字是唯一的，则在工程的其他模块中可以直接调用该名字，如例 5.18 中对 PubProc()和 PubFunc()的调用。如果在不同的 Module 中声明了同名的 Public 过程或函数，则调用时，必须带上标准模块的名字。例如，在 Module1 和 Module2 中都声明了 Public 过程 PubProc，则调用时必须指明是调用哪个模块中的过程，其格式是：

```
Call Module1.PubProc
```

2. 在窗体中定义全局过程

在窗体中用 Public 关键字声明过程或函数，则在工程的其他窗体中可以调用这些过程和函数。调用的语句格式如下：

```
Call 窗体名.过程名
```

【例 5.19】全局过程定义示例二。

【解】在工程中添加两个窗体 Form1 和 Form2，在 Form2 中输入下列代码：

```
Public Sub PubProc()
    MsgBox "这是窗体 Form2 中的全局过程"
End Sub
Public Function PubFunc()
    PubFunc="这是窗体 Form2 中的全局函数"
End Function
```

在 Form1 的 Command1 单击事件中添加下列程序代码：

```
Private Sub Command1_Click()
    Dim str As String
    Call Form2.PubProc
    str=Form2.PubFunc()
    Print str
End Sub
```

运行程序，单击窗体 Form1 上的 Command1 命令按钮，出现"这是窗体 Form2 中的全局过程"和"这是窗体 Form2 中的全局函数"提示信息。说明在窗体中用关键字 Public 声明的过程和函数可以被工程中的各个窗体调用，它也是全局过程。

需要注意的是，在调用窗体的全局过程时，必须带有窗体名。如果在窗体和 Module 中声明了同名的 Public 过程或函数，调用时直接写过程名，指的是 Module 中的全局过程，因为窗体全局过程必须带有窗体名。

3. Sub Main 过程

在 Visual Basic 中，Sub Main 是一个特殊的过程，在默认情况下，应用程序中的第一个窗体被指定为启动窗体。程序运行的表现也是启动窗体被显示出来，如果需要在显示之前进行一些操作或者程序根本就不需要窗体，可以使用 Main 子过程来实现。

① 选择“工程”→“工程属性”命令，弹出“工程属性”对话框，选择“通用”选项卡。

② 在“启动对象”下拉列表框中，选择 Sub Main 作为启动对象，如图 5-17 所示。如果想使用当前工程中的其他窗体作为启动窗体，也同样在这里选择。

接下来，在标准模块中书写一个名称为 Main 的子过程，这样，程序启动后将会第一个执行 Main 过程，可以在这个过程中装入需要显示的窗体，或者进行数据的载入、用户的认证等操作。

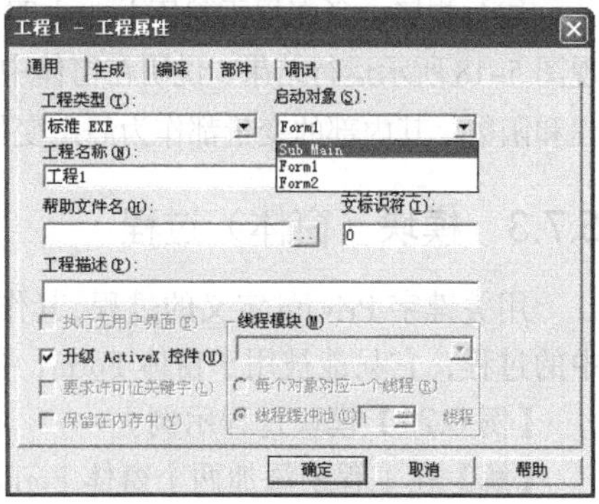

图 5-17　设置启动模块

注意：Main 子过程只有创建在标准模块中才能被指定为启动过程，Main 子过程也是一个全局过程，它的名称是唯一的。其他过程不能使用这个名称，也不能作为启动程序。下面代码的功能是根据用户名称的不同打开不同的窗体。

```
Sub Main()
Dim UserName As String              '用来存储用户的输入
    UserName=InputBox("输入用户名称","名称输入")
    If UserName<>"" Then
       If UserName="张三" Then
           Form1.Show               '如果用户名为“张三”，打开 Form1
       Else
           Form2.Show               '否则显示 Form2
       End If
    End If
End Sub
```

5.7.2　静态过程

如果在声明一个过程时，在 Sub 或 Function 的前方加上 Static 关键字，那么该过程将成为静态过程。在这个过程中所有变量的使用空间，在程序运行期间，都将被保留，即在这个过程中所有声明的变量都可以视为静态变量。

【例 5.20】静态过程示例。

【解】在工程中添加一个窗体 Form1，并在 Form1 中输入下列代码：

```
Static Sub StaProc()
   x=x+1
   Print "这是第"; x; "次运行静态过程"
End Sub
Static Function StaFunc() As String
```

```
    y=y+1
StaFunc="这是第 " & y & " 次运行静态函数"
End Function
```

在 Form1 的 Command1 单击事件中添加下列程序代码：

```
Private Sub Command1_Click()
    Print
    Call StaProc
    Print StaFunc
End Sub
```

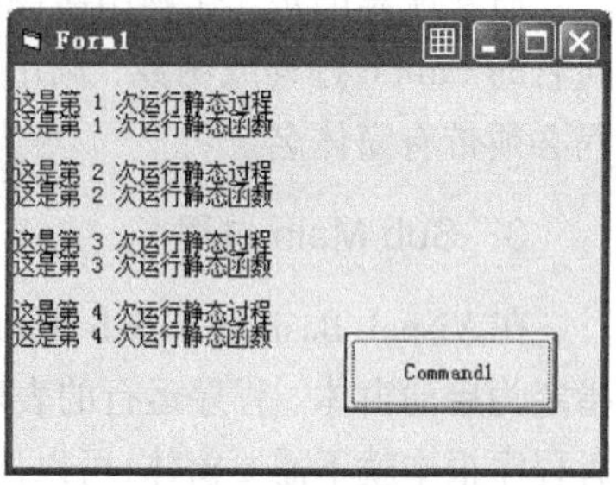

图 5-18　静态过程示例

运行程序，多次单击窗体 Form1 的 Command1 命令按钮，出现图 5-18 所示运行结果，说明在窗体中用关键字 Static 声明的过程和函数，其内部的变量都作为静态变量来使用，因此反复单击命令按钮使这些变量进行了累计。

5.7.3　模块（窗体）过程

用关键字 Private 定义的过程，其作用域被限定在本模块中。例如，用关键字 Private 定义 Form1 中的过程，它只能被用于窗体 Form1 中，或者说只能被窗体 Form1 中的语句调用。

【例 5.21】 模块过程示例。

【解】 在工程中添加两个窗体 Form1 和 Form2，并在 Form1 中输入下列代码：

```
Private Sub PrivProc()
    Print "这是窗体 Form1 中的过程，只能在 Form1 中调用"
End Sub
Private Function PrivFunc() As String
PrivFunc="这是窗体 Form1 中的函数，只能在 Form1 中调用"
End Function
```

在 Form1 的 Command1 单击事件中添加下列程序代码：

```
Private Sub Command1_Click()
    Call PrivProc
    Print PrivFunc
    Load Form2
    Form2.Show
End Sub
```

在 Form2 的 Command1 单击事件中添加下列程序代码：

```
Private Sub Command1_Click()
    Call PrivProc
    Print PrivFunc
End Sub
```

运行程序，单击窗体 Form1 的 Command1 命令按钮，Form1 窗体上出现提示信息，并且出现 Form2 窗体。在 Form2 窗体上单击 Command1 命令按钮，系统提示编译错误（见图 5-19），这说明在窗体中用关键字 Private 声明的过程和函数只能在本窗体中调用。

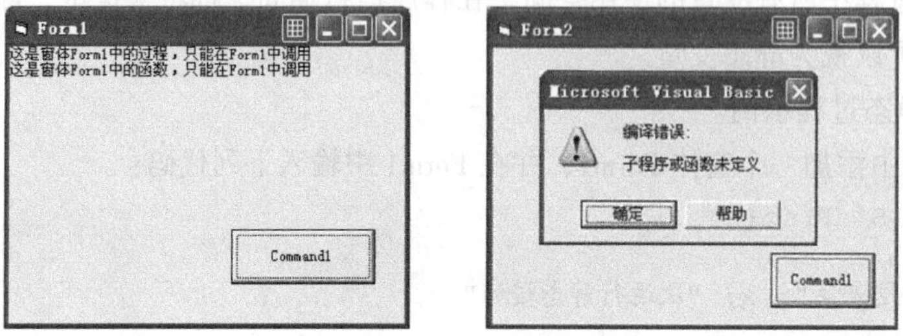

图 5-19　窗体过程示例

5.8　过程应用举例

【例 5.22】求一个字符串的翻转字符串。

在文本框 Text1 中输入字符串，得到翻转后的字符串，如图 5-20 所示。

分析：在处理这个问题时，需要把输入的字符串依次放入一个称为“栈”的空间中，然后从栈空间中依次取出，如图 5-21 所示。在计算机中，把这种“先进后出”的数据保存方式称为堆栈。其中，将数据存入栈的过程称为进栈（或入栈），取出数据称为出栈。

图 5-20　字符串的翻转

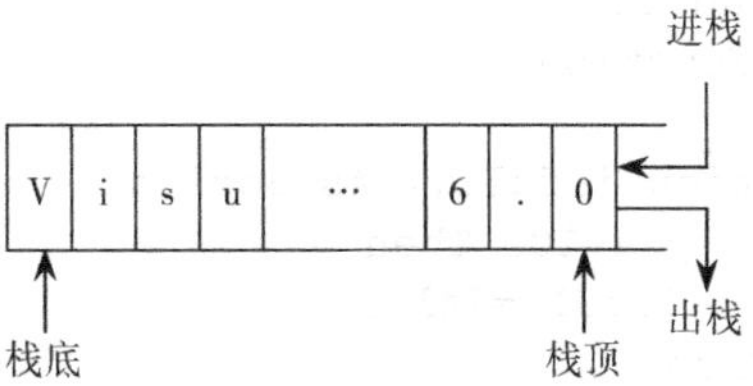

图 5-21　栈的示意图

在本例中，将构造如下几个函数：

① 判断堆栈是否为满函数：如果堆栈已满，则返回真值，不能再入栈数据；堆栈不满，则返回假值，可以入栈数据。

② 判断堆栈是否为空函数：如果堆栈已空，则返回真值，无数据出栈；堆栈未满，则返回假值，可以出栈数据。

③ 入栈函数：将数据压入栈内，如成功返回真值，否则返回假值。

④ 出栈函数：从栈内取出数据，如成功返回真值，否则返回假值。

【解】程序代码如下，其中 data 和 pos 在通用处声明为模块变量，data 用于处理开辟的堆栈区域，pos 用于指示栈内指针的位置（栈顶）。

```
Dim data(100) As String
Dim pos As Integer

Function inits() As Boolean                          '堆栈初始化函数
   pos=0
   inits=True
End Function

Function push(x As String) As Boolean                '入栈函数
   If Not isfull() Then                              '当栈不满的时候
      pos=pos+1                                      '栈顶值加 1
      data(pos)=x                                    '将数据入栈
      push=True
   Else
      push=False                                     '栈满，没有入栈
   End If
End Function

Function pop() As String                             '出栈函数
```

```
    If Not isemptys() Then                    '当栈不空的时候
        pop=data(pos)                         '获得栈顶元素值
        pos=pos-1                             '栈顶减 1
    Else
        pop=""                                '栈空，取不出数据
    End If
End Function

Function isemptys() As Boolean                '判断堆栈是否为空
    If pos=0 Then
        isemptys=True
    Else
        isemptys=False
    End If
End Function

Function isfull() As Boolean                  '判断堆栈是否为满
    If pos<100 Then
        isfull=False
    Else
        isfull=True
    End If
End Function

Private Sub Command1_Click()
    Dim k As Integer
    k=Len(Text1.Text)
    inits                                     '初始化堆栈
    For m=1 To k
        If Not push(Mid(Text1.Text,m,1)) Then '将 Text1 的字符依次压入堆栈
            Exit For                          '如果压栈失败退出循环
        End If
    Next m
    Do While Not isemptys()
        Text2.Text=Text2.Text+pop()           'Text2 获得堆栈内的字符
    Loop
End Sub
```

上面函数的返回值都是逻辑值，这种返回 Boolean 值的函数在实际中应用非常广泛，通常是在函数中进行某个功能的处理，处理成功，则返回真值，否则返回假值。

小　结

本章主要介绍了两类用户自定义过程：子过程和函数过程，前者没有返回值，后者可以返回一个函数值。对于一个较大的程序，最好的处理方法就是将其分解成若干小的功能模块，然后编写过程去实现每个模块的功能，最终通过一个主程序调用这些过程来实现总体目标。

Visual Basic 使用参数列表这一形式来完成过程和调用它的程序之间的数据传递，称为参数传递。过程本身使用的参数列表称为“形参”，而主程序传递给过程的真正参数称为“实参”，过程在被调用的过程中，用实参代替形参来完成对真正的数据操作。

在实参代替形参的传递过程中，Visual Basic 提供了两种传递方式：值传递和地址传递。其中，

值传递只是将实参变量复制给过程中的形参，即将实参变量的副本传递给过程中的形参；而地址传递则是将真正的实参传递给形参，即当调用过程语句被执行时，过程中的形参直接引用了调用语句中的实参，此时，形参与实参实质上使用的是同一个存储单元。

在进行过程调用时，还可以将数组作为参数传递到过程中进行处理，数组是通过传址方式传递的，此时在声明过程的形参列表中，要将数组声明为动态数组，而在调用过程语句的实参表中，只要给出实参数组名即可。

在 Visual Basic 中定义过程时，一个过程内不能包含另一个过程。但在一个过程中可以调用另外的过程，这种程序结构称为过程的嵌套调用。如果一个过程调用了自身，则称为递归调用。递归是推理和问题求解的一种重要的方法。

变量在程序中的使用是受一定范围限制的，这一范围称为作用域。Visual Basic 把变量的作用域按由大到小的顺序分为三个层次：全局变量、模块级变量（窗体变量）和过程变量（局部变量）。另外，如果需要在过程结束后仍保留变量的值，还可以将变量声明为静态变量。

过程的作用域是指过程被调用的范围，Visual Basic 将过程的作用域分为两级：模块级过程和全局级过程。根据全局过程的使用方法，又分为标准模块和公有的子过程。

习　　题

1．编写程序，求 S=A!+B!+C!，其中 A、B、C 分别由三个文本框输入，阶乘的计算分别用 Sub 过程和 Function 过程两种方法来实现。

2．编写函数 fun(n1,n2)=n1+(n1+1)+(n1+2)+…+n2，在主程序中调用函数计算：

$$s=\frac{(50+51+\cdots+80)-(10+11+\cdots+40)}{100+101+\cdots+200}$$

3．编写函数完成 fun(N) = 1 × 2+2 × 3+3 × 4+…+N × (N+1)的运算，N 为任意整数。

4．编写一个函数实现闰年的判断，形参为任意年数，如为闰年，函数返回结果为 True，否则返回 False。

5．编写一个函数，功能为素数的判断，形参为任意整数，如果为素数，函数返回结果为 True，否则返回 False。

6．编写一个过程，形参为数组，功能为对一维数组进行排序。

7．编写一个过程，计算二维数组行、列的最大值和最小值。

8．编写一个函数，形参为一个字符串及一个指定字符，函数的功能是删除这个字符串中的指定字符。例如，fun("I am Happy"," ")，则返回值为"IamHappy"（将原字符串中的空格删除）。

9．要使变量在某事件过程中保留值，有哪几种变量声明方法？

10．为了使某变量在一个窗体的所有过程中都能使用，应如何声明该变量？

11．为了使某变量在一个工程的所有窗体中都能使用，应如何声明该变量？

第 6 章 窗体与常用控件

图形界面是 Windows 应用程序的一大特色，优美的用户界面为应用程序增色不少。在 Visual Basic 中，窗体是最基本的对象，也是程序设计的基础；而控件是构造 Visual Basic 应用程序界面的基本元素，也是人机交互的基本界面。因此，掌握窗体与常用控件的使用方法是 Visual Basic 程序设计的基础。这一章的学习重点是应用程序界面的设计，重点学习窗体及常用基本控件的使用方法。

学习目标

- 掌握窗体对象的常用属性、事件和方法，了解窗体的生命周期，学习多重窗体的操作。
- 了解控件的基本知识，掌握控件的常用属性。
- 掌握 Visual Basic 标准控件的常用属性、方法和事件的使用。
- 掌握鼠标和键盘事件的使用。
- 能够在应用程序设计中灵活使用各种标准控件。

6.1 窗　　体

在运行程序时看到的窗口就是窗体，它是 Visual Basic 中最基本的对象，是所有控件的容器，各种控件对象都必须建立在窗体上。本节重点介绍窗体的属性、事件和方法，讲解窗体从加载到卸载的生命周期中所经历的事件、方法及各自的作用，以及多重窗体应用程序的设计。

6.1.1 窗体概述

窗体（Form）就是运行程序时看到的窗口，不过在 Visual Basic 中，窗体是指设计阶段时的窗口，是 Visual Basic 中最基本的对象，也是程序设计的基础。窗体是所有控件的容器，各种控件对象都必须建立在窗体上，Visual Basic 允许用户可视化地设计窗体和控件，而这种可视化的开发环境也为使用控件提供了很大的方便。

在进行窗体设计时，可以使用简单的“拖动”操作在窗体上添加控件，就像在画布上绘图一样。用鼠标单击工具箱中相应的按钮，然后在窗体上拖动出相应大小的矩形框，窗体上就会生成一个相应大小的控件。需要说明的是，有些控件的大小是固定的，如时钟控件，这些控件的大小不可调。

对窗体上控件的大小和位置的调整也很简单，直接用鼠标拖动控件的边缘就可以调节它的大小，也可以通过拖动来改变它的位置。此时，控件属性中的 Top、Left、Width、Height 是自动变化的，用户也可以通过修改这四个属性来调整控件的位置和大小（关于这四个属性将在 6.2.2 节中做详细的介绍）。

通常情况下，用“拖动”方式来精确对齐控件是很困难的，为此 Visual Basic 提供了网格功能实现控件自动对齐操作。在“工具”菜单中选择“选项”命令，在弹出的“选项”对话框中选择“通用”选项卡，如图 6-1 所示。选中“显示网格”和“对齐控件到网格”复选框后，移动控件过程中控件就会被“吸附”到最近的网格上。为了比较细致地调整控件，可以将网格的宽度和高度减小，如设为 10。

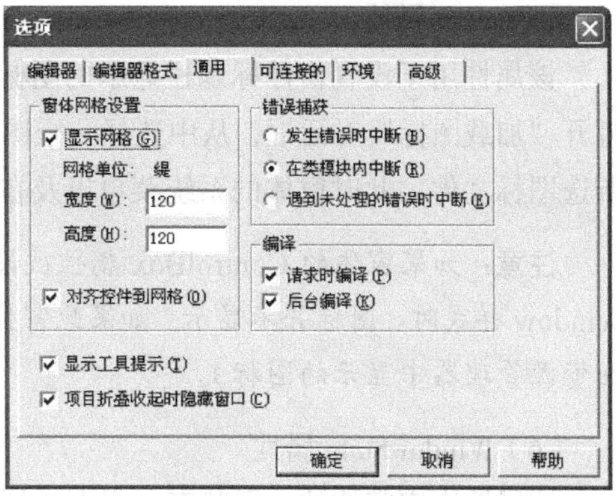

图 6-1　“选项”对话框

6.1.2　窗体的属性、事件和方法

窗体对象是 Visual Basic 应用程序的基本构造模块，是运行应用程序时与用户交互操作的实际窗口。作为一个对象，窗体有自己的属性、事件和方法。

1．窗体的常用属性

设置窗体的属性有两种方法：既可以在程序设计时通过属性窗口进行设置，也可以在程序运行时由相应的代码来实现。通常情况下，对于在应用程序整个运行期间固定不变的属性，都在属性窗口中设置。

窗体的属性不仅影响着窗体的外观，还控制着窗体的位置、行为等其他特性。窗体的基本属性有“名称”、Height、Width、Top、Left、Enabled、Visible、Font、ForeColor、BackColor 和 Picture 等，这些属性将在 6.2.2 小节中做详细的介绍，下面重点对窗体的一些特有属性进行说明。

（1）Caption 属性

窗体标题栏中显示的文本，既可以在属性窗口中指定，也可在程序中设置该属性以动态改变窗口标题。

（2）MaxButton、MinButton 和 ControlBox 属性

这三个属性都是逻辑值，用来控制窗体左上角控制菜单（也称为系统菜单）和右上角最大化、最小化按钮的显示。值为 True 时显示，为 False 则隐藏。

（3）Moveable 属性

该属性决定窗体是否可移动，为逻辑值，为 True 时窗体可移动。

（4）BorderStyle 属性

该属性可以控制窗体是否可调大小，以及边框和标题栏的显示方式。该属性有 6 个取值，其含义如下：

0 – None：窗口无边框。

1 – Fixed Single：窗口为单线边框，不可以改变窗口大小。

2 – Sizable：窗口为双线边框，可以改变窗口大小。

3 – Fixed Dialog：窗口具有双线框架，不可以改变窗口大小。

4 – Fixed ToolWindow：窗口标题为工具栏样式，不可以改变窗口大小。

5 – Sizable ToolWindow：窗口标题为工具栏样式，可以改变窗口大小。

（5）Icon 属性

该属性用于设置窗体标题栏显示的图标。单击属性窗口中 Icon 属性框右边的“…”按钮，将打开“加载图标”对话框，从中选择一个图标文件（*.Ico 和*.Cur），即可将窗体的 Icon 属性设为所选图标文件，此时窗体的系统菜单以及在任务栏显示时都将使用该图标。

注意：如果窗体的 ControlBox 属性被设置为 False，或者 BorderStyle 属性设置标题栏为 Tool Window 样式时，图标并不显示。如果此窗体是启动窗体，则此图标就是应用程序本身的图标（即在资源管理器中显示的图标）。

（6）WindowState 属性

该属性决定窗体的显示状态，根据该属性可以把窗体设置为在启动时最大化、最小化或正常大小。也可以在程序中用代码修改此属性，以改变窗口状态。该属性三个取值的含义如下：

0 – Normal：正常窗口状态，有窗口边界。

1 – Minimized：最小化状态。

2 – Maximized：最大化状态，无边框，充满整个屏幕。

（7）ShowInTaskbar 属性

该属性决定一个窗体对象是否出现在 Windows 任务栏中，它是一个逻辑值，为 True 时会出现在 Windows 任务栏中。该属性的值在运行时为只读状态。

（8）AutoRedraw 属性

默认情况下，窗体对于在自身上使用绘图语句如 Circle、Line 或者打印语句 Print 等的输出并不重新绘制，当窗体改变大小和状态或者被其他窗口覆盖后，被覆盖部分的内容不能自动恢复，如果将 AutoRedraw 设置为 True，则 Visual Basic 将自动刷新或者重画该窗体上的所有图形。

注意：在 Visual Basic 中，通常用 Me 来代表当前窗体，例如，Me.WindowState=1 语句将会把当前窗体最小化。

2. 窗体的事件

窗体最常用的事件有 Click、DblClick、Load、Unload 以及 Resize、Activate 和 Deactivate 等。窗体的 Click 和 DblClick 事件与控件的相应事件相同，这里不再介绍。

（1）Load 事件

当窗体被装入工作区时触发的事件。该事件通常用来在启动应用程序时对属性和变量进行初始化工作。

（2）UnLoad 事件

该事件在卸载窗体时被触发，可以在该事件中处理程序退出时数据的存储等操作。

（3）Resize 事件

当窗体的大小发生变化时，无论这一变化是通过鼠标拖动调整的，还是在程序中通过代码调整的，都会触发 Resize 事件。

（4）Activate 事件与 Deactivate 事件

当一个窗体成为活动窗口时会触发 Activate 事件。与之对应，当窗体成为非活动窗体时触发 Deactivate 事件。

3．窗体的方法

窗体常用的方法有 Print、Cls、Move、Show 和 Hide 等。

（1）Print 方法

Print 方法用于在窗体上输出文本字符串。关于 Print 方法的使用，3.1.2 小节的数据输出部分已经做了详细的介绍，请参阅相关内容。

（2）Cls 方法

Cls 方法用来清除程序运行时在窗体上显示的文本或图形。该方法的调用格式为：

```
窗体名.Cls
```

同 Print 方法类似，如果不指明窗体，默认是对当前窗体进行操作。

（3）Move 方法

Move 方法用来在屏幕上移动窗体，其调用格式为：

```
窗体名.Move  Left[,Top[,Width[,Height]]]
```

其中，Left、Top、Width、Height 均为单精度数值型数据，分别用来表示相对于屏幕左边缘的水平坐标和相对于屏幕顶部的垂直坐标，以及窗体移动后的宽度和高度。

（4）Refresh 方法

该方法用于刷新窗体。当用户对窗体进行操作后，调用 Refresh 方法，可以刷新窗体，使窗体显示最新的内容。该方法的调用格式为：

```
窗体名.Refresh
```

窗体还有两个很重要的方法就是窗体的显示（Show）和隐藏（Hide），关于这两个方法的使用将在 6.1.4 小节中做详细的介绍。

6.1.3　窗体的生命周期

从窗体事件的介绍中可以看出，有些事件是在窗体加载时触发的（如 Load 事件），也有些事件是在窗体卸载时触发的（如 Unload 事件）。实际上，在 Windows 环境下，应用程序的开始和结束大都表现为窗体的加载和卸载过程，而窗体从加载到卸载体现了窗体的一个生命周期。窗体作为对象的容器和运行环境，它的生命过程往往是和所有对象的操作息息相关的，因此，了解窗体的生命周期可以更清楚地知晓与窗体生命过程有关的事件发生的先后顺序及触发时机，这将对编写程序提供很大帮助。例如，对于需要初始化的数据，就可以利用加载窗体的事件来完成；而在窗体被卸载时，可以通过卸载事件保存修改后的数据。

1．窗体的加载与显示

窗体的加载过程如图 6-2 所示。可以看出，在创建窗体的过程中，首先触发的是 Initialize 事件，它是窗体创建状态开始的标志。Initialize 事件过程中的代码是窗体创建时最先执行的代码。但是此时，窗体还只是作为一个对象存在，窗口并没有出现，因此窗体上的控件也不存在。也就是说在这个状态下，只有窗体的代码部分在内存中，而窗体的可视部分还没有调入。

当 Load 语句将指定窗体加载到内存后，就会触发 Load 事件。Load 事件的触发标志着加载状态的开始，一旦窗体进入加载状态，Load 事件过程中的代码就开始执行，此时窗体上的所有控件都被创建和加载，而且该窗体有了一个窗口，此时窗体的加载过程结束。通常将变量的初始化、数据装入等操作放到 Form_Load()事件过程中。

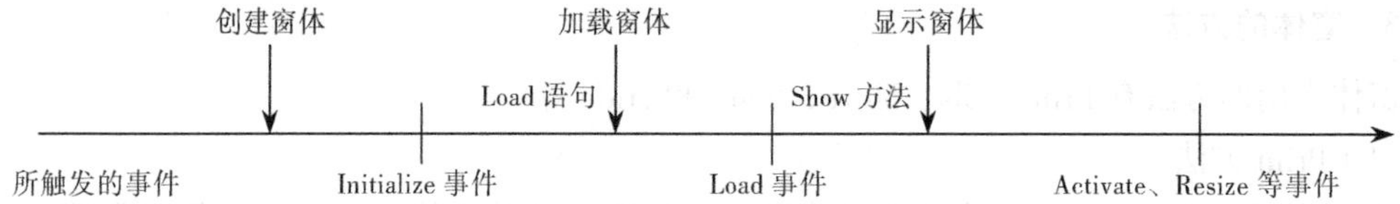

图 6-2　窗体的加载过程

需要说明的是，在 Load 事件完成后，窗口还未被显示，需要使用窗体的 Show 方法，才能使窗体进入可见状态，即将窗体显示，这样用户才可以通过窗口进行交互操作。

2. 窗体的卸载

窗体的卸载过程如图 6-3 所示。当窗体不再使用时，会先从屏幕上隐藏（Hide 方法），然后通过 UnLoad 语句卸载窗体，即将窗体从内存删除。从图 6-3 中可以看出，卸载窗体时会依次触发 QueryUnload 事件、Unload 事件和 Terminate 事件。

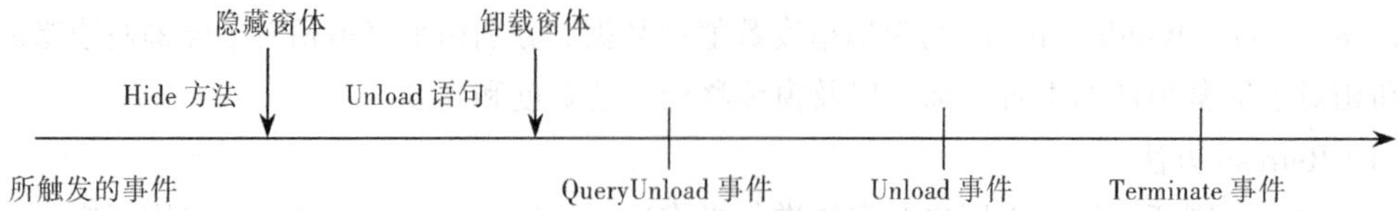

图 6-3　窗体的卸载过程

在窗体卸载前会先触发 QueryUnload 事件。该事件的典型应用是在关闭一个应用程序之前，用来确保包含在该应用程序的窗体中无未完成的任务。例如，如果某些数据还未保存，则应用程序会提示保存或忽略所做的更改。在该事件过程中将 Cancel 参数设置为 True，可以停止窗体的卸载。

在窗体卸载时会触发 Unload 事件，同样的，可以将一些程序结束时需要处理的数据放到该事件过程中来处理。在该事件过程中将 Cancel 参数设置为 True，也可以停止窗体的卸载。

Terminate 事件是在窗体对象被销毁时发生的，是窗体对象从内存删除之前最后一个触发的事件。

注意：如果是因为程序非正常结束而关闭的窗口，例如，使用【Ctrl+Break】组合键或出错而被中断，则不会触发 QueryUnload、Unload 和 Terminate 事件。另外，如果是使用 End 语句来强制性地结束程序，虽然窗体对象也将从内存中删除，但是也不会触发 QueryUnload、Unload 和 Terminate 事件。

【例 6.1】使用消息框来理解窗体的生命过程。

【解】程序代码如下：

```
Private Sub Form_Initialize()
    MsgBox "I am in Form_Initialize"
End Sub
Private Sub Form_Load()
    MsgBox "I am in Form_Load"
End Sub
Private Sub Form_Activate()
```

```
    MsgBox "I am in active state"
End Sub
Private Sub Form_QueryUnload(Cancel As Integer,UnloadMode As Integer)
      MsgBox "I am in Form_Queryunload"
End Sub
Private Sub Form_Unload(Cancel As Integer)
    MsgBox "I am in Form_Unload"
End Sub
Private Sub Form_Terminate()
    MsgBox "I am in Form_Terminate"
End Sub
```

运行上述程序，如果此窗体为启动窗体，先执行 Form_Initialize()事件，弹出 I am in Form_Initialize 消息框，之后弹出 I am in Form_Load 消息框，说明执行到 Form_Load()事件，窗体被加载，但此时窗体还没有出现。当单击 I am in Form_Load 消息框的“确定”按钮后，窗口出现，说明 Form_Load()事件执行完毕，即窗体加载完毕，窗口自动显示并置为活动状态，这时就触发了 Form_Activate()事件，弹出 I am in active state 消息框。当用户关闭窗体时，Form_QueryUnload()事件先被触发，程序并不包括终止窗体卸载的语句，所以在弹出 I am in Form_Queryunload 消息框之后，又触发了 Form_Unload()事件，弹出 I am in Form_Unload 消息框。最后触发了 Form_Terminate()事件，弹出 I am in Form_Terminate 消息框后结束程序运行。

例 6.1 描述了窗体的整个生命周期，程序使用系统函数 Msgbox 来弹出消息框告诉用户当前所处的过程。请读者验证上面程序，体会窗体生命周期的各个阶段。

【例 6.2】 编写一个程序，在 Form_Load()事件中初始化数据，在窗口中处理数据，在退出窗口时提示信息。

【解】 程序代码如下：

```
Dim a(1 To 10) As Integer     '在通用声明区声明数组，使数组在窗体各模块中可见
Private Sub Form_Load()
    For i=1 To 10             '在 Load 事件中初始化数据，给数组赋初值
        a(i)=2*i
    Next
End Sub
Private Sub Command1_Click()
    s=0                       '在 Click 事件中处理数组
    For i=1 To 10
        s=s+a(i)
    Next
    Print s
    For i=1 To 10
        Print a(i);
    Next
End Sub
Private Sub Form_Unload(Cancel As Integer)      '在 Unload 事件中确认是否退出
    aa=MsgBox("退出程序可能会丢失未保存的数据，是否真的退出？",vbYesNo)
    If aa=7 Then
        Cancel=True
    End If
End Sub
```

例 6.2 给出了一个典型的程序执行过程。在程序开始执行时首先触发 Load 事件，在该事件中对数组 a 进行初始化；之后显示窗体，在 Click 事件中完成程序的功能；在关闭窗口退出程序时，触发了 Unload 事件，提示“是否真的退出？”，在得到肯定回答后关闭窗口，退出程序，否则不退出程序。

6.1.4 多重窗体的操作

迄今为止，书中案例所创建的应用程序都是只有一个窗体的简单程序。在实际应用中，特别是对于比较复杂的应用程序，单一的窗体往往不能满足需要，必须通过多个窗体来实现程序功能，这就需要操作多重窗体。在多重窗体中，每个窗体可以有自己的界面和程序代码，分别完成不同的功能。

1. 添加窗体

Visual Basic 允许在一个工程中添加一个或多个窗体，每个新窗体都是一个对象，并包含了属于自己的对象、属性和事件过程。当需要添加一个窗体时，选择“工程”→“添加窗体”命令，即可新建一个窗体，也可以将一个属于其他工程的窗体添加到当前工程中，这是因为每个窗体都是以独立的.frm 文件保存的。

需要注意的是，如果添加的窗体也属于其他工程，则保存时应该另存为一个其他的名称，以防止窗体在其他工程中被改变后影响当前的工程。

2. 设置启动对象

当在程序中添加多个窗体后，Visual Basic 总是默认将程序中的第一个窗体 Form1 作为启动窗体，在程序运行时，系统会自动加载并显示第一个窗体 Form1。如果需要指定其他某个窗体作为启动窗体，可在“工程”菜单中选择“工程属性”命令，弹出“工程属性”对话框，如图 6-4 所示。在“启动对象”下拉列表框中选择需要作为启动窗体的名称，即可将把窗体设为启动窗体。

在设置启动对象时，不仅可以设置窗体为启动对象，还可以设置 Main 过程为启动对象。在图 6-4 所示对话框的“启动对象”下拉列表框中，如果选择 Sub Main 作为启动对象，则程序启动时不加载任何窗体，而是首先执行 Main 过程，即程序以 Main 过程开始。为此，必须在标准模块中以 Main 为名编制一个子过程，在该过程中根据不同情况决定是否加载窗体或加载哪一个窗体。

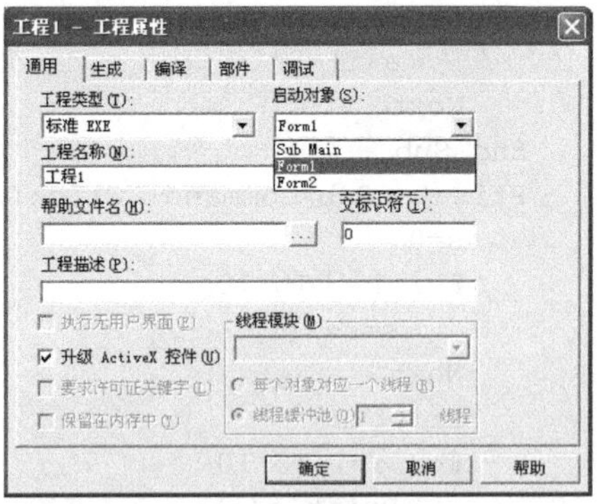

图 6-4 设置启动对象

3. 有关窗体操作的语句和方法

一个窗体要显示在屏幕上，须先将其装入内存（Load），然后再在屏幕上显示（Show）；当窗体暂时不需要显示时，可以将其隐藏（Hide）；当不需要窗体时，就可以将其从内存中删除（Unload）。这里涉及的几个操作是由窗体的操作语句和方法实现的。

（1）Load 语句

该语句把一个窗体装入内存，此时，可以引用窗体中的控件及各种属性，但此时窗体并没有显示出来。语句形式如下：

```
Load 窗体名称
```

在首次使用 Load 语句将窗体装入内存时，会依次触发 Initialize 和 Load 事件。

（2）Unload 语句

该语句与 Load 语句功能相反，它从内存中卸载指定的窗体。语句形式如下：

```
Unload 窗体名称
```

Unload 的一种常见用法是 Unload Me，其中 Me 代表 Unload Me 语句所在的窗体，其含义是关闭自身的窗体。

（3）Show 方法

调用窗体的 Show 方法可以使一个窗体可见，它兼有装入和显示窗体两种功能，即如果窗体不在内存中，Show 方法自动把窗体装入内存，并将其显示；如窗体已在内存中，Show 方法直接将其显示。调用 Show 方法的格式如下：

```
窗体名.Show
```

调用 Show 方法与设置窗体的 Visible 属性为 True 具有相同的效果。

（4）Hide 方法

隐藏一个窗体，该方法仅仅是把窗体在屏幕上隐藏，并没有卸载，对该窗体的操作，如控件引用等仍然有效。调用 Hide 方法的格式如下：

```
窗体名.Hide
```

【例 6.3】窗体方法的应用案例。

【解】在一个工程中添加两个窗体 Form1 和 Form2。在 Form1 窗体上添加一个命令按钮 Command1，将其 Caption 属性设为“进入 Form2”；在 Form2 窗体上添加一个命令按钮 Command1，将其 Caption 属性设为“返回 Form1”。窗体样式如图 6-5 所示。程序要求是：在 Form1 窗体中单击“进入 Form2”命令按钮，显示 Form2 窗体并隐藏 Form1；在 Form2 窗体中单击“返回 Form1”命令按钮，则返回 Form1 窗体并隐藏 Form2。分别编写两个单击事件的过程，程序代码如下：

```
'Form1 窗体的命令按钮单击事件
Private Sub Command1_Click()
   Load Form2
   Form2.Show
   Me.Hide
End Sub
'Form2 窗体的命令按钮单击事件
Private Sub Command1_Click()
   Form1.Show
   Me.Hide
End Sub
```

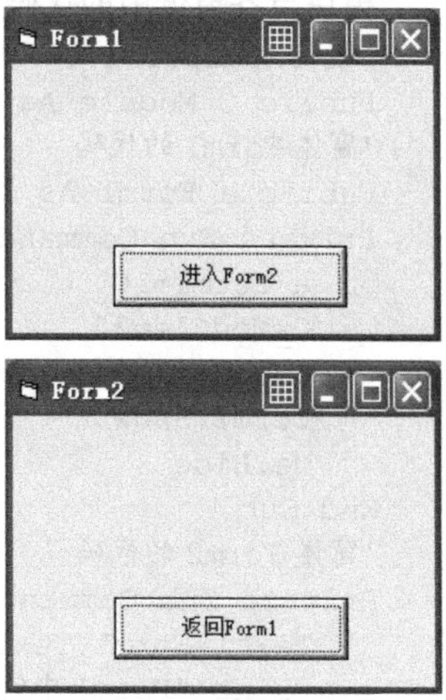

图 6-5　窗体方法的应用举例

4. 多窗体间数据的访问与传递

借助于全局变量，或直接访问其他窗体的控件属性，可以在多窗体间实现数据访问与传递的目的。

（1）直接访问其他窗体的控件属性

在一个窗体中可以直接访问另一个窗体上控件的属性，访问时要指明是哪一个窗体，其形式为：

另一个窗体名.控件名.属性

例如，当前窗体为 Form2，现需要将 Form1 窗体上 Text1 文本框中的数据直接赋值给 Form2 上的 Text1 文本框，实现的语句是：

```
Text1.Text=Form1.Text1.Text
```

（2）直接访问其他窗体中声明的全局变量

在 5.6 节中曾经讨论过变量的作用域，在窗体的通用声明区用 Public 关键字声明的变量，可以被工程中其他的窗体或模块所使用。需要注意的是，在使用窗体的全局变量时，必须带有窗体名。其格式为：

窗体名.变量名

（3）在标准模块中声明全局变量，实现数据的共享

为了实现窗体间的数据互访，还可以在标准模块中声明全局变量，并以该全局变量作为交换数据的场所。例如，添加一个标准模块 Module1，然后在其中声明一个全局变量：

```
Public Pubx As Integer
```

此时，在一个窗体中对 Pubx 赋值，可以被其他窗体使用。

【例 6.4】 多窗体间数据传递的案例。

【解】 在一个工程中添加两个窗体 Form1、Form2 和一个标准模块 Module1，然后分别在两个窗体上添加一个文本框 Text1 和一个命令按钮 Command1，如图 6-6 所示。

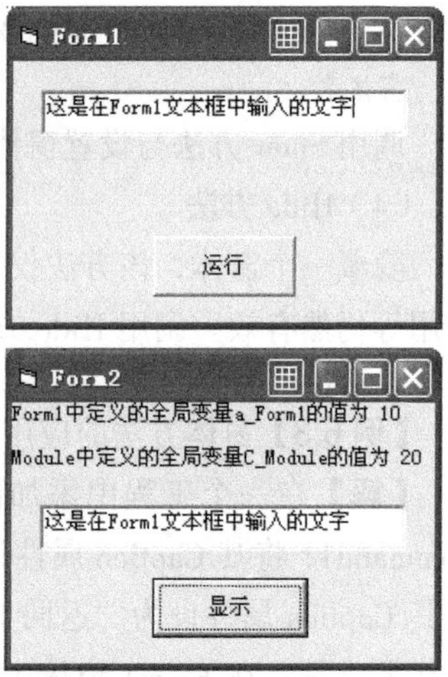

图 6-6　多窗体间数据传递的例子

模块与各窗体中的代码如下：

```
'模块 Module1 的代码
Public C_Module As Integer          '声明一个全局变量
'窗体 Form1 的代码
Public a_Form1 As Integer           '在通用声明区声明一个全局变量
Private Sub Command1_Click()
    a_Form1=10
    C_Module=20
    Load Form2
    Form2.Show
    Me.Hide
End Sub
'窗体 Form2 的代码
Private Sub Command1_Click()
    Text1=Form1.Text1               '将 Form1 窗体 Text1 的内容赋值给当前窗体的 Text1
    Print "Form1 中定义的全局变量 a_Form1 的值为";Form1.a_Form1
    Print
    Print "Module 中定义的全局变量 C_Module 的值为";C_Module
End Sub
```

运行程序时，首先显示窗体 Form1；在窗体 Form1 的文本框中输入文字，单击“运行”按钮，此时，先对全局变量进行赋值，然后显示 Form2 窗体并隐藏 Form1 窗体；在 Form2 窗体中单击“显示”命令按钮，将 Form1 窗体 Text1 文本框中输入的内容显示在 Form2 窗体的文本框中，并通过 Print 语句，将全局变量的值显示在 Form2 窗体上。

6.2 控件概述

Visual Basic 提供了许多标准控件，还有很多扩展控件，使用这些控件可以轻松地设计出美观典型的 Windows 程序界面。本节介绍有关控件的基本概念和知识。

6.2.1 控件的分类

Visual Basic 对控件有以下三种广义的分类：

（1）内部控件

内部控件就是默认情况下在工具箱中出现的控件，它们都是基本的 Windows 元素，如命令按钮、标签、文本框、列表框、复选框、框架等，这些控件被集成到 Visual Basic 内部，因此也称为 Visual Basic 的基本控件，它们是 Visual Basic 工具箱中的常驻成员。

（2）ActiveX 控件

ActiveX 控件一般是扩展名为.ocx 的独立文件，可以完成复杂或者特殊的功能。Visual Basic 还允许加载和使用第三方厂家开发的 ActiveX 控件，使用时可以通过右击工具箱，在弹出的快捷菜单中选择“部件”命令打开对话框，从 AciveX 控件列表中选择需要的控件添加到工具箱中。

（3）可插入的对象控件

有些对象能够添加到工具箱中，例如一个 Excel 工作表，可以当做控件使用，这样的对象称为可插入对象。其中一些对象还支持 OLE 自动化，使用这种控件就可以在 Visual Basic 应用程序中编程控制另一个应用程序的对象。

6.2.2 控件的常用属性

在 Visual Basic 中，每一个控件都有自己的属性。但是，对大部分控件来说，一些属性所表示的意义是相同的。本节就对这些属性进行介绍。

1. “名称”属性

就是对象的名字，是所有的对象都具有的属性，用来唯一标识这一控件。在程序中，对对象进行引用或操作都要通过对象的名称实现。

第一次创建控件时，Visual Basic 总是将其“名称”属性设置为默认值，例如，在窗体上绘制了几个命令按钮后，其“名称”属性依次为 Command1、Command2、Command3 等。由于这些默认的名称没有任何意义，这样编制出的程序会不容易理解，也不好维护，因此在实际编程时，一般会为控件取一个易记且有代表性的名称。例如，可以将一个用于显示的命令按钮控件命名为 CmdDisplay。

实际上，对于控件的命名有约定俗成的规律，一般是“前缀+描述性名称”。其中，前缀由控件类型的三个简称字母组成，表示控件的类；描述性名称表示该控件所表示的含义。例如上面的 CmdDisplay，Cmd 表示命令按钮，Display 表示该按钮用于显示。表 6-1 列出了常用控件前缀的建议名称。

表 6-1　常用控件前缀名称

控 件 类 型	前　　缀	控 件 类 型	前　　缀
标签（Label）	Lbl	命令按钮（CommandButton）	Cmd
文本框（TextBox）	Txt	驱动器列表框（DriveListBox）	Drv
列表框（ListBox）	Lst	目录列表框（DirectoryListBox）	Dir
组合框（ComboBox）	Cbo	文件列表框（FileListBox）	Fil
单选按钮（OptionButton）	Opt	计时器（Timer）	Tmr
复选框（CheckBox）	Chk	通用对话框（CommonDialog）	Cdl
框架（Frame）	Fra	图像（Image）	Img
水平滚动条（HorizontalScrollBar）	Hsb	线（Line）	Lin
垂直滚动条（VerticalScrollBar）	Vsb	图片框（PictureBox）	Pic

在实际编程时，应按照上述建议为控件命名，这样可以使程序清晰易懂。

2．Caption（标题）属性

该属性决定了控件上显示的内容，是控件在界面上所表现出来的文字。默认情况下，Caption 属性被显示为此控件的名称，即“名称”属性的值，但 Caption 和“名称”属性是完全不同的，两者没有任何关联。

3．Height、Width、Top 和 Left 属性

Height 和 Width 属性决定了控件的高度和宽度，Top 和 Left 属性决定了控件在窗体中的位置。Top 表示控件到窗体顶部的距离，Left 表示控件到窗体左边框的距离。对于窗体，Top 表示窗体到屏幕顶部的距离，Left 表示窗体到屏幕左边的距离。

在窗体上设计控件时，Visual Basic 自动提供了默认坐标系统，窗体的上边框为横坐标轴，左边框为纵坐标轴，窗体左上角顶点为坐标原点，单位为 twip。1 twip=1/20 点=1/1440 英寸=1/567 cm。

例如，在窗体上建立一个命令按钮控件，则各属性的含义如图 6-7 所示。

【例 6.5】程序界面如图 6-8 所示，单击代表上、下、左、右四个方向的按钮时，代表物体的标签在四个方向上移动。

【解】程序中用到的对象及相应属性如表 6-2 所示。

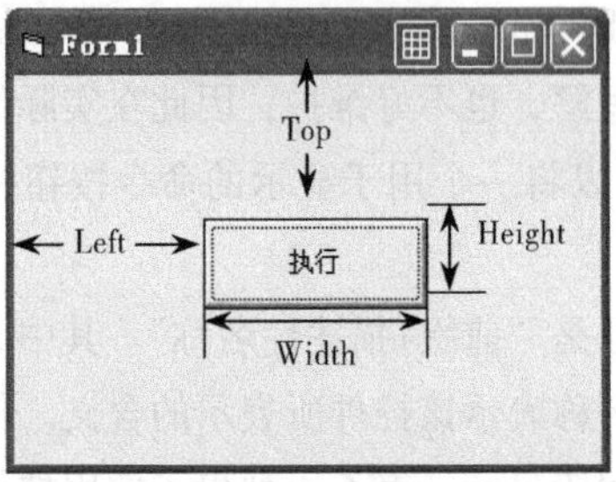

图 6-7　控件位置属性示意图

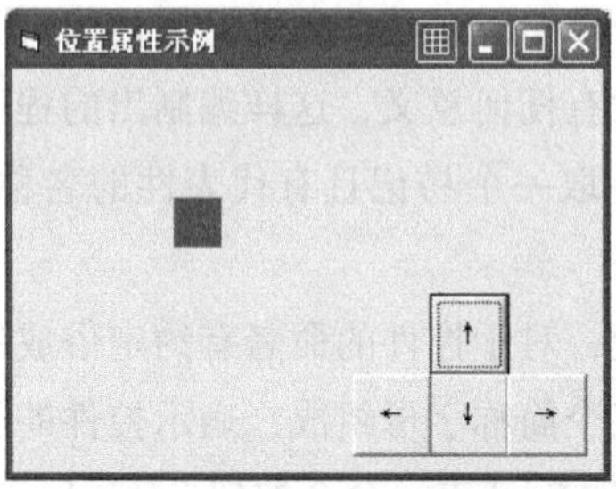

图 6-8　例 6.5 程序界面

表 6-2　例 6.5 中对象及属性

对　　象	属性（值）	属性（值）	属性（值）
窗体	名称（Form1）	Caption（位置属性示例）	
标签	名称（LblObject）	Caption（空）	BackColor（红）
命令按钮	名称（CmdUp）	Caption（↑）	
命令按钮	名称（CmdDown）	Caption（↓）	
命令按钮	名称（CmdLeft）	Caption（←）	
命令按钮	名称（CmdRight）	Caption（→）	

程序代码如下：

```
Private Sub Cmdup_Click()
    Lblobject.Top=Lblobject.Top-200
End Sub
Private Sub Cmddown_Click()
    Lblobject.Top=Lblobject.Top+200
End Sub
Private Sub Cmdleft_Click()
    Lblobject.Left=Lblobject.Left-200
End Sub
Private Sub Cmdright_Click()
    Lblobject.Left=Lblobject.Left+200
End Sub
```

在该程序中，单击上、下按钮时，标签的 Top 属性减或加一个量，实现上下移动；单击左、右按钮时，标签的 Left 属性减或加一个量，实现左右移动。

思考：在运行该程序时会发现，当物体到达窗口的边界时，继续单击按钮，物体会移出边界。实际上此时物体应该不能够继续移动，请读者思考，通过什么方法，可以实现该功能。

4．Enabled 与 Visible 属性

① Enabled 属性决定控件是否允许操作，它是一个逻辑值，其中 True 表示允许用户进行操作，并对操作做出响应；False 表示禁止用户进行操作，呈暗淡色。

② Visible 属性决定控件是否可见，它也是一个逻辑值，其中 True 表示程序运行时控件可见；False 表示程序运行时控件隐藏，用户看不到，但控件本身存在。

5．Font 属性

Font 属性用来设置文本的字体格式，实际上 Font 属性是一个属性集，包括很多字体的特性，如字体、字号、是否粗体等，在 Visual Basic 属性窗口中，双击 Font 属性会弹出“字体”对话框，供用户进行字体特性的选择，如图 6-9 所示。

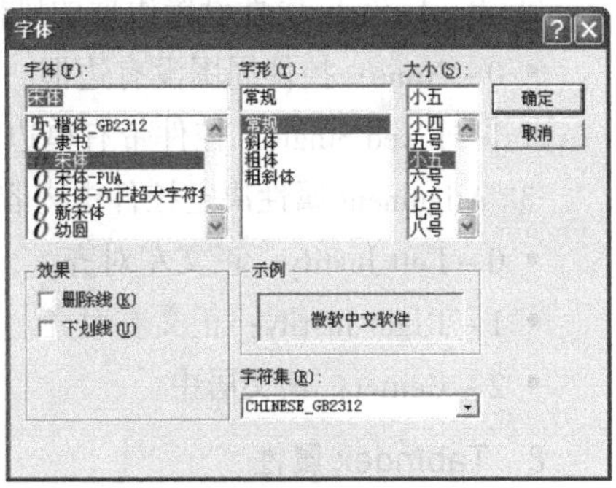

图 6-9　“字体”对话框

Font 属性集包含如下属性，在程序中，通过设置或使用这些属性，可以设置或获取文本格式。

① FontName 属性：字符型，决定控件上文字的字体。

② FontSize 属性：整型，决定控件上的文字字体的大小。

③ FontBold 属性：逻辑型，表示控件上的文字是否粗体显示。

④ FontItalic 属性：逻辑型，表示控件上的文字是否斜体显示。

⑤ FontStrikethru 属性：逻辑型，表示控件上的文字是否加删除线。

⑥ FontUnderline 属性：逻辑型，表示控件上的文字是否带下画线。

【例 6.6】程序界面如图 6-10 所示，单击命令按钮对标签文字的字体格式进行设置。

【解】程序中用到的对象及相应属性如表 6-3 所示。

表 6-3 例 6.6 的对象及属性

对　　象	属性（值）	属性（值）
窗体	名称（Form1）	Caption（字体格式设置）
标签	名称（LblExp）	Caption（字体格式设置示例）
命令按钮	名称（CmdSet）	Caption（设置字体）

在 CmdSet 的 Click 事件中编制代码如下：

```
Private Sub CmdSet_Click()
    LblExp.FontName="黑体"
    LblExp.FontSize=18
    LblExp.FontBold=True            '粗体
    LblExp.FontItalic=True          '倾斜
    LblExp.FontUnderline=True       '下画线
End Sub
```

图 6-10 例 6.6 程序界面

6. ForeColor 与 BackColor 属性

ForeColor 属性用来设置控件的前景颜色（即正文颜色），其值是一个十六进制常数，用户可以在调色板中直接选择所需颜色。

BackColor 属性用来设置正文以外的显示区域的颜色。

7. BackStyle、BorderStyle、Alignment 属性

① BackStyle 属性用于设置背景的风格，有两个取值：

- 0 – Transparent：透明显示，即控件背景颜色不显示，若控件后面有其他控件，均可透明显示。
- 1 – Opaque：不透明，此时可为控件设置背景颜色。

② BorderStyle 属性设置边框的风格，有两个取值：

- 0 – None：控件周围没有边框。
- 1 – Fixed Single：控件带有单边框。

③ Alignment 属性决定控件中内容的对齐方式。

- 0 – Left Justify：正文左对齐。
- 1 – Right Justify：正文右对齐。
- 2 – Center：正文居中。

8. TabIndex 属性

TabIndex 属性决定了按【Tab】键时，焦点在各个控件上移动的顺序。

9. ToolTipText

Windows 应用程序中，当鼠标指针在某个对象上面稍加停留时，系统会自动显示此对象的提示文字，一般为简单的功能说明。ToolTipText 属性即为对应的说明文字。

以上介绍了控件最常用的、具有共性的属性，在后面介绍具体控件时，对于这些属性，除非有使用上的不同，否则将不再介绍，而只介绍控件特有的属性。

6.2.3　控件的默认属性、焦点和 Tab 顺序

1. 控件的默认属性

默认属性又称缺省属性，是控件名称本身可以代表的属性。在编写程序时，可以对控件名称进行操作，这时实际上就是对该控件默认属性的操作。不同控件的默认属性是不同的，表 6-4 列出了有关控件及它们的默认属性。

表 6-4　控件的默认属性

控 件 类 型	默 认 属 性	控 件 类 型	默 认 属 性
文本框	Text	标签	Caption
命令按钮	Caption	图形、图像框	Picture
单选按钮	Value	复选框	Value

例如，有某文本框 TxtExp，若要改变其 Text 的属性值为 Program，下面两条语句是等价的：

```
TxtExp.Text="Program"
TxtExp="Program"
```

2. 焦点的概念

焦点是接收用户鼠标或键盘输入的能力。只有当对象具有焦点时，才可以接收用户的输入。例如，在有多个文本框的 Visual Basic 窗体中，只有具有焦点的文本框才可以接收由键盘输入的文本内容。当一个窗体上有多个可以接受焦点的控件时，可以通过单击或者按【Tab】键来切换焦点。

大部分控件可以接收焦点，但 Frame、Label、Menu、Line、Shape、Image 和 Timer 等控件不能接收焦点。对象是否具有焦点是可以看出来的。例如，当命令按钮具有焦点时，标题周围的边框将突出显示。只有当对象的 Enabled 和 Visible 属性为 True 时，它才能接收焦点。

除了通过单击或者按【Tab】键来切换焦点外，还可以使用控件的 SetFocus 方法来转移焦点，而与焦点有关的事件通常会涉及如下几个：

① GotFocus 事件：当焦点从其他地方转移到此控件时触发的事件。

② LostFocus 事件：当焦点从控件转移开时触发的事件。

③ Validate 事件：当焦点将要从控件转移开时触发的事件。

关于焦点的方法和事件，后面章节将做详细介绍。

3. Tab 顺序

所谓 Tab 顺序，就是按【Tab】键时焦点在各个控件上移动的顺序。每个窗体都有自己的 Tab 顺序。当窗体上有多个控件时，系统会对这些控件分配一个 Tab 顺序，通常其顺序与控件建立的顺序相同。

例如，在窗体上建立了两个名称为 Text1 和 Text2 的文本框，然后又建立了一个名称为 Command1 的命令按钮。应用程序启动时，Text1 具有焦点。按【Tab】键将使焦点按控件建立的顺序在控件间移动，即第一步移到 Text2，第二步移到 Command1，再按【Tab】键则移回到 Text1。

在进行窗体设计时，有时不能一次将所有控件建立完全，经过不断的修改完善，当窗体最终设计完成并运行时，可能就会出现这样的情况：按【Tab】键使焦点在各控件间移动时，发现【Tab】键的移动顺序与实际的操作习惯并不相符，这时就要调整 Tab 顺序。

设置控件的 TabIndex 属性可以改变它的 Tab 顺序。控件的 TabIndex 属性决定了它在 Tab 顺序中的位置。按照规定，建立的第一个控件其 TabIndex 值为 0，第二个的 TabIndex 值为 1，依此类推。若改变了一个控件的 Tab 顺序位置，Visual Basic 会自动为其他控件的 Tab 顺序位置重新编号。例如，对于上面的例子，要使 Command1 变为 Tab 顺序中的首位，即将 Command1 控件的 TabIndex 值设为 0，其他控件的 TabIndex 值将自动调整。

注意：不能获得焦点的控件，以及无效的和不可见的控件，仍具有 TabIndex 属性，即这些控件也包含在 Tab 顺序中，但在按【Tab】键时，这些控件将被跳过。

对于能获得焦点且有效的控件，如果不希望按【Tab】键时能选中该控件，则可以将该控件的 TabStop 属性设为 False，这样便可将此控件从 Tab 顺序中删除。需要说明的是，TabStop 属性已设置为 False 的控件，仍然保持它在实际 Tab 顺序中的位置，只不过在按【Tab】键时该控件被跳过。

6.3 命令按钮、标签、文本框控件

命令按钮控件用于执行某项命令，文本框是最常用的输入/输出文本数据的控件，而标签则主要用于在窗体上相对固定的位置上显示或输出文本信息。

6.3.1 命令按钮（CommandButton）

命令按钮最重要的事件就是 Click 事件，前面几乎所有的程序示例都是将程序放在某个命令按钮的 Click 事件中，这样当命令按钮接收到用户的 Click 事件时就会触发相应的事件过程。注意，命令按钮没有 DblClick 事件。

这里只对命令按钮特有的属性进行介绍。

（1）Caption 属性

Caption 属性用于设置命令按钮上显示的文字，这一点与其他控件的 Caption 属性类似。但是，在设置命令按钮的 Caption 属性时，如果在某个字母前加入“&”，则程序运行时标题中的该字母会带有下画线，该带有下画线的字母就成为快捷键。当用户按【Alt+快捷键】组合键时，便可激活并操作该按钮。

例如，将某个命令按钮的 Caption 属性设置为&Save，程序运行时就会显示 Save，当用户按【Alt+S】组合键时便可激活并操作 Save 按钮。

（2）Default 属性和 Cancel 属性

这两个属性的取值是逻辑值，用于设置默认的命令按钮和默认的取消按钮。

当窗体上有较多的命令按钮时，用户可能会希望很方便地操作其中的“确定”按钮和“取消”

按钮。此时可以将“确定”按钮的 Default 属性值设为 True，这样当按【Enter】键时就相当于用鼠标单击该“确定”按钮。该“确定”按钮也称为默认命令按钮。

同样，可以将“取消”按钮的 Cancel 属性值设置为 True，这样当按【Esc】键时就相当于用鼠标单击该“取消”按钮，该“取消”按钮也称为默认取消按钮。

注意： 在一个窗体中只能有一个按钮的 Default 属性设为 True，当某个按钮的 Default 属性值设为 True 后，该窗体中的所有其他按钮的 Default 属性全部被自动设为 False。即在一个窗体上只能有一个默认命令按钮。同样，在一个窗体中也只能有一个按钮的 Cancel 属性设为 True，即在一个窗体上也只能有一个默认取消按钮。

（3）Value 属性

该属性在设计阶段无效，只能在程序运行期间设置或引用，它是逻辑型的，用于检查该按钮是否被按下。True 表示该按钮被按下，False（默认）表示按钮未被按下。

当一个命令按钮的 Click 事件被触发时，其 Value 属性将被置为 True。在执行 Click 事件期间，Value 的值将持续为 True，执行完毕后，自动恢复为 False。

利用该属性也可以在程序中直接触发命令按钮的 Click 事件，只要在程序中将命令按钮的 Value 属性设为 True，便可引发按钮的 Click 事件转去执行相应的处理。

（4）Style 和 Picture 属性

通常的命令按钮都只是显示简单的文字，Visual Basic 提供了带有图形的命令按钮，修改 Style 属性为 1 即可指定按钮类型为图形按钮，默认为 0。

按钮的图标使用 Picture 属性来指定，双击该属性会弹出“加载图片”对话框，用于选择图片文件或者图标文件。注意，只有当 Style 属性为 1 时，通过 Picture 属性指定的图标才能在命令按钮上显示。

6.3.2 标签（Label）

标签最主要的用法就是通过 Caption 属性在窗体上相对固定的位置上显示（或输出）文本信息，关于这一点在之前的例子中已经有了很多的应用。关于标签的方法和事件，一般情况下较少使用。因此这里只对标签的其他属性做简单介绍。

（1）Autosize 属性

该属性决定标签是否可以根据标签的内容自动调整大小。它是一个逻辑值，其中：

① True：自动调整大小，若正文太长，超出标签范围，则自动调整大小进行显示。

② False：保持原设计时的大小，若正文太长则自动裁剪掉。

（2）WordWrap 属性

这一属性用于设置标签中的文本在显示时是否有自动换行功能。它也是一个逻辑值，True 表示自动换行，False 表示不换行。默认值为 False。

注意： 自动换行只有在下面的条件都符合时才能显示出来。

① 标签要显示的内容超过标签本身的长度。

② 标签要显示的内容包含空格，以空格作为换行的分割符。

AutoSize 属性的设置对 WordWrap 属性也有影响。如果 AutoSize 和 WordWrap 都设置为 True，

文本将会自动换行，在垂直方向上会自动调整显示区域的大小；如果 AutoSize 被设置为 False，那么文本总是换行，而不管 Label 控件的大小或 WordWrap 属性的设置如何。这可能使某些文本被裁掉，因为 Label 在任何方向上都不能展开。

6.3.3 文本框（TextBox）

文本框又称编辑框，是最常用的输入/输出文本数据的控件，用户可以在文本框中输入、编辑、修改和显示正文内容。

1. 属性

由于文本框有显示文本的功能，它有很多与标签相同的属性，但文本框没有 Caption 属性，其中的文本主要由 Text 属性来决定。下面将介绍它的一些特殊属性。

（1）Text（文本）属性

该属性用于设置或取得文本框中显示的文本。这是文本框的默认属性，也是最重要的属性，可以在设计阶段进行设置，也可以在程序中设置。在程序中还可以使用该属性取得当前文本框中的文本，即在程序执行时，用户输入文本框中的内容，Visual Basic 会自动将其保存在 Text 属性中。

（2）MaxLength 属性

该属性用于设置文本框中能够输入的正文内容的最大长度，默认值为 0，表示可容纳任意多个输入字符。若将其设置为正整数值，则这一数值就是可容纳的最多字符数。当输入的字符数超过设定值，文本框将不接收超出部分的字符，并发出警告声。

（3）MultiLine（多行）属性

该属性用于设置文本框是否允许显示和输入多行文本，它是一个逻辑值，默认值为 False，表示只允许输入单行文本，当输入的文本超过文本框的边界时，将只显示一部分文本，并且在输入时也不会对【Enter】键做换行的反应。当该属性设为 True 时，表示允许显示和输入多行文本，当要显示或输入的文本超过文本框的右边界时，文本会自动换行，在输入时也可以按【Enter】键强制换行。

（4）ScrollBars（滚动条）属性

该属性用于设置文本框是否带有滚动条。当 MultiLine 属性为 True 时，ScrollBars 属性才有效，因此这一属性一般要和 MultiLine 属性结合使用。该属性有四个值可用，各值的含义如下：

① 0 – None：无滚动条。

② 1 – Horizontal：加水平滚动条。

③ 2 – Vertical：加垂直滚动条。

④ 3 – Both：同时加水平和垂直滚动条。

注意：当加入水平滚动条后，文本框的自动换行功能会消失，只有按【Enter】键才能换行。

（5）PasswordChar 口令字符属性

该属性用于设置文本框是否用于输入口令类文本。对于设置输入口令的对话框，这一属性非常有用。当把这一属性设置为一个非空字符串时（如常用“*”），运行程序时用户输入的文本就会以该非空字符形式显示，但系统接收的却是用户输入的文本。系统默认为空字符，这时，用户在程序运行中输入的可显示文本将直接显示在文本框中。

（6）Locked 属性

该属性用于设置程序运行时能否对文本框中的文本进行编辑。这是一个逻辑型的属性，默认值为 False，表示运行程序时可以编辑其中的文本；当选择 True 时，表示运行程序时不能编辑其中的文本。

（7）SelStart、SelLength 和 SelText 属性

在程序运行中，对文本内容进行选择操作时，这三个属性用来标识用户选中的正文。

① SelStart 属性：选定的正文的开始位置，注意第一个字符位置是 0。

② SelLength 属性：选定的正文长度。

③ SelText 属性：选定的正文内容。

设置了 SelStart 和 SelLength 属性后，Visual Basic 会自动将选定的正文送入 SelText 属性存放。这些属性一般用于在文本编辑中设置插入点及范围、选择字符串和清除文本等，并且经常与剪贴板一起使用，完成文本信息的剪切、复制及粘贴等功能。

【例 6.7】 程序界面如图 6-11 所示，在“原始字符串”文本框中通过鼠标选取一段子串，单击“开始”按钮后，将选取的子串复制到“选取字符串”文本框中，并将选取字符串的起始位置和字符长度显示在标签中。

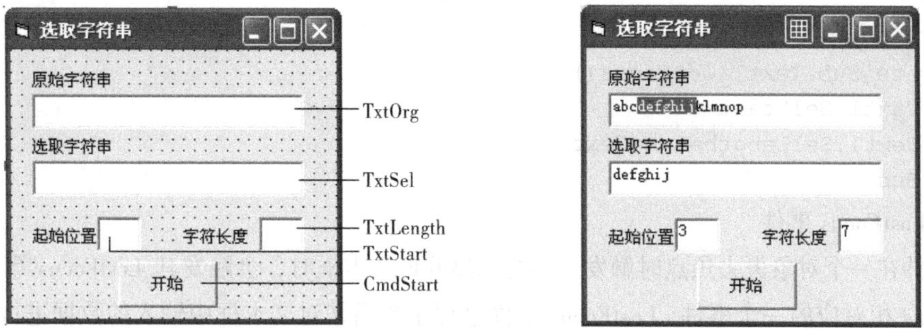

（a）设计界面　　（b）运行界面

图 6-11　例 6.7 程序界面

【解】 在界面设计时，放置四个文本框，其中用于输入原始字符串的文本框是 TxtOrg，放置被选取子串的文本框是 TxtSel；用于显示选取子串的起始位置和长度的两个文本框分别是 TxtStart 和 TxtLength；命令按钮为 CmdStart（见图 6-11（a））。具体程序如下：

```
Private Sub CmdStart_Click()
  TxtSel.Text=TxtOrg.SelText              '将 TxtOrg 中选取的文本赋值给 TxtSel
  TxtStart.Text=TxtOrg.SelStart           '将选取文本的起始位置赋值给 TxtStart
  TxtLength.Text=TxtOrg.SelLength         '将选取文本的字符长度赋值给 TxtLength
End Sub
```

2. 方法

文本框最有用的方法是 SetFocus，该方法是将焦点设到指定的文本框，即将光标移到指定的文本框中，以便用户对文本进行输入和修改。其格式是：

```
文本框对象.SetFocus
```

3. 事件

文本框的常用事件有 Change、KeyPress、Click、DblClick、GotFocus 和 LostFocus 等，这里介绍几个最重要的事件。

（1）Change 事件

当用户输入新内容或当程序将Text属性设置为新值从而改变文本框的Text属性时会触发该事件。用户每输入一个字符，会触发一次 Change 事件。例如，用户输入 Basic 一词时，会触发 5 次 Change 事件。Change 事件常用于对输入字符类型的实时检测。

（2）KeyPress 事件

当用户按下并且释放键盘上的一个键时，就会触发焦点所在控件的 KeyPress 事件，此事件会返回一个 KeyAscii 参数到该事件过程中。例如，当用户输入字符 a 时，返回 KeyAscii 的值为 97，通过 Chr(KeyAscii)可以将 ASCII 码转换为字符 a。

同 Change 事件一样，每输入一个字符就会触发一次 KeyPress 事件。该事件常用于对输入符是否为回车符（KeyAscii 的值为 13）进行判断，若是则表示文本输入结束。

（3）GotFocus 事件

此事件在一个对象得到焦点时触发，当光标转到文本框中时，称这一文本框获得了焦点，这时将触发该文本框的 GotFocus 事件。GotFocus 事件中最常用的处理是对文本内容的选定，即当文本框获得焦点时，文本框中的文本被全部选定。例如，下面代码在焦点转移到 Text1 时，选中里面所有的文字并呈反白显示：

```
Private Sub Text1_GotFocus()
    Text1.SelStart=0
    Text1.SelLength=Len(Text1)
End Sub
```

（4）LostFocus 事件

该事件在一个对象失去焦点时触发，当光标离开该文本框时，会触发其 LostFocus 事件，它是和 GotFocus 相对应的一个事件。LostFocus 事件过程主要用来对文本框中输入的数据进行检查。例如，下面的代码检测用户的输入是否为数字，不是则转移焦点回到 TextBox 让用户重新输入：

```
Private Sub Text1_LostFocus()
    If Not IsNumeric(Text1.Text) Then          '如果 Text1 中输入的不是数字
        MsgBox "输入错误，请重新输入"           '提示错误信息
        Text1.SetFocus                         '使焦点返回 Text1
    EndIF
End Sub
```

（5）Validate 事件

该事件在文本框将要失去焦点时触发。它与 LostFocus 事件有所不同，LostFocus 事件是光标离开文本框时触发，而该事件是在光标将要离开文本框时触发，此时焦点尚未离开。

该事件的主要作用也是对文本框的输入数据进行检验。但它和 LostFocus 事件的处理思路有些差异。该事件在处理过程中发现数据错误后，限制焦点离开文本框；而 LostFocus 事件的处理过程中，如发现数据错误后，还要通过 SetFocus 将焦点设回文本框（因为焦点已经离开了）。从这点来看，该事件更适于处理数据检验问题。

在 Validate 事件中对数据进行检验，如果发现错误，只要将 Validate 事件过程的参数 Cancel 设为 True，则文本框的焦点转换将会失效，即限制焦点仍然停留在文本框中。例如，下面的代码检测用户输入的是否为日期，不是则限制焦点离开文本框：

```
Private Sub Text1_Validate(Cancel As Boolean)
    If Not IsDate(Text1) Then                   '如果 Text1 中输入不是日期格式
       MsgBox "输入错误，请重新输入"             '提示错误信息
       Cancel=True                              '限制焦点离开
    End If
End Sub
```

注意：Validate 事件只有在文本框的 CausesValidation 属性为 True 时，才会被触发。默认情况下，CausesValidation 属性值为 True。

4．文本框的应用

【例 6.8】将选中的字符串插入到另一个文本框中指定的位置。

图 6-12 例 6.8 程序界面

分析：如图 6-12 所示，在右边的文本框 TxtRight 中设置插入点，然后在左边的文本框 TxtLeft 中选中文本，单击“->”按钮（CmdRight），将 TxtLeft 中选中的字符串插入到 TxtRight 中指定位置。单击“<-”按钮（CmdLeft），则将 TxtRight 中选中的字符串插入到 TxtLeft 中指定位置。为了可以输入多行文本并自动换行，TxtLeft 和 TxtRight 的 MultiLine 属性应设为 True，并将 ScrollBars 属性设为“2 – Vertical”，即加上垂直滚动条。

【解】程序代码如下：

```
Private Sub CmdRight_Click()
   Dim n As Integer,Str1 As String,Str2 As String
   n=TxtRight.SelStart                         '将 TxtRight 设定的插入点位置保存
   Str1=Mid(TxtRight,1,n)                      '从插入点位置将 TxtRight 文本分为两个子串
   Str2=Mid(TxtRight,n+1)
   TxtRight.Text=Str1+TxtLeft.SelText+Str2  '选中文本放在两个子串之间
End Sub
Private Sub CmdLeft_Click()
   Dim n As Integer,Str1 As String,Str2 As String
   n=TxtLeft.SelStart
   Str1=Mid(TxtLeft,1,n)
   Str2=Mid(TxtLeft,n+1)
   TxtLeft.Text=Str1+TxtRight.SelText+Str2
End Sub
```

本程序的关键之处就在于：通过 Mid()函数，从插入点的位置 n 处将文本框中字符串分为两个子串 Str1 和 Str2，然后将选中的文本与两个子串相连接（Str1+TxtLeft.SelText+Str2）并赋给文本框，实现选中字符的插入。

【例 6.9】模拟 QQ 的登录及聊天，程序界面如图 6-13 所示。

【解】在 QQ 登录界面上放置两个文本框 TxtID、TxtPW 用于输入 QQ 账号和密码，单击“登录”按钮（CmdLogin）后打开聊天窗口。为使登录界面更像 QQ 界面，还可以在登录界面上放置一个 Image 控件，通过其 Picture 属性插入一个 QQ 图片。在 QQ 聊天界面上放置两个文本框 TxtSend 和 TxtChat，在发送文本框 TxtSend 中输入文字后，单击“发送”按钮（CmdSend）将文字传送到聊天文本框 TxtChat 中，并追加到聊天文本框已有文字之后。

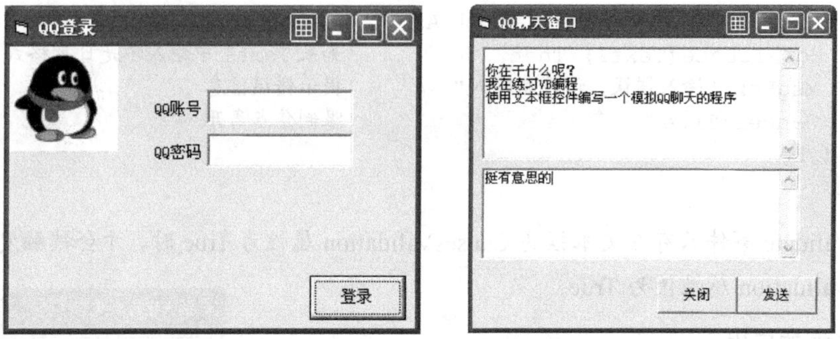

（a）QQ 登录界面　　（b）QQ 聊天界面

图 6-13　例 6.9 程序界面

需要说明的是，TxtPW 文本框要输入密码，所以将其 PasswordChar 属性设为“*”。因为聊天时可能会输入多行文本，因此要将 TxtSend 和 TxtChat 文本框的 MultiLine 属性设为 True，将 ScrollBars 属性设为“2 – Vertical”，即加上垂直滚动条。此外，在打开聊天窗口时，最好将光标设在 TxtSend 文本框中。为此，可以将 TxtSend 文本框的 TabIndex 属性设为 0，将 TxtChat 文本框的 TabIndex 属性设为 1，这样就可以使 TxtSend 文本框的焦点顺序为先。还有一种方法是在程序中进行初始化，将焦点设在 TxtSend 文本框中。

程序代码如下：

```
'登录窗口 FrmLogin 的程序
Private Sub CmdLogin_Click()
    Dim L1 As String,L2 As String
    L1=TxtID
    L2=TxtPW
    If L1="12345678" Then                  '判断账号
        If L2="1234" Then                  '判断密码
            FrmLogin.Hide                  '账号密码正确，调出聊天窗口，隐藏登录窗口
            Load FrmChat
            FrmChat.Show
        Else
            MsgBox("密码输入错误，请检查后重新输入密码")
            TxtPW.SetFocus                 '密码错误，焦点设回密码输入处
        End If
    Else
        MsgBox ("账号输入错误，请检查后重新输入账号")
        TxtID.SetFocus                     '账号错误，焦点设回账号输入处
    End If
End Sub
'账号输入处得到焦点，选中文本
Private Sub TxtID_GotFocus()
    TxtID.SelStart=0
    TxtID.SelLength=Len(TxtID)
End Sub
'密码输入处得到焦点，选中文本
Private Sub TxtPW_GotFocus()
    TxtPW.SelStart=0
    TxtPW.SelLength=Len(TxtPW)
End Sub
```

```
'聊天窗口 FrmChat 的程序
Private Sub CmdSend_Click()
 TxtChat=TxtChat & vbNewLine & TxtSend  '将发送文本框的内容赋给聊天文本框
 TxtSend=""                             '将发送文本框清空
End Sub
'初始化，将发送文本框和聊天文本框清空，并将焦点设在发送文本框
Private Sub Form_Activate()
    TxtChat=""
    TxtSend=""
    TxtSend.SetFocus
End Sub
'退出程序
Private Sub CmdClose_Click()
    End
End Sub
```

程序在登录窗口中对输入的账号和密码进行判断，如果正确则调出聊天窗口，如果有误，则通过 SetFocus 方法将焦点设回输入出错文本框处；在焦点返回文本框时，通过 GotFocus 事件将文本框中的文本选中。

在聊天窗口中，“发送”按钮的单击事件通过如下语句实现了聊天功能：

```
TxtChat=TxtChat & vbNewLine & TxtSend
```

在该语句中，将 TxtChat 文本框中现有的文字，连接一个回车换行符号，再连接 TxtSend 文本框中输入的文字后，赋值给 TxtChat 文本框，从而实现了文字的连接。

细心的读者可能会发现，本程序对聊天窗体的初始化没有使用 Form_Load()事件，而是在 Form_Activate()事件中完成的。一般来说，数据的初始化工作在 Form_Load()事件中完成比较好，但是对于本例来说，初始化需要进行焦点的设置。Form_Load()事件发生时，虽然窗体已经存在，但是并没有显示，因此 Form_Load()不支持 SetFocus 方法。为此，本程序将聊天窗口的初始化工作放到了 Form_Activate()事件中。

本程序只是对 QQ 登录和聊天进行了一个简单的模拟，其中账号、密码都是唯一的。读者可以对程序做进一步的改进和完善，例如可以利用数组存放一组账号及对应的密码，这样，在输入时就可以在账号数组中查找是否存在这一账号，并比对密码；还可以利用后面介绍的组合框，将不存在的账号追加进来。感兴趣的读者可以试着完成这些功能。

【例 6.10】程序界面如图 6-14 所示。依次输入学生的姓名、性别和成绩，每输入一个学生数据后单击“读入第 x 个数据”按钮，该按钮上的数字根据输入个数依次记数；输入完成后，单击“计算”按钮，将显示最高分、最低分和平均分；单击“显示”按钮，将在文本框中显示输入的学生信息。

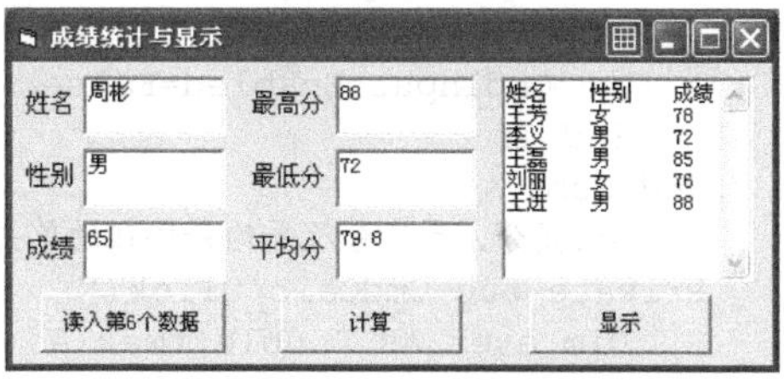

图 6-14　例 6.10 程序界面

【解】设计窗体，将用于姓名、性别、成绩输入的文本框的名称属性设为 TxtName、TxtSex 和 TxtScr；将读入数据的命令按钮名称属性设为 CmdInput；将用于最高分、最低分和平均分显示的文本框的名称属性设为 TxtMax、TxtMin 和 TxtAver；将计算命令按钮的名称属性设为 CmdCalc；将显示学生信息的文本框名称属性设为 TxtDisp；将显示命令按钮的名称属性设为 CmdDisp。为了可

以支持多行显示，TxtDisp 的 MultiLine 属性还应设为 True，并将 ScrollBars 属性设为“2 – Vertical”，即加上垂直滚动条。

为了方便地处理姓名、性别、成绩等数据，在通用声明区自定义包含这三个成员的数据类型，并声明一个该自定义数据类型的数组。具体的程序代码如下：

```
'通用声明区声明窗体模块级变量
Private Type Student                    '自定义数据类型，包含姓名、性别及成绩等成员
   Name As String
   Sex As String
   Score As Single
End Type
Dim t1(100) As Student                  '将数组 t1 声明为自定义数据类型
Dim counts As Integer                   '将 counts 声明为模块级变量，用于程序中计数
'初始化
Private Sub Form_Activate()
   CmdInput.Caption="读入第 1 个数据"
   CmdCalc.Enabled=False
   CmdDisp.Enabled=False
   TxtName.SetFocus
End Sub
'读入数据按钮的单击事件过程
Private Sub CmdInput_Click()
   With t1(counts)                      '将数据存入对应数组元素
      .Name=TxtName
      .Sex=TxtSex
      .Score=TxtScr
   End With
   CmdCalc.Enabled=True                 '将计算、显示按钮设为可用
   CmdDisp.Enabled=True
   TxtName.Text=""                      '将输入文本框置空，准备下次输入
   TxtSex.Text=""
   TxtScr.Text=""
   TxtName.SetFocus                     '将焦点设在姓名处，从姓名开始输入
   counts=counts+1                      '对输入的记录进行计数
   CmdInput.Caption="读入第" & (counts+1) & "个数据"
   If counts>100 Then                   '最多读 100 条数据
      CmdInput.Enabled=False
   End If
End Sub
'计算最高分、最低分及平均分按钮的单击事件过程
Private Sub CmdCalc_Click()
   Dim aver As Double,tmax As Double,tmin As Double
   Dim i As Integer
   tmax=t1(0).Score
   tmin=t1(0).Score
   For i=1 To counts-1
      If t1(i).Score>tmax Then
         tmax=t1(i).Score
      End If
      If t1(i).Score<tmin Then
         tmin=t1(i).Score
      End If
   Next i
```

```
    aver=0
    For i=0 To counts-1
        aver=aver+t1(i).Score
    Next i
    aver=aver/counts
    TxtMax=tmax
    TxtMin=tmin
    TxtAver.Text=aver
End Sub
'显示学生信息按钮的单击事件过程
Private Sub CmdDisp_Click()
Dim str As String
TxtDisp="姓名    性别    成绩"                '显示表头
For i=0 To counts-1
    With t1(i)
        str=.Name & "    " & .Sex & "      " & .Score
    End With
    TxtDisp=TxtDisp+vbNewLine+str         '加入换行符，使每一条记录换行显示
Next
End Sub
'输入姓名文本框将要失去焦点时，检验是否为空
Private Sub TxtName_Validate(Cancel As Boolean)
    If TxtName.Text="" Then
        MsgBox "姓名不能为空,请输入姓名",vbCritical
        Cancel=True
    End If
End Sub
'输入性别文本框将要失去焦点时，检验输入是否正确
Private Sub TxtSex_Validate(Cancel As Boolean)
    If TxtSex.Text<>"男" And TxtSex.Text<>"女" Then
        MsgBox "性别只能是男或女,请验证",vbCritical
        Cancel=True
    End If
End Sub
'输入成绩文本框将要失去焦点时，检验输入是否是数字及是否为一个有效的成绩
Private Sub TxtScr_Validate(Cancel As Boolean)
    If Not IsNumeric(TxtScr.Text) Then
        MsgBox "成绩只能是数字,请验证",vbCritical
        Cancel=True
    End If
    If Val(TxtScr.Text)<0 Or Val(TxtScr.Text)>100 Then
        MsgBox "输入的成绩有误,请检验",vbCritical
        Cancel=True
    End If
End Sub
```

程序运行时，先触发 Form_Activate()事件，进行初始化设置：将读入数据按钮显示为“读入第 1 个数据”，将计算和显示按钮设为不可用（开始时未输入数据），将焦点设到 TxtName 文本框，准备从姓名开始输入。

在输入完数据准备输入下一个或进行下一项操作时（即焦点将要离开文本框时），将触发对应文本框的 Validate 事件，对输入进行校验。如果输入有误，将给出提示信息，并禁止焦点离开文本框，直到输入正确为止。

6.4 单选按钮、复选框和框架

单选按钮（OptionButton）和复选框（CheckBox，也称检查框）是两种提供选择的方式，通常将多个单选按钮放在同一个容器内，但在这些选项中，用户一次只能选择其中的一个选项，并且必须选择其中的一个选项；而对于复选框，则允许用户在其开和关两种状态间切换。框架是一种容器型的控件，使用框架除了可以实现单选按钮的分组功能外，在界面设计时，常常将窗体上的控件进行分类整理，将完成相同功能的控件分成一组，放在一个框架中，使界面更加清晰。图 6-15 是 Visual Basic 的“选项”对话框，其中就使用了单选按钮、复选框和框架。下面分别介绍这三种控件。

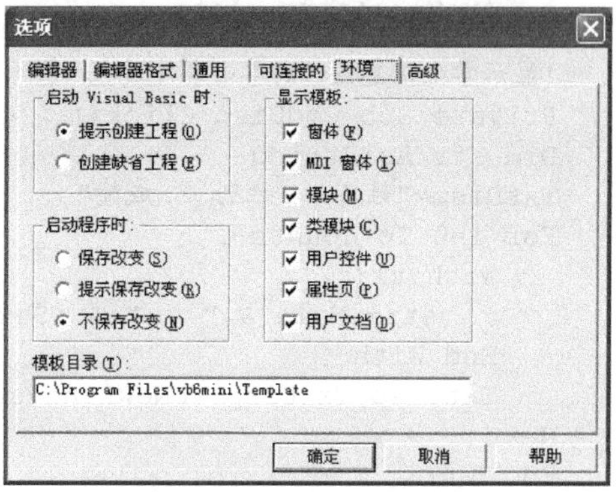

图 6-15 “选项”对话框

6.4.1 单选按钮

单选按钮通常都是成组出现的，每个单选按钮的左边都有一个“○”，当某一项被选定后，其左边的圆圈中出现一个黑点，此时，其他选项自动关闭。为了把几个单选按钮编成一个组，可以将它们放在同一个框架、同一个图片框或者同一个窗体中。

1. 属性

单选按钮最重要的属性就是 Value，它是一个逻辑值，当为 True 时表示单选按钮被选定，为 False 时表示未被选定，系统默认值为 False。该属性既可以在设计阶段通过属性窗口设置，也可以在运行阶段通过程序代码来设置。在运行阶段通过鼠标单击一个单选按钮时（即选中了该单选按钮），也会将其属性设为 True。

由于在一组单选按钮中，只能有一个单选按钮的值为 True，因此，无论是在设计中还是在运行中，只要一个单选按钮的 Value 属性设为 True（即被选中），则同组的其他单选按钮的 Value 属性值自动变为 False。

2. 方法

单选按钮最常用的方法就是 SetFocus，可以在代码中通过该方法将焦点设置到某个单选按钮控件，从而使其 Value 属性为 True。

3. 事件

单选按钮最基本的事件就是 Click 事件。由前面叙述可知，当用户单击单选按钮时，会自动改变 Value 属性为 True，因此，只要将选中单选按钮需要处理的程序代码写在该单选按钮的 Click 事件中即可。

【例 6.11】单选按钮应用示例。程序界面如图 6-16 所示，单击字体对应的单选按钮可对标签中显示的文字的字体进行设置；单击“结束”按钮，退出程序。

图 6-16 例 6.11 程序界面

【解】程序中用到的对象及相应属性如表 6-5 所示。

表 6-5　例 6.11 的对象及属性

对　象	属性（值）	属性（值）	属性（值）	属性（值）
窗体	名称（Form1）	Caption（字体设置）		
标签	名称（LblDisp）	Caption（单选示例）	Alignment（2）	BorderStyle（1）
单选按钮 1	名称（OptST）	Caption（宋体）		
单选按钮 2	名称（OptHT）	Caption（黑体）		
命令按钮	名称（CmdEnd）	Caption（结束）		

程序代码如下：

```
Private Sub OptST_Click()
    LblDisp.FontName="宋体"                '设置宋体
End Sub
Private Sub OptHT_Click()
    LblDisp.FontName="黑体"                '设置黑体
End Sub
Private Sub CmdEnd_Click()
    End                                    '结束程序
End Sub
```

6.4.2　复选框

通常复选框列出可供用户选择的选项，用户根据需要选定其中的一项或多项。当复选框左边的小方框中出现了“√”标记，就表示复选框被选中；反之，表示未被选中。多个复选框可以同时存在，并且相互独立。

1. 属性

复选框最重要的属性也是 Value，但与单选按钮不同，复选框的 Value 属性是数值型数据，有 3 个取值：0 表示复选框未被选中（此为系统默认值）；1 表示复选框被选中；2 表示复选框呈灰色不可用状态。同样，该属性既可以在设计阶段通过属性窗口设置，也可以在运行阶段通过程序代码来设置。

注意：复选框的 Value 属性为 2，并不意味着用户无法选择该控件，复选框呈灰色不可用状态往往代表该选项包含进一步的详细内容，而这些内容未被完全选中。此时，用户依然可以通过单击或 SetFocus 方法将焦点定位在该复选框上，进而对其下属的所有内容进行进一步选定。如果要禁止选择复选框，必须将其 Enabled 属性设置为 False。

2. 方法

复选框常用的方法也是 SetFocus，可以在代码中通过该方法将焦点设置到某个复选框控件上。

3. 事件

复选框最基本的事件也是 Click 事件。但与单选按钮不同，用户单击复选框时，会根据当前复选框的状态设置其 Value 属性的值，其遵循的规则如下：

① 单击未选中的复选框时，复选框变为选中状态，Value 属性值变为 1。

② 单击已选中的复选框时，复选框变为未选中状态，Value 属性值变为 0。

③ 单击呈灰色的复选框时，复选框变为未选中状态，Value 属性值变为 0。

对复选框 Click 事件的编程与单选按钮的处理有所不同。单击单选按钮必定选中该单选按钮，而单击复选框则有可能选中也可能取消该复选框控件，因此，典型的复选框 Click 事件中通常使用选择结构来判断复选框的状态，并据此决定下一步的操作。下面给出复选框 Check1 的 Click 事件的典型结构：

```
Private Sub Check1_Click()
    If Check1.Value=1 Then
        …                    '选中后要进行的操作
    Else
        …                    '清除后要进行的操作
    End If
End Sub
```

由于反复单击同一复选框时，其只在选中与未选中状态之间进行切换，即 Value 属性值只能在 0 和 1 之间交替变换。利用这一特点，如果复选框中处理的是一个逻辑量，对其进行简单的取反操作即可，其形式如下：

```
Private Sub Check1_Click()
    逻辑型变量或属性=Not 逻辑型变量或属性    '对逻辑量取反
End Sub
```

【例 6.12】复选框应用示例。程序界面如图 6-17 所示，单击字形对应的复选框按钮可对标签中显示的文字的字形进行设置；单击“结束”按钮，退出程序。

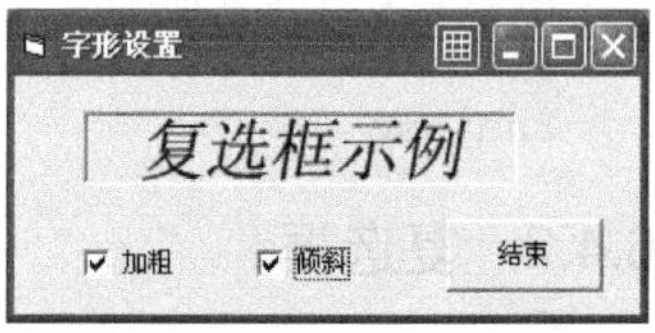

图 6-17　例 6.12 程序界面

【解】程序中用到的对象及相应属性如表 6-6 所示。

表 6-6　例 6.12 的对象及属性

对　象	属性（值）	属性（值）	属性（值）	属性（值）
窗体	名称（Form1）	Caption（字形设置）		
标签	名称（LblDisp）	Caption（复选框示例）	Alignment（2）	BorderStyle（1）
复选框 1	名称（ChkBold）	Caption（加粗）		
复选框 2	名称（ChkItalic）	Caption（倾斜）		
命令按钮	名称（CmdEnd）	Caption（结束）		

程序代码如下：

```
Private Sub ChkBold_Click()
    If ChkBold.Value=1 Then
        LblDisp.FontBold=True         '选中状态，设置粗体属性为 True
    Else
        LblDisp.FontBold=False        '未选中状态，设置粗体属性为 False
    End If
End Sub
'将当前倾斜属性取反
Private Sub ChkItalic_Click()
    LblDisp.FontItalic=Not LblDisp.FontItalic
End Sub
Private Sub CmdEnd_Click()
    End                               '结束程序
End Sub
```

例 6.12 采用了两种方式对复选框的单击事件进行了编程。对粗体的设置采用了典型的结构，即对设置加粗的复选框的 Value 属性进行判断，进而决定是否对粗体属性进行设置。而对倾斜复选框的设置则采用了对倾斜属性取反的操作，即不论当前“倾斜”复选框的状态是什么，只要单击该复选框，就会使当前的倾斜属性状态取反。

6.4.3 框架

框架也是一种容器，其主要作用就是为控件分组。例如，当需要在一个窗体中建立几组相互独立的单选按钮时，就需要用框架将每一组单选按钮框起来。此时，每一个框架内的单选按钮为一组，在组内只能选择一个单选按钮，但是不同组之间互不影响，即对整个窗体来说，同一时刻可以选择多个单选按钮。

在窗体上创建框架及其内部控件时，必须先建立框架，然后单击工具箱中的控件工具，之后在框架中的适当位置拖动出适当大小的控件，即可在框架中建立同组的各种控件。如果希望将已经存在的若干控件放到某个框架中，则可先选定这些控件，将它们剪切到剪贴板上，然后选定框架并将这些控件粘贴到框架上。

框架的主要属性为 Caption，它显示在框架的顶部，通常用于对框架（控件组）进行文字描述。如果框架的 Caption 属性为空，则框架为封闭的矩形框。

除了 Caption 属性外，框架很少使用其他属性，其方法、事件也很少使用。但需要说明的是，框架的 Visible 和 Enabled 属性对它本身及其中的控件同时有效，利用这一点可以在程序中通过对框架的操作实现对框架内一组控件的屏蔽或隐藏。

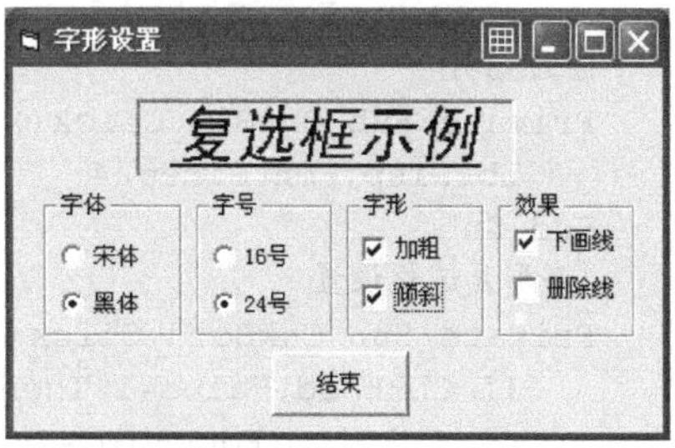

图 6-18　例 6.13 程序界面

【例 6.13】 单选按钮、复选框、框架应用示例。程序界面如图 6-18 所示，由框架对字体、字号、字形、效果等控件进行分组，选中字体、字号、字形、效果对应的单选按钮或复选框可对标签中显示的文字进行相应设置；单击“结束”按钮，退出程序。

【解】 程序中用到的对象及相应属性如表 6-7 所示。

表 6-7　例 6.13 的对象及属性

对　象	属性（值）	属性（值）	属性（值）	属性（值）
窗体	名称（Form1）	Caption（字形设置）		
标签	名称（LblDisp）	Caption（复选框示例）	Alignment（2）	BorderStyle（1）
框架 1	名称（FraZT）	Caption（字体）		
框架 2	名称（FraZH）	Caption（字号）		
框架 3	名称（FraZX）	Caption（字形）		
框架 4	名称（FraXG）	Caption（效果）		
单选按钮 1	名称（OptST）	Caption（宋体）		
单选按钮 2	名称（OptHT）	Caption（黑体）		
单选按钮 3	名称（OptSml）	Caption（16 号）		

续表

对　象	属性（值）	属性（值）	属性（值）	属性（值）
单选按钮 4	名称（OptBig）	Caption（24 号）		
复选框 1	名称（ChkBold）	Caption（加粗）		
复选框 2	名称（ChkItalic）	Caption（倾斜）		
复选框 3	名称（ChkUnderline）	Caption（下画线）		
复选框 4	名称（ChkStrikethru）	Caption（删除线）		
命令按钮	名称（CmdEnd）	Caption（结束）		

程序代码如下：

```
'字体单选按钮设置
Private Sub OptST_Click()
    LblDisp.FontName="宋体"                    '设置宋体
End Sub
Private Sub OptHT_Click()
    LblDisp.FontName="黑体"                    '设置黑体
End Sub
'字号单选按钮设置
Private Sub OptSml_Click()
    LblDisp.FontSize=16                        '设置 16 号字
End Sub
Private Sub OptBig_Click()
    LblDisp.FontSize=24                        '设置 24 号字
End Sub
'字形复选框设置
Private Sub ChkBold_Click()
    If ChkBold.Value=1 Then
        LblDisp.FontBold=True                  '选中状态，设置粗体属性为 True
    Else
        LblDisp.FontBold=False                 '未选中状态，设置粗体属性为 False
    End If
End Sub
Private Sub ChkItalic_Click()
    LblDisp.FontItalic=Not LblDisp.FontItalic          '将当前倾斜属性取反
End Sub
'效果复选框设置
Private Sub ChkUnderline_Click()
    If ChkUnderline.Value=1 Then
        LblDisp.FontUnderline=True             '选中状态，设置下画线属性为 True
    Else
        LblDisp.FontUnderline=False            '未选中状态，设置下画线属性为 False
    End If
End Sub
Private Sub ChkStrikethru_Click()
    LblDisp.FontStrikethru=Not LblDisp.FontStrikethru      '将当前删除线属性取反
End Sub
'结束程序
```

```
Private Sub CmdEnd_Click()
   End
End Sub
```

【例 6.14】对例 6.13 的程序界面进行改进，如图 6-19 所示，在原界面的基础上增加一个命令按钮“设置”，并对该命令按钮的单击事件编程，根据单选按钮和复选框的状态，对标签中显示的文字进行相应设置；单击“结束”按钮，退出程序。

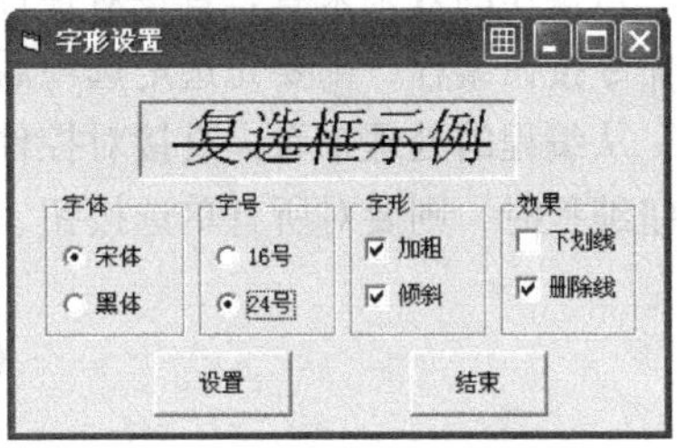

图 6-19　例 6.14 程序界面

【解】各控件的属性与例 6.13 基本相同，新添加的命令按钮名称属性为 CmdSet，Caption 属性为“设置”。程序代码如下：

```
Private Sub CmdSet_Click()
'字体单选按钮设置
    If OptST.Value=True Then                    '设置宋体
        LblDisp.FontName="宋体"
    End If
    If OptHT.Value=True Then                    '设置黑体
        LblDisp.FontName="黑体"
    End If
'字号单选按钮设置
    If OptSml.Value=True Then
        LblDisp.FontSize=16                     '设置 16 号字
    End If
    If OptBig.Value=True Then
        LblDisp.FontSize=24                     '设置 24 号字
    End If
'字形复选框设置
    If ChkBold.Value=1 Then                     '设置粗体属性
        LblDisp.FontBold=True
    Else
        LblDisp.FontBold=False
    End If
    LblDisp.FontItalic=ChkItalic.Value         '将倾斜复选框的值直接赋值给倾斜属性
'效果复选框设置
    If ChkUnderline.Value=1 Then                '设置下画线
        LblDisp.FontUnderline=True
    Else
        LblDisp.FontUnderline=False
    End If
    LblDisp.FontStrikethru=ChkStrikethru.Value
                                                '将删除线复选框的值直接赋值给删除线属性
End Sub
Private Sub CmdEnd_Click()
    End                                         '结束程序
End Sub
```

本程序在设置字形时，采用了两种方法，由于 Visual Basic 中非零值为 True，零值为 False，因此可以通过将复选框的值直接赋值给逻辑型属性，实现逻辑型属性的设置。如本程序中设置斜体的语句如下：

```
LblDisp.FontItalic=ChkItalic.Value
```

如果复选框被选中，则 Value 值为 1，此时，将 1 赋值给 FontItalic 属性相当于赋值了 True。

例 6.13 和例 6.14 也反映出对单选按钮、复选框的两种不同处理方式，不论是编程的处理上，还是实际操作的效果上，两者都有所不同。

从操作的效果来看，直接对控件的单击事件编程，则单击相应控件，可以立即看到效果；而对命令按钮编程，则要先选定选项后，单击命令按钮才能生效。

从编程的处理来看，直接对控件的单击事件编程，只要将要处理的语句写出即可；而对命令按钮编程时，则要对所有单选按钮、复选框进行判断，根据它们的取值，决定执行什么功能。

6.5 滚动条控件

滚动条（ScrollBar）分为水平滚动条 HScrollBar 和垂直滚动条 VScrollBar 两种，通常用来附在窗体上协助观察数据或确定位置，也可用做渐变数据的输入工具。

1. 滚动条的属性

（1）Max 和 Min 属性

这两个属性用于设置或表示当滑块处于滚动条最大位置和最小位置时所代表的值，它们的取值范围为-32 768～32 767。

（2）SmallChange 最小变动值属性

该属性用于设置当用户单击滚动条两端的箭头时，滑块移动的增量值。

（3）LargeChange 最大变动值属性

该属性用于设置当用户单击滚动条滚动箭头和滑块间的区域时，滑块移动的增量值。

（4）Value 属性

该属性的值表示滚动条内滑块当前所处位置的值，用户可以在程序设计时设置其值，但 Value 值一定在 Min 和 Max 之间，否则将导致错误信息。

2. 滚动条的方法和事件

滚动条没有特有的方法。当拖动滑块时会触发 Scroll 事件，而当改变 Value 属性（滚动条内滑块位置改变）时会触发 Change 事件。

3. 滚动条的使用

一般来讲，在设计阶段，主要设置滚动条的 LargeChange、SmallChange、Max 和 Min 属性；在运行阶段，通过在其 Scroll 和 Change 事件过程中取得其 Value 属性值而监视用户对滚动条的操作。

【例 6.15】滚动条应用示例。程序界面如图 6-20 所示，拖动水平滚动条设置标签中文字的字号，并将当前字号显示在对应文本框中；拖动垂直滚动条调整标签的高度，并将当前高度显示在对应文本框中。

【解】程序中用到的对象及相应属性如表 6-8 所示。

表 6-8　例 6.5 对象及其属性

对　象	属性（值）	属性（值）	属性（值）
窗体	名称（Form1）	Caption（滚动条示例）	
标签	名称（LblWZ）	Caption（滚动条示例）	Alignment（2） BorderStyle（1）

续表

对　象	属性（值）	属性（值）	属性（值）
水平滚动条	名称（HsbZH）	Max（36） Min（9）	LargeChange（10） SmallChange（2）
垂直滚动条	名称（VsbHeight）	Max（1575） Min（255）	LargeChange（200） SmallChange（50）
文本框 1	名称（TxtZH）	Text（空）	
文本框 2	名称（TxtHeight）	Text（空）	

在程序中先进行初始化设置，将标签初始字号和高度显示在对应文本框中；在水平滚动条中，用显示文字的最小字号和最大字号分别设置水平滚动条的 Min 和 Max 属性，以便在最小字号到最大字号之间显示文字；在垂直滚动条中，用标签的最小高度和最大高度分别设置垂直滚动条的 Min 和 Max 属性，以便在最小与最大显示高度之间变动。程序代码如下：

```
Private Sub Form_Load()
    TxtZH=LblWZ.FontSize & "号字"
    TxtHeight=LblWZ.Height
End Sub
Private Sub HsbZH_Change()
    LblWZ.FontSize=HsbZH.Value
    TxtZH=HsbZH.Value & "号字"
End Sub
Private Sub VsbHeight_Scroll()
    LblWZ.Height=VsbHeight.Value
    TxtHeight=VsbHeight.Value
End Sub
```

图 6-20　例 6.15 程序界面

这里是对水平滚动条的 Change 事件编程，而垂直滚动条则是对其 Scroll 事件进行编程，请读者进行实际的验证，看看两者有什么不同。

6.6　列表框与组合框

列表框和组合框都可以提供多个选择项供用户选择，以达到与用户对话的目的。其中列表框通常将用户的选择限制在列表之内；而组合框既可以让用户在其列表框部分选择一个列表项目，也可以在其文本框部分直接输入文本内容来选定项目，因此它是一种同时具有文本框和列表框特性的控件。

6.6.1　ListBox（列表框）控件

列表框是以列表形式显示一系列数据，并接收用户在其中选择的控件。列表框通过显示多个选择项，供用户选择其中的选项，达到与用户对话的目的，如果选择项较多，超出了列表框的显示区域，Visual Basic 会自动加上滚动条。列表框最主要的特点是只能从其中选择，而不能直接输入或修改其中的内容，因此，在 Windows 中，使用列表框输入数据是保证数据标准化的重要手段。

1. 列表框的属性

（1）List、ListIndex、ListCount 和 Text 属性

这几个属性是列表框最重要的属性，其含义如下：

① List 属性是一个字符型数组，这个数组的每一项对应着列表框中的每一个项目。List 数组的下标是从 0 开始的。

对于列表框中列表项目的输入，既可以在程序初始化数据时（如在 Load 事件中）通过程序完成，也可以在设计阶段通过属性窗口对 List 属性的设置来完成。如果在属性窗口的 List 属性框中需要连续输入多个项目，在每输入一项后，可以按【Ctrl+Enter】组合键，继续输入下一个项目，当所有项目输入完成后，再按【Enter】键。

② ListIndex 属性表示当前选定的列表项目的下标。如果未选中任何项，则 ListIndex 的值为-1。

③ ListCount 属性表示列表框中列表项目的个数，即 List 数组的元素个数。

④ Text 属性值是被选中的列表项的文本内容。

可以看出，对列表框中列表项目的操作，实际上就是对 List 数组元素的操作。因此，对列表框中列表项目的操作可以采用如下形式：

```
列表框名.List(i)
```

其中，i 为列表项目的下标号，其取值范围是 0～ListCount-1；而 ListIndex 是当前选定的列表项目的下标，当前选定的列表项目就是“列表框名.List(列表框名.ListIndex)”。

注意：由于 Text 的值就是被选中的列表项的文本内容，所以“列表框名.List(列表框名.ListIndex)”就等于“列表框名.Text”。

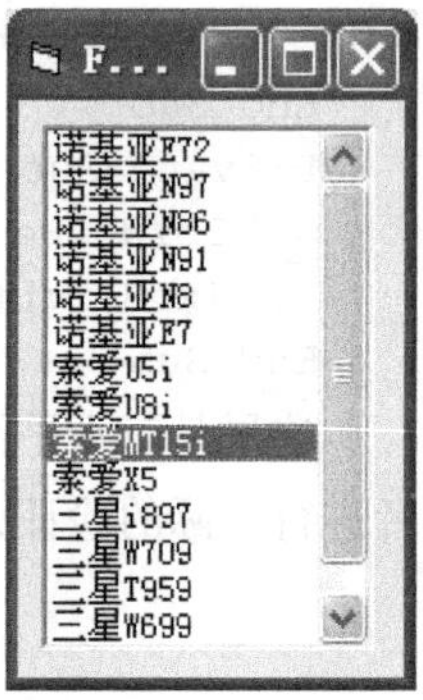

图 6-21　列表框

例如，在图 6-21 所示 List1 列表框中，List1.List(0)的值是“诺基亚 E72”；当前选定的列表项下标 List1.ListIndex 的值是 8，List1.List（List1.ListIndex）的值是“索爱 MT15i”。List1.Text 的值也是“索爱 MT15i”。

（2）MultiSelect 属性

该属性用于设置列表框是否允许同时选择多个列表项。它共有三个可选择的值：

0—None：不允许复选，即在列表中只能选择一个列表项，此为系统默认值。

1—Simple：简单复选，同时选择多个列表项，用户可以单击或按【Space】键在列表中选中或取消选中项。

2—Extended：扩展复选，允许用户按住【Ctrl】键单击或按【Space】键选定或取消多个选择项；按住【Shift】键单击，或者按【Shift+方向键】组合键，可以选定多个连续项。

（3）Style 属性

该属性用于设置列表框的显示类型，在运行时是只读的。它有两个可选择的值：

0—Standard：标准的文本项列表，此为系统默认值。

1—Checkbox：复选框，列表框中每一个列表项目左侧都有一个复选框，可以选择多项。

注意：当 Style 属性值设为 1 时，MultiSelect 属性值只能设为 0。

（4）Selected 属性

该属性用于判断列表项是否被选定，常用于多项选择。Selected 属性是一个逻辑数组，其元素对应列表框中相应的项，表示对应的项在程序运行期间是否被选中。例如，Selected(0)的值为 True 表示第一项被选中，如为 False 表示未被选中。该属性只能在程序中设置或引用。

注意：ListIndex 的值也可以作为判定列表项是否被选定的依据。Selected 属性与 ListIndex 属性的区别是：如果 MultiSelect 属性被设为 0，那么可以使用 ListIndex 属性来获得选中项的索引（值为-1 时表示未选中）；而 Selected 属性对于允许复选的列表框十分有用，通过该属性可以快速检查列表框中哪些项已被选中，也可以在代码中利用该属性选中或取消列表项。

（5）Sorted 属性

该属性用于设置列表框中的各列表项在程序运行时是否自动排序。它取值为逻辑型，True 表示自动按字符码顺序（升序）排序；False 表示不进行排序，项目按加入先后顺序排列显示，False 为系统默认值。Sorted 属性只能在设计状态设置，但是需要注意，设置 Sorted 属性为 True，并运行程序后，列表框中的各列表项即按升序重新排序，即改变了原来的输入顺序。

（6）ItemData 属性

该属性用于为列表框中的每个列表项设置一个对应的数值。这一属性是一个整数数组，数组的大小与列表项的个数一致。该属性通常可以作为列表项的索引或标识使用，利用这一属性可以省去对列表项数字代码的转换。例如，可以将列表项设为学生的姓名，而将 ItemData 属性设为学生的学号，这样就可以直接读取列表框的 ItemData 属性而得到用户选择的学生的学号（用户选择时看到的是学生的姓名）。

2. 列表框的方法

列表框中的选项可以简单地在设计状态通过 List 属性设置，也可以在程序中用 AddItem 方法来填写，用 RemoveItem 或 Clear 方法删除。下面介绍列表框的三个最为常用的方法 AddItem、RemoveItem 和 Clear。

（1）AddItem 方法

该方法用于向列表框添加一个新的列表项，其格式如下：

```
对象.AddItem item[,index]
```

对象：可以是列表框或组合框，即 AddItem 方法可适用于列表框和组合框。

item：必须是字符串表达式，表示要添加到列表框或组合框中的列表项内容。

index：决定新增项目在列表框或组合框中的位置。如果 index 省略，则添加的列表项将放在最后。对于第一个项目，index 为 0。

（2）RemoveItem 方法

该方法用于删除列表框中的一个列表项，其格式如下：

```
对象.RemoveItem index
```

对象：可以是列表框或组合框，即 RemoveItem 方法可适用于列表框和组合框。

index：表示要删除列表项的顺序号，即在列表框或组合框中的位置。对于第一个项目，index 为 0。

（3）Clear 方法

该方法用于清除列表框的列表项中的所有内容，其格式如下：

对象.Clear

其中，“对象”可以是列表框、组合框或剪贴板，即 Clear 方法适用于列表框、组合框和剪贴板。

3. 列表框的事件

列表框常用的事件是 Click、DblClick、GotFocus、LostFocus 等大多数控件通用的事件。

4. 列表框的使用

【例 6.16】建立列表框，列表框中有若干手机型号，当选定某个手机型号后，单击“显示价格”按钮，或双击选中的手机条目，在文本框中显示出该手机的价格，如图 6-22 所示。

【解】根据题目要求，在窗体上设置三个控件：列表框、文本框和命令按钮，并将它们的名称属性分别设置为 LstMobile、TxtDisp 和 CmdDisp。在程序运行时，首先在 Form_Load()事件过程中进行初始化设置，用 AddItem 方法将手机型号的名称添加到列表框中。由于 ItemData 属性是一个整数数组，数组的大小与列表项的个数一致，因此可以将与手机型号对应的价格放到 ItemData 数组中。手机型号与价格的对应关系如图 6-23 所示。

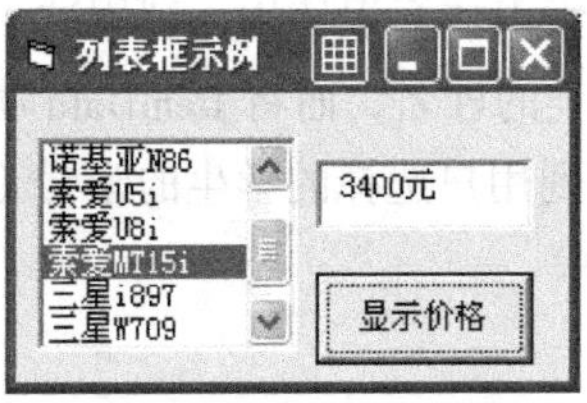

图 6-22　例 6.16 程序界面

诺基亚 E72	2398
诺基亚 N97	2650
诺基亚 N86	2900
索爱 U5i	2248
索爱 U8i	2340
索爱 MT15i	3400
三星 i897	2785
三星 W709	2900
三星 T959	2680

图 6-23　手机型号与价格表

在命令按钮单击事件中，通过 ListIndex 值得到列表框中被选中项目的序号，由该索引值即可找到对应价格的 ItemData 属性数组中的元素 ItemData(LstMobile.ListIndex)，并将其赋值给文本框显示。如果需要通过双击手机型号使对应价格显示在文本框中，只需在 LstMobile 的双击事件中调用命令按钮单击事件过程即可。具体程序代码如下：

```
'初始化数组，将手机型号和价格分别赋值给数组 a、b
Private Sub Form_Load()
   Dim a(),b()
   a=Array("诺基亚E72","诺基亚N97","诺基亚N86","索爱U5i", _
         "索爱U8i","索爱MT15i","三星i897","三星W709","三星T959")
   b=Array("2389","2650","2900","2248","2340","3400","2785", _
         "2900","2680")
   m=LBound(a)                              '获取数组上界下界
   n=UBound(a)
   For i=m To n
      LstMobile.AddItem a(i)                '将数组 a 中的手机型号依次添加到列表框中
      LstMobile.ItemData(i)=Val(b(i))       '将数组 b 中的手机价格添加到 ItemData 数组中
   Next
End Sub
'单击命令按钮，将当前选中项目对应价格赋给文本框显示
Private Sub CmdDisp_Click()
```

```
      TxtDisp.Text=Str(LstMobile.ItemData(LstMobile.ListIndex))+"元"
   End Sub
   '双击列表框，调用按钮单击事件，显示价格
   Private Sub LstMobile_DblClick()
      Call CmdDisp_Click
   End Sub
```

【例 6.17】编写一个从备选手机型号中选择所需手机的程序。程序界面如图 6-24 所示，左侧列表框中列出了备选的手机，其下面的文本框中显示出所有备选手机的总价格。选中某一个手机型号，单击"->"按钮，该手机型号从左侧列表框移到右侧列表框，同时左侧商品总价值要减去移走的手机价格，右侧选中商品价值要加上新增的手机价格。"<-"按钮是做反向操作，">>"和"<<"是全部选中和全部取消。程序中用到的对象及相应属性如表 6-9 所示。

图 6-24　例 6.17 程序界面

表 6-9　例 6.17 的对象及属性

对　象	属性（值）	对　象	属性（值）
左侧列表框	名称（LstMobile）	"->" 命令按钮	名称（CmdRight）
右侧列表框	名称（LstSele）	">>" 命令按钮	名称（CmdARight）
商品总价值文本框	名称（TxtAll）	"<-" 命令按钮	名称（CmdLeft）
选中商品总价值文本框	名称（TxtSele）	"<<" 命令按钮	名称（CmdALeft）

【解】在进行本问题的处理时，首先要在通用声明区定义模块级数组和变量，然后在程序运行时，由 Form_Load()事件过程对定义的数组进行初始化设置，将手机型号和价格分别赋值给存放手机型号和手机价格的数组，并用 AddItem 方法将手机型号的名称添加到列表框中。手机型号与价格的数据仍使用图 6-23 所示数据。具体程序代码如下：

```
   '在"通用声明区"定义模块级数组和变量
   'model()存放手机型号，Price()存放手机价格，total 用于存放商品总价值
   Dim model(),Price()
   Dim total As Integer
   '初始化数组，将手机型号信息存入 model 数组，价格信息存入 Price 数组
   Private Sub Form_Load()
      model=Array("诺基亚 E72","诺基亚 N97","诺基亚 N86","索爱 U5i","索爱 U8i", _
               "索爱 MT15i","三星 i897","三星 W709","三星 T959")
      Price=Array("2389","2650","2900","2248","2340","3400","2785", _
               "2900","2680")
      m=LBound(model)                      '获取数组上界下界
      n=UBound(model)
      Sum=0
      For i=m To n
         LstMobile.AddItem model(i)        '将数组 model 中的手机型号依次添加到列表框中
         Sum=Sum+Val(Price(i))             '计算总价值
      Next
      total=Sum                            '将总价值存入窗体模块变量 total
      TxtAll=Str(total)+"元"
```

```
    TxtSele="0 元"
End Sub
'"->" 按钮，将 LstMobile 中选中的项目添加到 LstSele 中
Private Sub CmdRight_Click()
    Dim Sel_Text As String, Sel_price As Integer
    If LstMobile.ListIndex=-1 Then                    '判断是否选中了项目
        MsgBox("没有选中项目，请选中后再移动")
    Else
        Sel_Text=LstMobile.Text
        LstSele.AddItem Sel_Text
        Sel_price=Search(Sel_Text)                    '调用函数，查找选中项目所对应的价格
        TxtSele=Str(Val(TxtSele)+Sel_price)+"元"        'TxtSele 中加上价格
        TxtAll=Str(Val(TxtAll)-Sel_price)+"元"          'TxtAll 中减去价格
        LstMobile.RemoveItem LstMobile.ListIndex       'LstMobile 中删除选中项目
    End If
End Sub
'">>" 按钮，将 LstMobile 中项目全部添加到 LstSele 中
Private Sub CmdARight_Click()
    Do While LstMobile.ListCount>0                    'LstMobile 中删除全部项目
        LstMobile.ListIndex=0
        LstSele.AddItem LstMobile.Text
        LstMobile.RemoveItem LstMobile.ListIndex       '删除选定项目
    Loop
    TxtAll="0 元"                                      'TxtAll 置 0
    TxtSele=Str(total)+"元"                            'TxtSele 置总价格 total
End Sub
'"<-" 按钮，参考 "->" 按钮的说明
Private Sub CmdLeft_Click()
    Dim Sel_Text As String, Sel_price As Integer
    If LstSele.ListIndex=-1 Then
        MsgBox ("没有选中项目，请选中后再移动")
    Else
        Sel_Text=LstSele.Text
        LstMobile.AddItem Sel_Text
        Sel_price=Search(Sel_Text)
        TxtAll=Str(Val(TxtAll)+Sel_price)+"元"
        TxtSele=Str(Val(TxtSele)-Sel_price)+"元"
        LstSele.RemoveItem LstSele.ListIndex
    End If
End Sub
'"<<" 按钮，参考 ">>" 按钮的说明
Private Sub CmdALeft_Click()
    Do While LstSele.ListCount>0
        LstSele.ListIndex=0
        LstMobile.AddItem LstSele.Text
        LstSele.RemoveItem LstSele.ListIndex           '删除选定项目
    Loop
    TxtAll=Str(total)+"元"
    TxtSele="0 元"
End Sub
```

```
'查找函数，功能是根据手机型号，查找相应的价格
Function Search(mname As String) As Integer
    m=LBound(model)                                    '获取数组上界、下界
    n=UBound(model)
    For i=m To n
        If mname=model(i) Then                         '找到待查型号
            Search=Price(i)                            '将对应价格赋值给函数名
            Exit For
        End If
    Next
End Function
```

程序中编制了一个查找函数 Search(mname As String)，该函数根据传递过来的手机型号查找对应的价格，并通过函数名返回。通过使用函数，使程序的结构更加清晰，并且可以反复调用函数（本例调用 2 次），提高了程序的利用效率。

6.6.2　ComboBox（组合框）控件

组合框是一种同时具有文本框和列表框特性的控件，用户既可以在其列表框部分选择一个列表项目，也可以在其文本框部分直接输入文本内容来选定项目。通常，组合框适于创建建议性的选项列表，即用户除了可以从列表中进行选择外，还可以通过文本框将不在列表中的选项输入（需编程实现），而列表框则适用于将用户的选择限制在列表之内的情况。

1．组合框的三种风格

组合框有三种不同的风格：下拉式组合框、简单组合框和下拉式列表框，其中两种下拉风格的组合框，只有单击下拉按钮时才会显示全部列表，这样就节省了窗体的空间。三种风格的组合框形式如图 6-25 所示。

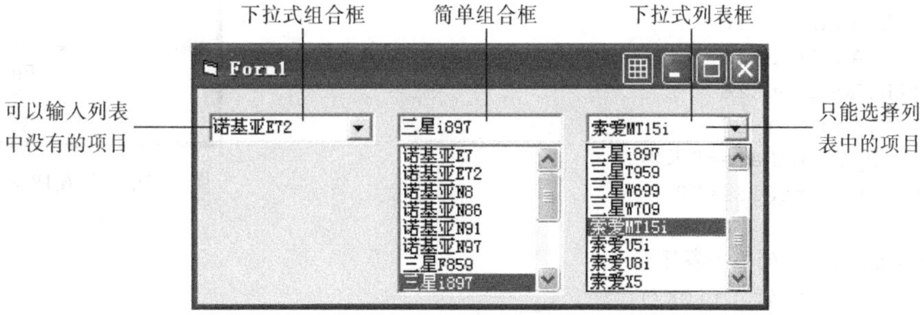

图 6-25　组合框示意图

组合框的三种风格是由组合框的 Style 属性决定的，该属性共有三个值可供选择：

0 – Dropdown Combo：下拉式组合框。可直接在文本框中输入文本内容，也可单击右边的下拉按钮，打开列表框供用户选择，选中的内容显示在文本框中。

1 – Simple Combo：简单组合框。将文本框与列表框一起显示在屏幕上，在列表框中列出所有的项目供用户选择，也可以在文本框中输入列表框中没有的选项。

2 – Dropdown List：下拉式列表框。与下拉式组合框类似，区别是不能输入列表框中没有的选项。

2．组合框的使用

组合框的大部分属性、方法和事件与列表框基本相同，其使用方法与列表框也并无大的差别。例如，组合框也是利用 List 属性（字符数组）来保存其中的每一个列表项目，通过 ListIndex 表示当前选项，由 ListCount 确定列表项目的个数；在编程中，组合框也可以通过 AddItem 方法添加选项，通过 RemoveItem 方法和 Clear 方法删除选项，等等。

注意： 对于下拉式组合框和简单组合框，其 Text 属性是返回文本框中的文本，这是因为这两种组合框可以在文本框中输入列表框中没有的选项；而对于下拉式列表框，其 Text 属性值总是与"组合框名.List(组合框名.Listindex)"的值相同，这点与列表框一样。

组合框的事件随 Style 属性值的不同而有所不同：

当 Style=0 时，组合框有 Click 事件和 Change 事件。

当 Style=1 时，组合框有 DblClick 事件和 Change 事件。

当 Style=2 时，组合框有 Click 事件。

【例 6.18】组合框应用示例。

【解】程序界面如图 6-26 所示，其中文本框的名称属性为 TxtDisp，Text 属性为"组合框示例"；用于设置字体的组合框为下拉式列表框，其名称属性为 CboZT，Style 属性为 2（不能输入）；用于设置字号的组合框为下拉式组合框，其名称属性为 CboZH、Style 属性为 0（允许输入）。具体程序代码如下：

```
'初始化，将字体和字号列表项分别加入到 CboZT 和 CboZH 中，并设置初始字体和字号
Private Sub Form_Load()
    CboZT.AddItem "宋体"
    CboZT.AddItem "黑体"
    CboZT.AddItem "楷体_GB2312"
    CboZT.AddItem "仿宋_GB2312"
    CboZH.AddItem 10
    CboZH.AddItem 12
    CboZH.AddItem 16
    CboZH.AddItem 20
    TxtDisp.FontName="宋体"
    TxtDisp.FontSize=20
End Sub
```

图 6-26　例 6.18 程序界面

```
'字体组合框 CboZT 的单击事件
Private Sub CboZT_Click()
    Select Case CboZT.ListIndex
        Case 0
            TxtDisp.FontName="宋体"
        Case 1
            TxtDisp.FontName="黑体"
        Case 2
            TxtDisp.FontName="楷体_GB2312"
        Case 3
            TxtDisp.FontName="仿宋_GB2312"
    End Select
End Sub
'字号组合框 CboZH 的单击事件
```

```
Private Sub CboZH_Click()
   TxtDisp.FontSize=CboZH.Text
End Sub
'字号组合框 CboZH 的 KeyPress 事件，检测回车键并设置字号
Private Sub CboZH_KeyPress(KeyAscii As Integer)
   If KeyAscii=13 Then
      TxtDisp.FontSize=CboZH.Text
   End If
End Sub
```

6.7　时钟（Timer）控件

时钟（Timer）控件是一种定时触发事件的控件，它能有规律地以一定的时间间隔触发时钟事件（Timer）而执行相应的程序代码。时钟控件通常用于设计与时间有关的应用程序。

1. 时钟控件的属性

（1）Enabled 属性

该属性设置时钟是否有效，它是一个逻辑值，其中：

True：使时钟控件有效，开始有效计时，到达计时则触发 Timer 事件。

False：停止时钟控件工作，不再触发 Timer 事件。

（2）Interval（时间间隔）属性

这是时钟控件最重要的属性，该属性用于设置时钟控件触发事件的时间间隔，单位为毫秒（0.001 s），取值范围为 0～65 535。例如，如果希望每 0.5 s 产生一个计时器事件，那么 Interval 属性值应设为 500。这样，每隔 500 ms 引发一次 Timer 事件，从而执行相应的 Timer 事件过程。

若 Interval 属性设置为 0，则 Timer 无效。另外，受系统硬件能力的限制，Timer 每秒最多产生 18 个事件，即两个事件间的最小间隔为 56 ms，因此，若将 Interval 属性值设置为小于 56，则不会有实际效果。

2. 时钟控件的事件

时钟控件在运行时是不可见的，它在后台工作，并且只支持 Timer 事件，在开启了时钟控件并且每当达到 Interval 属性规定的时间间隔时，就会触发时钟控件的 Timer 事件。

3. 时钟控件的使用

时钟控件主要用于在程序中监视和控制时间进程，一般在设计阶段设置它的 Interval 属性，然后当某一事件发生（如一个按钮被按下等）时设置时钟控件的 Enabled 为 True，这时，时钟控件开始计时，当到达 Interval 属性的值时，就会触发 Timer 事件中编制的处理程序。

【例 6.19】在窗体上建立数字时钟。

【解】程序的设计和运行界面如图 6-27 所示。程序中用到的对象及相应属性如表 6-10 所示。

在 Timer1_Timer 事件过程中将 Time()函数返回的系统时间赋值给标签 LblTime，即可实现当前时间的显示。程序代码如下：

```
Private Sub Timer1_Timer()
   LblTime=Time
End Sub
```

表 6-10　例 6.19 的对象及属性

对　象	属性（值）	属性（值）	属性（值）	属性（值）
窗体	名称（Form1）	Caption（时钟示例）		
标签 1	名称（LblTime）	Caption（空）	Alignment（2） BorderStyle（1）	FontName（宋体） FontSize（28）
标签 2	名称（LblWZ）	Caption（当前时间）		
时钟	名称（Timer1）	Interval（1000）		Enabled（True）

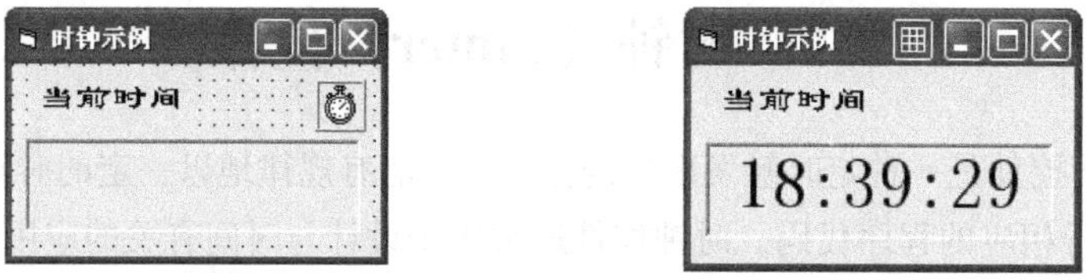

（a）设计窗口　　　　（b）运行窗口

图 6-27　例 6.19 程序界面

由于 Timer1 控件的 Interval 属性设为 1000（1 s），所以程序执行时，每隔 1 s 就会触发时钟事件，该事件的处理程序就将读取的系统时间赋给标签供显示。程序运行的结果如图 6-27（b）所示。在设计界面中，虽然时钟控件就显示在窗体上（见图 6-27（a）），但是执行时它并不显示。

【例 6.20】设计一个计时器，如图 6-28 所示。单击“开始计时”按钮，开始计时，同时按钮变为“停止计时”；单击“停止计时”按钮，计时停止，并保留计时结果，按钮恢复为“开始计时”；再次单击“开始计时”按钮，接续上次结果继续计时。单击“清零”按钮，计时器清零。

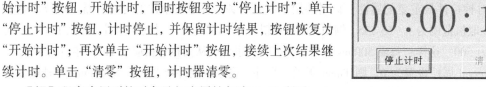

图 6-28　例 6.20 程序界面

【解】程序中用到的对象及相应属性如表 6-11 所示。

表 6-11　例 6.20 的对象及属性

对　象	属性（值）	属性（值）	属性（值）	属性（值）
窗体	名称（Form1）	Caption（计时器）		
标签 1	名称（LblTime）	Caption（空）	Alignment（2）	BorderStyle（1）
命令按钮 1	名称（CmdStart）	Caption（开始计时）		
命令按钮 2	名称（CmdClear）	Caption（清零）	Enabled（False）	
时钟	名称（Timer1）	Interval（1000）	Enabled（False）	

根据题目要求，设置一个时钟控件 Timer1，时钟控件的 Interval 属性设置为 1000；设置一个标签 LblTime 用于显示时间。程序代码如下：

```
'在“通用声明区”定义模块级变量，h表示小时、m表示分钟、s表示秒
Dim h As Integer,m As Integer,s As Integer
'初始化
Private Sub Form_Load()
    LblTime.Caption="00:00:00"
    LblTime.Width=5000
    LblTime.Height=1400
```

```
    LblTime.FontSize=60
    LblTime.ForeColor=vbRed
    CmdStart.Caption="开始计时"
    CmdClear.Caption="清  零"
    Timer1.Enabled=False
    CmdClear.Enabled=False
End Sub
'"开始计时"按钮事件
Private Sub CmdStart_Click()
    If CmdStart.Caption="开始计时" Then          '如果按钮是"开始计时"
       Timer1.Enabled=True                      '激活时钟控件
       CmdStart.Caption="停止计时"              '将按钮改为"停止计时"
       CmdClear.Enabled=False                   '设置"清零"按钮无效
    Else                                        '如果按钮是"停止计时"
       Timer1.Enabled=False                     '使时钟控件无效
       CmdStart.Caption="开始计时"              '将按钮改为"开始计时"
       CmdClear.Enabled=True                    '设置"清零"按钮生效
    End If
End Sub
'"清零"按钮事件，将计时器清零
Private Sub Cmdclear_Click()
    h=0
    m=0
    s=0
    LblTime=Format(h,"00") & ":" & Format(m,"00") & ":" & Format(s,"00")
End Sub
'Timer 事件
Private Sub Timer1_Timer()
    s=s+1                                       '每触发一次，s 加 1，进行计时
    If s>59 Then                                's 到 60 秒，进位到分
       m=m+1
       s=0
       If m>59 Then                             'm 到 60 分，进位到时
          h=h+1
          m=0
       End If
    End If
    LblTime=Format(h,"00") & ":" & Format(m,"00") & ":" & Format(s,"00")
End Sub
```

6.8　鼠标与键盘事件

在前面各章节的编程示例中，已用到鼠标的 Click 事件、DblClick 事件和键盘的 KeyPress 事件。Visual Basic 应用程序能够响应多种鼠标事件和键盘事件。例如，窗体、图片框与图像框等控件都能检测鼠标指针的位置，并可判断其左、中、右键是否已按下，还能响应鼠标按键与键盘的【Shift】、【Ctrl】、【Alt】键的各种组合。利用键盘事件可以编程响应多种键盘操作，也可以解释、处理 ASCII 字符。此外，Visual Basic 应用程序还可同时支持事件驱动的拖放功能和 OLE 的拖放功能。

6.8.1 鼠标事件

大多数控件能够识别鼠标的 MouseMove、MouseDown 和 MouseUp 事件，通过这些鼠标事件，应用程序能对鼠标位置及状态的变化做出响应。

MouseMove：每当鼠标指针移动到屏幕新位置时发生。

MouseDown：按下任意鼠标键时发生。

MouseUp：释放任意鼠标键时发生。

MouseMove、MouseDown 和 MouseUp 三个事件过程的语法格式分别如下：

```
Sub 对象名_MouseMove(Button As Integer,Shift As Integer,X As Single,Y As Single)
Sub 对象名_MouseDown(Button As Integer,Shift As Integer,X As Single,Y As Single)
Sub 对象名_MouseUp(Button As Integer,shift As Integer,X As Single,Y As Single)
```

说明：

① 对象名可以是窗体对象和大多数可视控件。

② Button 参数表示按下或释放的是鼠标的哪个按键。按下或释放鼠标的不同按键，得到的值是不同的。图 6-29 给出了 Button 参数所对应的二进制数的取值，其中低三位 L、R、M 分别表示鼠标左键、右键和中键的状态，相应二进制位为 0 时表示未按下鼠标键，为 1 时表示按下了对应鼠标键。因此，按下左键，Button 参数的值为 001（十进制 1）；按下右键，Button 参数的值为 010（十进制 2）；按下中间键，Button 参数的值为 100（十进制 4）。表 6-12 列出了鼠标键与 Button 参数的对应值。

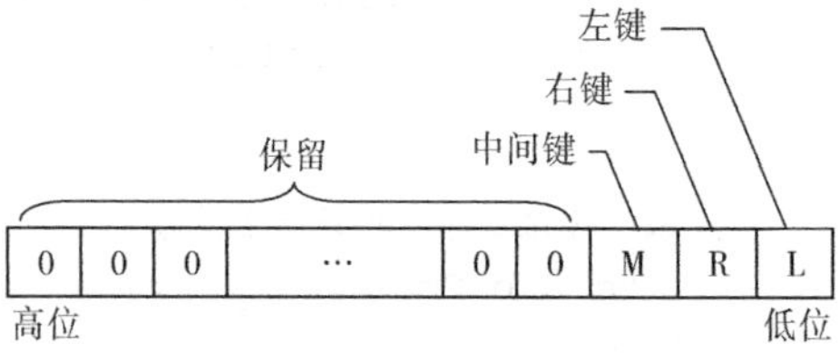

图 6-29 Button 参数取值

表 6-12 Button 参数的对应值

鼠 标 键	二 进 制 值	十 进 制 值	系 统 参 数
未按下	000	0	无
左键	001	1	vbLeftButton
右键	010	2	vbRightButton
左键+右键	011	3	vbLeftButton+vbRightButton
中键	100	4	vbMiddleButton
左键+中键	101	5	vbLeftButton+vbMiddleButton
右键+中键	110	6	vbRightButton+vbMiddleButton
左键+中键+右键	111	7	vbLeftButton+vbMiddleButton+vbRightButton

MouseDown 和 MouseUp 事件所使用的 Button 参数与 MouseMove 所使用的 Button 参数会有所不同。对于 MouseDown 和 MouseUp 事件来说，一定是按下某个鼠标键的情况下触发，所以，其 Button 参数只能是 1、2 或 4（即不可能未按下鼠标键或按下组合按键）；而对于 MouseMove 事件来说，它是鼠标移动时触发的事件，在移动鼠标时可能并没有按下键，也可能按下了多个键，所以它的 Button 参数有更多种状态。

③ Shift 参数表示在 Button 参数指定的按钮被按下或松开的情况下，键盘的【Shift】、【Ctrl】和【Alt】键的状态，通过该参数可以处理鼠标与键盘的组合操作。与上述 Button 参数类似，Shift

参数也对应着二进制数的低 3 位，如图 6-30 所示，其中低三位 S、C、A 分别表示【Shift】、【Ctrl】与【Alt】键的状态，相应二进制位为 0 时表示未按下对应键，为 1 时表示按下了对应键。表 6-13 列出了这 3 个按键及组合键的按下状态与 Shift 参数的对应值。

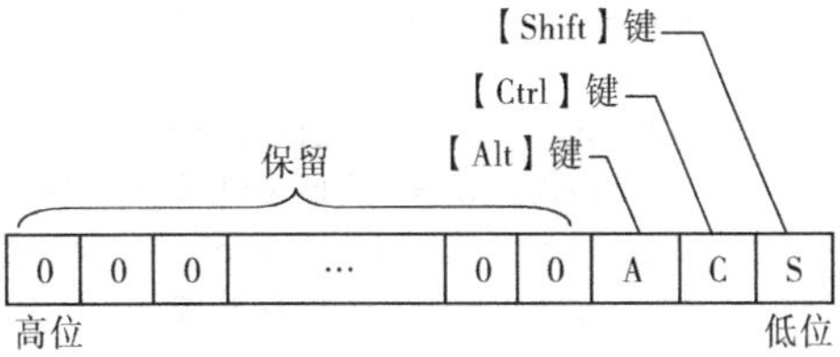

图 6-30　Shift 参数取值

表 6-13　Shift 参数的对应值

按键状态	二进制值	十进制值	系统参数
未按下任何键	000	0	无
【Shift】键	001	1	vbShiftMask
【Ctrl】键	010	2	vbCtrlMask
【Shift+Ctrl】组合键	011	3	vbShiftMask+vbCtrlMask
【Alt】键	100	4	vbAltMask
【Shift+Alt】组合键	101	5	vbShiftMask+vbAltMask
【Ctrl+Alt】组合键	110	6	vbCtrlMask+vbAltMask
【Ctrl+Alt+Shift】组合键	111	7	vbCtrlMask+vbAltMask+vbShiftMask

④ x 与 y 为鼠标指针的位置，通过 x 和 y 参数返回一个指定鼠标指针当前位置的数，鼠标指针的位置使用该对象的坐标系统表示。

【例 6.21】 鼠标 MouseDown、MouseUp 和 MouseMove 事件应用示例，程序界面如图 6-31 所示。单击左侧标签区域时，会显示按下的是鼠标的哪个键及是否按下了其他键盘按键；单击右侧标签区域并释放按键时，会显示释放的是哪个键及是否按下了其他键盘按键；用鼠标在下方标签区域移动时，会显示是否按下了鼠标按键及其他键盘按键。

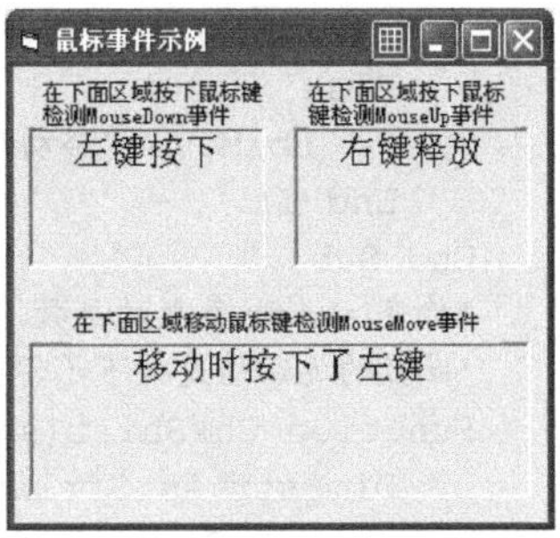

图 6-31　例 6.21 程序界面

【解】 程序中用到的对象及相应属性如表 6-14 所示。

表 6-14　例 6.21 的对象及属性

对　象	属性（值）	属性（值）	属性（值）
窗体	名称（Form1）	Caption（鼠标事件示例）	
标签 1	名称（LblDown）	BorderStyle（1）	FontSize（12）
标签 2	名称（LblUp）	BorderStyle（1）	FontSize（12）
标签 2	名称（LblMove）	BorderStyle（1）	FontSize（12）

从此例中可以看出，这三项要求正好对应着标签的 MouseDown、MouseUp 和 MouseMove 事件，因此，只要在相应的标签事件中取得的 Button 参数和 Shift 参数，并进行显示即可。程序代码如下：

```
'LblDown 标签的 MouseDown 事件，通过 Button 参数，确定按下的是鼠标左键还是右键
'通过 shift 参数确定是否按下了组合键
```

```
Private Sub LblDown_MouseDown(Button As Integer,shift As Integer,X As Single, _
                              Y As Single)
    If Button=vbLeftButton Then
        LblDown="鼠标左键按下，"+ChkShift(shift)
    ElseIf Button=vbRightButton Then
        LblDown="鼠标右键按下,"+ChkShift(shift)
    End If
End Sub
'LblUp 标签的 MouseUp 事件，通过 Button 参数，确定释放的是鼠标左键还是右键
'通过 shift 参数确定是否按下了组合键
Private Sub LblUp_MouseUp(Button As Integer,shift As Integer,X As Single, _
                          Y As Single)
    If Button=vbLeftButton Then
        LblUp="鼠标左键释放，"+ChkShift(shift)
    ElseIf Button=vbRightButton Then
        LblUp="鼠标右键释放，"+ChkShift(shift)
    End If
End Sub
'LblMove 标签的 MouseMove 事件，检测在鼠标移动时按下了哪个鼠标键及组合键
Private Sub LblMove_MouseMove(Button As Integer, shift As Integer, X As Single, _
                              Y As Single)
    If Button=vbLeftButton Then
        LblMove="移动时按下了鼠标左键，"+ChkShift(shift)
    ElseIf Button=vbRightButton Then
        LblMove="移动时按下了鼠标右键，"+ChkShift(shift)
    Else
        LblMove="移动时未按下任何鼠标键，"+ChkShift(shift)
    End If
End Sub
'检查 shift 参数的函数，将 shift 参数传递给 ChkShift 函数
'函数的返回值是按下了哪些组合键的字符串
Function ChkShift(shift As Integer) As String
    Dim str As String
    Select Case shift
        Case 0
            str="未按下其他任何键"
        Case 1
            str="按下了 Shift 键"
        Case 2
            str="按下了 Ctrl 键"
        Case 3
            str="按下了 Shift+Ctrl 键"
        Case 4
            str="按下了 Alt 键"
        Case 5
            str="按下了 Shift+Alt 键"
        Case 6
            str="按下了 Ctrl+Alt 键"
        Case 7
            str="按下了 Ctrl+Shift+Alt 键"
```

```
    End Select
    ChkShift=str
End Function
```

在程序中，分别在 MouseDown、MouseUp 和 MouseMove 事件中对 Button 参数和 Shift 参数进行判断，得到当前的鼠标按键和键盘组合键的状态。为了使程序简洁，还编制了一个检查 Shift 参数的函数 ChkShift()，传递给该函数的参数就是 Shift 参数，在函数中对该 Shift 参数进行判断，并返回当前键盘组合键按键状态的一个字符串。

在执行程序时，用鼠标指向 LblDown 标签区域并按下鼠标键，会触发 MouseDown 事件，得到相应提示；用鼠标指向 LblUp 标签区域，按下鼠标再释放鼠标键，会触发 MouseUp 事件，得到相应提示；将鼠标指针在 LblMove 标签区域内移动时，会触发 MouseMove 事件，得到相应提示。由此，读者也可以体会这三个事件的不同。

6.8.2　键盘事件

在 Windows 应用程序中，虽然常常使用鼠标进行操作，但有时如果借助于键盘操作，将使操作更加方便快捷，而且还可以处理一些特殊的要求，例如利用文本框 TextBox 进行输入时，若需要控制文本框中输入的内容，处理 ASCII 字符，就需要对键盘事件编程。

在 Visual Basic 中，提供了 KeyPress、KeyDown、KeyUp 三种键盘事件，窗体和接收键盘输入的控件都能识别这三种事件。

1. KeyPress 事件

在按下并且释放一个会产生 ASCII 码的键时将触发 KeyPress 事件。但是，并不是按下键盘上的任意一个键都会引发 KeyPress 事件，KeyPress 事件只对会产生 ASCII 码的按键有反应，包括数字键、大小写字母键、【Enter】、【Esc】、【Tab】、【Backspace】等键。有些功能键、编辑键和定位键（如方向键【↑】、【↓】、【←】、【→】）并不产生 ASCII 码，这样的键不会触发 KeyPress 事件。

KeyPress 事件过程的语法格式是：

```
Sub 对象名_KeyPress(KeyAscii As Integer)
```

其中对象名是指窗体或可以接收键盘输入的控件对象名，KeyAscii 参数为与按键对应的 ASCII 码值。

KeyPress 事件过程接收到的是用户通过键盘键入字符的 ASCII 码值。例如，当键盘处于小写状态，用户在键盘上按【A】键时，KeyAscii 参数值为 97；当键盘处于大写状态，用户在键盘上按【A】键时，KeyAscii 参数值为 65。为此，可以通过对所键入字符 ASCII 码值的判断，进行相应操作。

例如，很多用户在进行类似用户名、密码的文本框输入中，习惯输入完内容后直接按【Enter】键执行后面的操作，而不必每次都用鼠标单击命令按钮。此时，就可以在文本框的 KeyPress 事件过程中，对是否按下了【Enter】键进行判断，如果按下了【Enter】键（ASCII 码值为 13），则直接调用相应的命令按钮单击事件过程。具体的形式如下：

```
Private Sub Text1_KeyPress(KeyAscii As Integer)
    If KeyAscii=13 Then
        Call Command1_Click
    End If
End Sub
```

【例 6.22】将文本框中输入的所有字符都强制转换为大写字符。

【解】程序代码如下：

```
Private Sub Text1_KeyPress(KeyAscii As Integer)
   KeyAscii=Asc(UCase(Chr(KeyAscii)))
End Sub
```

程序中首先通过 Chr()函数，将键入字符的 ASCII 码值转换成对应的字符；然后通过 UCase()函数，将其转换成大写符号；再通过 Asc()函数将大写符号再转化成对应的 ASCII 码值，并赋值给 KeyAscii 参数，从而将输入的符号强制转换为大写字符。

【例 6.23】通过编程，对一个文本框限定只能输入数字、小数点，并只能响应【Backspace】键和【Enter】键。数字、小数点、【Backspace】键和【Enter】键的 ASCII 码值分别是 48～57、46、8 和 13。

【解】程序代码如下：

```
Private Sub Text1_KeyPress(KeyAscii As Integer)
   Select Case KeyAscii
      Case 48 To 57,46,8,13
      Case Else
         KeyAscii=0
   End Select
   If KeyAscii=13 Then
      Call Command1_Click
   End If
End Sub
```

在文本框的 KeyPress 事件中对 KeyAscii 参数进行判断，符合上述码值，不做处理(允许输入)，对于其他所有码值，将 KeyAscii 参数置 0（即禁止使用）。

注意：例 6.22 和例 6.23 中，都在过程中对 KeyAscii 参数进行了赋值。第 5 章介绍过过程的参数传递，这里，在过程中对 KeyAscii 参数进行赋值后，会将结果反馈给传递参数的程序。对于例 6.22，是将转换成大写的 ASCII 码值反馈给键盘，这样使得键盘将输入的符号转换成大写；而对于例 6.23，是将设成 0 值的 ASCII 码值反馈给键盘，这将导致键盘不能输入符号。

2．KeyDown 和 KeyUp 事件

当一个对象具有焦点时，用户按下键盘上的任意键，就会触发该对象的 KeyDown 事件；释放按键，又会触发 KeyUp 事件。KeyDown 和 KeyUp 事件过程的语法格式如下：

```
Sub 对象名_KeyDown(KeyCode As Integer,Shift As Integer)
Sub 对象名_KeyUp(KeyCode As Integer,Shift As Integer)
```

说明：

① 对象名是指窗体或可以接收键盘输入的控件对象名。

② KeyCode 参数值是用户所操作的键的扫描代码，与前面介绍的 KeyAscii 参数值不同，KeyCode 参数值表示实际按下的物理键。

对 KeyAscii 参数值来说，它是按键所对应的 ASCII 值，对于大写字母和小写字母，如 A 和 a，它们是不同的；但是对于 KeyCode 参数，它表示实际按下的物理键，同样对于大写字母和小写字母，如 A 和 a，由于它们使用同一个键位，所以它们的 KeyCode 是相同的。Visual Basic 规定同一个键位的大写字母和小写字母的 KeyCode 值就是大写字母的 ASCII 码值；同样，上挡键字符和下

挡键字符也是使用同一按键，它们的 KeyCode 值也是相同的，Visual Basic 规定为下挡字符的 ASCII 码值，如“:”与“;”使用同一键，它们的 KeyCode 相同。此外，键盘上的 1 和数字小键盘上的 1 由于其物理键位不同，所以被作为不同的键返回，尽管它们生成相同的字符，但它们的 KeyCode 值是不相同的。表 6-15 列出了部分字符的 KeyCode 和 KeyAscii 值，请读者注意区别它们的异同。

表 6-15　KeyCode 和 KeyAscii 值

键（字符）	Keycode 值	KeyAscii 值
A	&H41	&H41
a	&H41	&H61
7	&H37	&H37
&	&H37	&H27
1（大键盘上）	&H31	&H31
1（数字键盘上）	&H61	&H31
Home	&H24	&H24
F10	&H79	无

KeyDown 和 KeyUp 事件可识别标准键盘上的大多数控制键，其中包括功能键(【F1】~【F12】)、编辑键（【Home】、【PgUp】、【PgDn】、【End】、【Delete】等）、定位键（【←】、【→】、【↑】、【↓】）和数字小键盘上的键。可以通过键代码常数或相应的 ASCII 值检测这些键。

③ Shift 参数表示【Shift】、【Ctrl】和【Alt】键的状态，其含义与鼠标事件中的 Shift 参数意义完全相同。

在 KeyPress 事件中，是将字母的大小写或上挡、下挡键作为两个不同的 ASCII 字符处理的。但是对于 KeyDown 和 KeyUp 事件，KeyCode 参数只能得到按键的物理位置，并不能区分大小写或上挡、下挡键，此时就需要使用 Shift 参数。下面就是利用 Shift 参数判断是否按下了大写字母键的代码形式。

```
Private Sub Text1_KeyDown(KeyCode As Integer,Shift As Integer)
    If KeyCode=vbKeyA And Shift=1 Then
        MsgBox "按下了大写字母 A"
    End If
End Sub
```

同样，由于数字键与标点符号键会共用一个物理键位（如 7 和&），此时它们的 KeyCode 是一样的，均为数字 7 的 ASCII 值。这时，为检测“&”，也需要使用 Shift 参数。

```
Private Sub Text1_KeyDown(KeyCode As Integer,Shift As Integer)
    If KeyCode=vbKey7 And Shift=1 Then
        MsgBox "按下了符号&"
    End If
End Sub
```

注意：默认情况下，当用户对具有焦点的控件进行键盘操作时，均可触发该控件的 KeyPress、KeyDown 和 KeyUp 事件。但是窗体的 KeyPress、KeyDown 和 KeyUp 事件不会发生，这是因为窗体的 KeyPreview 属性默认为 False。为了可以在窗体中触发这三个键盘事件，必须将窗体的 Key Preview 属性设为 True。

【例 6.24】对例 6.5 进行修改扩充，增加键盘操作，在键盘上按【A】、【D】、【W】、【S】键（或【↑】、【↓】、【←】、【→】方向键）控制窗体上标签的移动。

【解】例 6.5 程序界面如图 6-8 所示，为了使窗体可以接收键盘事件，需将窗体的 KeyPreview 属性设为 True。程序中用到的对象及相应属性如表 6-16 所示。

表 6-16　例 6.24 的对象及属性

对　象	属性（值）	属性（值）	属性（值）
窗体	名称（Form1）	Caption（位置属性示例）	KeyPreview（True）
标签	名称（LblObject）	Caption（空）	BackColor（红）
命令按钮	名称（CmdUp）	Caption（↑）	
命令按钮	名称（CmdDown）	Caption（↓）	
命令按钮	名称（CmdLeft）	Caption（←）	
命令按钮	名称（CmdRight）	Caption（→）	

程序代码如下：

```
Private Sub Cmdup_Click()
   LblObject.Top=LblObject.Top-200
End Sub
Private Sub Cmddown_Click()
   LblObject.Top=LblObject.Top+200
End Sub
Private Sub Cmdleft_Click()
   LblObject.Left=LblObject.Left-200
End Sub
Private Sub Cmdright_Click()
   LblObject.Left=LblObject.Left+200
End Sub
'检查是否按下了 A、D、W、S 键
Private Sub Form_KeyDown(KeyCode As Integer,Shift As Integer)
   If KeyCode=vbKeyA Then
      Call Cmdleft_Click
   ElseIf KeyCode=vbKeyD Then
      Call Cmdright_Click
   ElseIf KeyCode=vbKeyW Then
      Call Cmdup_Click
   ElseIf KeyCode=vbKeyS Then
      Call Cmddown_Click
   End If
'检查是否按下↑、↓、←、→键
'    If KeyCode=vbKeyLeft Then
'       Call Cmdleft_Click
'    ElseIf KeyCode=vbKeyRight Then
'       Call Cmdright_Click
'    ElseIf KeyCode=vbKeyUp Then
'       Call Cmdup_Click
'    ElseIf KeyCode=vbKeyDown Then
```

```
'       Call Cmddown_Click
'    End If
End Sub
```

在本程序中，在 Form_KeyDown()事件中对按键【A】、【D】、【W】、【S】进行判断，并调用相应的方向按钮单击事件程序。程序中还给出了一个注释掉的程序段，是对四个方向键的判断程序，用户可以根据自己的喜好，选择用方向键或字母键来控制移动。

6.9　控件应用举例

在本章的最后，将使用本章中介绍的各种控件编制一些综合的实例，以期通过这些实例展示在 Visual Basic 中如何使用各种控件。

【例 6.25】一个随机靶子的游戏程序。程序界面如图 6-32 所示。单击“开始”按钮，窗口中的小方块（靶子）随机改变位置，单击它（打中靶子），计一个分数，并同时显示成功率。

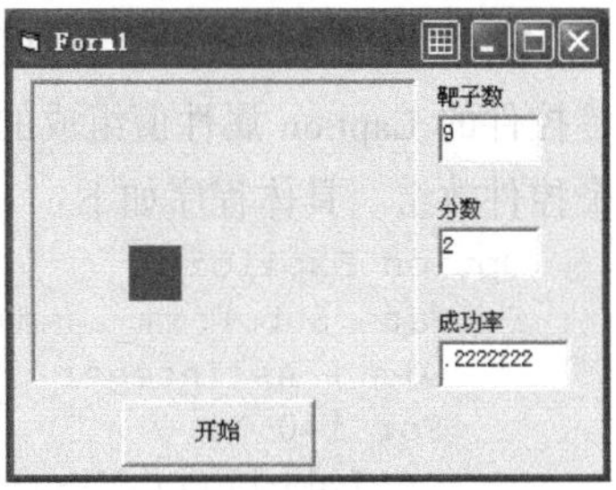

图 6-32　例 6.25 程序界面

【解】为实现此功能，在窗体上建立一个 Picture，作为靶子的活动区域；建立一个标签，背景设置比较醒目的颜色，代表靶子。另外，需设置一个时钟控件 Timer1，时钟控件的 Interval 属性设置为 1000，在 Timer1 的 Timer 事件中，产生一个随机数，利用这个随机数设定靶子的位置，即每隔 1 s，使靶子产生一个新的随机位置。

对靶子（标签）的单击事件编程，当发生了靶子的单击事件时，说明靶子被击中，此时要对分数进行计数，并计算成功率。具体程序如下：

```
'在窗体通用声明区定义模块级变量
'z_num 表示靶子数，tar_num 表示击中靶子数，percent 表示百分率
Dim z_num As Integer,tar_num As Integer,percent As Single
'“开始按钮”程序，对各变量清零，使时钟控件生效，使靶子标签可见
Private Sub Command1_Click()
    z_num=0
    tar_num=0
    percent=0
    Timer1.Enabled=True
    Lbltarget.Visible=True
End Sub
'靶子被击中，击中计数加 1，调用 Timer 事件，出现下一个靶子
Private Sub Lbltarget_Click()
    tar_num=tar_num+1
    Text2=tar_num
    Call Timer1_Timer
End Sub
'时钟触发事件，产生随机数，确定靶子标签的位置，靶子数加 1
'如果靶子数超过 10，停止游戏，否则计算击中率
Private Sub Timer1_Timer()
    x=Rnd*Picture1.Width
    y=Rnd*Picture1.Height
    Lbltarget.Top=y
```

```
        Lbltarget.Left=x
        z_num=z_num+1
        If z_num>10 Then
            Timer1.Enabled=False
            Lbltarget.Visible=False
        Else
            Text1=z_num
            percent=tar_num/z_num
            Text3=percent
        End If
    End Sub
```

【例 6.26】 设计一个模拟霓虹灯程序，利用时钟控件模拟霓虹灯的效果。程序运行界面如图 6-33 所示。

图 6-33　例 6.26 运行结果

【解】 本例中“欢迎参加俱乐部”几个字是由 7 个标签控件的 Caption 属性值组成的，这 7 个标签构成了一个控件数组。具体程序如下：

```
    Option Explicit
    Private Sub Form_Load()
        Dim i As Integer
        For i=0 To 6
            Label1(i).Visible=False          '开始时隐藏标签数组
            Label1(i).ForeColor=vbRed
        Next i
        Timer1.Enabled=True
        Timer1.Interval=100
    End Sub
    Private Sub Timer1_Timer()
        Static index As Integer              '定义静态变量 Index 表示当前显示的标签编号
        Dim i As Integer
        If index<>7 Then
            Label1(index).Visible=True
            index=index+1
        Else
            For i=0 To 6
                Label1(i).Visible=False
            Next i
            index=0
        End If
    End Sub
```

小　　结

窗体是 Visual Basic 中最基本的对象，是所有控件的容器，各种控件对象都必须建立在窗体上，窗体有自己的属性、事件和方法。在 Windows 环境下，应用程序的开始和结束大都表现为窗体的加载和卸载过程，而窗体从加载到卸载正好体现了窗体的一个生命周期。通常，对于需要初始化的数据，可以利用加载窗体的事件来完成；而在窗体被卸载时，可以保存修改后的数据。在实际应用中，对于比较复杂的应用程序，往往需要通过多个窗体来实现程序功能，在多重窗体中，每个窗体可以有自己的界面和程序代码，分别完成不同的功能。

在 Visual Basic 中，每一个控件都有自己的属性、事件和方法。本章系统地介绍了文本框、命令按钮、单选按钮、复选框、列表框、组合框、时钟等常用标准控件的使用方法。读者在学习这些控件时，应当从功能、属性、方法、事件四方面入手，注意总结在什么情况下应当考虑使用什么控件的属性、方法或事件来解决相关问题。

鼠标与键盘是操作计算机时经常使用的输入设备，面向对象的程序设计系统的大多数对象都包含鼠标与键盘事件。通过编程可以检测鼠标指针的位置，并可判断其左、中、右键是否已按下，还能响应鼠标按键与键盘的【Shift】、【Ctrl】、【Alt】键的各种组合；利用键盘事件可以编程响应多种键盘操作，还可以解释、处理 ASCII 字符。通过对鼠标和键盘事件的编程，可以满足用户要求的不同的操作方式。

习　题

1．使用 Load 语句装载窗体与用 Show 方法有何不同？

2．什么是启动窗体？如何设置一个启动窗体？

3．Visual Basic 的窗体在整个生命周期中共有几种状态？

4．简述窗体之间如何实现数据互访，并编写一个小程序进行示范。

5．简述 Visual Basic 控件接收用户输入时焦点的概念。Visual Basic 是如何管理 Tab 顺序的？

6．什么是控件的默认属性？请列出几个常用控件的默认属性。

7．标签控件和文本框控件的区别是什么？

8．如果让时钟控件每 20 s 发生一个 Timer 事件，Interval 属性应设为多少？

9．MouseDown 事件发生在 MouseUp 和 Click 事件之前，但是 MouseUp 和 Click 事件发生的次序与对象有关。请编写程序，验证在命令按钮和标签上 MouseDown、MouseUp 和 Click 事件发生的顺序。（提示：分别在事件中写入 Debug.Print 语句，将信息输出到 Debug 窗口，验证事件触发的次序。）

10．KeyDown 事件与 KeyPress 事件的区别是什么？

11．试说明键盘扫描代码（KeyCode）与键盘 ASCII 码（KeyAscii）的区别。

12．在 KeyDown 事件过程中，如何检测【Ctrl】和【F3】键是否同时被按下？

13．请编制一个用于输入数据检验的程序，利用文本框接收数据，当输入的数据在 1～100 范围内为正确；超出该范围，要给出出错信息并提示重新输入。

14．对例 6.9 模拟 QQ 登录及聊天的程序进行改进，程序界面如图 6-34 所示。在登录账号时使用组合框，将一些账号添加到登录账号组合框中，并将与账号对应的密码存放在数组中；登录时，从组合框中选取账号，并在密码输入处输入密码。在程序中对输入的密码进行判断（与所选账号对应的密码进行比对），正确则进入聊天窗口，否则给出提示信息，提示重新输入。

15．设计一个个人资料输入窗口，如图 6-35 所示。性别使用单选按钮、爱好使用复选框，民族和职业通过组合框选取。在程序的初始化部分将各个民族和职业选项分别添加到对应的组合框中。程序运行后，输入姓名、年龄，选择民族、职业、性别、爱好，单击“确定”按钮，将个人信息显示在文本框中。

（a）通过组合框选择账号

（b）输入密码

图 6-34　模拟 QQ 登录的界面

16．设计一个简单的调色板程序，如图 6-36 所示。通过控制标签的 BackColor 属性，由 RGB(Red,Green,Blue)函数进行颜色设置，其中红、绿、蓝三种基本颜色的数值（0～255）由三个滚动条分别控制。

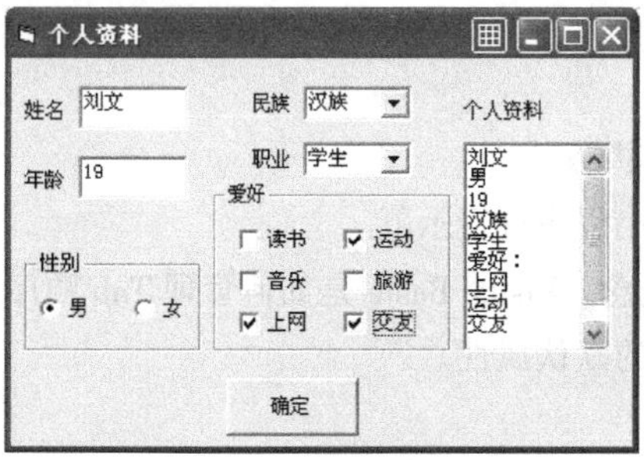

图 6-35　个人资料录入界面

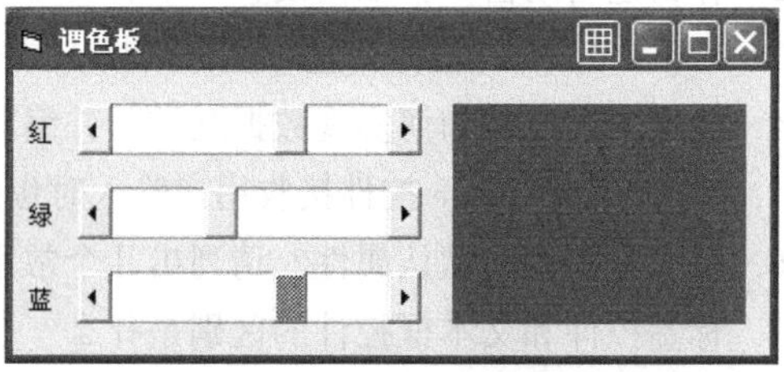

图 6-36　调色板界面

17．设计一个简单的闹钟，如图 6-37 所示。当前时间取自系统时间，闹钟时间由自己输入，单击“设定”按钮，开始闹钟检测。如果当前时间超过闹钟时间，显示当前时间的文本框背景颜色开始在红蓝两色之间交替变换闪烁，以示提醒；单击“取消”按钮，终止本次闹钟。

提示：设置两个 Timer 控件。其中 Timer1 用于显示当前系统时间，其 Interval 属性为 1 s；Timer2 用于检测是否到达闹钟时间，如果到达，则设置显示当前时间的文本框背景颜色在红蓝间交替变化，其 Interval 属性为 0.5 s，Enabled 属性开始设为 False；单击“设定”按钮时，将 Timer2 的 Enabled 属性设为 True，进行闹钟检测，同时设置按钮的 Enabled 属性为 False（禁止按钮使用）；单击“取消”按钮，清除闹钟设置，并使“设定”按钮 Enabled 属性恢复为 True。

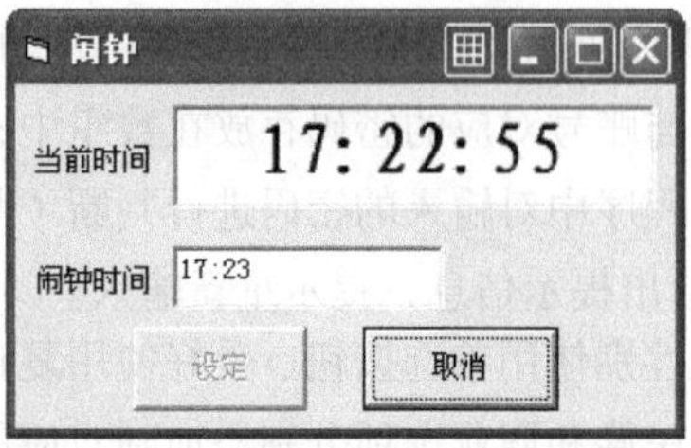

（a）运行界面

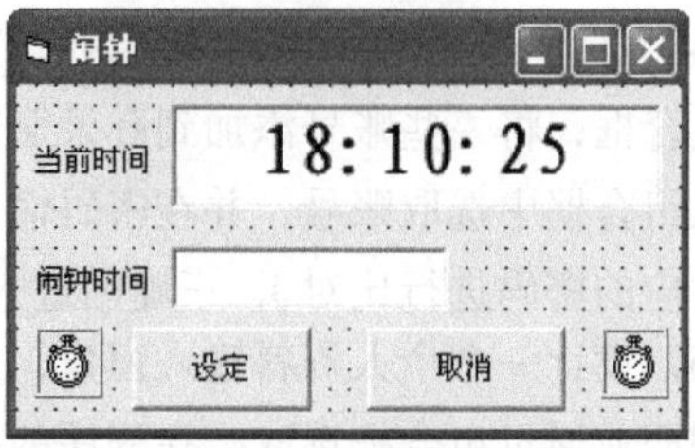

（b）设计界面

图 6-37　闹钟界面

第 7 章 ActiveX 控件与系统对象

在进行 Windows 应用程序的界面设计时，除了使用 Visual Basic 自身提供的标准控件外，还可以使用 Microsoft 公司或一些第三方厂商开发的扩展的高级控件，即 ActiveX 控件。此外 Visual Basic 还提供了许多的系统内部对象，用户在编制应用程序时可以直接调用这些对象。

学习目标

- 了解 ActiveX 控件的使用方法。
- 了解 App、Clipboard 等系统对象的使用方法。

7.1 ActiveX 控件概述

1. ActiveX 控件

由前面的介绍可以知道，Visual Basic 6.0 工具箱中提供了 20 个标准控件，使用这些标准控件用户可以十分方便地创建出符合 Windows 界面风格的应用程序，满足一般的需要。但是，如果需要编制复杂的应用程序，如工具栏、选项卡、进度条、带图标的组合框等 Windows 应用程序界面，仅靠这 20 个基本控件就不够了。为帮助用户解决这一问题，Microsoft 公司以及一些第三方厂商开发了许多扩展的高级控件，这些控件被称为 ActiveX 控件，这些 ActiveX 控件封装了很多常用的功能，如进度条、通用对话框等。

所谓 ActiveX 控件，就是一段可以重复使用的代码和数据，它由用 ActiveX 技术创建的一个或多个对象组成。ActiveX 控件在 Windows 的文件系统里面以文件的形式存在，ActiveX 控件文件的文件扩展名为.ocx，一般情况下 ActiveX 控件被安装和注册在\Windows\System 或 System32 目录下。

ActiveX 控件的使用方法与标准控件一样，但首先应把需要使用的 ActiveX 控件添加到工具箱中，然后像标准控件一样使用。

在 Visual Basic 6.0 中，还有一种可插入对象是 Windows 应用程序的对象，如 Microsoft Excel 的工作表，它是 Microsoft Excel 应用程序的一个可插入对象。可插入对象也是一种 ActiveX 控件，只是插入的对象本身就是一个应用程序。可插入对象也可以添加到工具箱中，具有与标准控件类似的属性，可以同标准控件一样使用。

2. 向工具箱中添加 ActiveX 控件

将 ActiveX 控件或可插入对象添加到工具箱的方法是：

① 在“工程”菜单中选择“部件”命令，弹出图 7-1 所示的“部件”对话框。也可在工具

箱中右击，从弹出的快捷菜单中选择“部件”命令。“部件”对话框中有三个选项卡，分别列出了所有已经注册的 ActiveX 控件、设计器和可插入对象。

② 找到所需的 ActiveX 控件或可插入对象，单击其左边的复选框进行选定。

③ 单击“确定”按钮，关闭“部件”对话框，此时，所有选定的 ActiveX 控件或可插入对象会出现在工具箱中。

例如，在“部件”对话框中选择 Microsoft Windows Common Controls 6.0 部件，即可将该部件中的 ActiveX 控件加入到工具箱中。图 7-2 虚线框中所示即为选中 Microsoft Windows Common Controls 6.0 部件后新加入的 9 个 ActiveX 控件。

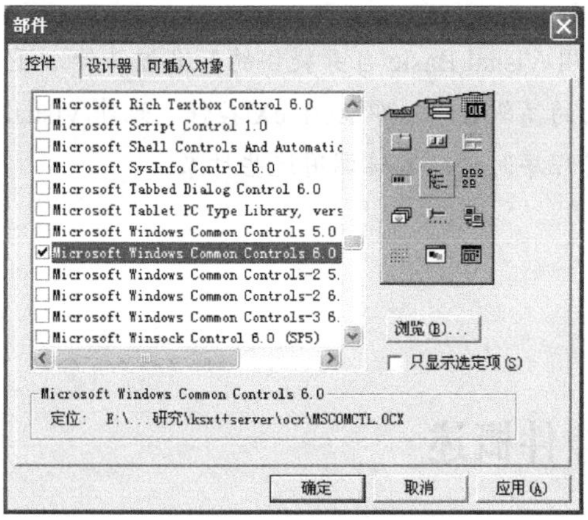

图 7-1 “部件”对话框

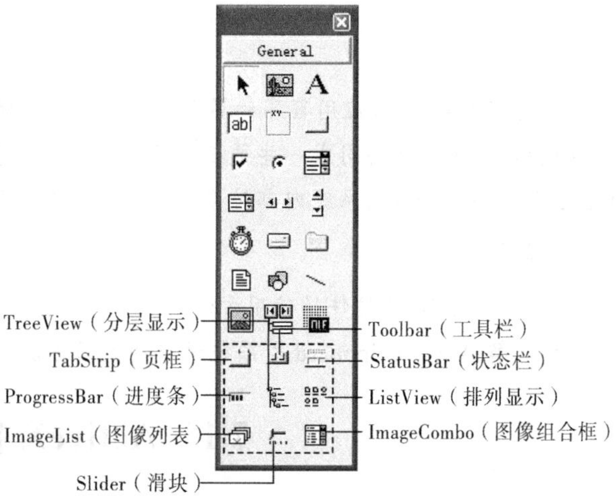

图 7-2 工具箱中新加入的 ActiveX 控件

如果需要添加的 ActiveX 控件尚未注册，则“部件”对话框中就不会列出该 ActiveX 控件，这时要将存放在某一目录中的 ActiveX 控件加入到“部件”对话框中，可以通过“部件”对话框中的“浏览”按钮找到扩展名为.ocx 的 ActiveX 控件文件。表 7-1 列出了常用的 ActiveX 控件。

表 7-1 常用 ActiveX 控件

ActiveX 控件	ActiveX 部件	文件名
TabStrip（页框）	Windows 通用控件 Microsoft Windows Common Controls 6.0	Mscomctl.ocx
Toolbar（工具栏）		
StatusBar（状态栏）		
ProgressBar（进度条）		
TreeView（分层显示）		
ListView（排列显示）		
ImageList（图像列表）		
Slider（滑块）		
ImageCombo（图像组合框）		
CommonDialog（通用对话框）	Microsoft Common Dialog Control 6.0	Comdlg32.ocx
MMControl1（多媒体）	Microsoft Multimedia Control 6.0	Mci32.ocx
MediaPlayer（媒体播放器）	Microsoft Media Player	Msdxm.ocx
RichTextBox	Microsoft RichTextBox Control 6.0	Richtx32.ocx

实际上，用户除可以使用已经设计好的 ActiveX 控件外，还可以通过 Visual Basic 提供的 ActiveX 设计器设计 ActiveX 控件。限于篇幅，本章只对部分 ActiveX 控件做简单介绍。

7.2　ProgressBar 和 Slider 控件

如果在程序中需要表现进度条或者带有刻度标记的滑块,就要用到 ProgressBar 和 Slider 控件。

7.2.1　ProgressBar 控件

ProgressBar 控件用来表现进度条，常用于监视一个较长操作完成的进度，例如文件的复制过程或程序的安装过程，它通过从左到右用一些方块填充矩形的形式来表示操作处理的进程。

1. 创建 ProgressBar 控件

ProgressBar 控件位于 Microsoft Windows Common Controls 6.0 部件中，将其添加到工具箱后的图标如图 7-2 所示。创建一个 ProgressBar 控件时，只要在工具箱中单击 ProgressBar 控件图标，然后在窗体上画出进度条控件即可。

2. 进度条的属性

ProgressBar 控件通过 Min 和 Max 属性设置应用程序完成整个操作的行程，即通过 Min 和 Max 属性设置行程的界限。而 Value 属性则指明了在行程范围内的当前位置，即通过 Value 属性指明应用程序在完成该操作过程时的进度。其中：

① Min 属性代表进度条全空时的值，默认为 0。

② Max 属性代表进度条全满时的值，默认为 100。

③ Value 属性代表进度条当前的值（但不出现在属性窗口中），它大于 Min 属性，小于 Max 属性。改变 Value 属性的值将改变进度条的进度显示。

④ ProgressBar 控件的 Height 属性和 Width 属性决定填充控件的方块的数量和大小。方块数量越多,就越能精确地描述操作进度,可通过减少 ProgressBar 控件的 Height 属性或者增加其 Width 属性来增加显示方块的数量。

3. 进度条的编程

在对 ProgressBar 控件编程时，通常先在初始化部分对 ProgressBar 控件的 Min 属性和 Max 属性进行设置，然后在程序执行过程中根据要求改变 Value 属性，使进度条行进；在改变 Value 属性时，还要检查 Value 属性值是否达到 Max 属性值，如果达到则停止进度条。示例程序如下：

```
If ProgressBar1.Value<ProgressBar1.Max Then
   ProgressBar1.Value=ProgressBar1.Value+5
Else
   ProgressBar1.Visible=False         '当进度条满时让进度条消失
End If
```

【例 7.1】 ProgressBar 控件示例。设计一个进度条，用来指示程序结束的时间进度，界面如图 7-3 所示。

【解】 在程序中，通过时钟控件模拟进度条的行程，行程时间为 10 s，每隔 1 s 进度条行进一次。为此需要将时钟控件的 Interval 属性设为 1000(1 s), 并在 Timer 事件中对 ProgressBar 的 Value

属性进行更改。具体程序代码如下：

```
'初始化 ProgressBar1 和 Timer1 控件
Private Sub Form_Load()
    ProgressBar1.Min=0
    ProgressBar1.Max=10
    ProgressBar1.Value=0
    Timer1.Interval=1000
    Timer1.Enabled=False
    ProgressBar1.Visible=False
End Sub
'程序开始
Private Sub Command1_Click()
    Timer1.Enabled=True
    ProgressBar1.Visible=True
End Sub
'Timer 事件
Private Sub Timer1_Timer()
    If ProgressBar1.Value<ProgressBar1.Max Then
        ProgressBar1.Value=ProgressBar1.Value+1
    Else
        ProgressBar1.Visible=False
    End If
End Sub
```

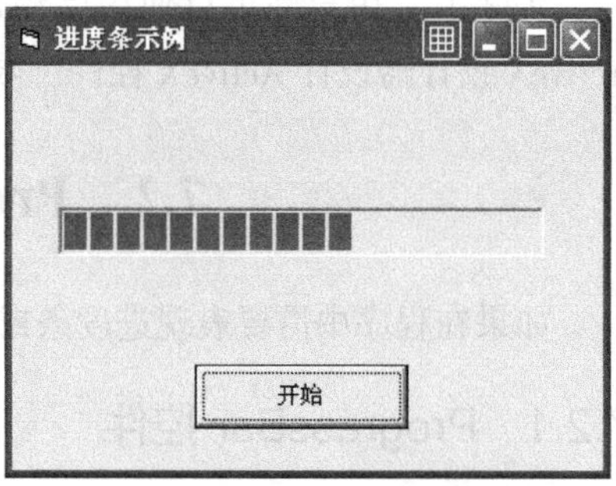

图 7-3　例 7.1 程序界面

程序中，首先对 ProgressBar 和 Timer 控件进行初始化，在对 ProgressBar 控件进行初始化时要将其设为不可见；在单击“开始”按钮时，将 Timer 控件设为可用（即触发 Timer 事件），并使 ProgressBar 控件可见；在 Timer 事件中，每次使 ProgressBar1.Value 加 1，即使进度条行进，当 Value 值达到 Max 值时，进度条停止，并再次使其不可见。

7.2.2 Slider 控件

Slider 控件是包含滑块和可选择性刻度标记的部件，用鼠标拖动滑块可以在不同刻度间移动。Slider 控件与滚动条很类似，只是滑块上可以显示刻度。

1. 创建 Slider 控件

Slider 控件位于 Microsoft Windows Common Controls 6.0 部件中，将其添加到工具箱后的图标如图 7-2 所示。创建一个 Slider 控件时，只要在工具箱中单击 Slider 控件图标，然后在窗体上画出 Slider 控件即可。

2. Slider 控件的常用属性

在窗体上选中 Slider 控件，即可在属性窗口中设置其属性。也可以右击 Slider 控件，在弹出的快捷菜单中选择“属性”命令，在打开的“属性页”对话框中进行属性设置。

（1）Min 和 Max 属性

Min 属性决定滑块最左端或最顶端所代表的值，Max 属性决定滑块最右端或最下端所代表的值，即滑块所表示范围的最小值和最大值。

（2）SmallChange 和 LargeChange 属性

SmallChange 属性设置在键盘上按下【←】键或【→】键时，滑块移动的刻度数，而 LargeChange

属性确定在键盘上按下【Page Up】、【Page Down】键或单击滑块左、右两侧时，滑块移动的刻度数。

（3）Value 属性

Value 属性代表当前滑块所处位置的值，该值由滑块的相对位置决定。

（4）Orientation、TickStyle 和 TickFrequency 属性

这三个属性主要用来设置滑块的外观，其中 Orientation 属性决定滑块方向，它有两个值，0 表示水平方向滑块，1 表示垂直方向滑块；TickStyle 属性决定滑块显示的刻度标记的样式，有 0～3 共四个取值，分别表示滑块刻度标记在滑块的上面还是下面，或是两侧都有，或都没有刻度标记；TickFrequency 属性决定滑块的刻度标记间隔的大小，默认状态是 1，表明每个可能值都出现刻度标记，如果把值设置为 3，则表示每递增 3 出现 1 个刻度。

3. Slider 控件的常用事件

移动滑块时会引发 Scroll 事件，在滑块控件的 Value 属性值变更之后会触发 Change 事件。两个事件并不完全相同，Scroll 事件注重滑块移动，Change 事件注重 Value 值的改变。

【例 7.2】 Slider 控件示例。设计一个滑块，通过滑块的移动控制字号大小的变化。界面如图 7-4 所示。

图 7-4 例 7.2 程序界面

【解】 首先在窗体上创建一个 Slider 控件 Slider1，设置其 Min 属性和 Max 属性分别为 6 和 60；创建一个标签，用于显示文字。在 Slider1_Scroll()事件中将 Slider1 当前的 Value 值赋值给标签的 FontSize 属性，以控制文字的大小。

程序代码如下：

```
Private Sub Slider1_Scroll()
   Label1.FontSize=Slider1.Value
End Sub
```

7.3 ImageList 控件与 ImageCombo 控件

如果在列表框或组合框的列表数据中需要显示图形，就要用到 ImageList 控件或 ImageCombo 控件。

7.3.1 图像列表（ImageList）

ImageList 控件位于 Microsoft Windows Common Controls 6.0 部件中。ImageList 控件不能独立使用，只是作为一个便于向其他控件提供图像的资料中心，在程序运行时 ImageList 控件不可见。

ImageList 控件是包含 ListImage 对象的集合，该集合中的每个对象都可以通过其索引或关键字来引用。ImageList 控件如同图像储藏室，同时，它需要第二个控件显示所储存的图像。第二个控件可以是任何能显示 Picture 对象的控件，也可以是特别设计的、用于绑定 ImageList 控件的 Windows 通用控件之一。这些控件包括 ListView、ToolBar、TabStrip、Header、ImageCombo 和 TreeView 控件。为了与这些控件一同使用 ImageList，必须通过一个适当的属性将特定的 ImageList 控件绑定到第二个控件。对于 ListView 控件，必须将其 Icons 和 SmallIcons 属性指向 ImageList 控件。而

对于 TreeView、TabStrip、ImageCombo 和 Toolbar 控件，则必须将其 ImageList 属性指向 ImageList 控件。

一旦 ImageList 控件与某个 Windows 通用控件相关联，就可以在过程中用 Index 属性或 Key 属性的值来引用 ListImage 对象。

当与 Windows 通用控件一起使用 ImageList 控件时，在将它绑定到第二个控件之前，按照希望的顺序将需要的全部图像插入到 ImageList。一旦 ImageList 被绑定到第二个控件，就不能再删除图像了，并且也不能将图像插入到 ListImage 集合中间，但是可以在集合的末尾添加图像。

当需要使用 ImageList 控件并插入图像时，首先在窗体创建一个 ImageList 控件，然后在属性窗口中选择 ImageList 控件的“自定义”选项，或者右击 ImageList 控件，在弹出的快捷菜单中选择“属性”命令，以打开该控件的“属性页”对话框，如图 7-5 所示。在“通用”选项卡中可以设置图片的大小，在“图像”选项卡中插入图片。每个图片按插入的顺序被分配一个索引号（从 1 开始），图片总数可由 ImageList 控件所包含的 ListImage 对象集合（由列表中的所有项组合起来构成）的 Count 属性获得。

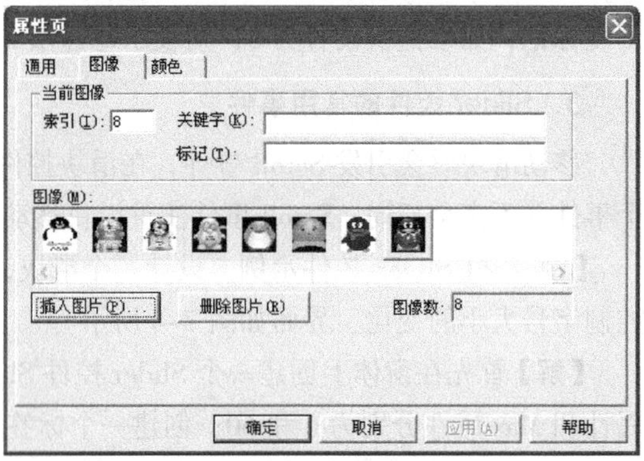

图 7-5　ImageList 控件“属性页”对话框

7.3.2　图像组合框（ImageCombo）

ImageCombo 控件也位于 Microsoft Windows Common Controls 6.0 部件中。ImageCombo 控件也是标准的 Windows 组合框，但是它允许控件列表部分的每一项都可以有一幅指定的图片，即它可以显示一个包含图片的项目列表，每一项可以有自己的图片，也可以对多个列表项使用相同的图片。

除了支持图片外，ImageCombo 还提供了一个对象和基于集合的列表控件。控件列表部分的每一项是一个不同的 ComboItem 对象，而且列表中的所有项组合起来构成 ComboItems 集合。这就使它容易一项一项地指定诸如标记文本、ToolTip 文本、关键字值以及缩进等级等属性。

为了在 ImageCombo 控件中显示出 ImageList 控件的图片，需要将 ImageCombo 控件的 ImageList 属性设置为 ImageList 控件的对象名。此外，ImageCombo 控件包含一个 ComboItems 对象的集合（由列表中的所有项组合起来构成），可以采用与组合框类似的 Add、Remove 和 Clear 方法管理控件的列表部分。Add 方法的基本使用格式为：

```
ImageCombo 控件名.ComboItems.Add 索引号,关键字,文本内容,图片索引
```

【例 7.3】ImageList 控件与 ImageCombo 控件示例。设计一个程序，运行时自动将 ImageList 控件中的图片与组合框 CboClass 中对应项目组合在一起添加到 ImageCombo 控件中，且选择 ImageCombo 控件中某一项目后，该项目的文本内容自动在昵称文本框 TxtClass 中显示。界面如图 7-6 所示。

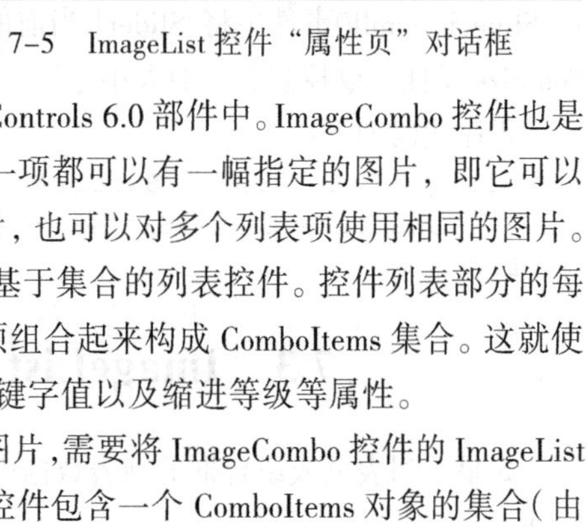

图 7-6　例 7.3 程序界面

【解】程序代码如下：

```
'初始化，将 ImageList 与 ImageCombo 控件绑定
'将 ImageList 中的图像和 CboClass 组合框中的项目添加到 ImageCombo 中
```

```
Private Sub Form_Load()
   Dim i As Integer
   ImageCombo1.ImageList=ImageList1
   CboClass.Visible=False
   For i=1 To ImageList1.ListImages.Count
      ImageCombo1.ComboItems.Add i,,CboClass.List(i),i
   Next
End Sub
'将 ImageCombo 控件中选中内容的文本赋值给文本框显示
Private Sub ImageCombo1_Click()
   TxtClass.Text=ImageCombo1.Text
End Sub
```

7.4　ListView 和 TreeView 控件

如果在程序中需要表现类似资源管理器右侧窗格一样的带有列表头的项目组，或表现类似资源管理器左侧窗格一样的分层列表，可以使用 ListView 和 TreeView 控件。

7.4.1　ListView 控件

该控件类似资源管理器的右侧窗格，可使用四种不同的视图显示项目。通过此控件，可将项目组成带有或不带有列表头的列，并显示伴随的图标和文本。

可使用 ListView 控件将称做 ListItem 对象的列表条目组织成下列四种不同的视图之一：大（标准）图标、小图标、列表、报表。

View 属性决定在列表中控件使用何种视图显示项目。还可用 LabelWrap 属性控制列表中与项目关联的标签是否可换行显示。另外，还可管理列表中项目的排序方法和选定项目的外观。

ListView 控件包括 ListItem 和 ColumnHeader 对象。ListItem 对象定义 ListView 控件中项目的各种特性，如项目的简要描述、由 ImageList 控件提供的与项目一起出现的图标、附加的文本片段，称为子项目，它们与显示在报表视图中的 ListItem 对象关联。

可以使用 HideColumnHeaders 属性决定是否在 ListView 控件中显示列表头。列表头可以在设计时添加，也可以在运行时添加。设计时，使用 ListView 控件“属性页”对话框的“列首”选项卡添加列表头。运行时，使用 Add 方法添加 ColumnHeader 对象到 ColumnHeaders 集合中。

7.4.2　TreeView 控件

该控件类似资源管理器的左侧窗格，用于显示结点（Node）对象的分层列表，每个 Node 对象均由一个标签和一个可选的位图组成。TreeView 一般用于显示文档标题、索引入口、磁盘上的文件和目录或能被有效地分层显示的其他种类信息。

创建了 TreeView 控件之后，可以通过设置属性与调用方法对各 Node 对象进行操作，这些操作包括添加、删除、对齐等。可以编程展开与折叠 Node 对象来显示或隐藏所有子结点。

TreeView 控件使用由 ImageList 属性指定的 ImageList 控件来存储显示 Node 对象的位图和图标。任何时刻，TreeView 控件只能使用一个 ImageList。这意味着，当 TreeView 控件的 Style 属性被设置成显示图像的样式时，TreeView 控件中每一项的旁边都有一个同样大小的图像。

【例 7.4】设计一个对学生成绩进行统计的程序。

【解】程序界面如图 7–7 所示，在窗体上用于输入信息的文本框采用控件数组 Text1(0)～Text1(3)。为了以列表的形式显示学生的成绩，需要建立一个 ListView 控件。

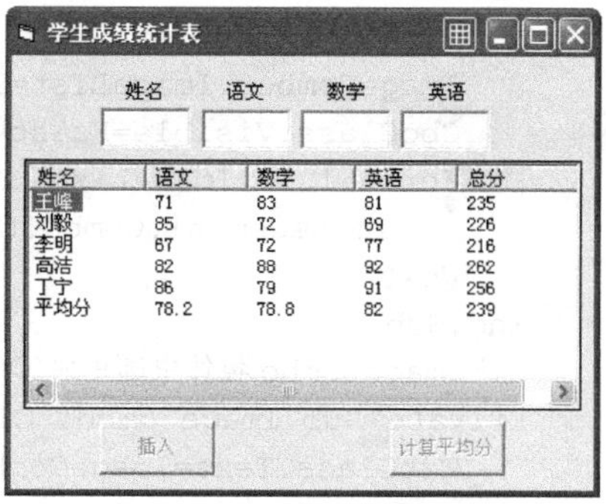

图 7–7 例 7.4 程序界面

对 ListView 需要做如下设置工作：

首先选中 ListView 控件，在属性框中单击“自定义”选项旁的“…”按钮，或右击 ListView 控件，在弹出的快捷菜单中选择“属性”命令，此时会弹出“属性页”对话框，如图 7–8 所示。在“通用”选项卡中，将“查看”设为：3–lvwReport（见图 7–8（a））；在“列首”选项卡中，单击“插入列”按钮，然后在“文本”文本框输入需要在列表中显示的字段，本例依次输入“姓名”、“语文”、“数学”等。在输入过程中，会自动为这些项建立索引（见图 7–8（b））。

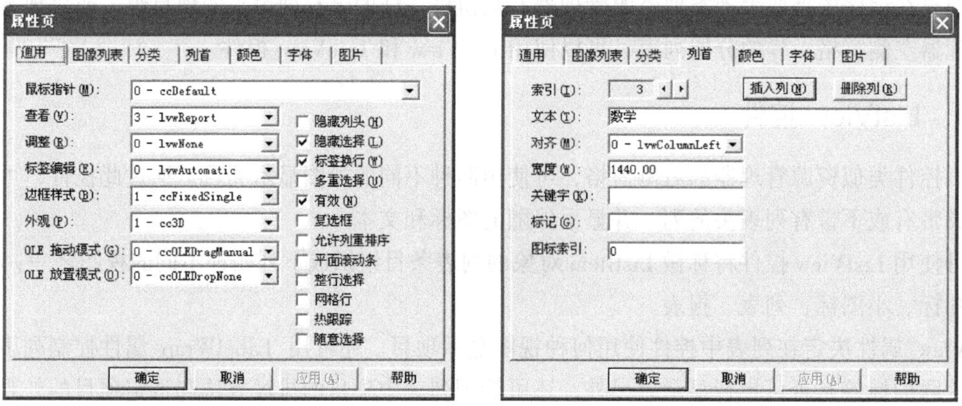

（a）“通用”选项卡　　（b）“列首”选项卡

图 7–8 “属性页”对话框

进行上述设置后，就可以编程了。具体程序如下：

```
'“插入”按钮的单击事件
Private Sub Command1_Click()
   Dim i As Integer,sum As Integer
   Static j As Integer                          '设置静态变量用于计数
   j=j+1
   ListView1.ListItems.Add(j)=Text1(0).Text     '将姓名信息存入列表项
   sum=0
   For i=1 To 3                 '依次将语文、数学、英语内容存入列表项
      ListView1.ListItems.Item(j).SubItems(i)=Text1(i).Text
      sum=sum+Val(Text1(i).Text)                '计算总分
   Next i
   ListView1.ListItems.Item(j).SubItems(4)=sum  '将总分存入列表项
   For i=0 To 3
      Text1(i).Text=""
   Next i
   Text1(0).SetFocus
End Sub
```

```
'"计算平均分" 按钮的单击事件
Private Sub Command2_Click()
    Dim k As Integer,i As Integer,j As Integer
    Dim sum As Double
    Command1.Enabled=False
    Command2.Enabled=False
    ListView1.Sorted=False
    k=ListView1.ListItems.Count                        '得到当前的列表项个数
    ListView1.ListItems.Add(k+1)="平均分"
    For j=1 To 4
        sum=0
        For i=1 To k                       '依次计算将语文、数学、英语、总分的平均分
            sum=sum+Val(ListView1.ListItems.Item(i).SubItems(j))
        Next i
        sum=sum/k
        ListView1.ListItems.Item(k+1).SubItems(j)=sum            '存入列表项
    Next j
End Sub
'列表表头的单击事件
Private Sub ListView1_ColumnClick(ByVal ColumnHeader As MSComctlLib.ColumnHeader)
    ListView1.SortKey=ColumnHeader.Index               '得到当前单击表头的键值
    If ListView1.SortOrder=lvwAscending Then           '如果当前按升序排列
        ListView1.SortOrder=lvwDescending              '以降序排列
    Else
        ListView1.SortOrder=lvwAscending               '否则以升序排列
    End If
    ListView1.Sorted=True                      '将 Sorted 属性设为 True，开始排序
End Sub
```

7.5　StatusBar（状态栏）和 ToolBar（工具栏）控件

如果在程序界面设计中需要使用状态栏或工具栏，就要使用 StatusBar（状态栏）和 ToolBar（工具栏）控件。

7.5.1　StatusBar 控件

状态栏 StatusBar 控件由 Panel（窗格）对象组成，最多能被分成 16 个 Panel 对象，每一个 Panel 对象能包含文本和/或图片。控制个别窗格的外观属性包括 Width、Alignment（针对文本和图片的属性）和 Bevel（斜面）。此外，可使用 Style 属性的相应值自动显示公共数据，如日期、时间和键盘状态等。

1. 创建状态栏

先在窗体上画出一个 StatusBar 对象，再右击该对象，从弹出的快捷菜单中选择“属性”命令，弹出“属性页”对话框。

2. 选择窗格形状

在“属性页”对话框中选择“通用”选项卡，在“样式”下拉列表框中选择多窗格（默认）或单窗格简单文本形式。

3. 添加或删除状态栏窗格

在“属性页”对话框中选择“窗格”选项卡，单击“插入窗格”按钮添加一个窗格，或单击“删除窗格”按钮删除一个窗格。

4. 在单窗格中显示文本

在“属性页”对话框中选择“通用”选项卡，在“简单文本”文本框中输入想显示在状态栏中的文本。用代码显示的方式是：

```
StatusBar1.SimpleText="要显示的内容"
```

5. 在多窗格里显示文本或图形

① 在“属性页”对话框中选择“窗格”选项卡，用“索引”文本框旁的按钮选择窗格序号。

② 在“文本”文本框中输入想显示在状态栏窗格中的文本。用代码显示的方式是：

```
StatusBar1.Panels(x).Text="要显示的内容"
```

③ 如果想加入图形，可单击“浏览”按钮打开“选定图片”对话框，选择想加入的图形，然后单击“打开”按钮。

6. 编写代码

如果是一个单窗格状态栏，当用户单击状态栏时，只需用下面的事件过程来响应：

```
Private Sub StatusBar1_Click()
    <要执行的代码>
End Sub
```

如果是一个多窗格状态栏，就需要鉴别用户单击的是哪一个窗格，可用下面的事件过程来识别用户所单击的窗格：

```
Private Sub StatusBar1_PanelClick(ByVal Panel As Panel)
    Select Case Panel.Index
        Case 1
            <要执行的代码>
        Case 2
            <要执行的代码>
        …
   End Select
End Sub
```

7.5.2 ToolBar 控件

1. 建立工具栏

① 在工具箱中单击工具栏(ToolBar)图标，拖到窗体的任何位置，Visual Basic 自动将 ToolBar 移到顶部。再右击该对象，从弹出的快捷菜单中选择“属性”命令，弹出“属性页”对话框。

② 选择“按钮”选项卡，单击“插入按钮”按钮，Visual Basic 就会在工具栏上显示一个空按钮，重复此步插入多个按钮。

③ 单击“确定”按钮。如果想把按钮分组，首先插入一个分隔的按钮，再在对话框中将这个按钮的样式属性改为 3-Separator。

2. 为工具栏增加图标

① 在 Visual Basic 工具箱里单击 ImageList 图标，并将它拖到窗体的任何位置（位置不重要，

因为它总是不可见的），再右击该对象，从弹出的快捷菜单中选择“属性”命令，弹出“属性页”对话框。

② 选择“图像”选项卡，单击“插入图片”按钮，在“选定图片”对话框中选择想使用的位图或图标，然后单击“打开”按钮。为每个想添加图标的工具栏按钮重复此步。

③ 单击“确定”按钮。

④ 进入 ToolBar“属性页”对话框，选择“通用”选项卡，在“图像列表”下拉列表框中选择刚才添加的 ImageList 控件。

⑤ 选择“按钮”选项卡，单击“索引”文本框右侧的按钮以选择一个按钮序号。出现在工具栏最左边的按钮序号为 1。

⑥ 在“图像”文本框中输入一个数，若输入 1，则显示刚才 ImageList 控件里的第一个图标，输入 2，则显示刚才 ImageList 控件里的第二个图标。

⑦ 为每个按钮重复第⑥步，单击“确定”按钮，Visual Basic 即可在工具栏上显示精美的图标。

3. 为工具栏添加文本信息

在 ToolBar“属性页”对话框中选择“按钮”选项卡，在“标题”文本框中输入想显示在按钮上的文本。

4. 添加 ToolTip

ToolTip 是一种当鼠标指针移动到工具按钮时弹出的屏幕提示。ToolTip 很方便，可以提示用户每个按钮的功能。在 ToolBar“属性页”对话框中选择“按钮”选项卡，在“工具提示文本”文本框中输入想作为 ToolTip 的文本。

5. 编写代码

双击工具栏，以下面的格式输入代码即可。

```
Private Sub Toolbar1_ButtonClick(ByVal Button As Button)
   Select Case Button.Index
      Case 1
         <要执行的代码>
      Case 2
         <要执行的代码>
      …
   End Select
End Sub
```

7.6　常用系统对象

Visual Basic 提供了许多的系统内部对象，用户可以在应用程序中直接调用这些对象。本节只介绍一些最常用的系统对象。

7.6.1　App 对象

App 对象是通过关键字 App 访问的全局对象。它有十几个属性，最常用的属性如表 7-2 所示。

表 7-2 App 对象常用属性

属　　性	类　　型	作　　　　　　用
ExeName	String	返回当前正运行的可执行文件的主名（不带扩展名）。如果是在开发环境下运行，则返回该工程名
Path	String	当从开发环境运行该应用程序时 Path 指定.vbp 工程文件的路径，或者当把应用程序当做一个可执行文件运行时 Path 指定.exe 文件的路径
PreInstance	Boolean	检查系统是否已有一个实例，可用于限定应用程序只能执行一次
Title	String	返回或设置应用程序的标题，该标题要显示在 Microsoft Windows 的任务列表中。如果在运行时发生改变，那么发生的改变不会与应用程序一起被保存
TaskVisible	Boolean	当前运行的程序是否显示在 Windows 系统的任务栏中

在应用程序中使用 App 对象可获得应用程序的标题、版本信息、可执行文件和帮助文件的路径及名称等信息，以及检查应用程序是否已经运行等。

例如，在运行程序时，经常需要读入与当前程序在同一目录下的其他文件，此时可以利用 App.Path 获取当前程序所在的路径，并由此对其他文件进行操作。其示例程序如下：

```
Private Sub Command1_Click()
    FileNo=FreeFile
    Open App.Path & "文件名" For Input As #FileNo
    …
End Sub
```

在上述程序段中，通过 App.Path 获取了当前程序运行的路径，App.Path & "文件名"即当前路径下所要操作文件的完全描述。关于文件操作的详细介绍请见第 9 章。

【例 7.5】获取当前程序所在路径，要限定某应用程序（*.exe）必须放在 E 盘根目录与应用程序同名的文件夹中才能运行。

【解】可在窗体的 Load 事件中写入如下代码：

```
Private Sub Form_Load()
   If App.EXEName=Mid(App.Path,4) And UCase(Mid(App.Path, 1, 2)) = "E:" Then
      Exit Sub
   Else
      End
   End If
End Sub
```

这里 Mid(App.Path, 4)取出的是除去形如“E:\”之后的文件夹的名称子串，而 Mid(App.Path,1,2)则取出了驱动器盘符字串（如 E:），在 If 条件中，通过使运行的程序名（App.EXEName）只能与文件夹名相同且驱动器符号只能是 E:来限定可以运行的程序。

7.6.2　Clipboard 对象

Clipboard（剪贴板）对象用于操作剪贴板上的文本和图形。它使用户能够复制、剪切和粘贴应用程序中的文本和图形。所有 Windows 应用程序共享 Clipboard 对象，当切换到其他应用程序时，剪贴板内容会改变。因此 Clipboard 对象提供了应用程序之间信息的传递。它没有属性，仅提供了六个常用的方法。

1. Clear 方法

在复制信息到剪贴板之前，应使用 Clear 方法清除 Clipboard 对象中的内容。使用格式如下：

```
Clipboard.Clear
```

2. SetText 方法

使用 SetText 方法将字符串数据按指定格式存入剪贴板中。使用格式如下：

```
Clipboard.SetText  txtData [,Format]
```

其中，txtData 参数为字符串表达式，是要存入剪贴板的字符串数据，它可以是任何能转换成字符串类型的变量、常量、对象的属性或表达式。

Format 参数指定字符串的格式，其取值及含义如表 7-3 所示。

表 7-3　SetText 方法中的 Format 参数取值及含义

内部常数	值	含　　义
vbCFText	1	文本（默认值）
vbCFRTF	&HBF01	RTF 格式
vbCFLink	&HBF00	DDE 对话信息

例如，要将文本框中选中的文字复制到剪贴板，可用如下语句实现：

```
Clipboard.SetText  Text1.SelText
```

3. GetText 方法

使用此方法从剪贴板中获得字符串。其语法格式为：

```
Clipboard.GetText([Format])
```

其中 Format 参数指定从剪贴板上返回的文本格式，必须用括号将参数括起来，它的取值含义与 SetText 方法中的 Format 参数相同，若省略（其括号不能省略），则以纯文本格式返回。如果 Clipboard 对象中没有与期望的格式相匹配的字符串，则返回一个零长度字符串（""）。

例如，要将剪贴板上的文字粘贴到文本框插入点所在处或替换选中的内容，则可使用如下语句：

```
Text1.SelText=Clipboard.GetText()
```

4. SetData 方法

使用 SetData 方法可将图形数据保存到剪贴板上。其语法格式为：

```
Clipboard.SetData Data[,Format]
```

其中，Data 参数是必需的，为要放到 Clipboard 对象中的图形数据。

Format 参数是可选的，是一个常数或数值，用来指定图片的格式，其取值如表 7-4 所示。如果省略 Format，则由系统自动决定图形格式。

表 7-4　SetData 方法中的 Format 参数取值及含义

内部常数	值	含　　义
vbCFBitmap	2	位图（.bmp）
vbCFMetafile	3	元文件（.wmf）
vbCFDIB	8	与设备无关的位图（.dib）
vbCFPalette	9	调色板

在应用程序中，通常使用 LoadPicture()函数或 Form、Image 或 PictureBox 的 Picture 属性来建立将放置到 Clipboard 对象的图形。

5. GetData 方法

用此方法可从剪贴板中得到图形。其语法格式为：

```
Clipboard.GetData([Format])
```

其中 Format 参数指定从剪贴板上返回的图形格式，必须用括号将参数括起来，其取值与 SetData 方法中的 Format 参数相同，如果 Format 为 0 或省略，SetData 将自动使用适当的格式。

6. GetFormat 方法

使用 GetFormat 方法，检查剪贴板中指定格式的数据是否存在，它返回一个逻辑值。其语法格式为：

```
Clipboard.GetFormat(Format)
```

其中，Format 参数是必需的，其取值只能是前面的 SetData、SetText 方法中的取值。如果剪贴板中有指定类型的数据，则返回 True，否则返回 False。

利用剪贴板进行对象的复制、剪切、粘贴。粘贴是 Windows 应用程序中经常使用的一个操作，在 Visual Basic 中可以方便的利用 Clipboard 对象实现这一操作。其示例程序如下：

```
Private Sub Command1_Click()
    Clipboard.Clear                              '清除剪贴板内容
    Clipboard.SetText Text1.SelText              '将选中内容送入剪贴板
   'Clipboard.SetData Picture1.Picture           '将选中图片送入剪贴板
    …
    Text1.SelText=Clipboard.GetText()            '从剪贴板中得到文本内容
    'Picture1.Picture=Clipboard.GetData()        '从剪贴板中得到图片
    …
End Sub
```

【例 7.6】编制一个模拟的剪贴板程序。程序界面如图 7-9 所示。文本框 Text1 需要设置 MultiLine 属性和 ScrollBar 属性，以支持多行显示及滚动条；命令按钮“复制”(CmdCopy)、“剪切”(CmdCut)、“粘贴”(CmdPaste)分别对应剪贴板的相应操作。

【解】 具体程序如下：

```
'复制操作
Private Sub CmdCopy_Click()
    Clipboard.Clear
    Clipboard.SetText Text1.SelText
End Sub
'剪切操作
Private Sub CmdCut_Click()
    Clipboard.Clear
    Clipboard.SetText Text1.SelText
    Text1.SelText=""
End Sub
'粘贴操作
Private Sub CmdPaste_Click()
    Text1.SelText=Clipboard.GetText()
End Sub
```

【例 7.7】单击图片框时，将两个图片框（Picture1、Picture2）中的图片交换。程序界面如图 7-10 所示。

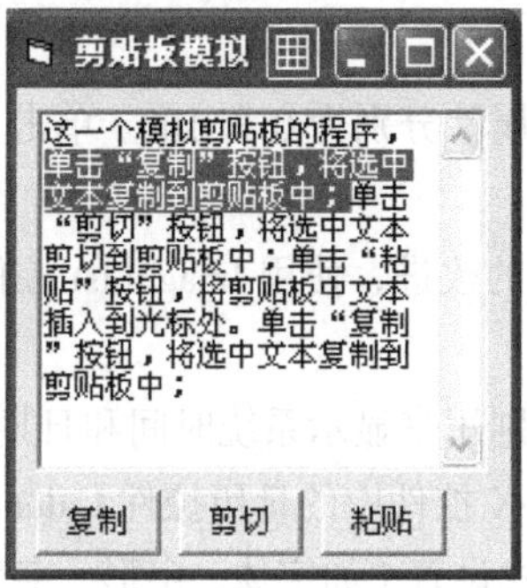

图 7-9　例 7.6 程序界面

图 7-10　例 7.7 程序界面

首先在窗体上创建两个图片框 Picture1、Picture2，分别设置两个图片框的 Picture 属性，将图片装入两个图片框中，然后对图片框的单击事件编写程序如下：

```
Private Sub Picture1_Click()
   Clipboard.Clear                             '清除剪贴板内容
   Clipboard.SetData Picture1.Picture          '将 Picture1 的图片复制到剪贴板
   Picture1.Picture=LoadPicture("")            '清除 Picture1 中的图片
   Picture1.Picture=Picture2.Picture           '将 Picture2 中的图片复制到 Picture1 中
   Picture2.Picture=Clipboard.GetData() '将剪贴板的内容粘贴到 Picture2 中
End Sub
'单击 Picture2 时，调用 Picture1_Click
Private Sub Picture2_Click()
   Call Picture1_Click
End Sub
```

在上面的程序中，图片的交换是借助剪贴板来实现的。程序运行后，单击图片框，即可实现两个图片框中图片的交换。

除了 App 对象和 Clipboard 对象外，系统还提供了 Screen 对象、Printer 对象和 Printers 集合对象、Control 对象和 Controls 集合对象、Form 对象和 Forms 集合对象等系统对象。关于这些对象的使用，限于篇幅不再展开，感兴趣的读者可以通过 MSDN 获得详细的帮助。

小　　结

ActiveX 控件是一段可以重复使用的代码和数据，ActiveX 控件以文件的形式存在，其文件扩展名为.ocx。ActiveX 控件的使用方法与标准控件一样，但首先应把需要使用的 ActiveX 控件添加到工具箱中，然后像标准控件一样使用。本章简单介绍了 ProcessBar 控件、ImageList 控件、ImageCombo 控件、SSTab 控件等 ActiveX 控件的用法。

系统对象是可以通过对象名关键字访问的全局对象，它们都有自己的属性。Visual Basic 提供了许多的系统对象，用户可以在应用程序中直接调用这些对象。本章介绍了 App、Clipboard 等常用的系统对象。

习 题

1．什么是 ActiveX 控件？如何将 ActiveX 控件放在窗体上？

2．设计一个显示进度条的小程序，进度条的 Min 属性和 Max 属性分别为 0 和 100。单击“显示”按钮，启动进度条，该进度条在 10 s 内由 Min 变成 Max。

3．参照例 7.3 对第 6 章习题 14 的 QQ 聊天登录程序做进一步的改进，使用 ImageList 控件与 ImageCombo 控件，为每一个账号添加图标。

4．设计一个含有状态栏的小程序，状态栏上有 2 个窗格，分别用来显示系统时间和日期。

5．设计一个万年历程序，要求使用 Visual Basic 提供的 ActiveX 控件中的日历控件 Calender。

6．设计一个简单的文本编辑器，要求能够实现简单的文本格式设置（如字体、字形、字号设置）及文本编辑操作（复制、剪切、粘贴）。

注意：使用 Visual Basic 提供的 ActiveX 控件中的工具栏控件 ToolBar 和文本框控件，还可以借助 Clipboard（剪贴板）系统对象，实现剪贴板的操作。

7．参照例 7.4，利用 ListView 控件，设计一个对某地区蔬菜产量进行统计的程序，如图 7-11 所示。程序中输入的数据如表 7-5 所示。

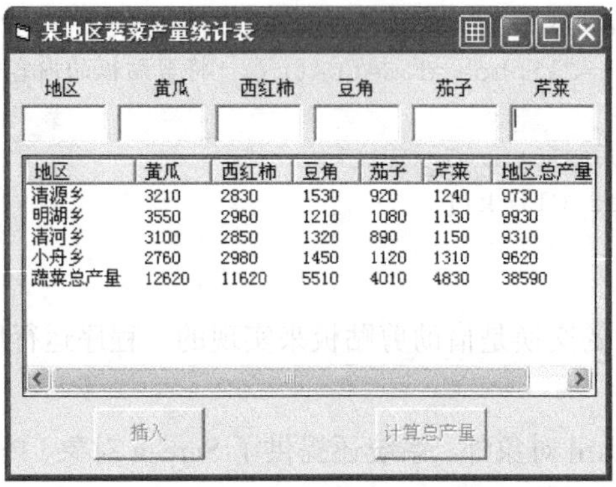

图 7-11　蔬菜产量统计程序界面

表 7-5　程序中输入的数据

地　　区	黄　　瓜	西　红　柿	豆　　角	茄　　子	芹　　菜	地区总产量
清源乡	3210	2830	1530	920	1240	9730
明湖乡	3550	2960	1210	1080	1130	9930
清河乡	3100	2850	1320	890	1150	9310
小舟乡	2760	2980	1450	1120	1310	9620
蔬菜总产量	12620	11620	5510	4010	4830	38590

第 8 章 对话框和菜单

在进行 Windows 应用程序设计时，很重要的一个方面就是要设计出友好的人机交互界面，而对话框和菜单是 Windows 应用程序中非常重要的两种人机交互工具。本章重点介绍对话框与菜单的程序设计。

学习目标

- 了解对话框的分类，掌握系统预定义对话框和通用对话框的使用方法。
- 学习菜单编辑器的使用方法，掌握窗口菜单和快捷菜单的设计方法。
- 掌握应用程序界面设计，在应用程序设计中能灵活使用对话框及菜单。

8.1 对话框的分类和使用

在基于 Windows 的应用程序中，对于既可以向用户显示信息，又可以提示用户输入应用程序所需数据的窗体，通常称其为对话框。

对话框是窗体的一种特殊表现形式，因此具有窗体的特性和功能，根据焦点转移方式的不同，对话框也可以分为模式对话框和非模式对话框。

在 Visual Basic 应用程序中，用户经常使用三种类型的对话框：系统预定义对话框、通用对话框和用户自定义对话框。

8.1.1 系统预定义对话框

预定义对话框是由系统定义的完成某些特定功能的对话框，例如，用来输入数据的输入对话框和用来进行信息输出的消息对话框。预定义对话框通常是使用函数直接调用的，简单灵活，但是表现出来的外观受到限制。预定义的对话框是模式对话框。

1. 输入对话框

输入对话框主要用来接收用户输入的数据，由 InputBox()函数来实现。InputBox()函数的格式如下：

```
InputBox[$](Prompt[,Title][,Default][,Xpos,Ypos])
```

功能：该函数的作用是打开一个对话框，等待用户输入文本或选择一个按钮。当用户单击“确定”按钮或按【Enter】键时，函数返回文本框中输入的字符。

说明：

① $：可选项。有此项时，返回的数据类型是字符串型；省略此项，返回的数据类型是变体型。

② Prompt（提示）：字符串表达式，必选项。在对话框中作为提示信息，可以是字符或汉字。如果提示信息包含多行，则必须在每行末用回车符（vbCR）、换行符（vbLF）或回车换行符的组合（vbNewLine 或 vbCRLF）来分隔。

③ Title（标题）：可选项，显示在对话框标题栏中的字符串表达式。如果省略 Title，则把应用程序名放在标题栏中。

④ Default（默认）：可选项，显示文本框中的字符串表达式。当输入对话框中无输入内容时，该默认值作为输入的内容。如果省略 Default，则文本框为空。

⑤ Xpos,Ypos（X 坐标位置，Y 坐标位置）：可选项，整型表达式，成对出现。Xpos 用来指定对话框的左边缘与屏幕左边缘的水平距离，Ypos 用来指定对话框的上边缘与屏幕上边缘的垂直距离。如果省略该项，则对话框在水平方向居中，在垂直方向距下边大约 1/3 的位置。

注意：函数中的各项参数次序必须一一对应，除了 Prompt 一项不能省略外，其余各项均为可选项，如果要省略某些参数，则必须加入相应的逗号分隔符。

【例 8.1】编写程序，用输入对话框来实现姓名数据的输入，并用 TextBox 来显示用户的输入，程序调用 InputBox 情况如图 8-1 所示。

图 8-1　InputBox()函数示例

【解】程序代码如下：

```
Private Sub Form_Click()
    Dim PromptText As String
    Dim TitleText As String
    Dim DefaultValue As String
    PromptText="输入你的姓名"                    '设置对话框提示信息
    TitleText="例 8.1 InputBox 函数的使用"       '设置对话框标题
    DefaultValue="LIUII"                         '设置默认的输入值
    Text1.Text= InputBox(PromptText,TitleText,DefaultValue)
End Sub
```

2．消息对话框的使用

消息对话框用于对用户进行简单的消息提示，例如程序中的错误、警告等。

消息对话框的调用通过 MsgBox()函数来实现，对话框显示出提示信息以及供用户进行选择的按钮，并把选择结果返回给程序。

MsgBox()函数的调用形式为：

```
MsgBox(Prompt[,Buttons][,Title][,HelpFile,Context])
```

功能：打开一个消息框，等待用户选择一个按钮。MsgBox()函数返回所选按钮对应的整数值，以便告诉用户单击了哪一个按钮。若不需要返回值，则可作为 MsgBox 过程使用。

说明：

① Prompt 和 Title 的含义与 InputBox()函数中对应的参数相同。

② Buttons（按钮）：可选项，为整型参数。该参数可以使用三组 vb 常量，分别设置要显示的按钮的类型和数目，出现在消息框中的图标类型及默认按钮是哪一个。

这三组常数可以通过“+”号来组合构成统一的显示模式，即：按钮+图标+默认按钮。表 8-1～表 8-3 分别列出了这些常量及代表的含义。

表 8-1　消息框中按钮的类型数目

内部常数	按钮值	描述
vbOKOnly	0	只显示“确定”按钮（默认值）
vbOKCancel	1	显示“确定”和“取消”按钮
vbAbortRetryIgnore	2	显示“终止”、“重试”、“忽略”按钮
vbYesNoCancel	3	显示“取消”、“是”、“否”按钮
vbYesNo	4	显示“是”、“否”按钮
vbRetryCancel	5	显示“重试”、“取消”按钮

表 8-2　消息框中的图标

内部常数	按钮值	描述
vbCritical	16	关键信息图标（红色 STOP 标志）
vbQuestion	32	询问信息图标（?）
vbExclamation	48	警告信息图标（!）
vbInformation	64	通知图标（i）

表 8-3　消息框中的默认按钮

内部常数	按钮值	描述
vbDefaultButton1	0	第一个按钮是默认的（默认值）
vbDefaultButton2	256	第二个按钮是默认的
vbDefaultButton3	512	第三个按钮是默认的
vbDefaultButton4	768	第四个按钮是默认的

当消息框要求用户进行选择时，需要知道用户当前选择了哪一个按钮，表 8-4 列出了 MsgBox() 函数的 7 个可能返回值，以便根据返回的数值确定用户的应答。

表 8-4　MsgBox 的返回所选按钮整数值的含义

内部常数	按钮值	描述
vbOK	1	单击“确定”按钮
vbCancel	2	单击“取消”按钮
vbAbort	3	单击“终止”按钮
vbRetry	4	单击“重试”按钮
vbIgnore	5	单击“忽略”按钮
vbYes	6	单击“是”按钮
vbNo	7	单击“否”按钮

【例 8.2】显示一个消息框，要求有“终止”、“重试”、“忽略”三个按钮，显示“通知”图标，并且默认焦点定位在“重试”按钮上。

【解】程序代码如下：

```
Private Sub Form_Click()
    Dim ReturnValue
    ReturnValue=MsgBox("Please Select A Button",vbAbortRetryIgnore+ _
                        vbInformation+vbDefaultButton2,"例 8.2 消息对话框示例")
    Select Case ReturnValue
        Case 3
            Print "你按下了终止按钮"
        Case 4
            Print "你按下了重试按钮"
        Case 5
            Print "你按下了忽略按钮"
     End Select
End Sub
```

消息框显示结果如图 8-2 所示。

图 8-2　MsgBox 消息框示例

8.1.2　通用对话框

1. 通用对话框控件的添加

在 Windows 系统中，一些常用的对话框功能是非常相似的，例如，打开（Open）、另存为（Save As）、颜色（Color）、字体（Font）、打印机（Printer）和帮助（Help）对话框，这些对话框称为通用对话框，它们都被集中到了一个称为 Comdlg32.ocx 的 Visual Basic 控件文件中。

通用对话框不是 Visual Basic 系统的标准控件，它是 ActiveX 控件，使用时需要添加到工具箱中。在“部件”对话框中选择 Microsoft Common Dialog Control 6.0，可以将其添加到工具箱中。将通用对话框控件添加到工具箱之后，就可以在窗体上创建了。在窗体上建立通用对话框控件时，其默认名称是 CommonDialog1。

2. 通用对话框的基本属性和方法

（1）属性

通用对话框的属性既可在属性窗口中设置，也可以在“属性页”对话框中设置。在窗体上选中 CommonDialog 控件后，在属性窗口中双击“自定义”选项，或者右击 CommonDialog 控件，在弹出的快捷菜单中选择“属性”命令，都可以打开“属性页”对话框，如图 8-3 所示。

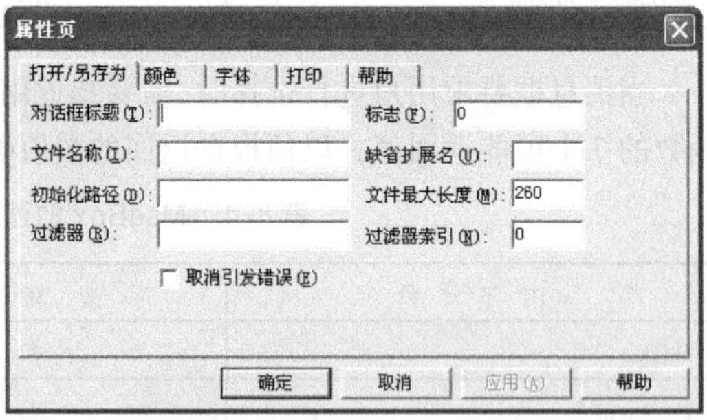

图 8-3　“属性页”对话框的“打开/另存为”选项卡

下面是通用对话框的一些基本属性：

① DialogTiltle：该属性是通用对话框显示时的标题。

② CancelError：该属性决定在用户按下“取消”按钮时是否产生错误信息。如果此项被设置为 True，则当用户按下“取消”按钮时，全局对象 Err 的 Number 属性被设置为 32 755，程序中可以判断此变量来进行对应的操作。

③ Action 属性：Action 属性可以设置使用哪种对话框，该属性只能在使用时赋值，不能在设计时使用。Action 属性的取值与对应对话框之间的关系如表 8-5 所示。

表 8-5　Action 属性取值和对应的对话框列表

Action 取值	显示的对话框种类	Action 取值	显示的对话框种类
1	显示“打开”对话框	4	显示“字体”对话框
2	显示“另存为”对话框	5	显示“打印机”对话框
3	显示“颜色”对话框	6	显示“帮助”对话框

（2）方法

CommonDialog 控件具有如下一组方法，调用这些方法，可以显示不同的对话框。

① ShowOpen：显示“打开”对话框。

② ShowSave：显示“另存为”对话框。

③ ShowColor：显示“颜色”对话框。

④ ShowFont：显示“字体”对话框。

⑤ ShowPrinter：显示“打印”对话框。

⑥ ShowHelp：显示“帮助”对话框。

3．通用对话框的使用

（1）“打开”和“另存为”对话框

在文件的打开和保存两种动作中，通常用“打开”和“另存为”对话框来获取文件名，它们提供了树形目录结构来遍历整个磁盘系统，并显示出符合特定条件的文件。

除了通用对话框的基本属性需要设置外，在使用这两种对话框之前，还有一些特有的属性需要设置：

① FileName：该属性设置或返回用户需要操作的文件的名称（包括路径）。当用户选择一个文件（或用键盘输入一个文件名），并关闭对话框时，文件名称属性被设置为选定的文件名。

② FileTitle：该属性和 FileName 类似，只不过不包含文件路径，只有文件名。该属性运行时只读。

③ Filter：该属性用于指定在对话框的文件列表框中显示的文件的类型，通常被称为过滤器。此属性应该在对话框显示之前设置。

过滤器的书写格式为：

文件说明|文件类型

如果具有多个过滤器，它们之间可以通过“|”隔开。

例如，只允许选择文本文件或含有位图和图标的图形文件，可进行如下设置：

```
CommonDialog1.Filter="Text(*.txt)|*.txt|Pictures (*.bmp;*.ico)|*.bmp;*.ico"
```

运行结果如图 8-4 所示。

④ FilterIndex：当为一个对话框指定一个以上的过滤器时，需使用 FilterIndex 属性确定哪一个作为默认过滤器显示。

例如，在上面的过滤器中，若过滤器索引值为 2，则表示默认的文件显示类型为*.bmp 和*.ico。

⑤ DefaultExt：该属性用于“另存为”对话框，当保存一个没有扩展名的文件时，自动给该文件添加由此属性指定的扩展名。

⑥ InitDir：该属性用于指定初始文件目录，如不指定则默认为当前目录。

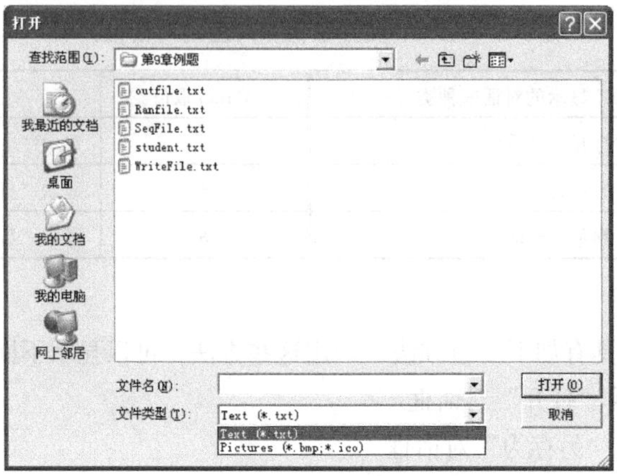

图 8-4 “打开”对话框

【例 8.3】编写一个程序实现 BMP 和 JPG 图片文件的选择和显示。

【解】在窗体上放置图形框、通用对话框和命令按钮三个控件。程序代码如下：

```
Private Sub Command1_Click()
    CommonDialog1.InitDir="c:\windows"
    CommonDialog1.Filter="Bmp File(*.bmp)|*.bmp|Jpg File(*.jpg)|*.jpg"
    CommonDialog1.FilterIndex=1
    On Error Goto UserCancle
        CommonDialog1.ShowOpen
        UserSelectFile=CommonDialog1.FileName  'UserSelectFile 获得选定的文件名
        Picture1.Picture=LoadPicture(UserSelectFile)    '打开图片文件并显示
    UserCancle:                                          '出现错误则退出过程
End Sub
```

程序运行结果如图 8-5 所示。

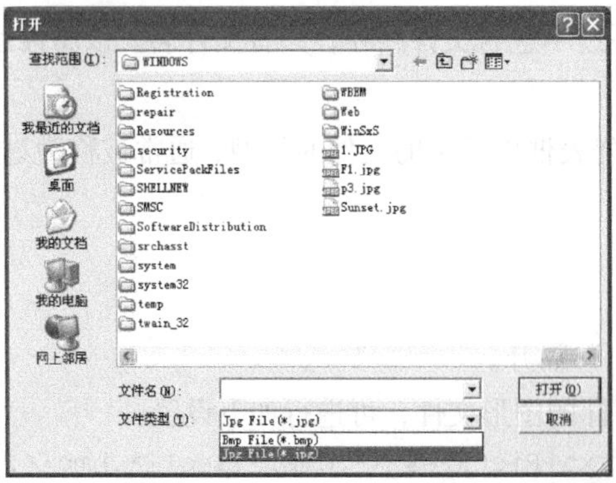

图 8-5 “打开”对话框的使用

（2）“颜色”对话框

通用对话框中的 Action 属性设置为 3 或以 ShowColor 方式打开对话框时，显示“颜色”对话框，如图 8-6 所示。该对话框可供用户选择颜色，并由对话框的 Color 属性返回或设置选定的颜色。

【例 8.4】编写程序通过“颜色”对话框来设置窗体的背景色。

【解】在窗体的 Click 事件中编写如下代码：

```
Private Sub Form_Click()
```

```
    CommonDialog1.ShowColor
    Form.BackColor=CommonDialog1.Color
End Sub
```

(3)"字体"对话框

"字体"对话框用来列出系统中可供使用的字体列表及其可定制的属性，如大小、样式等供用户进行选择，当 Action 属性被设置为 4 或调用 ShowFont 方法时打开"字体"对话框，如图 8-7 所示。

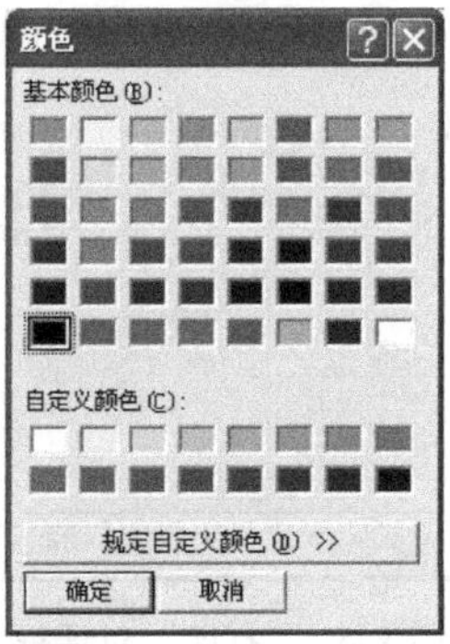

图 8-6 "颜色"对话框

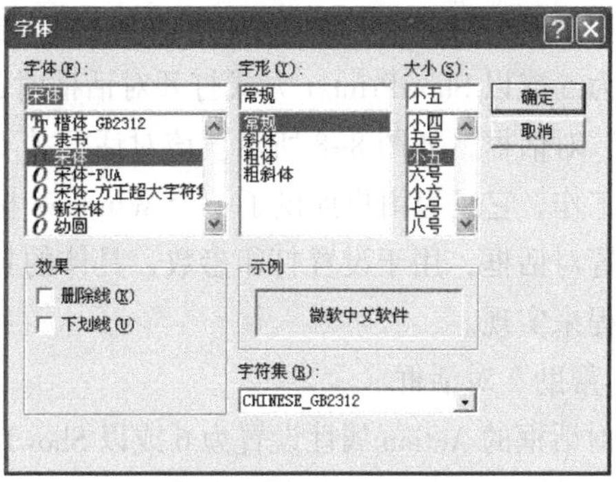

图 8-7 "字体"对话框

系统具有两种类型的"字体"对话框，一种是供屏幕显示用的字体，另一种是提供给打印机打印的字体。在使用"字体"对话框之前，需要设置"字体"对话框的 Flags 属性来决定显示哪种对话框。另外，Flags 属性还可以定制一些显示细节，如"删除线""下画线"等，如表 8-6 所示。

"字体"对话框中用户的选择被存储到通用对话框控件的字体属性集中，包括 Color、FontSize、FontName 等，程序可以通过访问这些属性来得到用户对字体的定制选择。

表 8-6 "字体"对话框的 Flags 属性

常　数	值	描　　述
cdlCFScreenFonts	&H1	只列出系统支持的屏幕字体
cdlCFPrinterFonts	&H2	只列出由 hDC 属性指定的打印机支持的字体
cdlCFBoth	&H3	列出可用的打印机和屏幕字体。hDC 属性标识与打印机相关的设备描述字体
cdlCFHelpButton	&H4	显示帮助按钮
cdlCFEffects	&H100	指定对话框允许删除线、下画线以及颜色效果
cdlCFApply	&H200	使对话框中的"应用"按钮有效
cdlCFLimitSize	&H2000	只能在由 Min 和 Max 属性规定的范围内选择字体大小
cdlCFTTOnly	&H40000	只允许选择 TrueType 型字体

【例 8.5】利用"字体"对话框来定制 TextBox 的字体。

【解】添加文本框 Text1 和按钮 Command1，在 Command1 的 Click 事件中编写如下代码：

```
Private Sub Command1_Click()
    CommonDialog1.Flags=cdlCFBoth Or cdlCFEffects
    CommonDialog1.ShowFont
    Text1.FontName=CommonDialog1.FontName
    Text1.FontBold=CommonDialog1.FontBold
```

```
    Text1.FontItalic=CommonDialog1.FontItalic
    Text1.FontSize=CommonDialog1.FontSize
    Text1.FontStrikethru=CommonDialog1.FontStrikethru
    Text1.FontUnderline=CommonDialog1.FontUnderline
    Text1.ForeColor=CommonDialog1.Color
End Sub
```

（4）“打印”对话框

“打印”对话框通常用来定制打印的参数，如打印机的选择、打印的范围和份数。当通用对话框的 Action 属性设置为 5 或以 ShowPrinter 方式打开对话框时，显示“打印”对话框，如图 8-8 所示。该对话框并不能执行打印工作，它只为用户提供了一个 Windows 标准的打印设置对话框，用于设置打印参数，具体的打印过程由编程来实现。

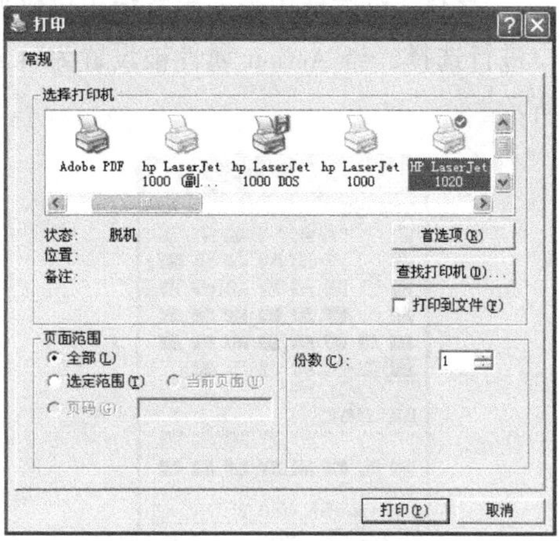

图 8-8 “打印”对话框

（5）“帮助”对话框

通用对话框的 Action 属性设置为 6 或以 ShowHelp 方式打开对话框时，显示“帮助”对话框。

“帮助”对话框本身并不能制作帮助文件，它通过运行 Winhlp32.exe 来显示指定的帮助文件，以达到检索帮助信息的作用，通常需要定制它的 HelpFile 和 HelpKey 属性。

8.1.3 自定义对话框

当已有的对话框不能够满足需要时，可以定制自己的对话框，这可以通过对窗体的操作来实现，通常需要三个步骤，即添加窗体、修改属性和实现功能。

1. 添加窗体

选择“工程”→“添加窗体”命令，弹出“添加窗体”对话框，选择“现存”选项卡来加入系统提供的一些定制窗体，或者直接选择“新建”选项卡中的“窗体”选项来创建新窗体。

2. 根据需要设置窗体的属性和外观

通常，作为标准对话框的窗体与一般窗体在外观上是有区别的，对话框通常不包括菜单栏、滚动条、最小化与最大化按钮、状态栏以及尺寸可变的边框，因此要对对话框窗体的这些属性进行设置，如表 8-7 所示。

表 8-7 对话框窗体属性设置

属 性	值	说 明
BorderStyle	0、1、3	边框类型为固定的单个边框，防止对话框在运行时被改变尺寸
ContrlBox	False	取消控制菜单
MaxButton	False	取消最大化按钮
MinButton	False	取消最小化按钮

应注意，如果取消控制菜单（ControlBox=False），对话框必须向用户提供退出该对话框的方法。通常是在对话框中添加“确定”、“取消”或者“退出”命令按钮，并编写相应按钮的 Click

事件过程代码。

通常情况下，还需要一些控件来修饰对话框，例如“确定”或“取消”按钮以及用于显示的 Label 和 TextBox 等，用户可以像在普通窗体上一样来使用它们。例如，可以把“确定”按钮的 Default 属性设为 True，把“取消”按钮的 Cancle 属性设为 True 来完成数据的输入或者取消动作。

3．编写代码实现功能

完成了对话框的界面设计以后，可以对对话框的功能进行添加和扩充，例如完成输入数据的校验以及当用户单击不同按钮后的操作等。

8.2　菜单的设计和使用

标准的 Windows 应用程序都会以菜单的方式为用户提供一组命令，使用户容易访问这些命令，增强界面的友好特性。可以说，菜单是窗口界面的重要组成部分，通常一个 Windows 应用程序的所有功能都能通过菜单命令的调用来完成。因此，菜单成为一个 Windows 应用程序功能的总汇。Visual Basic 有两种类型的菜单。

① 内建菜单：应用程序运行时，出现在应用程序窗口的菜单，因此也称为窗口菜单或下拉菜单。它由多个菜单标题组成，当用户选择某菜单标题时，可以打开其下拉菜单。下拉菜单中有多个菜单项、分隔条、子菜单标题等，如图 8-9 所示。

② 快捷菜单：右击某个对象时弹出的菜单。

在 Visual Basic 中，菜单也是一个对象，也有自己的属性、方法和事件过程。所谓菜单设计，就是对菜单对象的属性进行设置、对事件过程编制程序的过程。

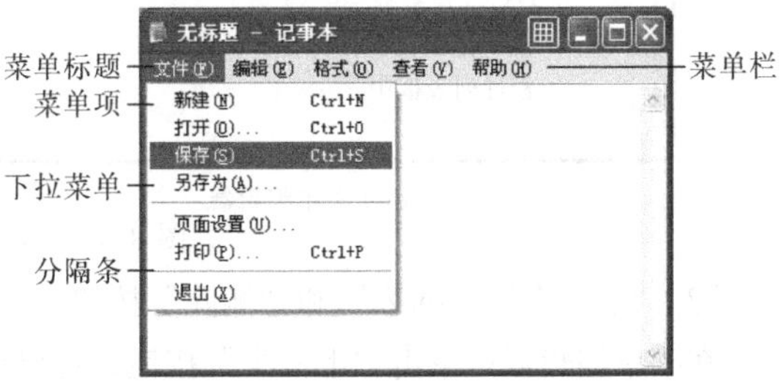

图 8-9　菜单的组成

8.2.1　窗口菜单设计

在 Visual Basic 中进行窗口菜单设计非常方便，利用 Visual Basic 6.0 提供的“菜单编辑器”即可可视化地新建、修改和删除菜单项。

1．菜单编辑器的使用

首先选择要添加菜单的窗体，然后选择“工具”→“菜单编辑器”命令，或者在工具栏中单击“菜单编辑器”按钮，都会弹出“菜单编辑器”对话框，如图 8-10 所示。

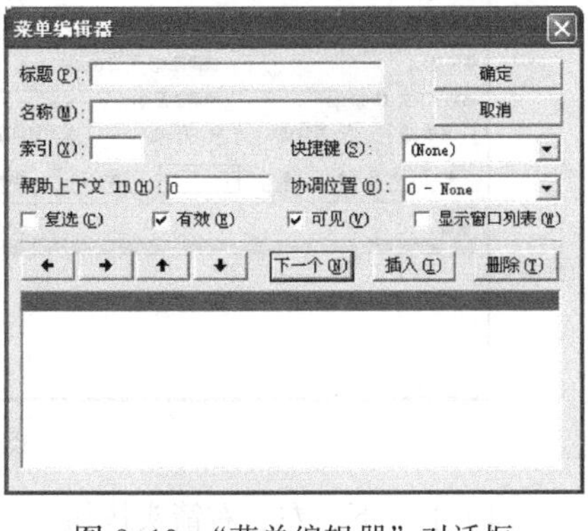

图 8-10　“菜单编辑器”对话框

（1）标题（Caption）

在“标题”文本框中输入的文字将成为菜单栏上显示的菜单标题。若想将某一字符作为该菜单项的访问键，也可以在该字符前面加上一个&字符，在菜单中，&后的第一个字符会自动加上一条下画线。在“标题”文本框中输入的内容实际上是设置菜单控件的 Caption 属性。

（2）名称（Name）

在“名称”文本框中输入的名称被用来唯一地标识此菜单项，它是该菜单控件的名称，即控件的 Name 属性。

【例 8.6】 简单菜单示例。在一个窗体上建立一个菜单项。

【解】 首先在菜单编辑器的“标题”文本框中输入菜单项的名称“菜单例子”；然后在“名称”文本框中输入该菜单控件的名称 MenuExp，此时，菜单标题文本自动显示在菜单控件列表框中。菜单编辑器的编辑情况如图 8-11（a）所示。经过简单的菜单编辑操作，窗体上出现的菜单标题如图 8-11（b）所示。双击该菜单标题，打开代码窗口，在菜单控件的单击事件过程中输入代码，如图 8-11（c）所示。

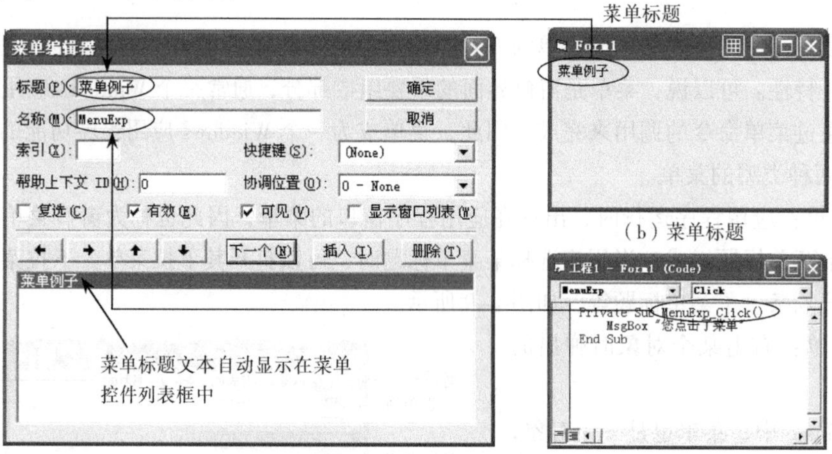

（a）菜单编辑器　　（b）菜单标题　　（c）输入代码

图 8-11　菜单编辑示例

（3）“下一个”、“插入”和“删除”按钮

在菜单编辑器中单击“下一个”按钮，可以再建一个菜单控件；单击“插入”按钮，可以在现有的控件之间增加一个菜单控件；若不需要某个菜单控件，可以在菜单控件列表框中选中该菜单控件，然后单击“删除”按钮。通过这样的一些操作，可以建立多个菜单控件（菜单标题），如图 8-12 所示。

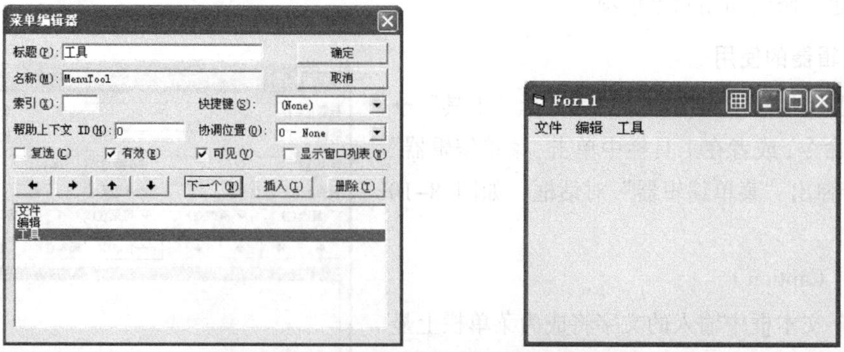

图 8-12　输入多个菜单项

（4）上、下、左、右箭头按钮

在菜单控件列表框中选中一个菜单控件，然后单击向上或向下的箭头按钮，可以调整该菜单

控件在列表框中的位置，即调整菜单标题在窗口中的位置。

在菜单控件列表框中选中一个菜单控件，然后单击向左或向右的箭头按钮，可以改变该控件在菜单控件列表框中的缩进位置，决定该控件是菜单标题、菜单项、子菜单标题，还是子菜单项。

位于列表框中左侧平齐的菜单控件作为菜单标题显示在菜单栏中，列表框中被缩进过的菜单控件成为其前导菜单控件的菜单项；若其还有下一级菜单项，则成为其前导菜单控件的子菜单标题，如图 8-13 所示。

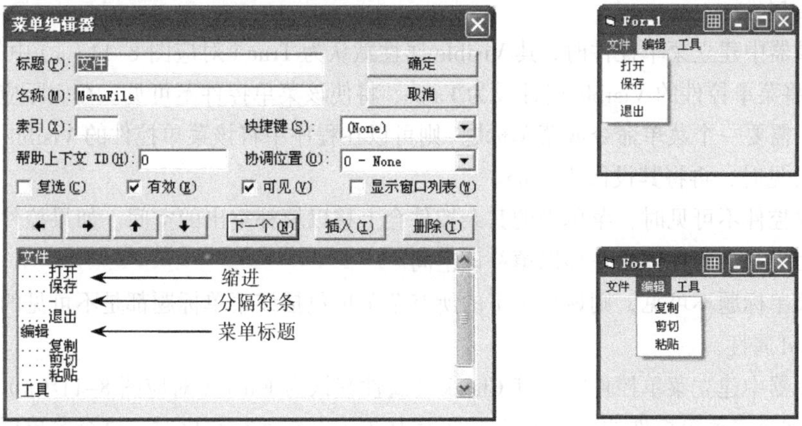

图 8-13　添加的各菜单元素

（5）添加分隔菜单项

分隔符条作为菜单项间的一个水平行显示在菜单中。在菜单项很多的菜单中，可以使用分隔符条将各项划分成一些逻辑组。

若要在现有菜单中增加一个分隔符条，可在“菜单编辑器”对话框中单击“插入”按钮，在想要分隔开的菜单项之间插入一个菜单控件，然后在“标题”文本框中输入一个连字符（-），在“名称”文本框中为输入的分隔符条设置名称属性。可见，分隔符条也是当做菜单控件来创建的，但它们不能响应 Click 事件，而且也不能被选取。

建立分隔符条后，菜单控件列表框中的显示情况及对应的菜单显示情况如图 8-13 所示。

（6）热键和快捷键的设置

通常，为了让用户可以通过键盘操作快速访问菜单，菜单项的标题后面都会添加带有下画线的热键字母，用户可以通过按【Alt+热键字母】组合键来快速打开此菜单。建立热键的方法很简单，只要在标题的某个字母前面加入“&”符号即可。

快捷键和热键类似，只不过它直接执行菜单项的功能，例如 Visual Basic 6.0 的“运行”命令，可以使用它的快捷键【F5】来直接运行程序。快捷键可以通过菜单编辑器的“快捷键”下拉列表框进行选择。

将窗体所有的菜单控件都创建完成后，单击“确定”按钮可关闭菜单编辑器。这时，创建的菜单标题将显示在窗体上，单击一个菜单标题可弹出下拉菜单。

2．菜单的属性说明

通过上面的介绍已经知道，每一个菜单项实际都是一个对象，它们也有各自的属性，例如标题（Caption）和名称（Name）就是它的属性。下面介绍菜单的其他属性。

（1）Enabled 属性

在菜单编辑器中建立菜单控件时，其 Enabled 属性默认为 True（对应图 8-11（a）中的“有效”复选框）。如果将菜单控件的 Enabled 属性设为 False，将使菜单命令无效，快捷键的访问也无效。在实际应用中也会遇到某个菜单命令当前不能使用的情况，此时该菜单命令是灰色的，这实际上就是将该菜单控件的 Enabled 属性设为 False。如果将菜单标题的 Enabled 属性设为 False，将使整个菜单无效。

（2）Visible 属性

在菜单编辑器中建立菜单控件时，其 Visible 属性默认为 True（对应图 8-11（a）中的“可见”复选框）。如果将菜单控件的 Visible 属性设为 False，将使该菜单控件不可见。在实际应用中，如果在某些时候不需要一个菜单命令或菜单标题，则可以在程序中将该菜单控件的 Visible 属性设为 False，当需要可见时，再将其设回为 True。

当一个菜单控件不可见时，菜单中的其余控件会上移以填补空出的空间。如果控件位于菜单栏上，则菜单栏上其余的控件会左移以填补该空间。

若使一个菜单标题不可见，则该菜单下的所有菜单项包括该菜单标题都是不可见的。

（3）Checked 属性

在菜单编辑器中建立菜单控件时，其 Checked 属性默认为 False（对应图 8-11（a）中的“复选”复选框）。如果将菜单控件的 Checked 属性设为 True，在运行程序时，这个菜单项的前方就会出现一个“√”标记。通常 Checked 属性用于只有两种状态的情况，通过该属性的设置，表示“打开/关闭”条件的状态，选取菜单命令可交替地增加和删除此复选标志。

菜单控件的 Checked 属性与复选框控件不太一样。对于复选框控件，当单击它时，它会自动在选中和取消选中之间转换。但是当设置了菜单控件的 Checked 属性为 True，运行程序并单击该菜单项时，会发现程序并不会自动更改这个属性，就是说在菜单选项前方的“√”标记并不会被程序自动删除或加上。要更改这个属性，必须在程序中通过代码对 Checked 属性进行设置，如 MenuChk.Checked=False。

（4）Index 属性

与其他控件一样，菜单控件也可以做成控件数组，这样可以在同一菜单上共享相同的名称和事件过程，并简化代码。而且若实现运行时动态地增加或减少一个菜单项，必须使用菜单控件数组。

要建立菜单控件数组，只要为菜单控件设置一个索引值（Index 属性值）即可（对应图 8-11（a）中的“索引”文本框）。对于菜单控件数组中的菜单项目，其事件过程的声明语句中会加上一个索引值参数（Index As Integer）作为输入参数，这一点与其他控件数组相同。

3. 编写菜单项的功能代码

在菜单设计完成，关闭菜单编辑器后，所创建的菜单将显示在窗体上。用户就可以像操作真实的菜单一样来进行操作。

当用户选取一个菜单项时，系统会进入此菜单项的 Click 事件过程中，等待用户编写代码来完成特定的功能。除分隔符条以外的所有菜单项（包括无效的或不可见的菜单控件）都能识别 Click 事件。

在菜单事件过程中编写的代码与在其他任何控件事件过程中编写的代码完全相同。例如，“文件”菜单中的“退出”菜单项的 Click 事件代码如下：

```
Private Sub munExit_Click()
  Unload Me
End Sub
```

【例 8.7】菜单属性设置示例，通过菜单对字体、字形、字号进行设置。窗口界面及菜单要求如图 8-14 所示。要求选择“宋体”命令只能进行字形设置，选择“黑体”命令只能进行字号设置，选择其他字体，字形、字号均可设置。

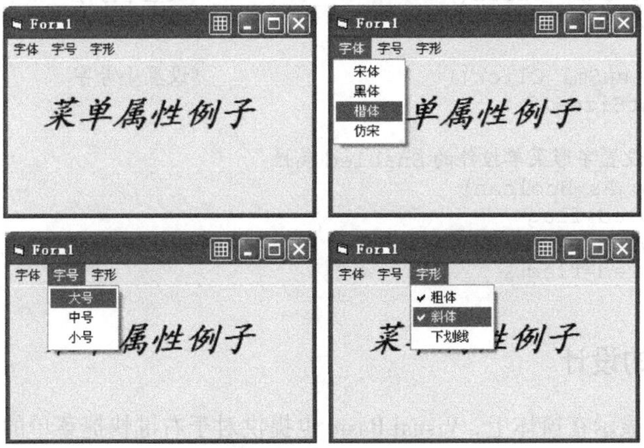

图 8-14　例 8.7 程序图示

【解】首先在窗体上建立标签，以便对其文字进行设置。然后根据图 8-14，在菜单编辑器中编辑各菜单控件。最后对各菜单控件进行编程，具体代码如下：

```
'字体设置
Private Sub MenuS_Click()                     '设置宋体
   Label1.FontName="宋体"
   Call setzx(True)                           '调用字形设置过程，设为可用
   MenuSize.Visible=False                     '设字号菜单标题不可见
End Sub
Private Sub MenuH_Click()                     '设置黑体
   Label1.FontName="黑体"
   MenuSize.Visible=True                      '设字号菜单标题可见
   Call setzx(False)                          '调用字形设置过程，设为不可用
End Sub
Private Sub MenuK_Click()                     '设置楷体
   Label1.FontName="楷体_GB2312"
   Call setzx(True)                           '调用字形设置过程，设为可用
   MenuSize.Visible=True                      '设字号菜单标题可见
End Sub
Private Sub MenuF_Click()                     ' 设置仿宋
   Label1.FontName="仿宋_GB2312"
   Call setzx(True)                           '调用字形设置过程，设为可用
   MenuSize.Visible=True                      '设字号菜单标题可见
End Sub
'字形设置
Private Sub MenuB_Click()                     '设置粗体
   MenuB.Checked=Not MenuB.Checked
   Label1.FontBold=MenuB.Checked
End Sub
Private Sub MenuI_Click()                     '设置斜体
   MenuI.Checked=Not MenuI.Checked
   Label1.FontItalic=MenuI.Checked
End Sub
```

```
Private Sub MenuU_Click()                         '设置下画线
    MenuU.Checked=Not MenuU.Checked
    Label1.FontUnderline=MenuU.Checked
End Sub
'字号设置
Private Sub MenuBig_Click()                       '设置大号字
    Label1.FontSize=24
End Sub
Private Sub MenuMid_Click()                       '设置中号字
    Label1.FontSize=16
End Sub
Private Sub MenuSml_Click()                       '设置小号字
    Label1.FontSize=12
End Sub
'字形设置过程，设置字形菜单控件的Enabled属性
Sub setzx(flag As Boolean)
    MenuB.Enabled=flag
    MenuI.Enabled=flag
    MenuU.Enabled=flag
End Sub
```

8.2.2 快捷菜单的设计

通常的菜单都是显示在窗体上，Visual Basic 也提供对于右键快捷菜单的支持，快捷菜单通常包含经常使用的命令，并且是随着当前对象的不同而变化的，它是独立于菜单栏而显示在窗体上的浮动菜单，也被称为弹出式菜单。

在 Visual Basic 中，快捷菜单与上面介绍的窗口菜单本质上是一样的，它也要使用菜单编辑器来设计。但是，快捷菜单在出现时，一般并不出现在窗口的菜单栏处，而是与鼠标的当前位置有关。因此，在设计快捷菜单时，会将其顶层菜单项设为不可见，在调出快捷菜单时，还要指定其位置。快捷菜单的实现方法如下：

① 在菜单编辑器中建立该菜单。

② 设置其顶层菜单项（主菜单项）的 Visible 属性为 False（不可见）。

③ 在窗体或控件的 MouseUp 或 MouseDown 事件中调用 PopupMenu 方法显示该菜单。调用 PopupMenu 方法的格式为：

```
PopupMenu 菜单名[,flags[,x[,y]]]
```

其中：

- PopupMenu：可以前置窗体名称，但不可以前置其他控件名称。
- 菜单名：通过菜单编辑器设计，至少有一个子菜单项的菜单名称（Name）。
- Flags 参数：Visual Basic 系统常数，用来定义显示位置与行为，其取值如表 8-8 所示。

表 8-8 Flags 参数的取值含义

系统常量	描述
vbPopupMenuLeftAlign	默认。指定的 x 位置定义了该快捷菜单的左上角
vbPopupMenuCenterAlign	快捷菜单以指定的 x 位置为中心
vbPopupMenuRightAlign	指定的 x 位置定义了该快捷菜单的右上角
vbPopupMenuLeftButton	菜单命令只接受鼠标左键单击
vbPopupMenuRightButton	菜单命令可接受鼠标左键、右键单击

- x、y 参数：可选参数。指定显示快捷菜单的 x、y 坐标。如果 x 和 y 参数省略，则默认使用鼠标的当前坐标。

【例 8.8】当用户右击一个窗体时，以快捷菜单显示已经创建好的“文件”菜单（Name 为 munFile）。

【解】添加 MouseUp 或者 MouseDown 事件过程，以检测是否单击了鼠标右键。

```
Private Sub Form_MouseUp(Button As Integer,Shift As Integer,X As Single, _
                         Y As Single)
    If Button=2 Then                  '检查是否单击了鼠标右键
        PopupMenu  munFile            '把文件菜单显示为一个快捷菜单
    End If
End Sub
```

8.2.3　菜单设计举例

【例 8.9】编写一个应用程序，实现以下功能：可新建、打开、保存、另存为一个文本文件，并能对该文件进行复制、剪切、粘贴操作。

【解】具体步骤如下：

① 打开菜单编辑器对菜单进行设计，菜单控件的属性设置如表 8-9 所示。

表 8-9　菜单控件的属性设置

标　题	名　称	有　效	标　题	名　称	有　效
文件	munFile	True	编辑	munEdit	True
新建（&N）	munFileNew	True	复制	munEditCopy	False
打开（&O）	munFileOpen	True	剪切	munEditCut	False
保存（&S）	munFileSave	False	粘贴	munEditPaste	False
另存为（&A）	munFileSaveAs	False	帮助	munHelp	True
退出	munFileExit	True	关于	munHelpAbout	True

② 在 Form1 窗体中添加 Rich TextBox 控件，如图 8-15 所示。

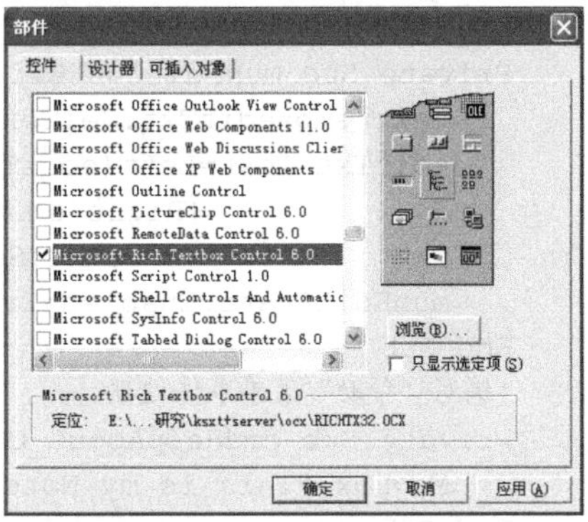

图 8-15　添加 RichEdit 控件

③ 为菜单控件添加 Click 事件过程。

```
Dim texttemp As String
Private Sub Form_Load()
    editTxt.Text=""
    texttemp=""
    munEditCopy.Enabled=False
                  '使“复制”菜单项无效
    munEditCut.Enabled=False
                  '使“剪切”菜单项无效
    munEditPaste.Enabled=False
                  '使“粘贴”菜单项无效
    munFileSave.Enabled=False         '使“保存”菜单项无效
    munFileSaveAs.Enabled=False       '使“另存为”菜单项无效
End Sub
'编写“文件”菜单的事件过程
```

```
Private Sub munFileNew_Click()
   editTxt.Text=""                                    '设置 RichTextBox 控件为空
End Sub
Private Sub munFileOpen_Click()
   CommonDialog1.ShowOpen
   editTxt.LoadFile(CommonDialog1.FileName)
   munFileSave.Enabled=True                           '激活“保存”菜单
   munFileSaveAs.Enabled=True                         '激活“另存为”菜单
End Sub
Private Sub munFileSave_Click()
   editTxt.SaveFile(CommonDialog1.FileName)           '保存文件
End Sub
Private Sub munFileSaveAs_Click()
   CommonDialog1.ShowSave                             '打开“另存为”对话框
   editTxt.SaveFile(CommonDialog1.FileName)
End Sub
Private Sub munFileExit_Click()
   End
End Sub
'编写“编辑”菜单的事件过程
Private Sub editTxt_Change()
   munEditCopy.Enabled=True
End Sub
Private Sub munEditCopy_Click()
   texttemp=editTxt.SelText
   munEditCut.Enabled=True
   munEditPaste.Enabled=True
End Sub
Private Sub munEditPaste_Click()
   editTxt.Text=Left(editTxt.Text,editTxt.SelStart) _
               +texttemp+Right(editTxt.Text,Len(editTxt.Text) _
               -editTxt.SelStart)
End Sub
Private Sub munEditCut_Click()
   texttemp=editTxt.SelText
   editTxt.Text=Left(editTxt,editTxt.SelStart) _
               +Right(editTxt.Text,Len(editTxt.Text)-editTxt.SelStart _
               -editTxt.SelLength)
   munEditPaste.Enabled=True
End Sub
'编写“帮助”菜单事件过程
Private Sub cmdHelpAbout_Click()
   MsgBox "This is my NoteBook!",vbApplicationModal,"菜单应用举例"
End Sub
```

说明：本例为了保存复制或剪切后的内容，使用了一个内存变量 texttemp，但这种方法有很大的缺陷。首先，它只能保存文字信息；其次，它只能在本程序中使用。能否像其他 Windows 应用程序一样，可以保存任何信息，并在多个应用程序之间进行传递？根据第 7 章介绍的 Visual Basic 系统对象，可以知道，ClipBoard 对象可以实现剪贴板的操作，利用 ClipBoard 对象的 SetText 和 GetText 属性，可以实现上述要求。具体例子，请参见本教材配套实验教程中实验 15 的相关例子。

小　　结

程序运行过程中，一般总是需要输入数据、输出信息，而对话框为程序和用户的交互提供了有效的途径。

对话框是一种特殊的窗体，它的大小一般不可改变。用户可以利用窗体及一些标准控件自定义对话框，也可以利用系统提供的 CommomDialog 控件进行操作，通过在程序中使用 Show 方法与 Action 属性来显示相应的对话框，并通过编程来实现相应的功能。

在 Windows 环境中，几乎所有的应用软件都提供菜单，并通过菜单来实现各种操作。利用 Visual Basic 中的菜单编辑器能够非常方便、高效、直观地建立菜单，菜单设计好后，需要为有关菜单项编写事件过程。

习　　题

1．设计应用程序，运行效果如图 8-16 所示。

功能描述：当单击“打开”按钮时，弹出“打开”对话框，选择扩展名为.bmp 和.jpg 的图像文件，并将其显示在界面的左侧。单击“清除”按钮时，界面左侧的图像被清除；单击“退出”按钮时，程序结束。

2．设计应用程序，运行效果如图 8-17 所示。

功能描述：当单击“选择字体”按钮时，弹出“字体”对话框，可选择需要的字体；选择单选按钮，可选择字体是否用斜体显示。

图 8-16　习题 1 程序运行效果

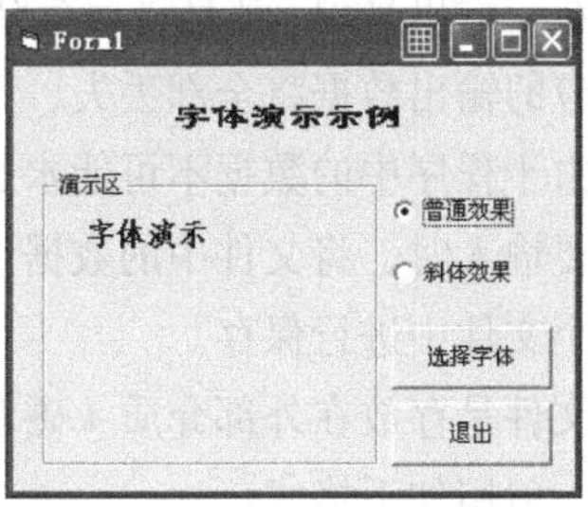

图 8-17　习题 2 程序运行效果

3．为习题 1、习题 2 中的命令按钮增加相应的菜单命令。

第 9 章 文件基本操作

Visual Basic 具有较强的文件处理能力，同时还提供了用于制作文件系统的控件以及用于文件管理的有关语句、函数，使用户既可以直接读/写文件，又可以方便地访问文件系统。本章重点介绍文件的基本概念、文件的读/写操作、文件控件的使用及使用命令语句和函数操作文件的方法。

学习目标

- 理解 Visual Basic 文件系统的基本概念。
- 掌握顺序文件、随机文件与二进制文件的特点，以及它们的打开、关闭和读/写操作。
- 掌握文件系统控件的使用方法。
- 掌握与文件管理有关的常用操作命令、函数的使用方法。

9.1 文件的基本概念

在本章之前编写的程序，数据的输入大都通过文本框或 InputBox 输入框来实现，当需要输入大量数据时，必须不厌其烦地反复输入，而且，如果再次运行程序，仍然要重新输入大量的数据，因此这一过程会非常麻烦。

对于输出来说，都是将运行结果输出到窗体上或其他可用于显示的控件上，如果关闭了程序，其相应的输出数据将全部丢失，无法重复使用这些数据。

由于程序中的数据不可能永远放在内存中，因此最好的办法是把大量的数据保存在文件内。当需要输入时，将文件中的数据读取到程序中进行处理；对于处理好的输出数据，则可以将其写入某个文件中进行保存。

文件是存放在外部介质（磁盘）上的相关数据的集合，每一个文件都有文件名。在指定文件时，一般用如下格式：

[路径:]文件名[.扩展名]

9.1.1 数据文件的类型

根据文件中数据的存放形式，将数据文件分为三种类型：

① 顺序文件：即普通的文本文件。文件中每一个字符都被假设代表一个文本字符或者文本格式序列，如换行符。数据被存储为 ANSI 字符。

② 随机文件：由相同长度的记录集合组成。用户可以定义组成记录的各种类型字段，每个

字段可以有不同的数据类型。数据作为二进制信息存储。

③ 二进制文件：用来存储所希望的任何类型的数据。除了没有数据类型或者记录长度的含义以外，它与随机文件很相似。然而，为了能够正确地对其进行检索，必须精确地知道数据是如何写到文件中的。

在 Visual Basic 中，根据文件中数据的存放形式，共有三种文件访问的类型。

① 顺序访问：适用于读/写连续块中的文本文件。

② 随机访问：适用于读/写有固定长度记录结构的文本文件或者二进制文件。

③ 二进制访问：适用于读/写任意结构的文件。

9.1.2 处理文件的基本流程

在 Visual Basic 中要对一个文件进行访问，首先要打开这个文件，然后才能对文件进行操作（读或写），对文件操作完毕后，还要关闭这个文件。具体的操作流程如图 9-1 所示。

图 9-1　处理文件的基本流程

1. 打开文件

打开文件时，系统会为这个文件在内存开辟一个缓冲区，这个缓冲区通过文件号和文件发生关联。在后续对文件的访问中，不指定文件本身（文件名路径），而是这个文件号所代表的缓冲区。

打开文件的语句是 Open，其基本语法如下：

```
Open [路径:]文件名[.扩展名] For 打开方式 As #文件号
```

打开方式指定了 Visual Basic 实际处理文件的方式。根据所处理文件类型的不同，打开方式也各不相同，在后面各节中，将分别介绍顺序文件、随机文件和二进制文件的具体处理方法。

2. 文件号与 FreeFile()函数

文件号就是系统为处理文件所开辟的访问缓冲区的代码，对某一个文件号的操作就是对文件的操作。Visual Basic 规定：对其他应用程序不能访问的文件，使用 1～255 范围内的文件号，对可由其他应用程序访问的文件，使用 256～511 范围内的文件号。一个文件号指定给一个文件后，就不能再指定给其他文件，直到这个文件被关闭为止。

文件号可以人为指定，但为了避免指定一个正在使用的文件号，最好通过 FreeFile()函数得到一个尚未使用的文件号。

FreeFile()函数可以返回一个可供 Open 语句使用的空文件号，在程序中使用该函数的方法如下：

```
FileNo=FreeFile                       '得到空文件号
Open "data.txt" For Input As #FileNo  '打开文件并指定缓冲区的文件号
Close #FileNo                         '关闭指定文件号的文件
```

3. 关闭文件

当文件操作完毕后，应该关闭这个文件。关闭文件的语句是 Close，其基本语法如下：

```
Close [#文件号][,#文件号]…
```

Close 语句将关闭指定文件号的文件。如果在 Close 语句中不指定任何文件号，Visual Basic 将关闭所有目前打开的文件。被关闭文件的文件号可用于打开其他文件。

4．在打开文件的操作中使用 App.Path 属性

在第 7 章“常用系统对象”一节中，介绍了 App 是一个全局对象，在 Visual Basic 程序的任何一个段落均可以自由使用，它记载了关于运行程序的详细信息。其中 App 对象的 Path 属性，在设计调试阶段表示工程文件所在的路径，在执行可执行程序时表示 EXE 文件所在的路径。

在编写或执行程序时，通常会把需要读/写的文件放在与工程文件或 EXE 文件相同的目录下。如果在 Open 语句中只写文件名和扩展名，系统会默认这个文件的路径是工程文件或 EXE 文件所在的路径。这样看起来好像只要把数据文件放到工程文件或 EXE 文件所在目录就没有问题了，但是实际情况并非如此。如果在程序中改变了当前的目录，系统将提示无法找到文件，这时，最好的办法就是利用 App 对象的 Path 属性，可以在 Open 语句中按如下方式找到文件：

```
Open  App.Path & "\文件名.扩展名" For 打开方式 As # 文件号
```

因此为了保证文件的正常操作，建议按照上述方式打开文件。

9.2 顺 序 文 件

当要处理的文件只包含文本信息时，例如由典型文本编辑器所创建的文件，其中的数据没有分成记录，就可以顺序访问。一个进行顺序访问的文件，只能依序由文件的开头处理到文件的结尾。要读取文件中的某个数据，必须从第一条开始，逐条查找，因此效率比较低。进行顺序访问要用到以下 3 种打开文件的模式：

```
Open [路径:]文件名[.扩展名] For Input As #文件号      '读文件
Open [路径:]文件名[.扩展名] For Output As #文件号     '写文件
Open [路径:]文件名[.扩展名] For Append As #文件号     '追加写入
```

9.2.1 顺序文件的读操作

在读取文件数据时，系统将文件中的一行数据看做一条记录，每执行一次读操作的语句或函数，将读取当前指针指向的一条记录，然后指针指向下一条记录。这样依次读取，直到文件尾为止。由于文件通常会有很多条记录（多行数据），因此读文件的操作通常需要借助于循环操作，并且要随时检测是否到达文件尾。

通常读取顺序文件中数据的步骤为：

① 用 Open 语句以 Input 方式打开文件，即“Open 文件名 For Input As #文件号”。

② 用 Input #、Line Input#语句或 Input()函数将文件的一条记录复制到内存变量中。

③ 用 EOF()函数检测文件中的数据是否读完，未读完，转到②继续读下一条记录。

④ 读完后，用 Close 语句关闭文件。

下面介绍读顺序文件要用到的语句和函数。

1．Input #语句

语法：`Input #文件号,变量列表`

功能：从已打开的顺序文件中读出一条记录的数据，并将数据按顺序依次赋值给变量列表中的变量。

说明：变量列表用逗号分开，将文件中读出的值分配给这些变量；文件中数据项目的类型和顺序必须与变量列表中变量的类型和顺序相同。

2．Line Input #语句

语法：`Line Input #文件号,变量名`

功能：从已打开的顺序文件中读出一行数据，并将它赋值给变量名指定的变量。

说明：变量是 Variant 或 String 类型的。Line Input #语句从文件中读取字符，直到遇到回车符（vbCR）或回车换行符（vbCRLF 或 vbNewLine）为止，回车换行符将被跳过，而不会被附加到字符串上，读出的数据赋给变量名指定的变量。

3．Input()函数

语法：`Input(读取字符数,[#]文件号)`

功能：返回文件中指定数目的字符。

说明：Input()函数可以读取固定长度的字符串，它与 Line Input #语句的不同之处在于：Line Input #语句一次读取一整行数据，但不包括行最后的回车换行符；而 Input()函数返回指定长度的所有字符，包括回车符、换行符等。

4．EOF()函数

语法：`EOF(文件号)`

功能：当到达文件的结尾时，返回-1（True），否则返回 0（False）。

使用 EOF()函数是为了避免因试图在文件结尾处进行读操作而产生的错误。

【例 9.1】使用 Input #语句将文件 SeqFile.txt 内的数据读入变量。SeqFile.txt 文件的内容如图 9-2 所示，可以看出，文件中字符串部分用双引号括起来，而且与数字之间用逗号或空格隔开。

【解】程序代码如下：

```
Private Sub Command1_Click()
    Dim MyStr As String,MyNum As Single
    fileno=FreeFile                                    '获取空文件号
    Open App.Path & "\SeqFile.txt" For Input As #fileno '打开输入文件
    Do While Not EOF(fileno)                           '循环至文件尾
        Input #fileno,MyStr,MyNum                      '将数据读入两个变量
        Print MyStr,MyNum
    Loop
    Close #FileNo                                      '关闭文件
End Sub
```

程序运行结果如图 9-3 所示。可以看出 Input #语句将一行按分隔符分隔的数据分别读入对应变量，读入的数据不包括字符串的界定符号（引号）和数据分隔符号（逗号或空格）。

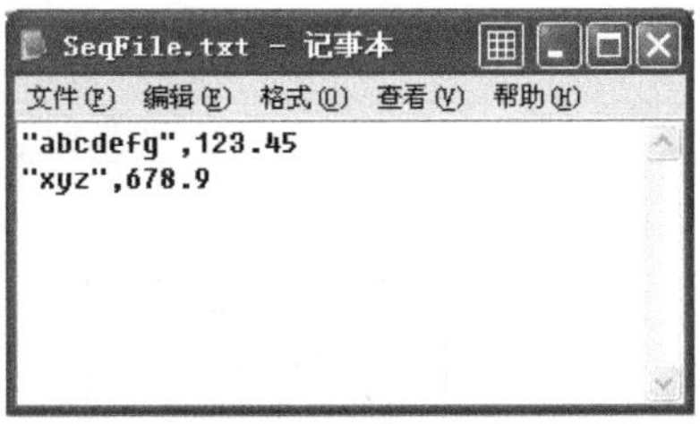

图 9-2　SeqFile.txt 文件内容

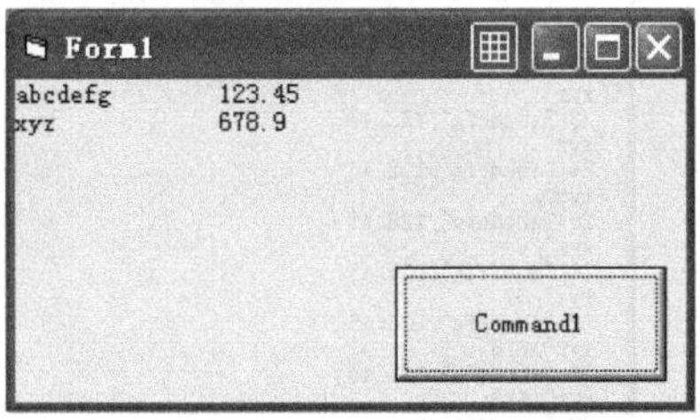

图 9-3　例 9.1 输出结果

【例 9.2】使用 Line Input #语句读入图 9-2 所示文件内容并输出。

【解】程序代码如下：

```
Private Sub Command1_Click()
    Dim Myline As String
    FileNo=FreeFile
    Open App.Path & "\SeqFile.txt" For Input As #FileNo
    Do While Not EOF(FileNo)
        Line Input #FileNo,Myline
        Print Myline
    Loop
    Close #FileNo
End Sub
```

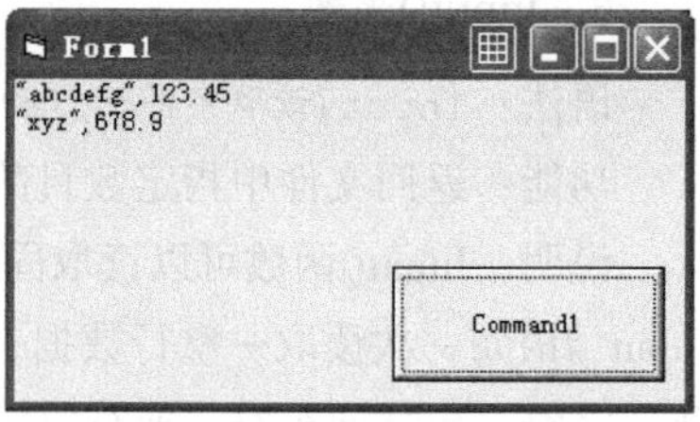

图 9-4　例 9.2 输出结果

程序运行结果如图 9-4 所示。可以看出 Line Input #语句将一行数据读入变量，包括字符串的界定符号（引号）和数据分隔符号（逗号或空格）。

【例 9.3】使用 Input()函数读入图 9-2 所示文件内容。

【解】程序代码如下：

```
Private Sub Command1_Click()
    Dim Mychr As String,i As Integer
    FileNo=FreeFile
    Open App.Path & "\SeqFile.txt" For Input As #FileNo
    Do While Not EOF(FileNo)
        Mychr=Mychr+Input(1,#FileNo)        '读入一个字符
        i=i+1
        Debug.Print i;Mychr
    Loop
    Close #FileNo                           '关闭文件
End Sub
```

例 9.3 程序是将运行结果输出到立即窗口显示，结果如图 9-5 所示。可以看出，函数 Input(1, #FileNo) 读入一个字符，程序中 i 起计数器的作用，记录读入的字符个数。从图 9-2 所示文件内容可以看出，两行数据中可视的符号个数是 27 个（包括界定符引号，分隔符逗号和空格），而 i 的计数为 29，包括了两行最后的回车换行符。

【例 9.4】读入 student.txt 文件中的学生成绩，对成绩进行统计，计算每门课程的平均分数，并统计各分数段人数。文件内容依次为姓名、数学成绩、外语成绩、计算机成绩，图 9-6 给出了文件的部分内容。

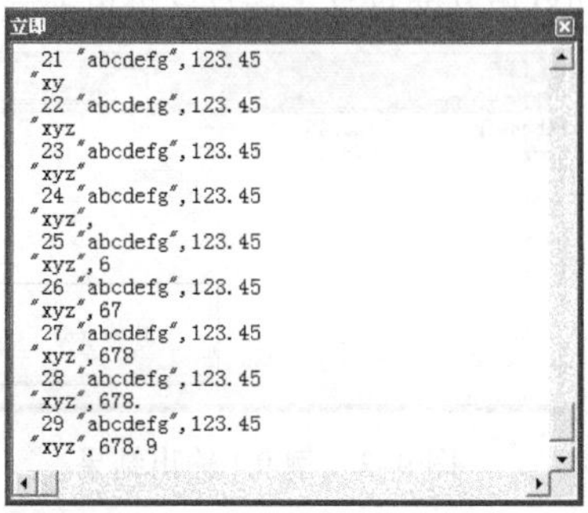

图 9-5　例 9.3 输出结果

王林,75,78,86
李敏,78,82,79
马红芳,82,80,92
刘晓勇,76,72,69

图 9-6　student.txt 文件内容

【解】程序代码如下：

```
Private Sub Command1_Click()
Dim SName(1 To 60) As String                              '定义姓名数组
Dim SMath(1 To 60) As Single
Dim SEnglish(1 To 60) As Single
Dim SComputer(1 To 60) As Single                          '定义各门课程分数数组
Dim S_aver(1 To 60) As Single                             '定义学生平均分数组
Dim ii As Integer
Dim M_aver As Single,E_aver As Single,C_aver As Single
                                                          '定义各门课程平均分变量
Dim c_50 As Integer,c_60 As Integer,c_70 As Integer
Dim c_80 As Integer,c_90 As Integer                       '定义各分数段累计变量
Fileno=FreeFile
Open App.Path & "\student.txt" For Input As #Fileno
ii=1
Do While Not EOF(Fileno)                                  '循环至文件尾。
     Input #1,SName(ii),SMath(ii),SEnglish(ii),SComputer(ii)
                                                          '将数据读入对应数组
     ii=ii+1
Loop
Close #1                                                  '关闭文件
ii=ii-1
'以下程序计算每名学生平均分和各门课程平均分
For i=1 To ii
     S_aver(i)=(SMath(i)+SEnglish(i)+SComputer(i))/3
     M_aver=M_aver+SMath(i)
     E_aver=E_aver+SEnglish(i)
     C_aver=C_aver+SComputer(i)
Next
M_aver=M_aver/ii
E_aver=E_aver/ii
C_aver=C_aver/ii
'以下程序统计各分数段人数
For i=1 To ii
     If S_aver(i)>=90 Then
        c_90=c_90+1
     ElseIf S_aver(i)>=80 Then
        c_80=c_80+1
     ElseIf S_aver(i)>=70 Then
        c_70=c_70+1
     ElseIf S_aver(i)>=60 Then
        c_60=c_60+1
     Else
        c_50=c_50+1
     End If
Next
'以下程序显示输出
Print "数学平均分","外语平均分","计算机平均分"
Print M_aver,E_aver,C_aver
Print
```

```
Print "50 分以下"+Space(2)+"60～69"+Space(2)+"70～79"+Space(2)+ _
      "80～89"+Space(2)+"90 以上"
Print Space(3)+Str(c_50)+Space(6)+Str(c_60)+Space(5)+Str(c_70)+Space(5) _
      +Str(c_80)+Space(5)+Str(c_90)
End Sub
```

程序运行结果如图 9-7 所示。

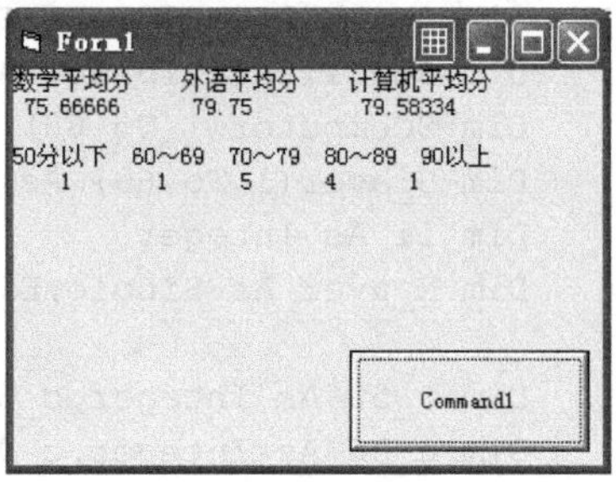

图 9-7　例 9.4 输出结果

9.2.2　顺序文件的写操作

将内存变量中的内容写到顺序文件中，通常采用如下步骤：

① 用 Open 语句以 Output 或 Append 方式打开文件。

② 用 Print #或 Write #语句将数据写入文件。

③ 写操作完成后，用 Close 语句关闭文件。

以 Output 方式打开文件时，系统会按指定路径和名称建立一个新的文件，并将数据写入该文件中。如果给出的文件已经存在，系统则会用新文件覆盖原文件。而以 Append 方式打开文件则是在原文件后追加新的数据。除了这点区别，两者在写入操作上并无不同。

写顺序文件要用到 Print 和 Write 语句，两者的使用也基本相同。

语法：Print #文件号,[输出列表]
　　　Write #文件号,[输出列表]

功能：将数据写入顺序文件。

说明：输出列表为表达式或是要输出的表达式列表。如果省略输出列表参数，而且文件号之后只含有一个列表分隔符，则将一个空白行输出到文件中。多个表达式之间可用逗号、分号或空格隔开，逗号、分号的含义与用 Print 语句输出时的含义相同，空格与分号等效。

【例 9.5】文件输出示例。

【解】程序代码如下：

```
Private Sub Command1_Click()
    fileno=FreeFile
    Open App.Path & "\outfile.txt" For Output As #fileno
    Print #fileno,"王芳";"女";"电子 021";20;True;#6/8/2003#
    Write #fileno,"王芳";"女";"电子 021";20;True;#6/8/2003#
    Close #fileno
End Sub
```

运行程序，将得到如下 outfile.txt 文件内容：

```
王芳女电子 021 20 True2003-06-08
"王芳","女","电子 021",20,#TRUE#,#2003-06-08#
```

从该结果可以看出，Print 与 Write 是有区别的。Print 输出到文件的数据格式与前面介绍的 Print 方法输出格式相同，而 Write 将每一项以逗号分隔，字符串数据会加上引号，逻辑型数据和日期型数据加上#号。

9.3　随 机 文 件

随机文件是由一组相同长度的记录组成，每条记录包含一个或多个字段。具有一个字段的记录对应于任意标准类型，如整数或者定长字符串；具有多个字段的记录对应于用户定义类型。这就是说，在打开一个文件进行随机访问之前，应定义一个类型，该类型对应于该文件包含或将包含的记录结构。随机文件对读/写顺序没有限制，可以以记录为单位读/写任何一条记录。进行随机访问要用到以下打开文件的格式：

```
Open [路径:]文件名[.扩展名] For Random As #文件号 [Len=记录长度]
```

其中,Len 所指定的值,就是每次以字节为单位读/写每个记录的长度,其默认值为 128(Bytes)。如果 Len 所指定的长度比写文件记录的实际长度短，则会产生一个错误；比记录的实际长度长，则记录可写入，只是会浪费些磁盘空间。

随机文件的关闭和顺序文件一样，也使用 Close 语句。

9.3.1 定义记录类型

在打开一个文件进行随机访问之前，应定义一个类型，该类型对应于该文件包含或将包含的记录。例如，一个雇员记录文件可定义一个称为 Person 的用户定义的数据类型，如下所述：

```
Type Person
   ID                     As Integer
   MonthlySalary          As Currency
   LastReviewDate         As Long
   FirstName              As String*15
   LastName               As String*15
   Title                  As String*15
   ReviewComments         As String*150
End Type
```

在定义中要声明字段变量，因为随机访问文件中的所有记录都必须有相同的长度，所以固定的长度对用户定义类型中的各字符串元素通常很有用，就像上述 Person 类型说明一样，FirstName 与 LastName 都具有 15 个字符的固定长度，如果不声明变量类型，Visual Basic 默认为 Variant 数据类型，其长度随存储的内容而定。

9.3.2 随机文件的读操作

从随机文件中读取数据，使用 Get #语句，其格式如下：

```
Get [#]文件号,[记录号],变量名
```

功能：将指定记录号的记录读出，并存入变量名指定的变量中。

说明：文件中的记录号标明了记录在文件中的位置。若省略记录号，则会读出紧随上一个 Get 语句之后的下一条记录（即当前记录指针指向的记录）。如果省略记录号，用于分界的逗号必须保留，例如：

```
Get #4,,FileBuffer
```

9.3.3 随机文件的写操作

把数据写入随机文件中，使用 Put #语句，其格式如下：

```
Put [#]文件号,[记录号],变量名
```

该语句将变量数据写入磁盘文件中，文件记录号若省略，则从当前记录开始写入数据。

例如：

```
Put #FileNum,Position,Employee
```

这行代码将把 Employee 变量中的数据写入由 Position 所指定的编号的记录。

【例 9.6】自定义一个学生信息类型，其中包含 4 个字段：学号 6 B，姓名 8 B，性别 2 B，年龄为整型，把两条记录写入文件。

【解】程序代码如下：

```
Private Type StdInfo                                    '定义用户自定义数据类型
   No As String*6
   Name As String*8
   Sex As String*2
   Age As Integer
End Type
Private Sub Command1_Click()
   Dim Student As StdInfo,RecordNumber As Long          '声明变量
   Dim FileNo As Integer
   '以随机访问方式打开文件
   FileNo=FreeFile
   Open App.Path & "\Ranfile.txt" For Random As FileNo Len=Len(Student)
   RecordNumber=1
   Student.No="990101"
   Student.Name="李向东"
   Debug.Print "12345678901234567890"
   Debug.Print Student.Name & "|"
   Debug.Print Len("李向东")
   Student.Sex="男"
   Student.Age=18
   Put FileNo,RecordNumber,Student                      '将记录写入文件
   RecordNumber=RecordNumber+1
   Student.No="990102"
   Student.Name="高  洁"
   Debug.Print "12345678901234567890"
   Debug.Print Student.Name & "|"
   Debug.Print Len("高  洁")
   Student.Sex="女"
   Student.Age=19
   Put FileNo,RecordNumber,Student                      '将记录写入文件
   Close FileNo                                         '关闭文件
End Sub
```

程序执行完毕用记事本打开文件，如图 9-8 所示，其中“∎”代表不可显示的字符，实际是写入的两个整型数。

图 9-8　例 9.6 输出文件

【例 9.7】将例 9.6 写入的文件读出。

【解】程序代码如下：

```
Private Type StdInfo   '定义用户自定义数据类型
   No As String*6
```

```
        Name As String*8
        Sex As String*2
        Age As Integer
    End Type
    Private Sub Command1_Click()
        Dim Student As StdInfo,RecordNumber As Long      '声明变量
        Dim FileNo As Integer
        '以随机访问方式打开文件
        FileNo=FreeFile
        Open App.Path & "\Ranfile.txt" For Random As FileNo Len=Len(Student)
        RecordNumber=2
        Get #1,RecordNumber,Student                      '将记录从文件中读出
        Debug.Print "12345678901234567890"
        Debug.Print Student.Name & "|"
        Debug.Print Len(Student.Name)
        RecordNumber=1
        Get FileNo,RecordNumber,Student                  '将记录从文件中读出
        Debug.Print "12345678901234567890"
        Debug.Print Student.Name & "|"
        Debug.Print Len(Student.Name)
        Close FileNo   '关闭文件
    End Sub
```

执行上面的程序，将读入的记录在立即窗口中输出，结果如图 9-9 所示，由于是随机文件，可以按记录号读取数据。

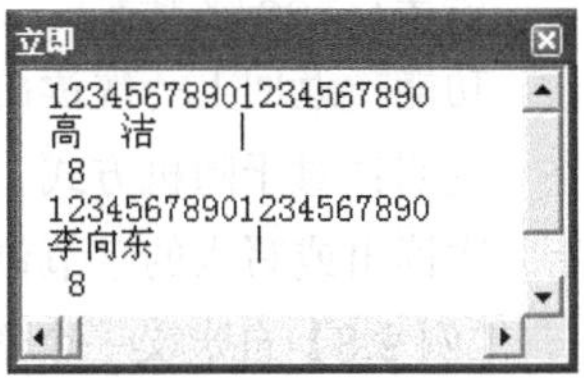

图 9-9　例 9.7 输出结果

9.4　二进制文件

二进制访问是以字节为单位对文件进行的访问操作，它允许用户读/写文件的任何字节。使用二进制访问方式可使磁盘空间的使用降到最小，当要保持文件的尺寸尽量小时，应使用二进制访问方式。

9.4.1　二进制文件的打开和关闭

要以二进制访问方式打开文件，使用 Open 语句，打开文件的方式如下：

```
Open [路径:]文件名[.扩展名] For Binary As #文件号
```

其中，Binary 关键字规定了二进制访问的类型，与随机存取的 Open 不同，它没有指定 Len=记录长度。如果在二进制访问的 Open 语句中包括了记录长度，则被忽略。

关闭二进制文件可使用 Close 语句。

9.4.2　二进制文件的读/写操作

二进制文件的读/写操作与随机文件一样，可使用 Get #和 Put #语句：

```
Get [#]文件号,[位置],变量名
Put [#]文件号,[位置],变量名
```

与随机文件不同的是，二进制文件的读/写以字节为单位。这里“位置”参数为读/写位置距文件开头的字节数。用 Get #和 Put #语句一次读出或写入的字节数为 Len(变量名)。

在二进制文件的读/写过程中，常用的语句和函数还有以下几种：

1. Seek()函数

语法：`Seek(文件号)`

功能：返回在 Open 语句打开的文件中当前的读/写位置。

2. Seek 语句

语法：`Seek [#]文件号,位置`

功能：在 Open 语句打开的文件中，设置下一个读/写操作的位置。

3. LOF()函数

语法：`LOF(文件号)`

功能：返回用 Open 语句打开文件的大小，该大小以字节为单位。

4. Loc()函数

语法：`Loc(文件号)`

功能：返回上一次读出或写入的字节位置。

说明：对于随机方式，返回上一次对文件进行读出或写入的记录号；对于二进制方式，返回上一次读出或写入的字节位置。

【例 9.8】 自定义一个学生信息类型，其中包含三个字段：姓名为字符型，年龄为整型，班级为字符型，把两条记录写入文件。

【解】 程序代码如下：

```
Private  Type StdInfo     '定义用户自定义数据类型
   Name As String
   Age As Integer
   Clss As String
End Type
Private Sub Command1_Click()
   Dim Student As StdInfo, RecordNumber As Long      ' 声明变量
   Dim FileNo As Integer
   '以二进制方式打开文件
   FileNo=FreeFile
   Open App.Path & "\TESTFILE2.DAT" For Binary As FileNo
   RecordNumber=1
   Student.Name="李向东"
   Student.Age=18
   Student.Clss="电子 102"
   Debug.Print "12345678901234567890"
   Debug.Print Student.Name;Student.Age;Student.Clss
   Put FileNo,RecordNumber,Student                       '将记录写入文件
   Student.Name="高洁"
   Student.Age=19
   Student.Clss="化工工艺 101"
   Debug.Print "12345678901234567890"
   Debug.Print Student.Name; Student.Age;Student.Clss
   Put FileNo,,Student                                    '将记录写入文件
```

```
    Close FileNo                                    '关闭文件
End Sub
```

执行结果如图 9-10 所示。

【例 9.9】把上题写入的数据读出，并以十六进制的形式在立即窗口显示。

【解】程序代码如下：

```
Private Sub Command1_Click()
    Dim Char As Byte,I As Integer                   '声明变量
    Dim FileNo As Integer
    Dim MyLocation As Long, MyStr As String
    '以二进制访问方式打开文件
    FileNo=FreeFile
    Open App.Path & "\TESTFILE2.DAT" For Binary As FileNo
    I=1
    Debug.Print "11 22 33 44 55 66 77 88"
    Debug.Print "------------------------"
    Do While MyLocation<LOF(FileNo)                 '循环至文件尾
        Get #FileNo,,Char                           '读入一个字节到变量中
        MyLocation=Loc(FileNo)                      '取得当前位置
        MyStr=Hex$(Char) & " "                      '转换为十六进制形式
        If Len(MyStr)=2 Then MyStr="0" & MyStr      '格式变换
        Debug.Print MyStr;                          '在立即窗口中显示
        I=I+1
        If I>8 Then                                 '每行显示 8 B
            I=1
            Debug.Print
        End If
    Loop
    Close FileNo                                    '关闭文件
End Sub
```

程序运行结果如图 9-11 所示，试分析一下二进制文件的存储结构。

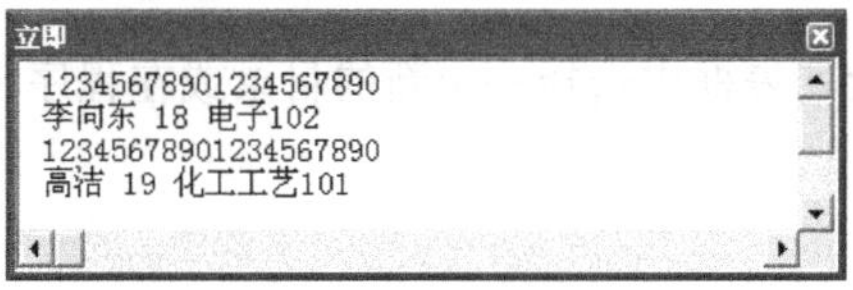

图 9-10　例 9.8 输出结果

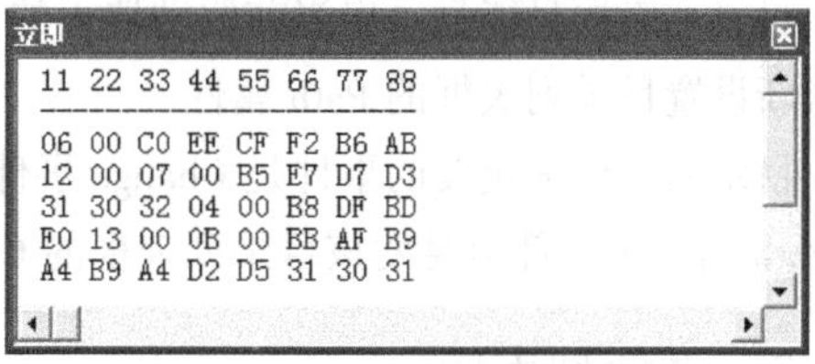

图 9-11　例 9.9 输出结果

9.5　Visual Basic 中的文件控件

在前面介绍的文件操作中，都是通过在程序中指定具体的文件名来进行文件操作的。实际上，Visual Basic 提供了三种用于文件操作的控件：驱动器列表框（DriveListBox）、目录列表框（DirListBox）和文件列表框（FileListBox），用户可以利用这三种控件建立类似 Windows 资源管理器目录窗口的界面。这样，用户就可以在资源管理器目录窗口中，通过选择驱动器、文件夹，直接指定要操作的文件，这将大大方便用户对文件的操作。

图 9-12 就是利用这三种控件设计的文件管理界面。下面分别讨论这三个列表框。为了方便起见，假定图 9-12 中的驱动器列表框、目录列表框和文件列表框的名称分别为 Drive1、Dir1 和 File1。

9.5.1 驱动器列表框

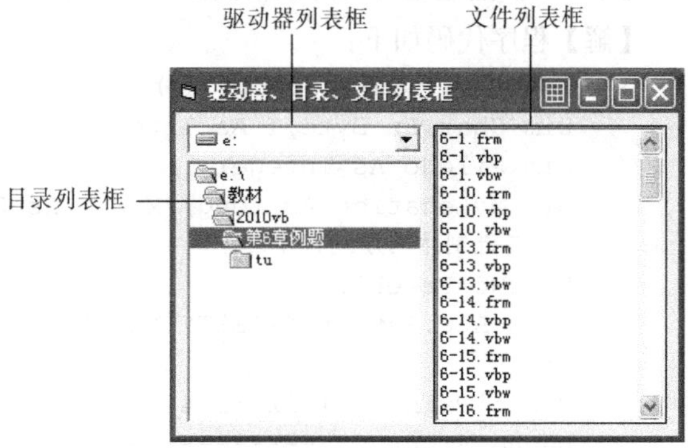

图 9-12　驱动器、目录和文件列表框

驱动器列表框是一种下拉式列表框，默认显示当前驱动器名称，单击其右边的下拉按钮时，将以下拉列表的形式显示出该计算机所拥有的所有磁盘驱动器。用户从列表中选择一个驱动器，该驱动器将出现在下拉列表框的顶端，如图 9-12 所示。

驱动器列表框最重要和常用的属性是 Drive 属性，它表示驱动器列表框当前所选定的驱动器。Drive 属性不能在设计状态设置，只能在程序中被引用或设置。其形式如下：

```
驱动器列表框对象.Drive[=驱动器名]
```

驱动器列表框最重要的事件是 Change 事件。当在驱动器列表框中选择一个新的驱动器或在程序中改变 Drive 属性时，都会触发该驱动器列表框的 Change 事件。

9.5.2 目录列表框

目录列表框显示当前驱动器的目录结构及当前目录下的所有子目录，供用户选择其中的某个目录作为当前目录。在目录列表框中，如果双击某个目录，就会显示出该目录下的所有子目录。

目录列表框最重要和常用的属性是 Path 属性，它表示目录列表框当前所选定目录的路径。Path 属性也不能在设计状态设置，只能在程序中通过该属性返回或设置当前路径。其形式如下：

```
目录列表框.Path[=路径名]
```

目录列表框只能显示出当前驱动器下的子目录。如果要显示其他驱动器下的目录结构，则必须重新设置目录列表框的 Path 属性。

目录列表框最重要的事件是 Change 事件。当在目录列表框中选择一个新的目录或在程序中改变 Path 属性时，都会触发该目录列表框的 Change 事件。

9.5.3 文件列表框

文件列表框显示当前目录下的文件清单，如图 9-12 所示。

1. 文件列表框的常用属性

（1）Path 属性

文件列表框的 Path 属性表示文件列表框当前所在的目录，其含义和用法与目录列表框的 Path 属性基本相同。文件列表框的 Path 属性也不能在设计状态设置，只能在程序中通过该属性返回或设置文件所在的路径。当文件列表框的 Path 属性改变时，会触发 PathChange 事件。

（2）FileName 属性

FileName 属性表示文件列表框中选中文件的文件名，设计时不可用，只能在程序中通过该属性返回或设置被选定文件的文件名。

注意：FileName 属性只返回文件名，并不包含文件的路径。因此，在程序中对文件进行操作时，需通过 Path 属性与 FileName 属性相连接，以获得绝对路径的文件名。具体形式为：

```
File1.Path & "\" & File1.FileName
```

（3）Pattern 属性

Pattern 属性用于返回或设置文件列表框所显示的文件类型。该属性值为具有通配符的文件名字符串，既可以在设计时设置，也可以在程序中改变，默认值为“*.*”，表示显示所有文件。其形式如下：

```
文件列表框对象.Pattern[=value]
```

其中 value 是一个用来指定文件类型的字符串，并可以包含通配符“*”和“?”。

例如，如果执行了如下语句：

```
File1.Pattern="*.frm"
```

则 File1 文件列表框中只显示.frm 文件。

注意：在设置 Pattern 属性时会触发 PatternChange 事件。

（4）文件属性

文件列表框的文件属性包括 Archive、Normal、Hidden、System 和 ReadOnly 属性。这几种属性表示在应用程序运行期间，文件列表框显示何种类型的文件。它们都是逻辑值，其中，Hidden 和 System 属性的默认值为 False；Archive、Normal 和 ReadOnly 属性的默认值为 True。

例如，为了只在文件列表框中显示系统文件，可以将 System 属性设为 True，其他属性设为 False，即：

```
File1.System=True
File1.Archive=False
File1.Normal=False
File1.Hidden=False
File1.ReadOnly=False
```

（5）MultiSelect 属性

文件列表框的 MultiSelect 属性与列表框控件的 MultiSelect 属性使用方法完全相同，默认值为 0，即不允许选取多项。

（6）List、ListIndex 和 ListCount 属性

文件列表框的 List、ListIndex 和 ListCount 属性与列表框控件相应属性的含义和使用方法相同。在程序中对文件列表框中的文件进行操作时，可以使用这些属性。例如，通过 File1.ListCount 可以返回当前目录下文件的个数。

2. 文件列表框的常用事件

对于文件列表框，经常会用到其 Click 和 DblClick 事件。

当在文件列表框中单击某个文件时，会将文件列表框的 FileName 属性设为选中的文件名字符串，同时会改变文件列表框的 ListIndex 属性，将 ListIndex 的值设为选中文件列表项的序号。

例如，下面的事件过程是当在文件列表框中单击某个文件名时，将该文件的文件名显示在文本框 Text1 中。

```
Sub File1_Click()
   Text1.Text=File1.FileName
End Sub
```

在文件列表框中双击某个文件，常常用于对所双击的文件进行处理。例如，双击某个可执行文件时通常就是要执行该可执行文件，为此，可以在文件列表框的双击事件中通过 Shell()函数执行外部可执行程序。具体代码如下：

```
Sub File1_DblClick()
   RetVal=Shell(File1.FileName,1)
End Sub
```

其中，Shell()函数是 Visual Basic 中的内部函数，它可以在 Visual Basic 程序中调用一个外部的可执行文件。关于 Shell()函数具体的使用方法将在 9.6 节做详细的介绍。

9.5.4　文件系统控件的联动

利用文件系统的三个控件——驱动器列表框、目录列表框和文件列表框进行文件管理时，需要将三种列表框组合使用，才能构成一个文件管理系统。

如果在窗体上同时建立了驱动器列表框 Drive1、目录列表框 Dir1 和文件列表框 File1，为了使三者之间能产生同步效果，需要在 Drive1 和 Dir1 的 Change 事件中分别对 Dir1 和 File1 的 Path 属性进行设置，具体代码如下：

```
Private Sub Drive1_Change()
   Dir1.Path=Drive1.Drive
End Sub
Private Sub Dir1_Change()
   File1.Path=Dir1.Path
End Sub
```

当在驱动器列表框 Drive1 中选择新的驱动器时，Drive1.Drive 属性发生改变，触发 Drive1_Change 事件，执行 Dir1.Path=Drive1.Drive 语句，即将目录列表框 Dir1 的路径设为选定的驱动器，这时目录列表框 Dir1 的内容发生了改变，立即显示刚刚被选定的驱动器的目录结构。

而 Dir1.Path 属性的改变又会触发 Dir1_Change 事件，执行 File1.Path=Dir1.Path，即将文件列表框的路径设为目录列表框当前选定的目录，此时，文件列表框中即可显示当前目录下的文件。

在进行文件管理时，通常还会有一个组合框，它决定文件列表框中显示的文件类型。即当用户在组合框中选定一个文件类型后，文件列表框中就只显示该类型的文件。如果设组合框的名称为 cboType，其 Style 属性为 2，组合框的项目在窗体的 Load 事件过程中装入，有关的过程代码如下：

```
Sub Form_Load()
   Item="所有文件(*.*)"
   cboType.AddItem Item+Space(20-Len(Item))+"*.*"
   Item="窗体文件(*.FRM)"
   cboType.AddItem Item+Space(20-Len(Item))+"*.FRM"
   Item="位图文件(*.BMP)"
   cboType.AddItem Item+Space(20-Len(Item))+"*.BMP"
   cboType.ListIndex=2
End Sub
Sub cboType_Click()
   File1.Pattern=Mid(cboType.Text,21)
End Sub
```

组合框中的项目是这样一种形式：窗体文件(*.FRM) *.FRM，因为宽度原因，后面的“*.FRM”显示不出来。当用户选定该项目后，程序就将该项目从位置 21 开始的子串即“*.FRM”赋值给 File1.Pattern 属性。

【例 9.10】对例 9.1 进行改进，通过文件控件构成一个文件管理系统，从中选取需要打开的文件，并对选中的文件进行读取操作。

分析：程序界面如图 9-13 所示，其中驱动器列表框、目录列表框和文件列表框构成文件管理系统，当在文件列表框中选中文件时，文件显示在文本框中，在组合框中可以对显示的文件类型进行设置。单击“打开”按钮或直接双击选中的文件将读取文件到程序中，单击“取消”按钮，退出程序。程序中使用的控件属性说明如表 9-1 所示。

图 9-13　例 9.10 程序界面

表 9-1　例 9.10 的控件属性

控 件 名 称	名 称 属 性	Caption 属性
驱动器列表框	DrvList	
目录列表框	DirList	
文件列表框	FilList	
文本框	TxtSearch	*.*
组合框	CboType	
命令按钮 1	CmdOpen	打开
命令按钮 2	CmdCancel	取消

【解】程序代码如下：

```
Dim FileAP As String
'初始化，为组合框添加文件类型项目
Sub Form_Load()
    Item="所有文件(*.*)"
    CboType.AddItem Item+Space(20-Len(Item))+"*.*"
    Item="窗体文件(*.FRM)"
    CboType.AddItem Item+Space(20-Len(Item))+"*.FRM"
    Item="文本文件(*.TXT)"
    CboType.AddItem Item+Space(20-Len(Item))+"*.TXT"
    CboType.ListIndex=2
End Sub
'文件系统控件联动设置
Private Sub DrvList_Change()
    DirList.Path=DrvList.Drive
End Sub
Private Sub DirList_Change()
    FilList.Path=DirList.Path
End Sub
'打开按钮，将当前选中文件数据读入程序
Private Sub CmdOpen_Click()
    Dim MyStr As String,MyNum As Single
```

```
    FileNo=FreeFile
    FileAP=FilList.Path+"\"+FilList.FileName
    Open FileAP For Input As #FileNo                  '打开输入文件
    Do While Not EOF(FileNo)                          '循环至文件尾
        Input #FileNo,MyStr,MyNum                     '将数据读入两个变量
        Debug.Print MyStr,MyNum
    Loop
    Close #FileNo                                     '关闭文件
End Sub
'取消按钮，退出程序
Private Sub CmdCancel_Click()
    End
End Sub
'单击文件，将选中文件显示在文本框中
Private Sub FilList_Click()
    TxtSearch=FilList.FileName
End Sub
'单击组合框中文件类型项目，设置文件显示类型
Sub CboType_Click()
     FilList.Pattern=Mid(CboType.Text,21)
End Sub
'双击文件，相当于打开文件，直接调用打开按钮
Private Sub FilList_DblClick()
    Call CmdOpen_Click
End Sub
```

【例 9.11】对例 9.5 进行改进，通过文件控件构成一个文件管理系统，在程序需要将数据写入文件（文件输出）时，通过文件管理系统指定驱动器、目录及文件名，将数据写入指定的文件中。

分析：程序界面如图 9–14 所示，其中驱动器列表框、目录列表框和文件列表框构成文件管理系统。当在文本框中输入一个文件名并单击“保存”按钮时，将在指定目录下新建该文件并将数据写入该文件；如果在文件列表框中选中文件，选中文件名将显示在文本框中，此时单击“保存”按钮或直接双击选中的文件，则将数据写入该文件并覆盖原来的内容；在组合框中可以对显示的文件类型进行设置，单击“取消”按钮，退出程序。程序中使用控件属性基本与例 9.10 相同，只是保存按钮为 CmdSave。

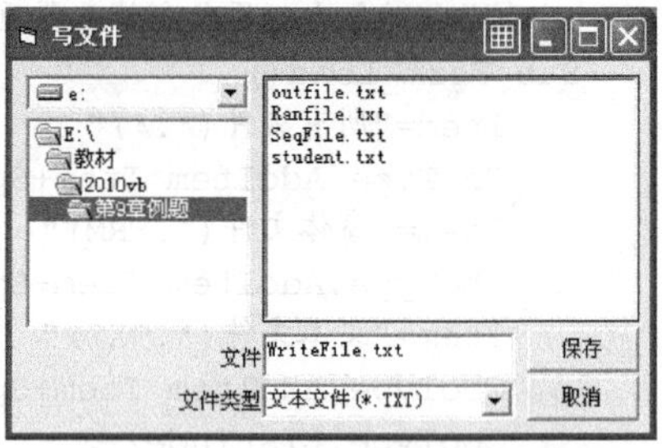

图 9–14　例 9.11 程序界面

【解】程序代码如下：

```
Dim FileAP As String
'初始化，为组合框添加文件类型项目
Sub Form_Load()
    Item="所有文件(*.*)"
    CboType.AddItem Item+Space(20-Len(Item))+"*.*"
    Item="窗体文件(*.FRM)"
    CboType.AddItem Item+Space(20-Len(Item))+"*.FRM"
    Item="文本文件(*.TXT)"
    CboType.AddItem Item+Space(20-Len(Item))+"*.TXT"
    CboType.ListIndex=2
End Sub
```

```
'文件系统控件联动设置
Private Sub DrvList_Change()
   DirList.Path=DrvList.Drive
End Sub
Private Sub DirList_Change()
   FilList.Path=DirList.Path
End Sub
'保存按钮，将当前选中文件数据读入程序
Private Sub CmdSave_Click()
   fileno=FreeFile
   FileAP=FilList.Path+"\"+TxtSearch
   Open FileAP For Output As #fileno
   Print #fileno,"王芳";"女";"电子021";20; True;#6/8/2003#
   Write #fileno,"王芳";"女";"电子021";20; True;#6/8/2003#
   Close #fileno
End Sub
'取消按钮，退出程序
Private Sub CmdCancel_Click()
   End
End Sub
'单击文件，将选中文件显示在文本框中
Private Sub FilList_Click()
   TxtSearch=FilList.FileName
End Sub
'单击组合框中文件类型项目，设置文件显示类型
Sub CboType_Click()
   FilList.Pattern=Mid(CboType.Text,21)
End Sub
'双击文件，相当于直接写入指定文件，直接调用保存按钮
Private Sub FilList_DblClick()
   Call CmdSave_Click
End Sub
```

9.6　Visual Basic 文件操作命令和函数

Visual Basic 系统提供了许多与文件操作有关的语句和函数，用户可以方便地应用这些语句和函数对文件或目录进行复制、删除等维护工作。

9.6.1　文件操作命令

Visual Basic 提供了一些用于文件处理的操作命令，如表 9-2 所示。

表 9-2　文件处理的常用命令

命　令	功　能	命　令	功　能
ChDrive	改变当前的驱动器	FileCopy	复制文件
ChDir	改变当前的目录	Kill	从磁盘中删除文件
MkDir	创建一个新的目录	Name	重新命名一个文件，或将文件从一个目录移动到另一个目录
RmDir	删除一个存在的目录	SetAttr	设置文件的属性

1. 改变当前驱动器

ChDrive 命令用于改变当前驱动器。其使用语法格式为：

```
ChDrive drive
```

其中 drive 参数是一个字符串表达式，它指定一个存在的驱动器。如果 drive 参数中有多个字符，该命令只会使用首字母作为当前驱动器的盘符。例如：

```
ChDrive "D"              '改变当前驱动器为 D 盘
ChDrive "D:\"
ChDrive "Dasd"
```

都是将当前驱动器设为 D 盘。

2. 改变当前目录

ChDir 命令用于改变当前目录（文件夹）。其使用语法格式为：

```
ChDir path
```

其中 path 参数是一个字符串表达式，它指明需要改变为当前目录（文件夹）的路径。Path 可以包含驱动器，但如果没有指定驱动器，则 ChDir 在当前驱动器上改变默认目录（文件夹）。例如：

```
ChDir "D:\Test"          '改变当前目录为 D:\Test
```

3. 创建和删除目录

创建一个新的目录（文件夹）可以使用 MkDir 命令，其语法格式为：

```
MkDir path
```

其中 path 参数是一个字符串表达式，用来指定所要创建的目录（文件夹）。path 可以包含驱动器，如果没有指定驱动器，则 MkDir 会在当前驱动器上创建新的目录（文件夹）。例如：

```
MkDir  "D:\Test\ABC"     '在 D 盘的 Test 目录下创建一个 ABC 子目录
```

RmDir 命令用于删除一个存在的目录（文件夹）。其命令格式为：

```
RmDir path
```

其中 path 参数用来指定要删除的目录或文件夹。path 可以包含驱动器，如果没有指定驱动器，则 RmDir 会在当前驱动器上删除目录（文件夹）。例如：

```
RmDir  "D:\Test\ABC"     '删除 D 盘 Test 目录下名为 ABC 的子目录
```

注意：RmDir 只能删除空目录，如果想要使用 RmDir 来删除一个含有文件的目录（文件夹），则会发生错误。在试图删除目录（文件夹）之前，可先使用 Kill 语句删除该目录下的所有文件和用 RmDir 语句删除它的下一级目录。

4. 删除文件

从磁盘上删除文件可以使用 Kill 命令。其语法格式为：

```
Kill FileName
```

其中 FileName 参数是一个字符串表达式，用来表示要删除的文件名。FileName 可以包含目录（文件夹）以及驱动器。例如：

```
Kill "TestFile.dat"         '删除当前目录下的文件 TestFile.dat
Kill "D:\Test\TestFile.dat" '删除 D 盘 Test 目录下的文件 TestFile.dat
```

Kill 命令还支持文件通配符的操作，通过通配符的使用对指定的多个文件进行操作。如 Kill "*.txt"，表示删除当前目录中扩展名为.txt 的所有文件。

5. 复制文件

FileCopy 命令用于文件的复制，其语法格式为：

```
FileCopy source,destination
```

其中 source 参数表示要复制的文件名，destination 参数表示要复制的目的文件名。它们都是字符串表达式，并且可以包含目录（文件夹）及驱动器。例如：

```
FileCopy "D:\Test\TestFile.dat" "E:\User\TestFile.dat"
```

表示将 D 盘 Test 目录下的文件 TestFile.dat 复制到 E 盘 User 目录下。

注意：使用 FileCopy 命令不能对一个已打开的文件进行操作，否则会产生错误。

6. 文件的更名

Name 命令可以重新命名一个文件或目录（文件夹），也可以在重新命名文件的同时将其移动。其语法格式为：

```
Name oldFileName As newFileName
```

其中 oldFileName 参数指定已存在的文件名和位置，newFileName 参数指定新的文件名和位置。它们都是字符串表达式，并且可以包含目录（文件夹）及驱动器。例如：

```
Name "D:\Test\TestFile.dat" " D:\Test\UserFile.dat"      '将文件更名
Name "D:\Test\TestFile.dat" "E:\User\TestFile.dat"       '移动文件并更名
```

说明：

① Name 可跨驱动器移动文件。但当 newFileName 和 oldFileName 在相同的驱动器中时，Name 只能重新命名已经存在的目录（文件夹）。

② newFileName 所指定的文件名不能是已有的文件，否则将出错。

③ Name 命令不能对一个已打开的文件进行操作，否则会产生错误。

④ Name 参数不能使用通配符。

7. 设置文件属性

SetAttr 命令可以给一个文件设置属性，其语法格式为：

```
SetAttr FileName,Attrbutes
```

其中 FileName 数是用来指定一个文件名的字符串表达式，它可以包含目录（文件夹）及驱动器。Attrbutes 参数是一个常数或数值表达式，其总和用来表示文件的属性。关于 Attrbutes 参数的说明如表 9-3 所示。

表 9-3　Attrbutes 参数设置

内部函数	数值	描述
vbNormal	0	常规（默认值）
vbReadOnly	1	只读
vbHidden	2	隐藏
vbSystem	4	系统文件
vbArchive	32	上次备份后，文件已经改变

例如，将 D 盘的 Test 目录下的 TestFile.dat 文件设置为只读属性，可使用如下命令：

```
SetAttr "D:\Test\TestFile.dat",vbReadOnly
```

而下例则将当前目录下的 Testfile1.dat 文件设置为隐含和只读属性：

```
SetAttr "Testfile1.dat",vbHidden+vbReadOnly
```

注意：不能对一个已打开的文件进行属性设置操作，否则会产生错误。

9.6.2 文件操作函数

在本章前面各节中已经介绍了一些文件操作的函数，如 FreeFile()、EOF()、LOF()、Loc()函数等，在这里将介绍一些在编程中用到的其他函数。

1. CurDir()函数

函数功能：获取指定驱动器当前目录。

调用格式：`CurDir [(Drive)]`

其中参数 Drive 是可选的，用来指定一个存在的驱动器。函数的返回值是一个字符串，表示指定驱动器的当前路径。如果没有指定驱动器，则会返回当前驱动器的当前路径。

2. GetAttr()函数

函数功能：获取文件属性。

调用格式：`GetAttr(FileName)`

其中，FileName 为必需参数，类型为 String，它指出了要获取属性的文件名，也可以包括路径名。函数的返回值是一个常数，表示指定文件的属性值，例如：

```
GetAttr("Testfile.dat")
```

返回值为 Testfile.dat 文件的属性值，根据属性值即可获悉文件的具体属性。表 9-4 列出了具体属性值所代表的含义。

表 9-4　GetAttr 返回的值

内部常数	数　值	描　述
vbNormal	0	常规（默认值）
vbReadOnly	1	只读
vbHidden	2	隐藏
vbSystem	4	系统文件
vbDirectory	16	目录或文件夹
vbArchive	32	上次备份后，文件已经改变
vbAlias	64	指定的文件名是别名

在程序中，如果需要判断文件是否设置了某个属性，在 GetAttr()函数与想要得知的属性值之间使用 And 运算符逐位比较。如果所得结果不为零，则表示设置了这个属性值。例如，有如下 And 表达式：

```
Result=GetAttr(FName) And vbArchive
```

如果没有设置档案（Archive）属性，则返回值为零。如果文件的档案属性已设置，则返回非零数值。

3. FileDataTime()函数

函数功能：获取文件的日期及时间。

调用格式：`FileDataTime(FileName)`

其中，FileName 为必需参数，类型为 String，它指定要获取日期和时间的文件名，也可以包括路径名。函数的返回值为指定文件被创建或最后修改的日期和时间。例如：

```
FileDateTime("Testfile.dat")
```

返回值为文件 Testfile.dat 最后修改的日期和时间。

4. FileLen()函数

函数功能：获取文件的长度。

调用格式：`FileLen(FileName)`

其中，FileName 为必需参数，类型为 String，它指定了要获取长度的文件名，也可以包括路径名。函数的返回值是一个 Long 型数据，代表指定文件的长度，单位是字节。

注意：当调用 FileLen()函数时，如果所指定的文件已经打开，则返回的值是这个文件打开前的大小。

5. Shell()函数

函数功能：调用执行一个可执行程序。

调用格式：`ID=Shell(FileName[,WindowStyle]))`

其中，FileName 为必需参数，类型为 String，它指出了要执行的程序名，以及任何需要的参数或命令行变量，也可以包括路径名；WindowStyle 为可选参数，Integer 型，指定在程序运行时窗口的样式。WindowStyle 参数的取值如表 9-5 所示。

表 9-5　WindowStyle 参数

Visual Basic 常量	数　值	含　　义
vbHide	0	窗口被隐藏
vbNormalFocus	1	窗口具有焦点，且会还原到它原来的大小和位置
vbMinimizedFocus	2	窗口会以一个具有焦点的图标来显示（默认值）
vbMaximizedFocus	3	窗口是一个具有焦点的最大化窗口
vbNormalNoFocus	4	窗口会被还原为最近使用的大小和位置，而当前活动的窗口仍然保持活动
vbMinimizedNoFocus	6	窗口会以一个图标来显示，而当前活动的窗口仍然保持活动

Shell()函数的返回值是一个 Variant（Double）数值。如果指定的可执行程序调用执行成功，则返回这个程序的任务 ID，它是唯一的数值，用来指明正在运行的程序；若不成功，则返回 0。如果不需要返回值，则可使用过程调用形式来执行应用程序，即：

```
Shell(FileName[,WindowStyle]))
```

在 Visual Basic 中，一般是通过 Shell()函数来调用在 DOS 或 Windows 下运行的应用程序。

小　　结

本章学习了有关文件的概念、文件系统控件、对文件的操作及有关文件操作的语句和函数。本章的重点是对文件的读/写操作。

Visual Basic 中根据访问模式将文件分为顺序文件、随机文件、二进制文件。顺序文件可以按行、按字符和整个文件一次性读等三种方式读出；随机文件以记录为单位读/写；二进制文件以字节为单位读/写。

Visual Basic 对文件操作分为三个步骤，即首先打开文件，然后进行读或写操作，最后关闭文件。使用 Open 语句打开的顺序文件、随机文件和以二进制方式打开的文件，均使用 Close 语句关闭。

Visual Basic 提供了三种用于文件操作的控件：驱动器列表框、目录列表框和文件列表框。如果要建立类似 Windows 文件管理器目录窗口的界面，需要将这三种列表框组合使用，才能构成一个文件管理系统。

Visual Basic 系统还提供了许多与文件操作有关的语句和函数，用户可以方便地应用这些语句和函数对文件或目录进行复制、删除等维护工作。

习　题

1. 编写程序，统计 D 盘 Mydir 文件夹中文本文件 data.txt 中字符 R 出现的次数，并将统计结果写入文本文件 D:\Mydir\res.txt。

2. 编写程序，统计文本文件中的句子数（句子以"。"作为结束符）。

3. 文本文件 Mydata.txt 中存放着若干由逗号分隔的数据，编写程序，计算这批数据的平均值，并输出大于平均值的那些数据。

4. 编写程序，完成两文件的合并。

5. 编写程序，建立一个计算机考试成绩的文件，数据项包括学号、姓名、计算机文化基础成绩、Visual Basic 成绩等，并能按学号或姓名检索成绩。

6. 用驱动器列表框、目录列表框、文件列表框及文本框编程实现一个文件管理器；在程序中随机生成 50 个 1～100 之间的随机数，通过文件管理器指定一个存储位置，将这 50 个数据保存在指定的文件中；通过文件管理器读取这个文件，找出这些数据中的最大值和最小值，并输出显示。

7. 某个文件夹下存放着一个学生成绩文件 score.txt，该文件中包含学生姓名（字符型）、三门课程的成绩（数值型），存放的格式如下：

李敏,78,82,79
马红芳,82,80,92
刘晓勇,76,72,69
……

编制一个文件管理器，通过文件管理器将该文件读入，然后统计每个学生的平均分，统计每门课程的平均分，找出平均分最高的学生，最后将统计结果显示输出。输出请参考如下形式：

姓名	数学	外语	计算机	平均分
李敏	78	82	79	79.67
马红芳	82	80	92	84.67
刘晓勇	76	72	69	72.33
……				
课程平均分	××	××	××	
最高分学生				
×××	××	××	××	××.××

第10章 图形和绘图操作

图形可以为应用程序的界面增加趣味，提供可视结构。Visual Basic 中实现图形或绘图的控制可以通过三种方法：一是显示已经存在的图形文件，可以使用窗体、图片框（PictureBox）、Image等控件；二是通过 Line 和 Shape 控件绘制一般的几何图形；三是利用丰富的图形方法在窗体或图形框上输出文字或直接绘制图形。Visual Basic 的图形方法还可以作用于打印机对象。

在介绍这些绘图方法之前，须先了解一下 Visual Basic 中与绘图相关的坐标系统。

学习目标

- 掌握建立图形坐标系统的方法。
- 了解设置颜色的属性及设置颜色值的方法。
- 掌握 Visual Basic 的图形控件。
- 掌握使用绘图方法绘制简单图形的方法。

10.1 坐标系统

在 Visual Basic 中，许多地方都要用到坐标系统，如对一个控件进行调整大小或移动操作，在窗体或图片框（PictureBox）控件中进行绘图，都要使用容器或绘图区的坐标系统。定义坐标系统在应用程序中是很重要的。

10.1.1 坐标系统与对象或控件的关系

Visual Basic 中的坐标系统是一个二维网格，可定义对象在屏幕上、窗体中或其他容器（如图片框）中的位置。Visual Basic 为对象的定位提供了 Left、Top、Width 和 Height 四个属性，对象的 Left 和 Top 属性决定了该对象左上角的坐标位置，改变对象的 Left 和 Top 属性值时，对象位置也随之改变。Width 和 Height 属性决定了该对象的大小。

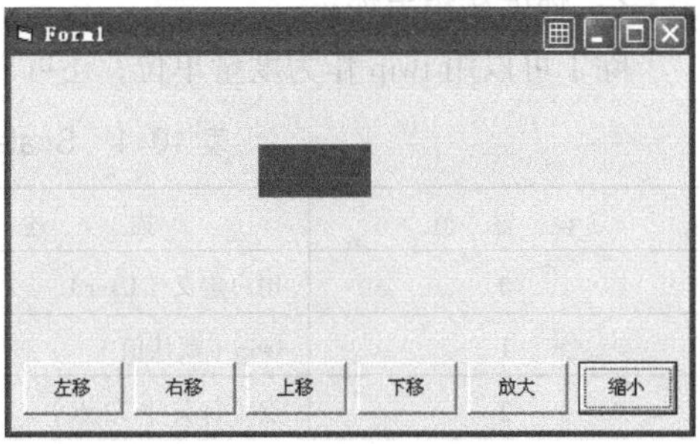

图 10-1　Label 控件的移动和缩放

【例 10.1】本例界面如图 10-1 所示。在窗体上添加一个 Label 控件，并设其背景色为红色，添加六个 Command 控件，其 Caption 属性分别设为“左移”、“右移”、“上移”、“下移”、“放大”、“缩小”，Name 属性分别为 CmdLeft、CmdRight、CmdUp、CmdLow、

CmdLarge、CmdSmall，本程序的功能是通过单击六个按钮实现 Label 控件的相应功能。

【解】相应的程序代码如下：

```
Private Sub CmdLeft_Click()
    Label1.Left=Label1.Left-100                    '左移 100，单位为缇
End Sub
Private Sub CmdRight_Click()
    Label1.Left=Label1.Left+100
End Sub
Private Sub CmdUp_Click()
    Label1.Top=Label1.Top-100
End Sub
Private Sub CmdLow_Click()
    Label1.Top=Label1.Top+100
End Sub
Private Sub CmdSmall_Click()
    Dim i As Single
    i=Label1.Height/Label1.Width
    Label1.Width=Label1.Width-100
    Label1.Height=Label1.Height-100*i              '实现高和宽同步缩小
End Sub
Private Sub CmdLarge_Click()
    Dim i As Single
    i=Label1.Height/Label1.Width
    Label1.Width=Label1.Width+100
    Label1.Height=Label1.Height+100*i              '实现高和宽同步放大
End Sub
```

10.1.2 坐标系统

1. 默认规格坐标系

默认规格坐标系中，对象的左上角坐标为(0,0)，水平轴的正方向向右，垂直轴的正方向向下。对象的 Top 和 Left 属性指定了该对象左上角与默认规格坐标系中原点的偏移量，Width 和 Height 属性指定了对象水平方向的宽度和垂直方向的高度，如图 10-2 所示。默认状态下，四个属性所用的单位为 twip（缇）。

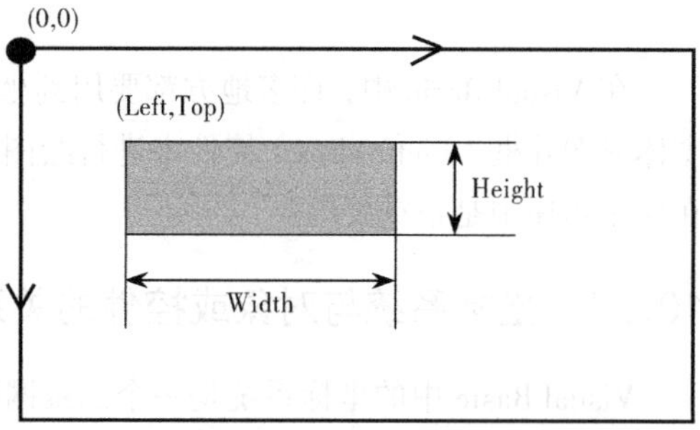

图 10-2 默认坐标系

2. 标准规格坐标系

除了可以用 twip 作为度量单位，还可以使用标准规格选择其他的度量单位，如表 10-1 所示。

表 10-1 ScaleMode 属性的取值及其说明

设置值	描述	设置值	描述
0	用户定义（User）	4	字符
1	twip（默认值）	5	英寸
2	点（每英寸 72 点）	6	mm
3	像素（与显示器分辨率有关）	7	cm

标准规格可以通过对象的 ScaleMode 属性定义，此属性可以在设计时设置，也可以通过程序代码设置。例如：

```
Form1.ScaleMode=3                '度量单位设为像素
Picture1.ScaleMode=7             '度量单位设为 cm
```

3．自定义规格坐标系

（1）外部刻度和内部刻度

外部刻度是指存放该对象的容器或屏幕的坐标系统的刻度。内部刻度是指一个对象（如 PictureBox 控件）本身的坐标系统的刻度，用来指定容器中可用区域的大小或放置的对象的位置。例如，放在屏幕上的窗体的内部刻度尺寸是指除去标题栏和边框后的大小。

Visual Basic 自定义规格坐标系中的刻度是指内部刻度。

（2）自定义坐标系统

Visual Basic 允许用户定义自己的坐标系统，包括原点、轴线方向和轴线刻度。可使用对象的 ScaleLeft、ScaleTop、ScaleWidth 和 ScaleHeight 属性创建自定义坐标系统。

语句格式为：

```
[<对象名>].ScaleLeft=x
[<对象名>].ScaleTop=y
[<对象名>].ScaleWidth=<宽度>
[<对象名>].ScaleHeight=<高度>
```

省略<对象名>时表示当前窗体，ScaleLeft 和 ScaleTop 定义了对象左上角的坐标，ScaleWidth 和 ScaleHeight 分别表示对象的宽度和高度。例如下面的语句：

```
Picture1.ScaleLeft=100
Picture1.ScaleTop=60
Picture1.ScaleWidth=400
Picture1.ScaleHeight=300
```

将 Picture1 的原点设在(100,60)处，宽度分为 400 个刻度单位，高度分为 300 个刻度单位，两个刻度单位是互相独立的。

四个属性值可以是正数，也可以是负数。若 ScaleLeft 和 ScaleTop 均为 0，则坐标原点位于对象的左上角；ScaleLeft>0 时 Y 轴沿 X 轴左移，ScaleLeft<0 时 Y 轴沿 X 轴右移；ScaleHeight>0 时 X 轴沿轴 Y 上移，ScaleHeight<0 时 X 轴沿 Y 轴下移；另外，ScaleWidth<0 时，X 轴的正向向左，ScaleHeight<0 时，Y 轴的正向向上。不论哪种情况，自定义坐标系的右下角坐标都为(ScaleLeft+ScaleWidth,ScaleTop+ScaleHeight)。

例如以下语句：

```
Picture1.ScaleLeft=-100
Picture1.ScaleTop=60
Picture1.ScaleWidth=400
Picture1.ScaleHeight=-300
```

自定义坐标系的左上角坐标为(–100,60)，右下角坐标为(–100+400,60–300)，即(300,–240)。

除了可以用上面的四个属性设置坐标系，也可以用 Scale 方法来设置。其格式为：

```
[<对象名>.]Scale[(x1,y1)-(x2,y2)]
```

其中，<对象名>省略时指当前窗体。(x1,y1)和(x2,y2)分别是左上角坐标和右下角坐标，这四个参数与前面四个属性的对应关系是：

```
ScaleLeft=x1
ScaleTop=y1
ScaleWidth=x2-x1
ScaleHeight=y2-y1
```

若同样定义上面关于 Picture1 的坐标系，可用下面的语句实现：

```
Picture1.Scale (100,60)-(300,-240)
```

10.2 使 用 颜 色

Visual Basic 中可以通过控件的颜色属性设置颜色，进行颜色设置时，可以使用函数，可以使用 Visual Basic 的内部常数，也可以直接输入颜色值。

10.2.1 使用控件的颜色属性

Visual Basic 中的许多控件具有设置颜色的属性。具有绘图功能的窗体或其他图形控件也具有这些属性，如表 10-2 所示。

表 10-2 控件的颜色属性

属　性	描　述
BackColor	为窗体或控件设置背景颜色。如果在绘图方法进行绘图之后改变 BackColor 属性，则已有的背景颜色将会被新的颜色所覆盖
ForeColor	设置绘图方法在窗体或控件中创建文本或图形的颜色。改变 ForeColor 属性不影响已创建的文本或图形
BorderColor	给形状控件边框设置颜色
FillColor	为用 Circle 方法创建的圆和用 Line 方法创建的方框设置填充颜色

10.2.2 颜色值的设置

Visual Basic 中，设置颜色属性时，每种颜色都由一个 Long 型整数表示，并且在指定颜色的所有上下文中，该数值的意义相同。在运行时有四种方式可指定颜色值。

① 使用 RGB()函数。

② 使用 QBColor()函数，选择 16 种 Microsoft QuickBasic 颜色中的一种。

③ 使用在对象浏览器中列出的内部常数之一。

④ 直接输入一种颜色值。

1. 使用 RGB()函数

为了用 RGB()函数指定颜色需要按照以下方法进行设置：

① 要将三种主要颜色（红、绿、蓝）中的每种颜色赋值为 0～255 之间的数值。0 表示此种颜色最浅，255 表示最深。

② 使用红—绿—蓝的排列方式，将三个数值输入给 RGB()函数。

③ 将结果赋给颜色属性或颜色参数。每一种可视的颜色，都由这三种主要颜色组合产生。例如：

```
Form1.BackColor=RGB(255,0,0)            '设置背景为红色
Form2.BackColor=RGB(0,255,0)            '设置背景为绿色
Form1.PSet(100,100),RGB(0,0,255)        '设置窗体中的点(100,100)为蓝色
```

2. 使用对象浏览器中列出的内部常数

当使用对象浏览器中列出的内部常数时，没有必要去了解这些常数是如何产生的。另外，这些内部常数也无须声明。例如，无论什么时候想指定红色作为颜色参数或颜色属性的设置值，都可以使用常数 vbRed。例如：

```
BackColor=vbRed
```

3. 使用 QBColor()函数

QBColor()函数采用 QuickBasic 所使用的 16 种颜色。其格式为：

```
QBColor(颜色码)
```

颜色码取值为 0～15 之间的整数，每个颜色码代表一种颜色。

例如，下面的过程能够实现循环选择 16 种窗体背景颜色的功能：

```
Private Sub Form_Click()
    Static i As Integer
    Form1.BackColor=QBColor(i)
    i=i+1
    If i>15 Then i=0
End Sub
```

4. 直接输入一种颜色值

使用 RGB()函数来指定颜色和用内部常数来指定颜色，都不是直接的，因为 Visual Basic 只是将它们解释为与它所代表的颜色较接近的一种颜色。如果用户清楚地知道 Visual Basic 如何用数值来指定颜色，就可以给颜色参数和属性指定一个值，这样能直接指定颜色。多数情况下，用十六进制数输入这些数值更简单。

正常的 RGB 颜色的有效范围为 0～16 777 215（&HFFFFFF&）。每种颜色的设置值（属性或参数）都是一个 4 B 的整数。对于这个范围内的数，其高字节都是 0，而低三个字节，从最低字节到第三个字节，分别定义了红、绿、蓝三种颜色的值。红、绿、蓝三种成分都是用 0～255（&HFF）之间的数表示。因此，可以用十六进制数按照下述语法来指定颜色：

```
&HBBGGRR&
```

BB 指定蓝颜色的值，GG 指定绿颜色的值，RR 指定红颜色的值。每个数段都是两位十六进制数，即 00～FF。中间值是 80。因此，下面的数值是这三种颜色的中间值，指定了灰色：

```
&H808080&
```

将最高位设置为 1，就改变了颜色值的含义：颜色值不再代表一种 RGB 颜色，而是指定 Windows 工作环境颜色。这些数值对应的系统颜色范围是&H80000000～&H80000015。例如：

```
Form1.BackColor=&HFF0000&          '窗体背景为蓝色
Form1.BackColor=&HFF&              '窗体背景为红色
Form1.BackColor=&HFF00&            '窗体背景为绿色
```

10.3 使用绘图控件

Visual Basic 为编程人员提供了强大的绘图功能支持，主要通过两种方法进行图像显示控制和图形绘制：一种是利用现成控件显示图片，如用 PictureBox 或 Image 控件；另外一种是使用 Visual Basic 语言本身的函数和方法，在屏幕上绘制点、线和图形来制作。本节介绍前一种方法来实现图像操作，后一种方法将在下一节具体介绍。为了在应用程序中创作图形效果，Visual Basic 提供了四种绘图控件：

① PictureBox 控件。

② Image 控件。

③ Line 控件。

④ Shape 控件。

10.3.1 PictureBox 控件

PictureBox 控件可以用来显示图片文件，也可以用来进行图形的绘制，还可以在其中输出文字。

PictureBox 控件显示的图形可以使用两种方法来装入，在设计状态下可以通过设置 PictureBox 控件的 Picture 属性来指定要装入的图像文件，除了普通的 GIF、JPG 和 BMP 文件外，还可以使用 ICO 和 CUR 文件。

PictureBox 控件的 Picture 属性用来返回或设置控件中要显示的图片，可以在设计阶段通过属性窗口进行设置，也可以在程序运行过程中使用 LoadPicture()函数载入图片。

其格式为：

```
对象.Picture=LoadPicture("图形文件的路径与名称")
```

例如：

```
Pic.Picture=LoadPicture("d:\ss\pen.bmp")
```

如果想要清除图片框中的图像，使用 Pic.Picture=LoadPicture()或 Set Pic.Picture=Nothing 即可。

PictureBox 控件中的图形大小是不能改变的，但 PictureBox 控件本身可以通过设置 AutoSize 属性来自适应图形大小。这是一个逻辑量，为 True 时图片框自动改变自身大小适应图形，为 False 时图像在图片框以外的部分将会被自动裁剪。

PictureBox 除了显示图片外，还可以用来作为输出的“画布”，可以在图片框中使用 Cls（清屏）、Print、Line、PSet 等方法实现在 PictureBox 控件中的绘图。另外，还可以和 Frame 一样，作为其他控件的容器。

PictureBox 控件的主要事件是 Click（单击）事件与 DblClick（双击）事件。

10.3.2 Image 控件

Image 控件通常也被称为图像框，它仅仅用来显示图像。除了设置 Picture 属性和使用 LoadPicture 方法指定要显示的图像外，还可以使用如下方法从图片框复制图像到图像框：

```
Picture1.Picture=LoadPicture("C:\Windows\安装程序.bmp")
Image1.Picture=Picture1.Picture
```

图像框没有 AutoSize 属性，但具有 Stretch 属性，该属性用来控制适应模式：当 Stretch 为 False 时，图像框会自动适应图像大小（注意：虽然设计状态 Image 控件可以被改变为不和图像匹配，但运行时会自动适应）；当 Stretch 为 True 时，加载的图像会根据图像框控件的大小，自动进行相应的缩放操作。

图像框与图片框控件的区别在于：

① 图片框是“容器”控件，可以作为父控件，可以把其他控件放在其中作为“子控件”，当

图片框发生位移时，其内的子控件也会随之一起移动。而图像框不能作为父控件，其他控件不能作为图像框的子控件。

② 图片框可以通过 Print 方法显示文本，而图像框不能。

③ 图像框比图片框占用内存少，显示速度更快一些，因此，在图片框与图像框都能满足设计需要时，应该优先考虑使用图像框。

④ 与图片框一样，图像框控件也具有诸如 Name、Picture 等属性，以及 LoadPicture 方法，但在图像自适应问题上有所不同。PictureBox 用 AutoSize 属性控制图片的尺寸自动适应，而 Image 控件则用 Stretch 属性对图片大小进行调整。

【例 10.2】设计一个简单的图像浏览器程序。图像文件的选择通过在界面上添加 DriveListBox、DirListBox 和 ListBox 控件实现，添加一个 Image 控件和一个 PictureBox 控件用于显示选中的文件，其最后运行结果如图 10-3 所示。

图 10-3　图片控件的使用

【解】程序代码如下：

```
Private Sub Form_Load()
    File1.Pattern="*.bmp;*.jpg;*.gif"
    Picture1.AutoSize=True          '图片框自动改变大小适应图片
    Image1.Stretch=True             '图像适应图像框大小自动缩放
End Sub
Private Sub Dir1_Change()
    File1.Path=Dir1.Path
End Sub
Private Sub Drive1_Change()
    Dir1.Path=Drive1.Drive
End Sub
Private Sub File1_Click()
    Picture1.Picture=LoadPicture(Dir1.Path & "\" & File1.FileName)
    Image1.Picture=Picture1.Picture
End Sub
```

在图 10-3 中，右上方为图像框 Image1，其 Stretch 属性设为 True，图像会根据图像框控件的大小自动进行相应的缩放操作，因此可以在原来位置完整显示图像。右下方为图片框 Picture1，其 AutoSize 属性设为 True，图片框自动改变大小以适应图片，但这里必须拖动窗口改变大小才能看到完整图片。

10.3.3 Line 和 Shape 控件

使用图形可以增强程序界面的美观性。Shape 控件可用来构造简单的图形，如正方形、圆形及圆角正方形等。Line 控件主要实现设计时画线的功能，直线作为一个控件来使用。

Shape 图形的主要属性是控制显示图形形状的 Shape、填充模式 FillStyle 及填充颜色 FillColor，修改上面三个属性可以得到不同的显示效果。

【例 10.3】设计图 10-4 所示界面，通过三个组合框控件可以选择图形的形状、填充风格和边框风格，通过“填充颜色”Label 控件（LblColor）的 Click 事件弹出“颜色”对话框，选中的颜色作用在 Text1 控件的 BackColor 属性上。通过“效果”按钮的 Click 事件将前面选择的关于图形的各种参数作用在 Shape 控件上。

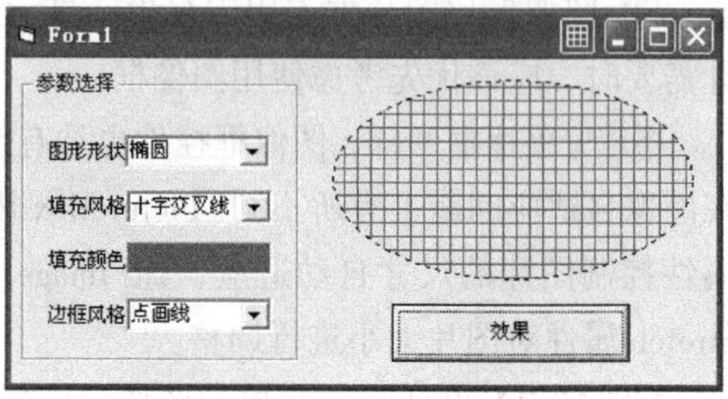

图 10-4　Shape 中图形的控制

【解】具体程序如下：

```
Private Sub Form_Load()
    '图形形状
    Combo1.AddItem "矩形"
    Combo1.AddItem "正方形"
    Combo1.AddItem "椭圆"
    Combo1.AddItem "圆形"
    Combo1.AddItem "圆角矩形"
    Combo1.AddItem "圆角正方形"
    '填充风格
    Combo2.AddItem "固定"
    Combo2.AddItem "透明"
    Combo2.AddItem "水平线"
    Combo2.AddItem "垂直线"
    Combo2.AddItem "上斜线"
    Combo2.AddItem "下斜线"
    Combo2.AddItem "十字交叉线"
    Combo2.AddItem "斜交叉线"
    '添加线型
    Combo3.AddItem "实线"
    Combo3.AddItem "长画线"
    Combo3.AddItem "点线"
    Combo3.AddItem "点画线"
    Combo3.AddItem "点点画线"
    Combo3.AddItem "透明线"
    Combo3.AddItem "内实线"
End Sub
'填充颜色设置
Private Sub LblColor_Click()
    CommonDialog1.ShowColor
    Text1.BackColor=CommonDialog1.Color
End Sub
Private Sub Command1_Click()
    Shape1.Shape=Combo1.ListIndex          '图形形状
    Shape1.FillStyle=Combo2.ListIndex      '填充风格
    Shape1.FillColor=Text1.BackColor       '填充颜色
    Shape1.BorderStyle=Combo3.ListIndex    '边框风格
End Sub
```

使用这个控件产生图形的优点是图形可以作为一个对象来操作，如改变位置、大小等，而不用去关心细节性的绘制、擦除等问题。缺点是 Shape 控件产生的图形非常简单。

【例 10.4】编程实现用数码管显示数字，在文本框 TextBox 中输入两位整数，通过单击“显示”按钮显示在 PictureBox 中。

分析：本程序中主要使用 Line 控件来实现笔画的显示，描述一个数码管需要七个笔画，即七个 Line 控件，为了操作方便，每个数码管的七个 Line 控件构成一个 Line 控件数组，PictureBox 作为 Line 控件的容器。具体运行结果如图 10-5 所示。

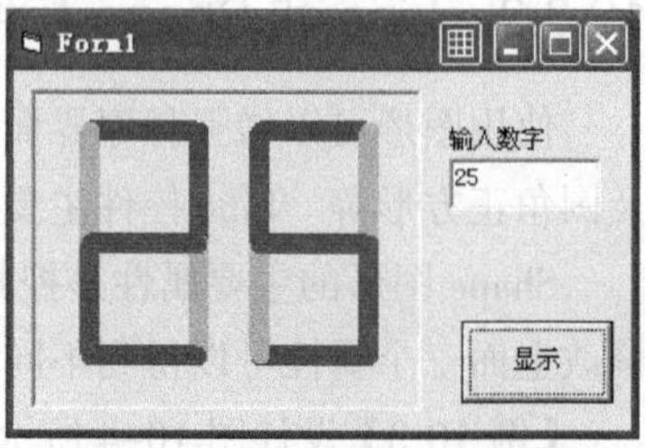

图 10-5　数码管显示数字

【解】程序代码如下：

```
Dim x   '存放字形码的公共数组 x，定义为 Variant 类型，可用 Array()函数赋值
Private Sub Form_Load()
    Dim i%
    Picture1.BackColor=Form1.BackColor
    For i=0 To 6                              '对数码管笔画的粗细和颜色进行初始化
        Line1(i).BorderWidth=10
        Line1(i).BorderColor=&HC0C0C0         '全灭状态为灰颜色显示
        Line2(i).BorderWidth=10
        Line2(i).BorderColor=&HC0C0C0
    Next i
End Sub
Private Sub Command1_Click()
    Dim k As Integer
    Dim ss As String
    k=Val(Text1)
    ss=Format(k, "00")
    Call display(ss)
End Sub
'根据数码，构造数组并赋值，表示数码的字形码
Public Sub datatozxing(data As Integer)
    Select Case data
        Case 0
            x=Array(1,1,1,1,1,1,0)
        Case 1
            x=Array(0,1,1,0,0,0,0)
        Case 2
            x=Array(1,1,0,1,1,0,1)
        Case 3
            x=Array(1,1,1,1,0,0,1)
        Case 4
            x=Array(0,1,1,0,0,1,1)
        Case 5
            x=Array(1,0,1,1,0,1,1)
        Case 6
            x=Array(1,0,1,1,1,1,1)
        Case 7
            x=Array(1,1,1,0,0,0,0)
        Case 8
            x=Array(1,1,1,1,1,1,1)
        Case 9
            x=Array(1,1,1,1,0,1,1)
        Case Else
            MsgBox "输入数据有误！",vbOKOnly Or vbExclamation,"提示"
            Text1.SetFocus
    End Select
End Sub
'数据显示子程序
Public Sub display(xx As String)
    Dim yy As Integer
```

```
        yy=Val(Mid(xx,1,1))                     '截取文本框中的第一个数码
        Call datatozxing(yy)                    '调用数码转换成字形码的程序
        For i%=0 To 6                           '数码的笔画显示
            Line1(i).BorderColor=&HC0C0C0       '数码的笔画未点亮为灰色
            If x(i)=1 Then
                Line1(i).BorderColor=RGB(255,0,0)
            End If
        Next i
        yy=Val(Mid(xx,2,1))                     '截取文本框中的第二个数码
        Call datatozxing(yy)                    '调用数码转换成字形码的程序
        For i%=0 To 6                           '数码的笔画显示
            Line2(i).BorderColor=&HC0C0C0       '数码的笔画未点亮为灰色
            If x(i)=1 Then
                Line2(i).BorderColor=RGB(255,0,0)
            End If
        Next i
    End Sub
```

10.4 使用图形方法绘图

在 Visual Basic 中可以通过图形的方法来绘制点、线及基本的几何图形，并可以设置线型、线宽等。本节介绍使用图形方法绘图的基本方法。

10.4.1 图形方法

除了前面谈到的用控件显示和操作现有的图形外，Visual Basic 还提供了一组庞大的图形方法用来绘制点、线、面等。表 10-3 中的图形方法适用于窗体和图片框。

表 10-3 绘图的常用方法

方　法	描　述	方　法	描　述
Cls	清除所有图形和 Print 输出	Line	画线、矩形或填充框
PSet	设置各个像素的颜色	Circle	画圆、椭圆或圆弧
Point	返回指定点的颜色值	PaintPicture	在任意位置画出图形

10.4.2 绘图操作

1. 点的操作

（1）设置当前绘图点

在 Visual Basic 中，可以通过设置窗体或图形框的 CurrentX 与 CurrentY 属性来设置当前绘图点。CurrentX 与 CurrentY 决定了绘制或显示的起始坐标，在设计时，这两个属性不可用。

（2）点的绘制

绘制点主要是使用 PSet 方法。其格式为：

```
[对象名.]PSet [Step] (x,y)[,颜色]
```

该语句用于在指定的位置绘制指定颜色的点，对象名指的是窗体 Form 或 PictureBox 控件，也可以指打印机，如果省略，默认是当前窗体，如 PSet (30,50)。

说明：

① 参数(x,y)为所画点的坐标，是单精度参数，所以它们可以接受整数或分数的输入。输入可以是任何含有变量的数值表达式。默认坐标系以 twip 为单位。

② 可选参数：关键字 Step 表示采用当前作图位置的相对值。

③ 可选参数："颜色"参数是设置该点像素的前景色（ForeColor），是一个长整型数。

（3）取得点的颜色

Point 方法和 PSet 方法是密切相关的，用于返回指定点的 RGB 颜色。其格式为：

```
[object.] Point (x,y)
```

例如：

```
PointColor=Point (500, 500)  'PointColor 为变量，标识该点颜色的返回值
```

2．直线的绘制

使用 Line 方法可以进行直线的绘制。其格式为：

```
对象名.Line [[Step](x1,y1)]-[Step](x2,y2)[,颜色]
```

用于在对象上绘制直线，对象可以是窗体或 PictureBox 控件。

说明：

① (x1,y1)是直线的起点，(x2,y2)是直线的终点。(x1,y1)可省略，此时，起点为当前作图位置，即点(CurrentX,CurrentY)。

② 颜色为可选项。默认使用对象的前景颜色。

③ (x1,y1)前有 Step 选项时，表示该坐标是相对于当前作图位置的偏移量，如果(x2,y2)前有 Step 选项，则表示(x2,y2)相对于(x1,y1)的偏移量。

默认情况下，用 Line 方法画直线使用的是 twip 坐标系统。

【例 10.5】 本例中通过命令按钮 Command1 的 Click 事件过程在 PictureBox 控件中绘制"迷彩正弦曲线"。主要涉及 PictureBox 控件的 CurrentX、CurrentY、ForeColor、DrawWidth 等属性的设置和 PSet、Point、Line、Print 等方法的使用。最后运行结果如图 10-6 所示。

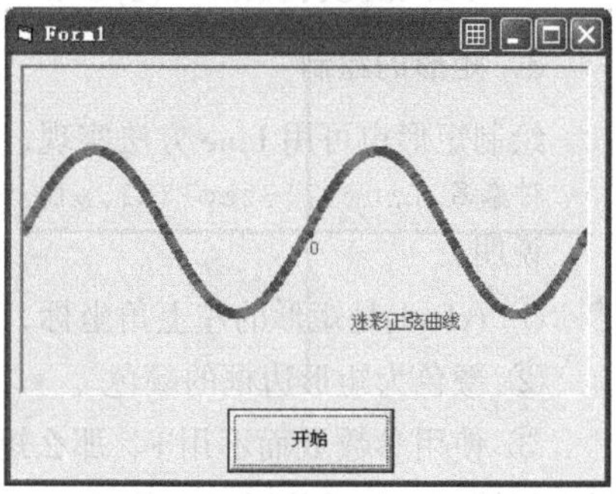

图 10-6　迷彩正弦曲线的绘制

【解】 具体程序代码如下：

```
Private Sub Command1_Click()
    Dim i As Single
    Const pi As Single=3.1415926                    '定义常数 π
    '自定义坐标系
    Picture1.ScaleMode=3
    Picture1.Scale (-2*pi,2)-(2*pi,-2)
    '绘制 X、Y 坐标轴
    Picture1.ForeColor=RGB(255,255,0)               '黄色
    Picture1.DrawWidth=3
    Picture1.Line (0,-2)-(0,2)                      'Y 轴
    Picture1.Line (-2*pi,0)-(2*pi,0)                'X 轴
    '绘制原点
    Picture1.DrawWidth=8
    Picture1.PSet(0,0),RGB(0,0,255)                 '蓝色
```

```
    '为原点注释文字
    Picture1.ForeColor=RGB(255,0,0)                 '红色
    Picture1.CurrentX=0.1
    Picture1.CurrentY=-0.1
    Picture1.Print "O"
    '为曲线注释文字
    Picture1.CurrentX=1
    Picture1.CurrentY=-1
    Picture1.Print "迷彩正弦曲线"
    '绘制正弦曲线
    Picture1.ForeColor=RGB(255,0,0)
    Picture1.DrawWidth=6
    For i=-2*pi To 2*pi Step 0.001
       Picture1.PSet (i,Sin(i))
       '交替变换正弦曲线的像素点颜色
       If Picture1.Point(i, Sin(i))=&HFF& Then
          Picture1.ForeColor=&HFF00&                '绿色
       Else
          Picture1.ForeColor=&HFF&                  '红色
       End If
    Next i
End Sub
```

本程序中，绘制正弦曲线主要使用的语句是 PSet 方法，即绘制点的方式来实现的，也可以改为绘制线的形式，即将加粗部分改为下面的语句：

```
Picture1.PSet(-2*pi,Sin(-2*pi))
For i=-2*pi To 2*pi Step 0.001
   Picture1.line -(i,Sin(i))
```

3. 矩形的绘制

绘制矩形也可用 Line 方法实现，只是在参数选择上与绘制直线有所不同。其格式为：

```
对象名.Line [[Step](x1,y1)]-[Step](x2,y2),[颜色],B[F]
```

说明：

① (x1,y1)是矩形的左上角坐标，(x2,y2)是矩形右下角坐标。

② 颜色为矩形边框的颜色。

③ 使用参数 B 而不用 F，那么矩形用当前的填充色（FillColor）与填充方式（FillStyle）对矩形进行填充；如果使用了参数 F ，那么矩形以边框的颜色进行填充。

特别注意，用 Line 方法画矩形框时，如果不用其他参数，那么 B 与坐标(x2,y2)之间应该有两个逗点，逗点之间表示省略了 Color。例如：

```
Picture1.Line (500,500)-(1000,1000),,B
```

【例 10.6】在例 10.5 的基础上加入利用矩形法求正弦曲线在指定范围内的积分，在 PictureBox 控件内画出积分图，并输出积分值。自变量范围指定用两个文本框实现，取值-2π～2π之间。最后运行结果如图 10-7 所示。

【解】在例 10.5 的基础上加入“积分”按钮的 Click 事件过程，具体新加代码如下：

```
Private Sub Command2_Click()
```

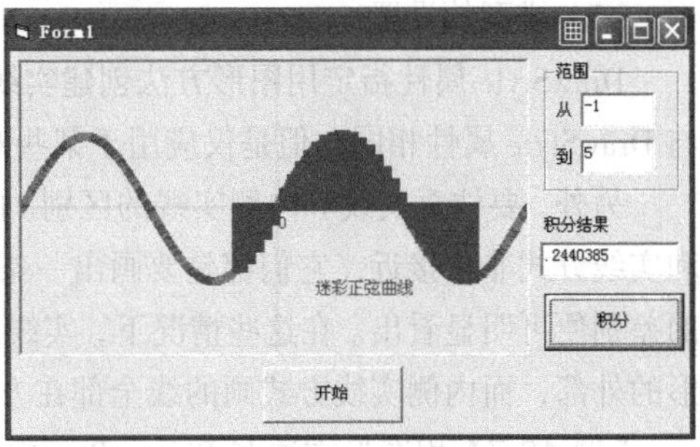

图 10-7 求积分并绘制积分曲线

```
    Dim h As Single
    Dim i As Integer
    Dim a As Single
    Dim b As Single
    Dim jifen As Single
    '每次单击“积分”按钮,
    '原 PictureBox 的内容清除，重画
    Picture1.Cls
    Call Command1_Click          '重画曲线
    a=Val(Text1)                 '积分初值
    b=Val(Text2)                 '积分终值
    h=0.2                        '积分步长
    Picture1.CurrentX=a
    Picture1.CurrentY=Sin(a)                     '积分起点
    Picture1.FillStyle=0                         '填充风格为实心
    Picture1.FillColor=RGB(255,255,0)            '填充颜色为黄色
    jifen=0                                      '积分值初始值
    For i=1 To (b-a)/h
        Picture1.Line-(a+i*h,0),,B               '画小矩形
        Picture1.CurrentX=a+i*h
        Picture1.CurrentY=Sin(a+i*h)             '准备下一个起始点
        jifen=jifen+Sin(a+i*h)*h                 '求积分
    Next i
    Text3=jifen                                  '积分值输出给 Label 控件
End Sub
```

4. 绘制圆、椭圆、弧

用 Circle 方法可以绘制圆、椭圆与弧。其格式为：

```
对象名.Circle [Step](x,y),Radius[,Color][,Start,End][,Aspect]
```

说明：

① (x,y)是圆、椭圆或弧的圆心坐标，是必选项。

② Radius 是半径，是必选项。

③ Color 是圆的轮廓色，此项可省略。

④ Start 与 End 是弧的起点与终点位置。其范围是 0～2π或–2π～0，起点与终点可以取正也可以取负，但必须同为正或负。同为正时取值范围为 0～2π，这样绘制的是圆弧或椭圆弧，设置的填充色不起作用；同为负时取值范围为–2π～0，这样绘制的是扇形或椭圆扇形，设置的填充色起作用。

⑤ Aspect 是椭圆的纵横比，此项省略时，默认值是 1，画的是圆或圆弧，否则，画的是椭圆或椭圆的一部分，当纵横比大于 1 时，所画的椭圆高而窄；纵横比大于 0 且小于 1 时，椭圆呈扁平型。

5. 线宽和线型的设置

（1）线宽的设置

BorderWidth 属性可指定 Line 和 Shape 控件轮廓线的粗细，DrawWidth 属性可指定用图形方法输出时线的宽度。

（2）线型的设置

DrawStyle 属性指定用图形方法创建实线或虚线等线型。Shape 控件的 BorderStyle 属性的作用与 DrawStyle 属性相同，但是仅应用于某些对象。

另外，要注意实线和内侧实线的区别。内侧实线方式（DrawStyle 或 BorderStyle 的设置等于 6）和实线方式非常接近，它们都是要画出一条实线。当用宽线来画方框或形状控件时，这两种设置的差别便可明显看出。在这些情况下，实线方式画的线一半在方框或图形的内部，一半在方框或图形的外部，而内侧实线方式画的线全部在方框或图形的内部。

【例 10.7】用图形方法在 PictureBox 内绘制不同图形，主要使用 Circle 方法绘制图形，图形有圆、椭圆、弧和扇形。最后运行结果如图 10-8 所示。

【解】具体程序实现如下：

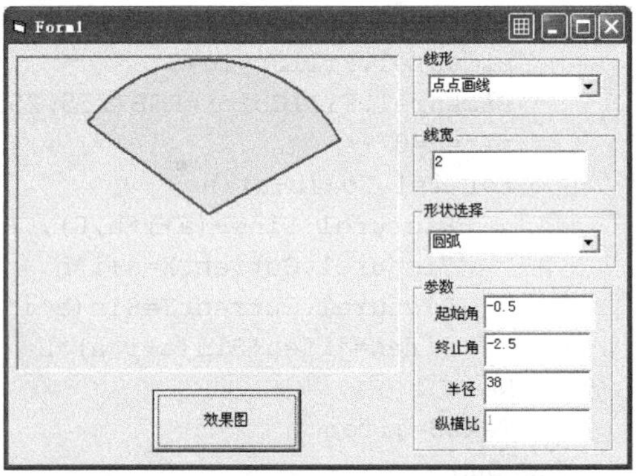

图 10-8　使用 Circle 方法绘制图形

```
Private Sub Form_Load()
    '添加线型
    Combo1.AddItem "实线"
    Combo1.AddItem "长画线"
    Combo1.AddItem "点线"
    Combo1.AddItem "点画线"
    Combo1.AddItem "点点画线"
    Combo1.AddItem "透明线"
    Combo1.AddItem "内实线"
    '添加形状类型
    Combo2.AddItem "圆"
    Combo2.AddItem "椭圆"
    Combo2.AddItem "圆弧"
    Combo2.AddItem "椭圆弧"
    '两参数选择框开始均为不可见
    Frame4.Visible=False
    Frame5.Visible=False
End Sub
Private Sub Combo2_Click()
    '根据选择的形状类型决定使哪一参数框架可见
    Select Case Combo2.ListIndex
        Case 0,1                                    '选择圆或椭圆，选择 Frame4
            Frame4.Visible=True
            Frame5.Visible=False
            If Combo2.ListIndex=0 Then
                Text3=1
                Text3.Enabled=False                 '选择圆时默认纵横比为 1，且不能更改
            Else
                Text3.Enabled=True                  '选择椭圆时，纵横比可以更改
            End If
        Case 2,3                                    '选择圆弧或椭圆弧，选择 Frame5
            Frame5.Visible=True
            Frame4.Visible=False
            If Combo2.ListIndex=2 Then
                Text7=1
                Text7.Enabled=False                 '选择圆弧时默认纵横比为 1，且不能更改
            Else
                Text7.Enabled=True                  '选择椭圆弧时，纵横比可以更改
            End If
```

```
        Case Else
    End Select
End Sub
Private Sub Command1_Click()
    Dim a As Single                                 'a 用于存储半径
    Dim b As Single                                 'b 用于存储纵横比
    '对 Picture1 的属性进行初始化
    Picture1.AutoSize=True
    Picture1.ScaleMode=0
    Picture1.ScaleMode=3                            '选择以像素为单位
    Picture1.ForeColor=RGB(255,0,0)                 '前景颜色为红色
    Picture1.DrawWidth=Int(Val(Text1))              '线宽通过文本框输入
    Picture1.DrawStyle=Combo1.ListIndex             '线型通过组合框选择
    Picture1.FillStyle=0                            '填充模式为固定
    Picture1.FillColor=RGB(255,255,0)               '填充颜色为黄色
    '根据不同形状类型选择绘制图形
    Select Case Combo2.ListIndex
        Case 0,1
            Picture1.Cls
            a=Val(Text2): b=Val(Text3)
            Picture1.Scale (-a-10,b*(a+40))-(a+10,-b*(a+40))
            Picture1.PSet(0,0)
            Picture1.Circle (0,0),a,,,,b            '绘制圆或椭圆
        Case 2,3                                    '选择圆弧或椭圆弧
            Picture1.Cls
            a=Val(Text6):b=Val(Text7)
            c=Val(Text4):d=Val(Text5)
            Picture1.Scale (-a-10,b*(a+40))-(a+10,-b*(a+40))
            Picture1.Circle (0,0),a,,c,d,b'         '绘制圆弧或椭圆或对应的扇形
        Case Else
            Picture1.Cls
    End Select
End Sub
```

6. 绘制图形文件

PaintPicture 方法可以实现在窗体、图片框或打印机上绘制裁剪图像或图形文件（如.bmp、.wmf、.cur、.ico、.gif、.jpg 等）的内容。

格式为：

```
[<对象名>.] PaintPicture <Picture>,<x1>,<y1>,[<width1>],[<height1>],[<x2>],
[<y2>],[<width2>],[<height2>],[<opcode>]
```

说明：

①“对象名”指定图像绘制的目标对象，可省略，默认为当前窗体。

② Picture 为必选项，表示被绘制的图像源。它是窗体或图片框对象的 Picture 属性，如 Form1.Picture 或 Picture1.Picture。

③ x1、y1 为必选项，均为单精度类型，指的是在目标对象上绘制图像的起点坐标，度量单位由对象的 ScaleMode 来指定。

④ width1、height1 为可选项，单精度类型，指绘制图像的宽度和高度，如果不等于源图像的宽度和高度，将会拉伸或压缩图像，默认使用源图像的宽度和高度。另外，参数 Width1 为负值时，

实现图像的水平翻转；Height1 为负值时，实现图像的垂直翻转；两者均为负值时，图像将水平、垂直翻转。

⑤ x2、y2 为可选项，均为单精度类型，指的是对源图像进行裁剪的起点坐标，默认为(0,0)。

⑥ width2、height2 为可选项，单精度类型，指对源图像从(x2,y2)开始裁剪的宽度和高度，默认使用源图像的宽度和高度。

⑦ opcode 为可选项，长整型值。该参数仅适用于对位图（*.bmp）文件的操作，用来定义将源图像绘制到目标对象的不同方式，即对像素实现不同的位操作。详细的使用方法可参考其他相关书籍。

【例 10.8】本程序主要是利用 PaintPicture 方法控制图像的显示。设计界面有五个 Command 控件，其 Caption 属性分别为“装入图片”、“水平翻转”、“垂直翻转”、“水平垂直翻转”、“裁剪”、其 Name 属性分别为 CmdLoad、CmdH、CmdV、CmdHV、CmdCut。两个 PictureBox 控件，第一个控件的名称属性为 Picture1，主要是装入源图像，程序中将其设为不可见状态；第二个控件的名称属性为 Picture2，主要是将装入的源图像以 Picture2 大小，通过各命令按钮的 Click 事件过程实现相应的功能。最后程序运行结果如图 10-9（a）和图 10-9（b）所示。图 10-9（a）所示为单击“装入图片”按钮，实现源图像按比例装入；图 10-9（b）所示为单击“水平垂直翻转”按钮，实现源图像按比例装入并且执行水平翻转和垂直翻转功能。

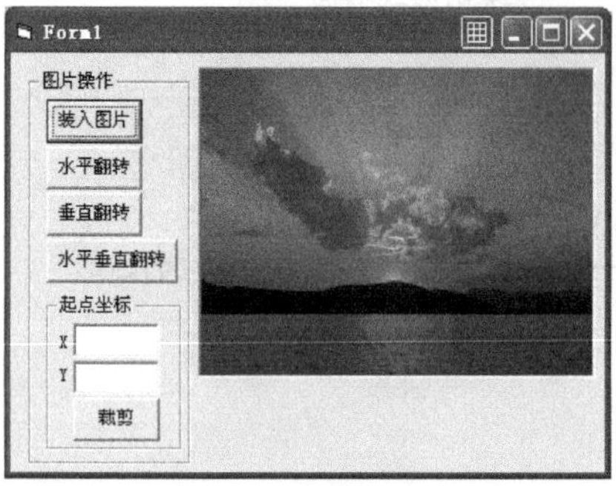

（a）源图像装入

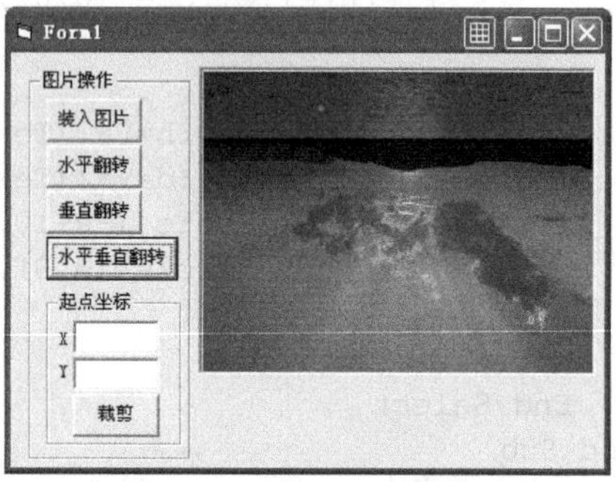

（b）水平垂直翻转

图 10-9　源图像装入和水平垂直翻转

【解】程序代码如下：

```
Private Sub Form_Load()
    '设 Picture2 的高度和宽度与源图像的高度和宽度（1600*1200）同比例，以免产生变形失真
    Picture2.Width=4000
    Picture2.Height=4000*(1200/1600)
    Picture1.Visible=false
End Sub
Private Sub CmdLoad_Click()
    Picture1.Picture=LoadPicture("F:\dscn0818.jpg")
    Picture2.Cls
    '在 picture2 中装入图像，保持与源图像比例
   Picture2.PaintPicture Picture1.Picture,0,0,Picture2.Width,Picture2.Height
End Sub
Private Sub CmdH_Click()
    Picture2.Cls
    '水平旋转
```

```
    Picture2.PaintPicture Picture1.Picture,Picture2.Width,  _
    0,-Picture2.Width,Picture2.Height
End Sub
Private Sub CmdV_Click()
    Picture2.Cls
    '垂直旋转
    Picture2.PaintPicture Picture1.Picture,0,Picture2.Height,  _
    Picture2.Width,-Picture2.Height
End Sub
Private Sub CmdHV_Click()
    Picture2.Cls
    '水平垂直旋转
    Picture2.PaintPicture Picture1.Picture,Picture2.Width,  _
    Picture2.Height,-Picture2.Width,-Picture2.Height
End Sub
Private Sub CmdCut_Click()
    Dim a As Integer
    Dim b As Integer
    '取得起始坐标
    a=Val(Text1)
    b=Val(Text2)
    Picture2.Cls
    Picture2.PaintPicture Picture1.Picture,0,0,Picture2.Height,  _
    Picture2.Width,a,b,4000,4000
End Sub
```

小　　结

本章学习了 Visual Basic 系统的图形操作。

Visual Basic 坐标系统是画图和进行图形处理的基础，默认的坐标系统原点始终位于各个容器对象的左上角，Visual Basic 还允许用户自定义坐标系。

Visual Basic 中的许多控件具有设置颜色的属性，在设置颜色属性时，可以采用四种方式：使用 RGB()函数、使用 QBColor()函数、使用对象浏览器中列出的内部常数以及直接输入一种颜色值。

Visual Basic 提供了四种绘图控件：PictureBox 控件、Image 控件、Line 控件和 Shape 控件，利用这些控件可以显示图片，或者绘制简单的图形。Visual Basic 还提供了一组庞大的图形方法用来绘制点、线、面等，利用这些方法编制程序，可以绘制更高级的图形。

习　　题

1. 如何建立用户自定义坐标系？
2. 窗体的 ScaleHeight、ScaleWidth 属性与 Height、Width 属性有什么区别？
3. PictureBox 与 Image 控件有什么区别？
4. 在程序运行时如何在图片（像）框中装入或删除图形？
5. 如何用 Circle 方法画圆、椭圆、圆弧和扇形？
6. 设计一个程序，能够实现绘制给定常用内部函数曲线的功能。

第11章 Visual Basic的数据库应用

自 Visual Basic 3.0 开始，Visual Basic 就具有数据库连接和数据处理功能。在 Visual Basic 6.0 版中，数据库功能得到了空前的增强。Microsoft 公司把许多新的数据访问功能加到 Visual Basic 中，使得该产品成为数据库应用程序开发的理想平台。如要详细描述 Visual Basic 的数据库处理的各方面内容，需要的篇幅过多，本章仅对 Visual Basic 的数据库应用功能做简单的介绍。

Visual Basic 提供了众多的功能各异的数据控件，利用这些控件，用户只要编写少量的代码甚至不编写任何代码就可以访问数据库，对数据库进行浏览及其他操作。

Visual Basic 还提供了几种不同的数据库对象模型，以实现对面向不同应用的数据库的全面处理。利用这些模型中的一种或者几种，可以对几乎所有种类的数据库进行操作。

学习目标

- 理解数据库的基本概念。
- 了解 Visual Basic 中的数据源及数据控件。
- 了解 Visual Basic 数据库编程模型。
- 掌握 DAO 模型的数据库编程的基本用法。
- 了解在 Visual Basic 中使用 SQL 的基本方式。

11.1 数据库初步

Visual Basic 作为应用程序的开发利器也表现在数据库应用程序的开发上，它良好的界面和强大的数据控件使得数据库编程变得甚为简易。即便如此，数据库应用程序的开发仍然算得上是 Visual Basic 编程中的难点，因为这将要求用户不仅要熟悉 Visual Basic 中关于数据库编程方面的知识，还要了解数据库的知识。

11.1.1 数据库的相关知识

本书介绍的数据库知识都是指的关系数据库。该模型的命名来自集合论的关系。所谓关系数据库（Relational DataBase，RDB），就是将数据表示为表的集合，通过建立简单表之间的关系来定义结构的一种数据库。

1. 数据库（DataBase）

一个数据库由一个或一组数据表组成。每个数据库都以文件的形式存储在磁盘中，即对应于一个物理文件。不同的数据库，与物理文件对应的方式也不一样。对于 dBASE、FoxPro 和 Paradox 格式的数据库来说，一个数据表就是一个单独的数据库文件，而对于 Microsoft Access、Btrieve 格式的数据库来说，一个数据库文件可以含有一个或多个数据表，也可以包含数据库的其他元素。

表 11-1 所示为一个学生基本情况表示例。

表 11-1 学生基本情况表

学　号	姓　名	性　别	出生地	生　日
110111	张思强	男	河北石家庄	1994-1-15
110222	王银花	女	天津红桥区	1993-11-22
110333	李保国	男	河北唐山	1993-8-19

此表中每一行是一条记录，包含特定学生的所有信息，而每条记录则包含了相同类型和数量的字段：学号、姓名等。

关系数据库可以由多个表组成（如果只有一个表，也不能称之为关系），表与表之间可以以不同的方式相互关联。例如，学生基本情况数据库还可以有一个包含某个学生荣誉情况的表。表间只用“学号”字段来引用该学生，而不必在这个表中重复基本情况表中的每项信息，如表 11-2 所示。

表 11-2 学生荣誉情况表

学　号	证书号	获奖日期	内　容
110111	09-4-023	2009-6-6	全国数学竞赛一等奖
110111	10-1-005	2010-2-1	河北省物理竞赛二等奖
110222	10-3-049	2009-8-28	奥林匹克数学竞赛二等奖

在这个表中，“学号”字段引用了学生基本情况表中的“学号”字段，它是一个“外部键”，因为它与“外部”表（基本情况表）的主键关联。

2．数据表（Table）

数据表由一组数据记录组成，数据库中的数据是以表为单位进行组织的。一个表是一组相关的按行排列的数据，每个表中都含有相同类型的信息。表实际上是一个二维表格，类似于 Excel 工作表（见表 11-1 和表 11-2）。

3．记录（Record）

各个学生有关的信息存放在表的行中，表中的每一行称为一条记录，由若干个字段组成。一般来说，数据库表创建时任意两个记录都不能相同。

4．字段（Field）

字段也称域。表中的每一列称为一个字段。表结构是由其包含的各种字段定义的，每个字段描述了它所含有的数据特性。创建一个数据库时，须为每个字段分配数据类型、最大长度和其他属性。字段值可以是数字、字符、图像甚至音像资料。

5．索引（Index）

为了提高访问数据库的效率，可以对数据库中的记录使用索引。当数据库较大时，为了查找指定的记录，使用索引和不使用索引的效率有很大差别。索引实际上是一种特殊类型的表，其中含有关键字段（由用户定义）的值和指向实际记录位置的指针，这些值和指针按照特定的顺序（升/降/其他）存储，从而可以以较快的速度和较有效的方法（如折半法）查找所需要的记录。

被索引的字段称为键（Key），键可以是唯一的，也可以是非唯一的，取决于它（们）是否允许重复。唯一键可以指定为主键（Primary Key），用来唯一标识表的每一行。例如，在前面的例子中，"学号"是表的主键，因为学号唯一地标识了一个学生。

6．查询（Query）

查询是一个 SQL（结构化查询语言）的 SELECT 语句，用来从一个或多个表中获取一组指定的记录，或者对某个表执行指定的操作。当从数据库中读取数据时，往往希望读出的数据符合某些条件，并且能按某个字段排序。使用 SQL 可以使这一操作容易实现而且更加有效。SQL 是非过程化语言（有人称其为第四代语言），在用它查找指定的记录时，只需指出做什么，而不必说明如何做。每个 SELECT 语句都可以看做是一个查询（Query），根据这个查询，可以得到需要的查询结果。在本章的 11.5 节将简要介绍 SQL。

7．过滤器（Filter）

过滤器是数据库中的表的一个属性，它把索引和排序结合起来，用来设置条件，然后根据给定的条件输出所需要的数据。

8．视图（View）

数据的视图指的是查找到（或者处理）的记录数和显示（或者处理）这些记录的顺序。在一般情况下，视图由过滤器和索引控制。

以上是关于数据库的基本知识，还有一些数据库的内容上面没有被提及。但是上面涉及的知识是学习数据库编程所必需的。

11.1.2 通过 Visual Basic 访问数据库

Visual Basic 可通过不同的方式与目前较为流行的大多数数据库进行连接。

传统的连接方法主要有 JET 数据库引擎（JET）、Microsoft ODBC（Open Database Connectivity，开放式数据库互连）驱动程序、第三方 ODBC 驱动程序。

① JET 是 Microsoft Access 中使用的数据库技术，已经置入 Visual Basic 中，除了可以极为方便地直接操纵 Access 数据库（.mdb），还可以使用下列数据库：Btrieve（.dat）、dBASE（.dbf/.idx）、FoxPro（.dbf/.cdx/.ndx）、Paradox(.db、.px)。

② 通过 Microsoft ODBC 驱动程序，可以使用下列数据库：Microsoft SQL Server、Oracle、Sybase SQL Server，也可以通过 ODBC 来使用 Excel（.xls）、Text（.txt）、Access（.mdb）、Btrieve、dBASE、FoxPro、Paradox 数据库，出于性能考虑，在使用本地的上述数据库时，应该用 JET 方法。

③ 通过第三方 ODBC 驱动程序，Visual Basic 可以和下列数据库连接：Digital RDB、HP AllBase/SQL、IBM DB2、IBM SQL/DS、Informix、Netware SQL、Watcom SQL 等。

Visual Basic 中目前最新的数据库访问技术是 ADO（ActiveX Data Objects），该模型可以通过 OLE DB 接口来访问上述的所有数据库。除了可以通过 JET 和 ODBC 接口访问外，ADO 还为 Microsoft SQL Server 和 Oracle 提供了专用的 OLE DB 接口，以获得最佳的性能。其他通过 OLE DB 能够访问的数据库还有 Microsoft Directory Services 等，并且还在不断增加。

在 Visual Basic 中，一般可以通过两种方式访问数据库：① 一种是通过数据源控件或者数据库对象与数据库进行连接，进而对数据库进行各种操作；② 由于通过控件对数据库进行操作能力有限，所以在 Visual Basic 中，还可以通过数据库对象或者数据库系统提供的底层 API 函数实现对数据库的完全操作。

11.2　Visual Basic 中的数据源及数据控件

数据源是一种易于访问的对象，它向任何数据使用者（任何可以和外部数据源绑定的类或控件）提供数据。它可以是可见形式的控件（如 Data），也可以是不可见的数据对象（如 Recordset），不管是哪一种，都可以作为数据显示和处理控件的数据来源。

数据控件可以分为提供数据的数据源控件和使用数据的数据识别/绑定控件。将这两种控件相结合，就能完成数据的显示和处理工作。如果数据识别/绑定控件没有数据源（数据对象或数据源控件），则无法自动进行数据显示和处理工作。

11.2.1　Visual Basic 的数据源及数据源控件

数据源可分为控件数据源和对象数据源。控件数据源包括 Data 控件、RemoteData 控件和 ADO Data 控件。对象数据源则比较多，可参见后面的数据模型。用户可以创建自己的数据源。Visual Basic 中的所有数据源包括：数据识别的类模块、数据识别的用户控件、数据环境、Recordset 对象、ADO Data 控件、Data 控件和 RemoteData 控件。

11.2.2　Visual Basic 的数据识别控件

要为数据输入、数据编辑或数据查看创建界面，Visual Basic 的数据识别控件（Data Sense Control，又称数据绑定控件）提供了编程的多样性和简易性。

这类控件都有 DataSource 和 DataField 属性（见图 11-1），用于指明控件所使用的数据源和字段，个别控件还有附加属性，用于进一步控制数据的显示。

图 11-1　控件的数据属性

① DataSource 属性：返回或设置控件的数据源。可以在运行时将控件或对象的 DataSource 属性动态设置为任何有效的数据源，如某个 ADO 记录集或窗体上的数据源控件。

② DataField 属性：返回或设置要绑定控件的数据字段。

③ DataMember 属性：返回或设置要使用的源中的指定数据集。Visual Basic 中的数据源可能包含多个数据集，该属性允许用户指定所使用的数据集。

④ DataFormat 属性：允许用户定义数据显示格式（自动、数字、文本等）。

数据识别控件的 Validate 事件和 CausesValidation 属性能防止控件失去焦点，直到所有的数据都被验证。如果将 CausesValidation 属性设置为 True，就可以处理 Validate 事件，该事件可以防止用户在字段值被正确填充之前移走焦点。

Visual Basic 中的数据识别控件有以下几种：

① DataGrid 控件：可以使用 ADO Data 控件或 ADO Recordset 对象的网格控件。

② DataList 控件：功能与 DBList 控件完全相像的控件，但使用 OLE DB 数据源。

③ DataCombo 控件：功能与 DBCombo 控件相似，但使用 OLE DB 数据源。

④ HierarchicalFlexGrid 控件：可以显示使用数据环境创建的层次结构游标。

⑤ DataRepeater 控件：允许使用用户控件显示数据并重复控件以查看多个记录。

⑥ MonthView 控件：以图形方式将日期显示为日历。

⑦ DateTimePicker 控件：与 MonthView 控件相似，日期显示在文本框中，要选择一个新日期，需单击文本框弹出图形日历下拉菜单。

⑧ 其他控件：CheckBox 控件、ComboBox 控件、DBCombo 控件、DBList 控件、FlexGrid 控件、Image 控件、Label 控件、ListBox 控件、Masked Edit 控件、MSChart 控件（显示数据图表）、PictureBox 控件、RichTextBox 控件（显示备注）、TextBox 控件。

这些控件都具有数据识别能力，可以和数据库的字段进行绑定，自动显示数据。显示多于一个以上的数据字段的控件（如 DataGrid、MS Chart 等），不需要指定 DataField 属性，这种控件方可称为真正的数据“绑定”（Bind）控件。

需要注意的是，早期的 DB 系列控件（包括 DBList、DBGird、DBCombo 等）不能够使用最新的 ADO 数据源控件，只能使用 Data 数据源控件或者 RemoteData 数据源控件，而最新的 Data 系列控件也只能使用 ADO 数据控件作为数据源。

11.2.3 利用数据控件创建简单的数据库应用程序

下面的例子给出了利用 ADO Data 控件提供数据源，以标准数据识别控件显示和处理数据的方法，整个程序无须任何编码。例子中使用了 Visual Basic 自带的 BIBLIO.MDB 样例库。

1. 添加 ADO Data 控件

选择“工程”→“部件”命令，会弹出“部件”对话框，选中控件列表中的“Microsoft ADO Data Control 6.0 (OLEDB)”复选框，然后单击“确定”按钮。

为方便练习，可以顺便将 Microsoft DataList Control 6.0 (OLEDB)、Microsoft DataGird Control 6.0 (OLEDB)、Microsoft Chart Control 6.0 (OLEDB)等含有 OLEDB 的控件加入，如图 11-2 所示。

经过上述操作后，Visual Basic 的工具箱中会出现 Adodc 控件的图标，在窗体上放置一个 Adodc 控件，保留其默认名称 Adodc1。

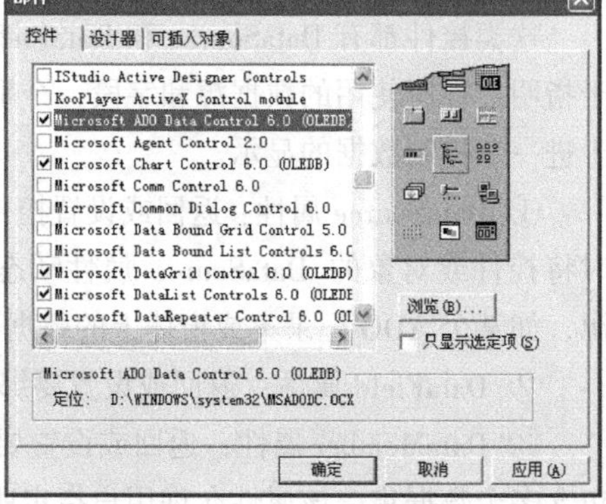

图 11-2 添加 ADO 数据控件

2. 设置 ADO Data 控件的基本属性

① Align：放置位置（一般为 Bottom）。

② Caption：标题（常用来显示当前记录号），因为不写代码，设置为 BIBLIO.MDB。

③ ConnectionString：设置连接字符串，即数据源。这个设置稍微复杂，不过可以通过控件的“属性页”对话框中的 Build 按钮来自动生成连接字符串。设置完毕后还可以进行测试，以确定数据源的设置是否正确及数据是否可用。本例中设置为：Provider=Microsoft.Jet.OLEDB.4.0;Data Source=C:\ProgramFiles\VB98\BIBLIO.MDB; Persist Security Info=False，数据库的路径可根据用户机器的安装情况进行设置，如图 11-3（a）所示。

④ RecordSource：设置记录源。如图 11-3（b）所示的“属性页”对话框，Command Type 选择“2-adcmdTable”，Table or Stored Procedure Name 可以从下拉列表框中选择，本例中选择第一个表 Authors（作家编号和姓名表）。

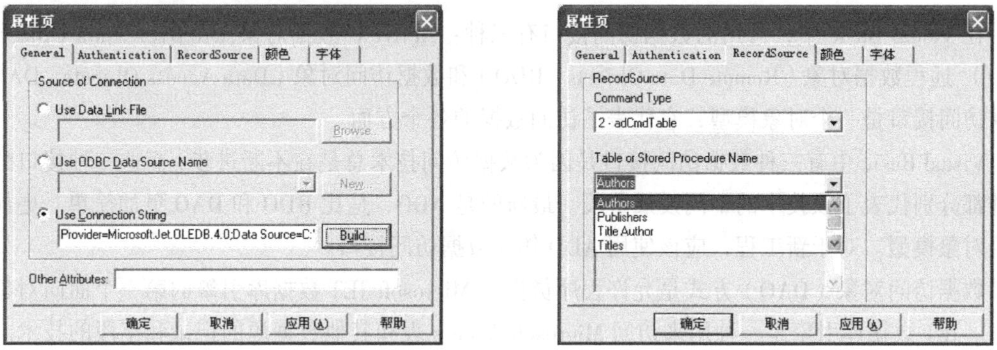

（a）　　　　　　　　　　　　（b）

图 11-3　设置 ADODC 控件的数据源

3. 与数据识别控件进行绑定

在窗体上放置两个标签，标题分别设为 Author ID 和 Author，然后放置两个文本框，将其 DataSource 属性都设置为 Adodc1，将其 DataField 属性分别设置为 Au_ID 和 Author，其 DataFormat 属性可以不设置，按默认格式显示即可。

所有可以进行简单数据绑定的控件都必须设置两个属性：DataSource 和 DataField，而复杂的数据绑定控件则不需要设置 DataField 属性，原因是所有字段都被显示了。

再放置一个 DataGird 控件到窗体的适当位置，设置其 DataSource 属性为 Adodc1，其他属性不用设置，按默认值即可。

至此，一个数据库浏览程序即告完成，不用编写一行代码，仅设置一些属性就可以显示数据库中的数据。程序的运行情况如图 11-4 所示。

如果对 Adodc1 的相关属性进行设置（主要是将 EOFAction 属性设置为 2-AddNew），还可以对数据库中的记录进行增加、删除和修改等操作，所有这些功能的实现，都不需要编写任何代码。

数据源控件只给出有限的访问现存数据库的功能。而编程模型则可以更全面地控制数据库，这两种方法常同时使用。如果想创建数据库或者对数据库进行进一步的控制（如建立索引、修改库结构、查找等），仅用数据控件是不行的，下面就介绍如何用程序操作数据库。

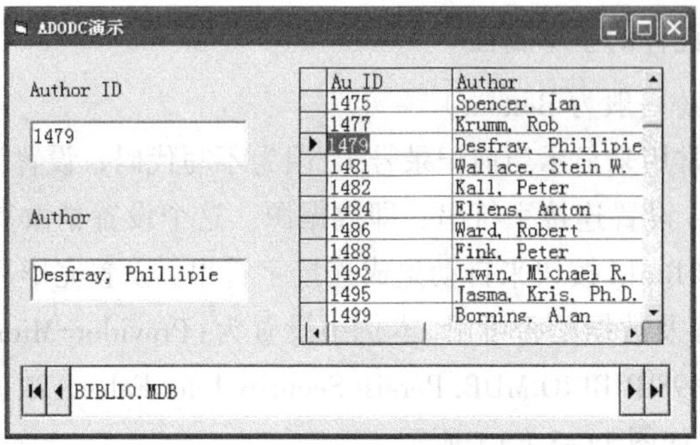

图 11-4　ADO Data 控件应用举例

11.3　Visual Basic 中的数据库编程模型

在 Visual Basic 中，可用的数据访问接口有三种：ActiveX 数据对象（ActiveX Data Objects，ADO）、远程数据对象（Remote Data Objects，RDO）和数据访问对象（Data Access Objects，DAO）。数据访问接口是一个对象模型，它代表了访问数据的各个方面。

Visual Basic 中有三种数据访问接口是因为数据访问技术总是在不断进步，而这三种接口的每一种都分别代表了该技术的不同发展阶段。最新的是 ADO，是比 RDO 和 DAO 更加简单、更加灵活的对象模型。对于新工程，应该使用 ADO 作为数据访问接口。

数据访问对象（DAO）方式是允许程序员操纵 Microsoft JET 数据库引擎的第一个面向对象的接口。JET 数据库引擎是一种用来访问 Microsoft Access 表和其他数据源的记录和字段的技术。对于单一系统的数据库应用程序来说，DAO 依然很受欢迎并且非常有效，在中等规模工作组的网络中，DAO 也有少量的应用。DAO 模型是设计关系数据库系统结构的对象类集合。它提供了管理这样一个系统所需的全部操作属性和方法，包括创建数据库，定义表、字段和索引，建立表间的关系，定位和查询数据库等工具。

远程数据对象（RDO）方式是提供给开放数据库互连（ODBC）数据源的面向对象的接口。RDO 是常用的开发 Microsoft SQL Server、Oracle 和其他大型关系数据库应用程序的对象模型。

ActiveX 数据对象（ADO）方式是 DAO 和 RDO 方式的继承者，它也有一个类似的对象模式。在 ADO 方式中，可编程对象展示了计算机上所有可获取的本地和远程数据源。通过使用 ADO 控件，可以把数据对象绑定到内置控件和 ActiveX 控件、创建 DHTML 应用程序以及使用数据环境设计器等。

ADO 是为 Microsoft 最新和最强大的数据访问范例 OLE DB 而设计的，是一个便于使用的应用程序层接口。OLE DB 为任何数据源提供了高性能的访问途径，这些数据源包括关系和非关系数据库、电子邮件和文件系统、文本和图形、自定义业务对象等。

11.3.1　DAO 模型

Visual Basic 中的 DAO 模型有两种，一种用于 Microsoft JET（见图 11-5），另一种用于 ODBC Direct（见图 11-6），前一种用于本地数据库，后一种用于直接访问远程数据库。DAO 加载远程 Database 对象，并将所有的数据访问操作委派给 ODBC 数据源，这是为了给熟悉 DAO JET 模型的人访问远程数据而设置的模型。

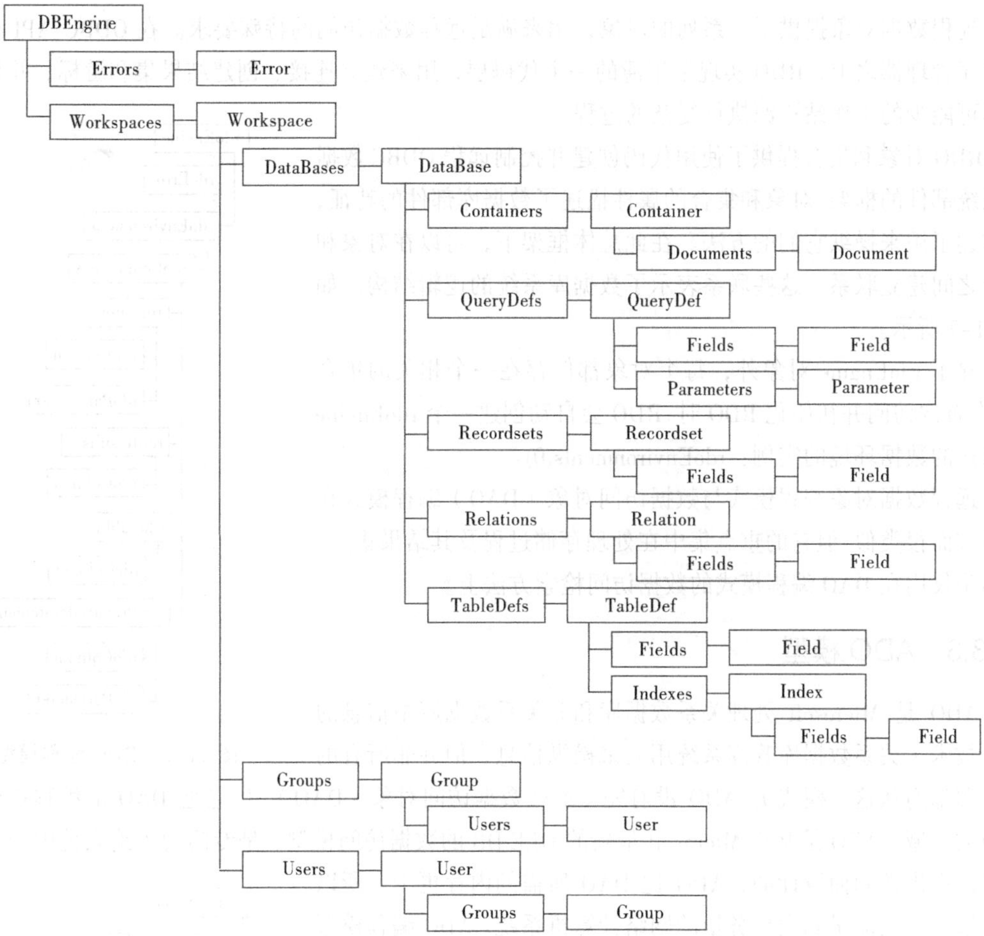

图 11-5　Microsoft JET Workspaces 的 DAO 编程对象模型

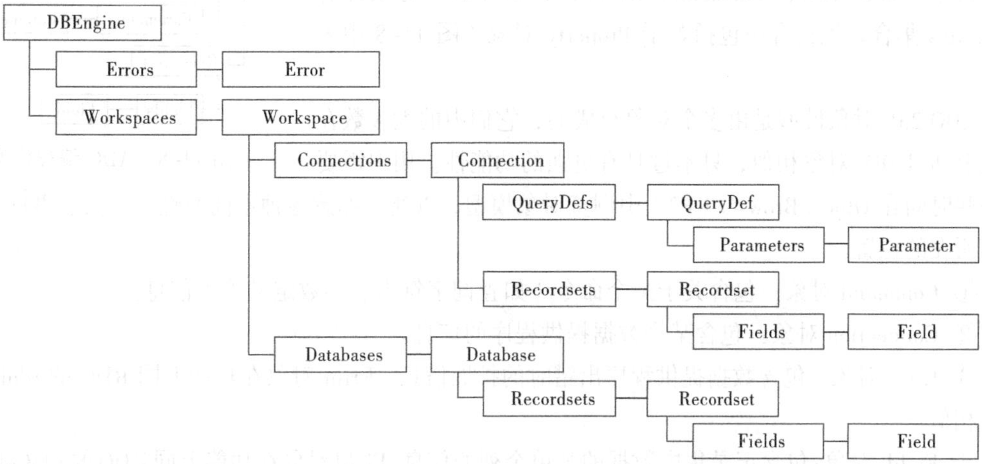

图 11-6　ODBC Direct Workspaces 的 DAO 对象模型

11.3.2 RDO 模型

远程数据对象提供了一系列的对象，用来满足远程数据访问的特殊要求。在 ODBC API 和驱动程序管理器之上，RDO 实现了很薄的一个代码层，用来建立连接、创建结果集和游标，并且使用尽可能少的工作站资源执行复杂的过程。

RDO 对象和集合提供了使用代码创建并控制远程 ODBC 数据库系统部件的框架。对象和集合的属性描述了数据库部件的特征，也描述了用来操纵它们的方法。在此总体框架下，可以在对象和集合之间建立联系，这些联系表示了数据库系统的逻辑结构，如图 11-7 所示。

除了 rdoEngine 对象外，每个对象都保存在一个相关的集合中。在首次访问并初始化 RDO 时，RDO 会自动创建一个 rdoEngine 和默认的数据环境的实例：rdoEnvironments(0)。

远程数据对象编程模式与数据访问对象（DAO）编程模式在许多方面很类似。但它的重点集中在处理存储过程及其结果集上，而不是仅用在 DAO 编程模式的数据访问检索方法上。

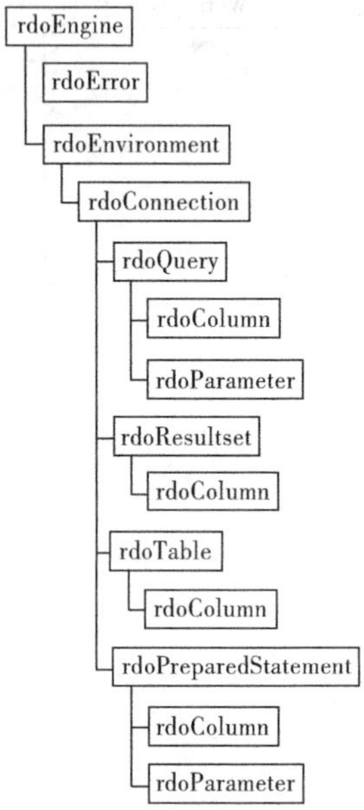

图 11-7　RDO 编程模型

11.3.3 ADO 模型

ADO 是 Microsoft 处理关系数据库和非关系数据库中信息的最新技术（关系数据库管理系统用表来操纵信息，但并非所有的数据源都遵从这一模式）。ADO 没有完全取代数据访问对象（DAO），但它把 DAO 的编程扩展到了新的领域。ADO 是基于 Microsoft 最新的 OLE DB 的数据访问模型，是专门为了给大范围的商业数据源提供访问而设计的，ADO 比 DAO 所需的内存更少，所以它更适合于大流量和大事务量的网络计算机系统。ADO 编程模型如图 11-8 所示。

每个 Connection、Command、Recordset 和 Field 对象都有 Properties 集合，该集合中包括若干 Property 对象（图 11-8 中未标出）。

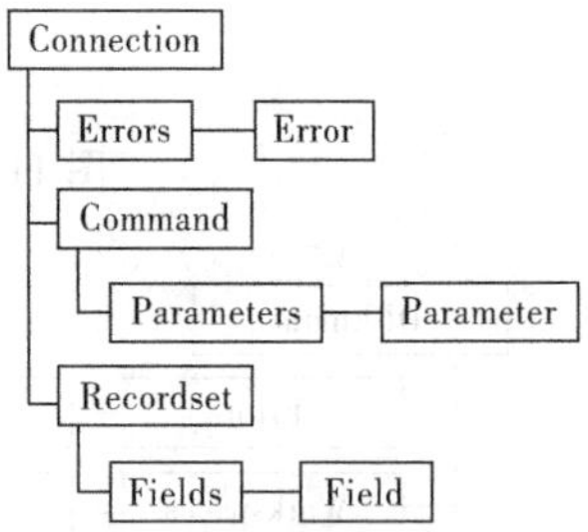

图 11-8　ADO 编程模型

ADO 2.0 对象模型是由多个对象组成的，它们中的大多数在功能上和 RDO 对象相似，只不过具有更强的功能性。用户需要花一些时间在 Object Browser（F2）中浏览对象模型，以便于熟悉各种不同属性、方法、事件、集合等所在的位置。

① Command 对象：包含关于某个命令（如查询字符串、参数定义等）信息。

② Connection 对象：包含某个数据提供程序的信息。

③ Error 对象：包含数据提供程序出错时的扩展信息。Error 对象在功能上同 RDO 的 rdoError 对象相似。

④ Field 对象：包含记录集中数据的某单个列的信息。Field 对象在功能上同 RDO 的 rdoColumn 对象相似。

⑤ Parameter 对象包含参数化的 Command 对象的某单个参数的信息。该 Command 对象有一个包含其所有 Parameter 对象的 Parameters 集合。Parameter 对象在功能上同 RDO 的 rdoParameter 对象相似。

⑥ Property 对象包含某个 ADO 对象的提供程序定义的特征。RDO 模型中没有与此等同的对象，但 DAO 模型中有一个相似的对象。

⑦ Recordset 对象 Recordset 对象包含某个查询返回的记录，以及记录中的游标。Recordset 对象在功能上同 RDO 的 rdoResultset 对象相似。

11.4　用数据库模型编程

一般来说，如果要开发个人的小型数据库系统，用 Access 数据库比较合适，要开发大、中型的数据库系统，用 ODBC 数据库更为适宜。Microsoft Access 是一种桌面数据库管理系统，但它与传统的桌面数据库管理系统完全不同。Access 是 Visual Basic 的内部数据库，即默认数据库类型。这里的“内部”有两方面的含义：一是用 Access 建立的数据库（.mdb）可以在 Visual Basic 中使用；二是用 Visual Basic 可以直接建立 Access 数据库，这主要是因为 Visual Basic 内置了和 Access 同样的数据库技术，即 JET。

DAO 模型最为复杂，但是最适合本地数据库的应用，所以以 DAO 编程模型为例来介绍 Visual Basic 的数据库编程。ADO 模型虽然更先进些，但是它无法实现一些 DAO 能够实现的功能。

要在 Visual Basic 中使用数据库模型编程，一定要设置好对相应模型对象的引用，以 DAO 为例，选择“工程”→“引用”命令，在弹出的引用设置对话框（见图 11-9）中，选中 Microsoft DAO 3.6 Object Library 复选框。

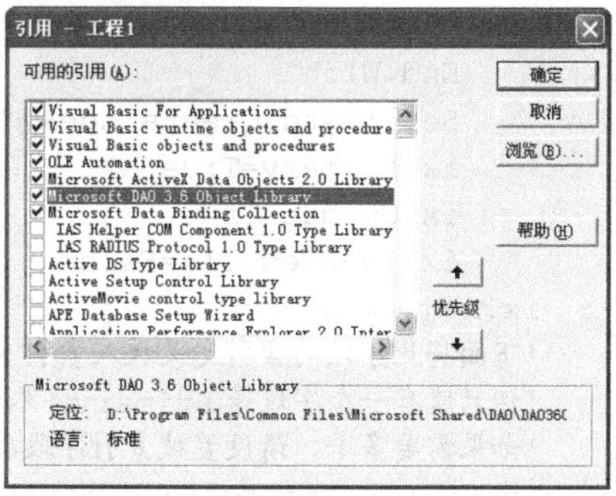

图 11-9　添加 DAO 引用

11.4.1　创建数据库

DAO 模型是三种模型中最复杂的。模型中有很多对象，这些对象对应于被访问物理数据库的不同部分，如 Database、TableDef、Field 和 Index 对象，这些对象的属性和方法用来实现对数据库的操作。

DAO 模型的根是 DBEngine 对象，此对象是系统中固有的，只要建立了对 DAO 的引用，该对象就自然存在了，DBEngine 对象相当于 JET 数据库引擎。

DBEngine 对象下面有 Errors 对象和 Workspaces 对象，而 Workspaces 对象是一个集合，可以向其中加入（用 Append 方法）或者从中删除（用 Delete 方法）Workspace 对象，Workspace 对象是数据库的工作区，为了和早期的用法兼容，DBEngine 会自动创建一个默认工作区，类型是 JET，也可以根据自己的需要创建工作区：

```
Dim ws As Workspace
Set ws=DBEngine.CreateWorkspace(wsName,UserID,Password,wsType)
```

其中：wsName 是工作区名称，UserID 是用户名，Password 是密码，这三个都是字符串型的参数；wsType 是工作区类型。目前 wsType 只有两种类型（参见上面的 DAO 模型）：

① DbUseJET：JET 工作区；

② DbUseODBC：ODBC 工作区。

有了工作区后，就可以在其中创建数据库了，方法是：

```
Set database=workspace.CreateDatabase(name,locale,options)
```

其中的 name 是数据库的名称，locale 是本地化选择，即数据库所用的语言，在排序和查询时有用，如果设置为通用，则可能发生意想不到的结果。

下面举例说明创建一个数据库并在数据库中创建表且加上索引的方法。

```
Dim db As Database    '数据库对象
Dim td As TableDef    '表定义对象
Dim ix As Index       '索引对象
'在创建数据库时，如果需要处理简体中文，语言要选择 dbLangChineseSimplified
'CreateDatabase 采用了默认的工作区 DbEngine.Workspace(0)，工作区可以省略
Set db=DbEngine.Workspace(0).CreateDatabase("Students.MDB",dbLangGeneral)
  Set td=db.CreateTableDef("students")                      '表名也为 students
    With td
      .Fields.Append.CreateField("XH",dbLong)               '学号，长整型
      .Fields.Append.CreateField("XM",dbText,20)            '姓名
      .Fields.Append.CreateField("XB",dbText,2)             '性别
      .Fields.Append.CreateField("BORN",dbText,40)          '出生地
      .Fields.Append.CreateField("BIRTH",dbDate)            '生日，无须指定字段宽度
    End With
    Set ix=td.CreateIndex("XH")              '索引的名称为"XH"，也可以不和字段名同名
    ix.Primary=True                          '确认字段是主键
    ix.Unique=True                           '不允许有重复值，如果加入重复值则会报错
    ix.IgnoreNulls=False                     '主键不允许有空值
ix.Required=True                             '此字段不能省略
'下面将此字段的索引定义放入索引 XH 中，需要说明的是，可以同时对多个字段建立索引(复合索引)，
'但只能有一个字段是 Primary，本例中只对一个字段进行了索引，
'如果需要多个，请设置被索引字段的特性，并加入到同一个索引中
ix.Fields.Append ix.CreateField("XH")       '索引字段为学号字段
td.Indexes.Append ix                         '将索引"XH"加入表中
    db.TableDefs.Append td                   '将表加入数据库中
db.Close                                     '将数据库关闭
```

运行上述程序，用 Access 或者 Visual Basic 自带的可视化数据管理器 VisData（在 Visual Basic 中的“外接程序”菜单中，可以创建和编辑各种数据库）查看，建成的数据库如图 11-10 所示。

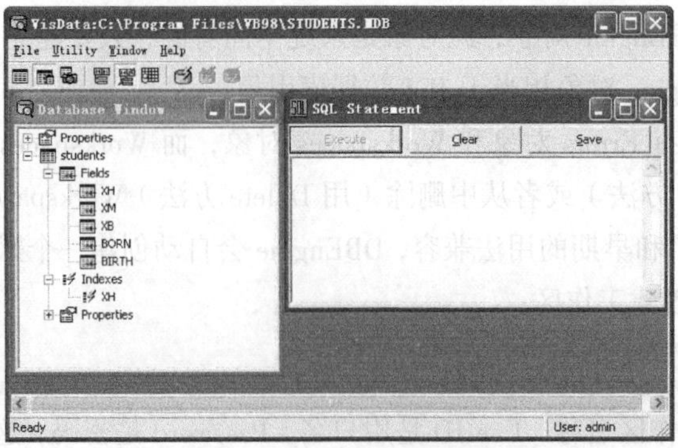

图 11-10 用 VisData 观察数据库

11.4.2 对记录集（Recordset）进行操作

一旦创建了数据库和表及其索引（索引也可以不建立，不过对表对象强烈建议建立索引，否则不能使用 Seek 方法来快速检索数据），余下的主要工作就是对表中的记录进行操作，这种操作包括增加、修改和删除记录，这一切都需要通过记录集来完成。

数据库编程中应用的最多、最复杂的对象是记录集，数据库中的数据都是通过记录集来输送到用户程序，也是通过记录集将更新的数据返回数据库。Recordset 对象可以由 Database 对象的 OpenRecordset 来建立，也可以直接采用数据源控件的 Recordset 属性。

例如：

```
Dim rs As Recordset      '定义数据集对象，以后再使用时不再定义，db、td、ix 等类推
Set rs=db.OpenRecordset("students",dbOpenTable,dbReadOnly) '从数据库中创建
```

或者：

```
Set rs=Data1.Recordset      '取自数据源控件中的记录集
```

用 Connection 和 Database 对象打开记录集的方法为：

```
Set recordset=object.OpenRecordset(source,type,options,lockedits)
```

用 QueryDef、Recordset 和 TableDef 打开记录集时，没有 source 参数，其他相同。

source 参数指定数据内容，它可以是一个表的名称、查询名称或 SQL 语句。

type 参数指定记录集的种类，用预定义常数来表示，分别为：

① dbOpenTable：表型记录集。

② dbOpenDynaset：动态型记录集。

③ dbOpenSnapshot：快照型记录集。

因为记录集极其重要，下面将详细介绍记录集。

1. 记录集的种类

Recordset 对象有三种类型：表（Table）、动态集（Dynaset）、快照（Snapshot）。

表类型的 Recordset 对象是指当前数据库中的表在创建表类型的记录集时数据库引擎打开的表。后续的数据操作都是直接对表进行的。只能对单个的表打开表类型的记录集，而不能对连接或者联合查询打开表类型的记录集进行操作。与其他类型的 Recordset 对象相比，表类型的搜索与排序速度最快。

动态集类型的 Recordset 对象可以是本地的表，也可以是返回的行查询结果。它实际上是对一个或者几个表中记录的一系列引用。可用动态集从多个表中提取和更新数据，其中包括连接的其他数据库中的表。动态集类型具有一种与众不同的特点：不同数据库的可更新连接。利用这种特性，可以对不同类型的数据库中的表进行可更新的连接查询。动态集和它的基本表可以互相更新。如果动态集中的记录发生改变，同样的变化也将在基本表中反映出来。在打开动态集时，如果其他的用户修改了基本表，那么动态集中也将反映出被修改过的记录。动态集类型是最灵活的 Recordset 类型，也是功能最强的。

快照类型的 Recordset 对象包含的数据是固定的，它反映了在产生快照的一瞬间数据库的状态。从 Microsoft JET 数据源得到的快照是不可更新的，从开放数据库互连（ODBC）数据源得到的某些快照是可以更新的，这取决于数据库系统本身的能力。与动态集类型和表类型的 Recordset 对象相比，快照的处理开销较少。因此，它执行查询和返回数据的速度更快，特别是在使用 ODBC

数据源时更为明显。快照类型保存了表中所有记录的完整副本，因此，如果记录的个数很多，快照的性能将比动态集慢得多。

使用哪种记录集，取决于需要完成的任务是要更改数据还是简单地查看数据。例如，如果必须对数据进行排序或者使用索引，可以使用表。因为表类型的 Recordset 对象是可以索引的，它定位数据的速度是最快的。如果希望能够对查询选定的一系列记录进行更新，可以使用动态集。如果在特殊的情况下不能使用表类型的记录集，或者只须对记录进行扫描，那么使用快照类型会快一些。

2. 记录集的属性和方法

① 记录集的常用属性有以下几种：

- BOF 属性：当记录集记录指针指向第一条记录时返回 True。
- EOF 属性：当记录集记录指针指向最后一条记录时返回 True。
- AbsloutePosition 属性：返回当前记录集记录指针，第一条记录为 0，是只读属性。
- Bookmark 属性：返回或设置当前记录集记录指针的书签，是 String 类型可读/写属性。每一条记录都有自己唯一的书签，它与记录在记录集中的顺序无关。将 Bookmark 属性存放到变量中，后面可以通过将该变量赋值给 Bookmark 属性，并返回到这条记录。
- NoMatch 属性：当使用 Find 方法查询时，如果未找到则返回 True。
- Index 属性：在执行 Seek 操作时，需要给此属性设置索引的名称，可以为了不同的需要随时更换，如果没有设置，Seek 操作将出错。
- Filter 属性：过滤器，用于筛选符合指定条件的记录。
- RecordCount 属性：返回记录集中的记录数。为了返回正确的记录数，有时需要先移动到最后一条记录，否则可能得不到正确的结果。

Sort 属性：指定记录集的排序方式。

② 记录集的常用方法有如下几类（注意，个别方法不能适用于每种类型的记录集）：

- 移动记录指针类的方法：

MoveFirst：将记录集指针移动到第一条记录。

MoveLast：将记录集指针移动到最后一条记录。

MovePrevious：将记录集指针移动到前一条记录。

MoveNext：将记录集指针移动到下一条记录。

- 增加、删除、修改类的方法：

AddNew：向记录集增加一条新记录。

Edit：对当前记录进行编辑，修改完成后要用 Update 方法更新记录。

Update：如果增加或者修改了记录，必须用此方法更新。

CancelUpdate：取消更新记录，在使用了 Edit 或者 AddNew 方法后放弃修改。

Delete：从记录集中将当前记录删除。

在删除后常使用 MoveNext 方法移动指针，否则会出现无当前记录的情况。例如：

```
With Data1.Recordset
    .Delete
    .MoveNext
```

```
    If .EOF Then .MoveLast
End With
```

- 查找类的方法：

Seek：在记录集中定位符合条件的特定记录，只能对经过索引的字段进行此操作。其语法如下：

```
recordset.Seek comparison,key1,key2,…,key13
```

其中的 comparison 可以是六种关系运算符中除了"<>"外的其他运算符，如果建立的是复合索引，在 Seek 时可以给出多个键值。例如，要查找学号为 110222 的记录，可以采用下面的程序片段：

```
With rsStudent
   .Index="XH"
   .Seek "=","110222"
 If .NoMatch Then MsgBox "数据未找到"
End With
```

FindFirst：在记录集中查询符合条件的第一条记录。

FindLast：在记录集中查询符合条件的最后一条记录。

FindPrevious：在记录集中查询符合条件的前一条记录。

FindNext：在记录集中查询符合条件的下一条记录。

例如：查找[XM]字段中第一个姓李的人。

```
Dim S As String
With Data1.Recordset
    S=.Bookmark                       '记录当前位置
    .FindFirst "XM Like '李*'"        '查找姓李的人，用"XM=xx"可进行精确查找
    If .NoMatch Then
        MsgBox "数据未找到"
        .Bookmark=S                   '如果未找到，返回到原来的位置
    End If
End With
```

- 其他方法：

Clone：克隆（建立一个副本）记录集。

Close：关闭记录集，不用时应该关闭，以释放资源。

OpenRecordset：根据本记录集按指定条件生成一个新记录集，如果要创建一个记录集的子集，应该使用此方法。

3. 记录集应用举例

打开前面创建的数据库，并写入一条记录，本例是直接给记录赋值，可以设计一个界面，然后通过 TextBox 或者其他控件取出值并赋值给记录，因为界面设计不是本章的主题，所以从略。程序如下：

```
Dim db As Database          '数据库对象
Dim rs As Recordset         '记录集对象
Set db=DBEngine.Workspaces(0).OpenDatabase("Students.MDB")
Set rs=db.OpenRecordset("students",dbOpenTable)    '表名也为 students
rs.AddNew                   '增加一条新记录，如果是修改原有记录，则使用 Edit 方法
With rs
  .Fields("XH")=CLng(110111)
  .Fields("XM")="张思强"
  .Fields("XB")="男"
  .Fields("BORN")="河北石家庄"
```

```
  .Fields("BIRTH")="1994-1-15"
End With
rs.Update          '修改或者增加新记录后，必须更新数据库才能保存
rs.Close           '关闭记录集
db.Close           '关闭数据库
```

执行上述代码后，再用 VisData 打开 students 表，会看到刚刚加上的记录，如图 11-11 所示。

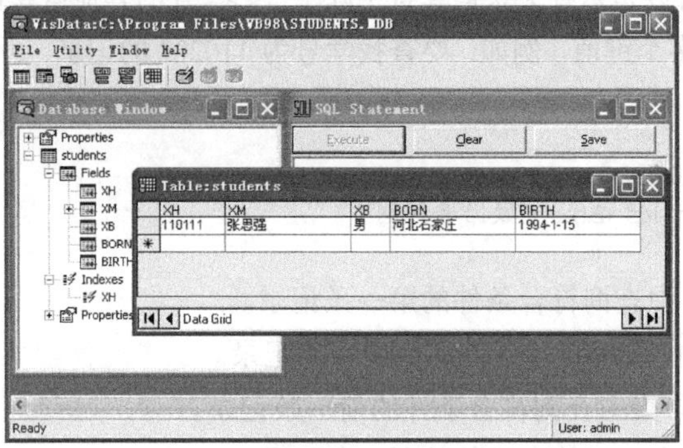

图 11-11　观察表中新加的记录

Recordset 对象中所含的 Fields 集合包含了一个记录的各个字段，Fields 集合中有若干个 Field 对象，Field 对象的 Value 属性代表当前记录的该字段的值，上例中并没有写成 Fields("XH").Value 或者 Fields(0).Value 形式是因为 Value 属性是 Field 对象的默认属性，在编写代码时可以省略。对于基本类型的数据可以直接进行赋值，对于超长类型的数据，如歌曲、电影、图片，则需要用 Field 对象的 AppendChunk 方法和 GetChunk 方法进行处理。

11.4.3　数据库的事务处理（Transactions）

事务是对数据库的数据所做的一系列更改。用 BeginTrans 语句标记事务的开始，用 CommitTrans 语句提交事务，或者用 RollbackTrans 语句撤销自 BeginTrans 以来所做的一切更改。

一般来说，数据库工作区以下列两种模式中的一种工作：

① 自动提交模式：如果没有显式地使用 BeginTrans 方法启动一个事务，每一个被执行的操作在完成时都立即提交给数据库。

② 手工提交模式：当显式地使用 BeginTrans 方法启动一个事务时，所有操作都是事务中的一部分，并且不做修改地提交给数据库，直到使用 CommitTrans 方法为止。如果执行 CommitTrans，或使用 RollbackTrans 方法之前连接失败，就取消这个操作，这称为“回滚”（Rollback）。

工作区默认为自动提交事务，就是说对数据库所做的任何更改立即就会成为永久性的，如果做错了，也不能够恢复重来。并且，像银行账务或者财会这类应用中，当将钱从一个账户转到另一个账户时，需要从一个账户上减去一个数并将其加到另一个账户上，如果其中有一个修改失败，账目就会出现不平衡，这会引起严重问题，解决的方法就是使用事务处理。

在修改需要修改的第一条记录之前，先使用 BeginTrans 方法，然后，只要再有修改失败的情况发生，就可以使用 RollbackTrans 方法撤销所有的修改；在成功地修改最后一条记录之后，使用 CommitTrans 方法，这样就能成功操作，使失败的操作不会有不可挽回的影响，能够确保数据的正确性。

并不是所有的数据库都支持事务，需要先行查看数据库的 Transactions 属性，以确定所使用的数据库是否支持事务处理，Access 数据库支持这种技术。

下面给出事务处理的使用范例，中间的数据处理过程从略。

```
Dim wrkDefault As Workspace
Set wrkDefault=DBEngine.Workspaces(0)                    '默认工作区
wrkDefault.BeginTrans                                    '启动一个事务
…                                                        '此间对数据库进行了若干操作，略过
If MsgBox("保存所做的修改吗？",vbYesNo)=vbYes Then
   wrkDefault.CommitTrans                                '提交当前事务
Else
   wrkDefault.Rollback                                   '回滚当前事务
End If
```

11.5 SQL 简介

SQL（Structured Query Language，结构化查询语言）是关系数据库最广泛使用的一种数据库语言，具有非常口语化、既易学又易懂的语法，几乎每个关系数据库系统都提供了对此语言的支持。SQL 有好多“方言”，Visual Basic 全面支持 Microsoft 版的 SQL。

SQL 原拼写为 SEQUEL，语言的原型以 SYSTEM R 的名字在 IBM 圣荷西实验室于 1974 年完成。美国国家标准学会（ANSI）及国际标准化组织（ISO）分别在 1986 和 1987 年批准了 SQL 关系数据库语言标准（称为 SQL/86）。后来 ANSI 和 ISO 经过扩展改进，在 1992 年推出标准 International Standard ISO/IEC 9075:1992, Database Language SQL，称为 SQL2 或者 SQL/92，目前 SQL3 正在制定中。

在数据库的诸多操作中，SQL 有不可替代的作用，且往往能取得事半功倍的奇效。但因 SQL 博大精深，本节只能择其重要部分略做说明，有兴趣的读者请通过专门的 SQL 书籍进行学习。

11.5.1 SQL 组成

SQL 由命令动词、子句、运算符和统计函数构成。这些元素结合起来组成语句，用来对数据库进行各种操作，包括创建、更新、查询及一些其他功能。

虽名为结构化查询语言，实际上不止如此，SQL 的功能分为三部分：

① Data Definition Language（DDL），数据定义语言。

② Data Manipulation Language（DML），数据处理语言。

③ Data Control Language（DCL），数据控制语言。

这三种语言组成了完整的 SQL，其主要的命令动词如表 11-3 所示，通过这几个动词，就可以完成对数据库的大部分操作。

表 11-3 SQL 基本命令动词

SQL 语言分类	主 要 命 令 动 词
数据定义 DDL	CREATE、DROP、ADD、ALTER
数据处理 DML	SELECT、INSERT、UPDATE、DELETE、TRANSACTION、EXECUTE
数据控制 DCL	GRANT、REVOKE

11.5.2 SQL 的数据定义功能

SQL 的数据定义功能是通过 DDL 实现的，可以完成表、视图、索引、存储过程、用户和组的建立和撤销。其基本命令有以下几个（详尽语法可参见 MSDN 或其他资料）：

CREATE TABLE：创建新表。

CREATE INDEX：在现有的表上创建新的索引。

CREATE PROCEDURE：创建一个存储过程。

CREATE {USER|GROUP}：创建一个或更多的新用户或组。

CREATE VIEW：创建新视图。

ALTER TABLE：修改用 CREATE TABLE 创建的表。

DROP {TABLE|INDEX|PROCEDURE|VIEW|USER|GROUP}：撤销上述用 CREATE 命令建立的相应对象。

为了在 Visual Basic 中执行 SQL 语句需要使用 Database 对象的 Execute 方法，参数写上 SQL 语句即可。数据控件的数据源（RecordSource）属性也可以直接使用 SQL 的 SELECT 语句。使用方法举例（以后介绍中直接写 SQL 语句，不再涉及 Visual Basic 部分），用 SQL 语句建立一个和表 11-1 同样的数据表，并且加上索引：

```
Sub CreateTable()
Dim db As Database,Sql As String
Set db=CreateDatabase("students.mdb",dbLangChineseSimplified)
                                   '创建数据库
Sql="CREATE TABLE students (XH INTEGER,XM TEXT(20),XB TEXT(2), _
    BORN TEXT(40), BIRTH DATETIME);"
db.Execute sql                     '执行 Sql 字串中包含的 SQL 语句，创建表
Sql="CREATE UNIQUE INDEX XH ON students(XH ASC) WITH PRIMARY;"
'注：上一行中 ASC 是指升序，如果用降序，改为 DESC
db.Execute sql                     '执行创建索引的 SQL 语句
db.Close                           '关闭数据库
End Sub
```

执行上述 Visual Basic 程序后，会建立一个和前面的用 DAO 模型创建数据库的方法得到的完全一样的带索引的数据表。不过 SQL 不能创建数据库，这一点要牢记。

11.5.3 SQL 的数据处理功能

SQL 的数据处理功能是通过 DML 实现的，可以完成数据的查询、增加、修改、删除和运算等功能。其基本命令有以下几个：

SELECT 和 SELECT...INTO：将一组符合条件的记录检索出来，从数据库返回使用者或者放入另一个表。

INSERT INTO：添加一个或多个记录至一个表。

UPDATE：创建更新查询来改变基于特定准则的指定表中的字段值，即修改记录。

DELETE：删除符合条件的记录。

EXECUTE：激活由 CREATE PROCEDURE 创建的存储过程。

下面通过例子对 SQL 的 DML 使用进行说明。

① 将一个记录插由表中。此条 SQL 语句将一个记录插入到 students 表中：

```
INSERT INTO students(xh,xm,xb,born,birth) VALUES _
(110111, "张思强","男","河北石家庄","1994-1-15");
```

② 删除表中的一个记录。将学号为 110111 的记录删除：

```
DELETE * FROM students WHERE xh=110111
```

③ 更新一个记录。将学号为 110111 的记录的出生地改为“河北保定”：

```
UPDATE students SET born="河北保定" WHERE xh=110111
```

④ 找出符合条件的记录。从 students 表中找出出生日期在 1994 年 6 月 1 日以后的记录：

```
SELECT * FROM students WHERE birth>="1994-6-1"
```

SELECT 语句是 SQL 最为常用的一个语句，有极其强大的数据检索功能，在此列出其语法格式，因篇幅所限，不做详细介绍。

```
SELECT [ALL | DISTINCT [ON ( expression [, ...] ) ]] * | expression [AS output_name]
[, ...]
      [INTO [TEMPORARY | TEMP] [TABLE] new_table]
      [FROM from_item [, ...]]
      [WHERE condition]
      [GROUP BY expression [, ...]]
      [HAVING condition [, ...]]
      [{ UNION | INTERSECT | EXCEPT [ ALL ] } select]
      [ORDER BY expression [ASC | DESC | USING operator] [, ...]]
      [FOR UPDATE [OF class_name [, ...]]]
      [LIMIT { count | ALL } [{ OFFSET | , } start ]]
```

下面举例说明 SELECT 语句的复杂用法，假设有一个表（见表 11-4），该表记录了我国部分城市每天的气温情况，表的名称为 weather，表中有很多记录。

表 11-4　我国部分城市气象数据记录表（节选）

City	Temp_lo	Temp_hi	Prcp	Date
北京	-10	-1	0.1	2012-2-1
北京	-11	1	0.15	2012-2-2
…	…	…	…	…
天津	-8	0	0.05	2012-2-1
天津	-9	2	0.1	2012-2-2
…	…	…	…	…

可以用下面的语句找出气象表中的最高温度发生在哪一天哪个城市：

```
SELECT city,temp_hi,date FROM weather
   WHERE temp_hi=(SELECT max(temp_hi) FROM weather);
```

这样的语句返回一个记录，包括三个字段：城市名、最高温度、发生日期。可能的结果如下：

```
City     Temp_hi      Date
天津        2         2012-2-2
```

也可以用下面的语句获取在每个城市观察到的最高温度的最高值：

```
SELECT city,max(temp_hi) FROM weather GROUP BY city;
```

该语句返回的记录数和表中的城市数一样多，每个城市一条记录，每记录两个字段。

从这两个例子可以看出 SQL 查询功能的强大，在用对象模型编程时，OpenRecordset 语句的参数和其他有关记录集生成的语句中，可以直接运用 SQL 的 SELECT 语句，这会给编程带来极大的方便。

如果刚接触 SQL，直接编写程序会出现不少错误，给程序的调试带来麻烦，可以在 VisData 中直接使用 SQL 进行各种操作，成功后再写到程序中，每当打开一个数据库时，VisData 就会弹出 SQL Statement 窗口（参见图 11-10 和图 11-12），直接在其中写入 SQL 语句，然后单击 Execute 按钮即可执行。

11.5.4 查询生成器

查询生成器（Query Builder）能够帮助用户生成 SQL 查询语句，对初学者来说能方便很多。选择 VisData 的 Utility→Query Builder 命令，就会弹出图 11-12 所示的查询生成器对话框。

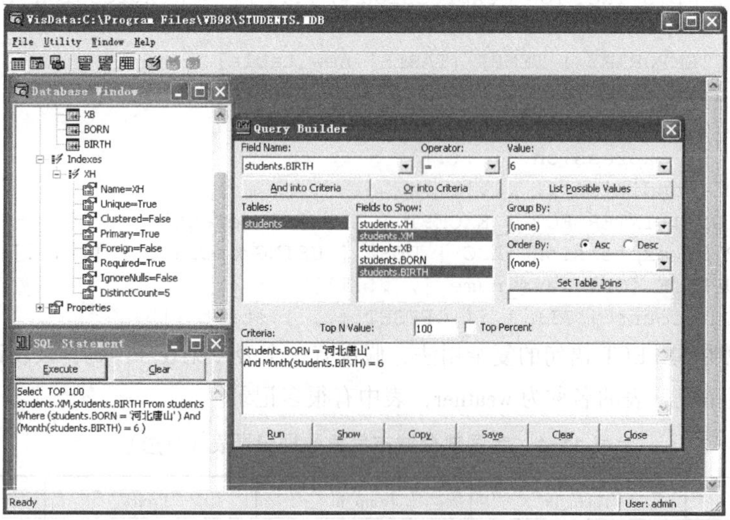

图 11-12　SQL 查询生成器

查询生成器中的 Tables 列表框列出了当前数据库中可用表的名称，Fields to Show 列表框列出了所有可访问的字段名称，只要选中就可以显示相应的字段。

顶部的 Field Name 是查询条件中可以采用的字段名，Operator 是关系运算符，除了六种标准的关系运算符外，还有用于部分匹配查询用的 Like 运算符，Value 可以指定特定的字段值，每设置一个条件后，可以用 And into Criteria 或者 Or into Criteria 将单个条件按"与"或者"或"的逻辑关系加入到下面的条件列表框中，也可以在条件列表框中直接写出不能够在上面组合成的条件。例如，图 11-12 中的 MONTH(students.BIRTH)=6 就是手工写的条件，用于检索 6 月份出生的记录。

Top N Value 指定最多返回记录的个数，也可以用百分比来指定，只需要选中右侧的 Top Percent 复选框即可。对于大数据量的返回结果，往往需要用此功能做出限制。

当条件都设置好后，单击 Copy 按钮，会将组合好的条件写入 SQL Statements 窗口，然后就可以直接运行查询了。图 11-12 中的条件是从 students 表中选择前 100 个在 6 月份过生日的出生在河北唐山的学生记录。

小 结

数据库最大特点是通过关系减少了不必要的数据冗余。同时，不同的用户可以使用同一数据库中自己所需的子集，从而实现数据共享。一个完整的数据库系统除了包括可以共享的数据库（后台数据库）外，还包括用于处理数据的数据库应用系统（前台应用程序）。本章简单介绍了应用 Visual Basic 开发数据库前台应用程序的基本方法。

在 Visual Basic 中，可用的数据访问接口有三种：ADO、RDO 和 DAO。DAO 模型虽然最为复杂，但是却最适合本地数据库的应用，所以本章以 DAO 编程模型介绍了 Visual Basic 的数据库编程。

数据库编程中应用的最多、最复杂的对象是记录集 Recordset，Visual Basic 对数据库中记录的访问就是通过 Recordset 对象来实现的，主要是使用 Recordset 对象的相关属性与方法。Recordset 对象有三种类型：表（Table）、动态集（Dynaset）、快照（Snapshot）。

SQL（Structured Query Language，结构化查询语言）是关系数据库使用最广泛的一种数据库语言，SQL 语言由命令动词、子句、运算符和统计函数构成。这些元素结合起来组成语句，用来对数据库进行各种操作，包括创建、更新、查询及一些其他功能。

习 题

1. 什么是数据库？
2. Visual Basic 可以操作什么样的数据库？
3. Visual Basic 中可以使用的数据控件有哪些？
4. Visual Basic 的数据库编程有几种模型？它们各有什么特点？
5. 试编程实现以下功能：创建数据库、创建表、给表添加索引、插入记录、修改记录、定位记录、删除记录。

参 考 文 献

[1] 罗朝盛．Visual Basic 6.0 程序设计教程[M]．3 版．北京：人民邮电出版社，2009.
[2] 张彦玲，等．Visual Basic 6.0 程序设计教程[M]．北京：电子工业出版社，2009.
[3] 黄冬梅，等．Visual Basic 6.0 程序设计案例教程[M]．北京：清华大学出版社，2009.
[4] 沈祥玖．VB 程序设计[M]．2 版．北京：高等教育出版社，2009.
[5] 刘瑞新，等．Visual Basic 程序设计教程[M]．2 版．北京：机械工业出版社，2009.
[6] 柴欣，等．Visual Basic 程序设计基础[M]．3 版．北京：中国铁道出版社，2005.
[7] 柴欣，等．Visual Basic 程序设计基础实验教程[M]．3 版．北京：中国铁道出版社，2005.
[8] 龚沛曾，等．Visual Basic 程序设计教程[M]．3 版．北京：高等教育出版社，2007.
[9] 李俊．Visual Basic 程序设计与应用开发教程[M]．北京：人民邮电出版社，2009.
[10] 李雁翎．Visual Basic 程序设计[M]．2 版．北京：清华大学出版社，2008.
[11] 李雁翎．Visual Basic 程序设计题解与实验指导[M]．2 版．北京：清华大学出版社，2008.